선박안전관리사를 위한

해사안전관리론

Maritime Safety Management

김인철 · 정대율 · 조익순 지음

GS인터비전

머 리 말

인류가 바다에 도전하고 활동무대를 확대해 나감에 따라 인명과 선박 안전의 중요성은 날로 높아져 왔습니다.

20세기에 들어 해사안전은 대형 해양사고의 발생과 재발 방지를 위한 국제적 조치에 따라 체계화되고 고도화되어왔다고 할 수 있습니다. 1912년 타이타닉호 침몰사고를 통해 SOLAS협약이 채택되었고, 1967년 토리캐년호 좌초사고 후 MARPOL협약이 채택되었으며, 1987년 헤럴드 오브 프리 엔터프라이즈호 침수사고 후 ISM Code가 채택되었습니다.

국제적 해사안전 제도의 중심에는 국제해사기구(IMO)가 있으며, 우리 정부에서도 해사안전 수준의 향상을 위해 적극적이고 선제적인 여러 정책을 수립·시행하고 있습니다.

이 책은 그간 확립된 국내외 주요 안전 제도, 해양사고 관련 법규 및 처리 실무뿐만 아니라 안전관리와 위험성에 관한 학술적 이론, 해양의 경계와 선박의 안전한 항해에 관한 역사적 변천 등을 해설함으로써 선박 및 사업장의 안전관리를 효과적이고 전문적으로 수행하는 데 도움을 주기 위하여 아래와 같은 내용으로 구성하였습니다.

제1장은 선박 검사와 등록제도, 제2장은 국제해사기구(IMO)와 주요 제도, 제3장은 안전과 위험성에 관한 이론, 제4장은 해양사고 처리 및 비상대응, 제5장은 해양사고 조사 및 심판제도, 제6장은 해양의 경계획정 역사와 선박의 항해권 등을 기술하였습니다.

이 책으로 공부하시는 분들의 앞날에 안전과 건강과 행운이 늘 함께하기를 기원합니다.

2023년 8월 15일

저자 일동

Contents

제1장 선박검사 및 등록

제2장 국제해사기구와 주요 안전제도

제6장 해양의 경계와 선박의 항해

제 1 장

선박검사 및 등록

1. 선박검사
2. 선박안전법의 검사
3. 선박의 등록

제1장 선박 검사 및 등록

1. 선박검사

1.1 도입 배경

선박검사는 선박이 해상에서 발생할 수 있는 각종 위험으로부터 벗어나 안전하게 항해할 수 있도록 선박안전법 등 관계 법령과 국제협약에 따라 실시하는 각종 검사를 말한다.

선박검사의 유래는 15세기에 보험업자들의 요구에 의한 선박의 감항성 검사에서 찾을 수 있다.

대항해시대에 포르투갈과 스페인을 필두로 네덜란드와 영국 등이 뒤를 이어서 해상무역로를 지배하였다. 그러나 당시 대양 항해에 나선 목선 중에는 풍파를 견디지 못하여 돌아오지 못함으로써 막대한 손실을 유발하는 경우도 적지 않았다.

1692년 런던에서 로이드(Edward Lloyd)가 경영하던 커피숍에 해운 관계자들이 주로 모여 들었으며, 해운정보뿐만 아니라 선박매매 등도 이루어졌다. 특히 재난에 대비하여 미리 금전을 갹출하여 공동준비재산을 형성하였다가 재난을 당한 선주들에게 손해를 보전(補塡)하는 해상보험제도를 운영하기도 하였다. 커피숍 주인인 로이드는 여러 유용한 정보를 취합하여 제공함으로써 보험업자와 중개인이 현대 보험산업을 구축할 수 있는 기반을 제공하는 촉진자 역할을 하였다. 현재는 로이드(The Lloyd's Corporation)로 발전하여 세계 보험시장에서 중추적 역할을 담당하고 있다.[1)]

보험회사는 선박의 상태를 파악할 수 없는 상황에서도 보험을 인수하였으나 이로 인한 피해가 커지자 로이드 커피숍에서 선박의 상태를 기술적으로 판단하기 위한 위원회를 구성하고 전문조직을 발족시키기로 하였다. 이 단체가 로이드선급협회(Lloyd's

1) 선박행정의 변천사, 선박검사기술협회 · 한국선급, 2003

Register of Shipping)이다.

로이드선급이 당시 선체를 다섯 등급으로 나누고, 돛이나 닻 등의 의장을 3개 등급으로 나누어 선박정보를 수록한 최초의 선명록(Register of Shipping)을 발간한 해가 1760년이며, 로이드선급의 설립년도로 본다.

최초의 선급 규칙은 1835년에 제정된 목선 규칙이다. 이후에 1855년에 철선 규칙, 1879년에 기관 및 보일러 규칙, 1882년에 만재흘수선 규칙이 도입되었으며, 1893년에 강선 규칙, 1920년에 전기 규칙이 도입되었다.

각국의 주요 선급들은 1968년 10월에 국제선급연합회(International Association of Classification Societies, IACS)를 결성하여 선박 및 해양시설의 설계, 건조, 유지보수 및 검사에 관한 기술요건과 산업표준을 개발, 검토 및 개선을 위하여 노력하고 있다. 그리고 IMO, ISO 등 해상에서의 안전과 오염 예방 등에 관한 국제기구의 자문 역할을 이행하고 있으며, SOLAS협약, MARPOL협약 등 국제협약에 대한 통일적 해석을 위한 지침을 제공하고 있다.[2] IACS 회원사는 현재 11개 기관[3]이며, IACS 회원사로부터 검사를 받은 선박 등은 해상보험료에서 우대를 받고 있다.

---

2) (IACS MISSION)
- To establish, review, promote and develop minimum technical requirements in relation to the design, construction, maintenance and survey of ships and other marine related facilities, and,
- To assist international regulatory bodies and standard organisations to develop, implement and interpret statutory regulations and industry standards in ship design, construction and maintenance with a view to improving safety at sea and prevention of marine pollution.

3) (출처) https://iacs.org.uk/about/members/ (2022.11.08.)

ABS	미국선급 abs-worldhq@eagle.org	KR	한국 선급 krsiacs@krs.co.kr
BUREAU VERITAS	프랑스 선급 veristarinfo@bureauveritas.com	Lloyd's Register	영국 선급 Lloydsreg@lr.org
CCS	중국 선급 ccs@ccs.org.cn	ClassNK	일본 선급 xad@classnk.or.jp
CRS	크로아티아 선급 iacs@crs.hr	PRS	폴란드 선급 iacs@prs.pl
DNV	노르웨이 선급 iacs@dnv.com	RINA	이탈리아 선급 info@rina.org
	인도 선급 ho@irclass.org	러시아 선급(RMRS)은 2022. 3. 11. IACS 회원에서 제외되었다.	

1.2 정부에 의한 선박검사

민간의 자율적인 검사가 정부의 통일적 검사 체제로 강화된 계기는 1912년 당시 역대 최악의 해양사고로 기억되는 타이타닉 침몰사고였다. 타이타닉호는 빙산에 부딪친 현측이 파공되어 침수되자 수밀격벽이 아닌 선수부 구역으로 해수가 유입되면서 흘수가 증가되었으며, 선수가 부력을 상실함으로써 선체가 거꾸로 직립된 상태로 침몰된 것으로 추정되었다.[4)]

총 승선자 2,201명 중 1,490명이 사망한 비극의 주요 원인의 하나로는 조난통보 체계가 확립되지 못한 점, 구명설비가 부족한 점이 꼽혔다. 영국 정부는 타이타닉호 사건 직후부터 '선박의 격벽 및 구획에 관한 조사위원회'를 구성하여 조사하였으며, 이를 토대로 1913년에 런던에서 13개국이 참가하는 해상인명안전에 관한 국제회의가 개최되었으며 여타 문제들까지 토의하였다.[5)] 그리고 당시의 결과물이 1914년 국제해상인명안전협약(SOLAS협약)이다. 1914 SOLAS협약에는 당시 선급의 규칙이 상당수 포함되었으며, 현재도 선급은 국제해사협약 제・개정에 깊숙이 관여하고 있다.

SOLAS협약은 여객선과 일반선박으로 나누어 준수사항을 규정하고[6)] 합격한 선박에 안전증서를 교부하기로 함에 따라 구명설비, 소방설비, 거주설비, 위생설비, 항해용구 등에 대하여 각국 정부가 안전검사를 실시하는 현대적 선박검사제도의 효시가 되었으

4) 영국 해양안전심판원, Report on the Loss of the Titanic
5) 모든 상선의 항해안전 문제, 여객선에 대한 수밀구획(水密區劃) 및 방화격벽(防火隔壁), 구명설비에 관한 사항 등에 관하여 논의하였으며, 특히 타이타닉호 침몰당시 부근을 항해하던 다른 선박에 조난신호를 보냈으나 상호간 의사소통이 안 되어 인명피해가 가중되었던 점을 감안하여 무선설비의 비치 등에 관한 내용도 논의하였다.
6) 1914 SOLAS협약은 국제항해에 종사하는 여객선에 대하여 다음 사항을 준수하도록 규정하고 있었다.
① 수밀구획과 수밀격벽의 설치
② 수밀격벽, 2중저(二重底), 내화격벽(耐火隔壁)의 구조 및 시험
③ 격벽, 선측, 및 갑판에 설치하는 개구(開口)의 폐쇄방법과 장치
④ 구명설비
⑤ 화재예방 및 소방장치
⑥ 무선전신 시설
⑦ 위험물 적치금지
⑧ 선원의 비상훈련
⑨ 각 구획에 퇴출장치
⑩ 항해일지의 기입방법
일반선박에 대하여서는 다음 사항을 준수하도록 규정하고 있었다.
① 위험한 유빙(遊氷), 폐기물에 관한 통보
② 북대서양에서 유빙 감시, 유빙 상태의 연구
③ 북대서양에서 상용항로의 고시
④ 해상충돌예방규칙
⑤ 조난신호의 방법 준수 및 남용의 금지

며, 수차례의 개정을 거쳐 오늘에 이르고 있다.

선박에게는 국적이 부여되어 있기 때문에 선박검사에 대한 준거법은 기국법(law of flag)이 된다. 우리나라의 경우 선박안전법이 SOLAS협약의 선박검사 부분을 도입한 대표적인 법률이다.

〈그림 1-1〉 구명정검사

〈그림 1-2〉 프로펠러검사

1.3 선박안전법

선박안전법은 선박의 감항성(堪航性) 유지 및 안전운항에 필요한 사항을 규정함으로써 국민의 생명과 재산을 보호함을 목적으로 한다(법 제1조).

감항성이란 선박이 자체의 안정성을 확보하기 위하여 갖추어야 하는 능력으로서 일정한 기상이나 항해조건에서 안전하게 항해할 수 있는 성능을 말한다(법 제2조제6호).

선박검사란 선박이 해상에서 발생할 수 있는 각종 위험으로부터 벗어나 안전하게 항해할 수 있도록 선박안전법 등 관계법령에 따라 실시하는 검사를 말한다.

검사의 대상은 여객선, 화물선, 특수선, 어선뿐만 아니라 수상호텔 · 식당 및 기름 · 폐기물 저장 해상구조물과 수상레저기구 등이 포함된다.

〈표 1-1〉 검사의 분류

분류	종류
선박검사	선박안전법에 따른 검사 ▸ 정기검사, 중간검사, 임시검사, 임시항해검사, 건조검사, 국제협약검사
선박용 물건의 검사[7)]	선박안전법에 따라 선체의 재료, 선박기관, 항해용구, 구명·소방설비 등이 적합한지 여부를 확인하는 검사 ▸ 예비검사, 검정업무, 확인업무
해양오염방지설비 검사	해양환경관리법에 따라 오염물질 배출방지를 위해 선박의 구조 및 설비 등에 대한 정기적 검사
총톤수 측정	선박법과 어선법에 따라 선박을 건조 또는 개조한 경우 총톤수를 측정하고 총톤수측정증명서 발급
도면 승인[8)]	신조, 개조 또는 수리하려는 선박과 시설에 대한 설계도면을 선박안전법 등 관계법령에 따라 사전에 승인하는 업무
수상레저기구 검사	수상레저안전법에 따라 수상오토바이, 모터보트 및 고무보트 등 수상레저기구의 검사

7) 선박용 물건 검사는 예비검사, 검정, 확인으로 구분된다.
- (예비검사) 내연기관, 축계장치, 밸브, 모터, 발전기 등 선박용 물건이 설치되는 선박이 정해지기 전에 실시하는 검사
- (검정) 구명뗏목, 구명동의, 선등, 나침의, 유수분리기 등 형식승인을 얻은 선박용물건에 대하여 제조공정, 부품, 자재 및 시험성적서를 확인하여 형식승인 제조사양서대로 제조되었는지와 검정기준에 적합한지 여부를 확인하는 검사
- (확인) 출력 600마력 미만의 내연기관, 길이 12미터 미만의 특수재질 선박의 선체 등 지정사업장에서 제조 또는 정비된 선박용물건이 인증된 것과 동일하게 제조 또는 정비되었는지 여부를 확인하는 것

8) (설계도면 승인) 새로이 건조되거나 개조 또는 수리하고자 하는 선박과 시설에 대한 설계도면을 선박안전법 외에도, 어선법, 해양환경관리법, 국제협약 등 관계법령에 따라 사전에 승인하여 선박의 감항성 및 안정성을 검토하기 위한 것이다.
- (승인 대상) 선박의 복원성자료 승인, 만재흘수선 계산 및 지정, 틀림진동계산서 승인, 해액체물질배출지침서 검인, 선박의 건조 및 개조에 대한 설계도서 승인, 원자력선의 안전평가서 및 조작안내서 승인, 잠수선기준 관련 잠수작업의 안전을 위한 자료 승인, 기름오염비상계획서 검인, 양오염비상계획서 검인, 화물적재고박지침서 승인, 선박용물건 제작도면 승인, 해양오염방지설비에 관한 설계도서 승인, 특수한 선박 및 설비 등에 대한 승인, 고속선의 설계도서 및 안전운항을 위한 기술지침서 승인

2. 선박안전법의 검사

2.1 선박검사의 종류

선박검사는 선박안전법에 따라 도면승인부터 건조검사, 정기검사, 중간검사, 임시검사, 임시항해검사, 국제협약검사, 선박용물건의 형식승인 및 검정에 이르는 다양한 검사를 실시하고 유효기간이 정해진 증서를 발급하고 있다.9)

〈표 1-2〉 선박검사의 종류

구 분	검사내용	검사시기
건조검사	선박을 건조하는 때 실시하는 검사	건조시
정기검사	최초로 항행에 사용할 때 또는 선박검사증서의 유효기간이 만료된 때 행하는 정밀한 검사 ▸ 선박안전법에 의해 선체 및 기관, 설비 및 속구, 만재흘수선, 무선설비 등에 관해 실시하는 정밀한 검사입니다. 정기검사의 유효 기간은 5년이며, 이 검사에 합격한 선박에 선박검사증서를 발급한다.	매 5년
중간검사	정기검사와 정기검사의 중간에 행하는 간이한 검사	매 1년

9) 「선박안전법 시행령」 제5조(선박검사증서 및 국제협약검사증서의 유효기간)
① 법 제16조제1항에 따른 선박검사증서의 유효기간은 5년으로 한다.
② 법 제16조제1항에 따른 국제협약검사증서의 유효기간은 다음 각 호의 구분에 따른다. 다만, 해당 선박에 대하여 법 제10조제3항에 따른 임시변경증 또는 법 제11조제2항에 따른 임시항해검사증서를 발급받은 경우 그 유효기간은 해당 임시변경증 또는 임시항해검사증서에 기재된 유효기간으로 한다.
1. 여객선안전검사증서 · 원자력여객선안전검사증서 및 원자력화물선안전검사증서 : 1년
2. 그 밖의 국제협약검사증서 : 5년
③ 제1항에 따른 선박검사증서의 유효기간은 다음 각 호에 규정된 날부터 기산(起算)한다.
1. 최초로 법 제8조에 따른 정기검사를 받은 경우 해당 선박검사증서를 발급받은 날
2. 선박검사증서의 유효기간이 끝나기 전 3개월이 되는 날 이후에 정기검사를 받은 경우 종전 선박검사증서의 유효기간 만료일의 다음 날
3. 선박검사증서의 유효기간이 끝나기 전 3개월이 되는 날 전에 정기검사를 받은 경우 해당 선박검사증서를 발급받은 날
4. 선박검사증서의 유효기간이 끝난 후에 정기검사를 받은 경우 종전 선박검사증서의 유효기간 만료일의 다음 날. 다만, 계선(제2조제2항에 따라 서류를 제출한 경우로 한정한다) 그 밖에 해양수산부령으로 정하는 사유로 인하여 종전 선박검사증서의 유효기간 만료일의 다음 날부터 계산하는 것이 부당하다고 인정되는 경우 정기검사를 받고 해당 선박검사증서를 발급받은 날부터 계산한다.
④ 제2항에 따른 국제협약검사증서의 유효기간의 기산 방법은 제3항에 따른 선박검사증서의 유효기간 기산 방법을 준용한다. 이 경우 "선박검사증서"는 "국제협약검사증서"로 본다.

	▸ 중간검사는 정기검사와 다음 정기검사의 중간에 매 1년 단위로 실시하는 비교적 간단한 검사로, 제1종 중간검사와 제2종 중간검사로 구분한다. 제1종 중간검사는 선체, 무선설비 및 배수설비에 관한 검사이고, 제2종 중간검사는 만재흘수선 및 수밀문 방화벽에 관한 검사가 포함되어 있다.	또는 2~3년
임시검사	검사받은 시설에 대하여 개조, 수리 또는 변경하고자 할 때 행하는 검사 ▸ 임시검사는 선박의 요목, 항행구역, 만재흘수선, 무선설비 등의 변경이 있을 경우나, 해운관청이 특별히 필요하다고 인정할 경우에 행하는 검사이다.	개조, 수리 또는 변경시
임시항해 검사	선박검사증서를 받기 전에 선박을 임시로 항행에 사용할 때 행하는 검사 ▸ 정기검사를 받기 전에 임시로 선박을 항해에 사용하고자 할 때 또는 국내의 조선소에서 건조된 외국 선박(국내의 조선소에서 건조된 후 외국에서 등록되었거나 외국에서 등록될 예정인 선박을 의미), 이 검사에 합격한 선박에는 임시항해검사 증서를 발급한다.	임시항해시
국제협약 검사	국제항해에 취항하고자 하는 선박에 대하여 국제협약에 따라 행하는 검사 ▸ 검사의 종류는 최초검사, 정기검사, 중간검사, 연차검사, 임시검사가 있다.	정기, 중간검사 시기와 동일

2.2 선박안전법에 따른 기타 검사

1) 선박 및 선박용 물건의 형식승인(법 제18조)

선박에 설치한 이후에는 재료시험 등이 어려운 선박기관, 구명 및 소방설비 등 선박용 물건을 사전에 형식승인시험 기관의 형식승인을 받아 해양수산부장관의 형식승인을 받고 검정기관의 간이한 검정을 받은 경우 선박검사를 면제하는 제도이다.

형식승인을 받으면, 대량생산 후 간이한 검정을 받으면 되므로 선박용물건을 대량 생산하는 경우에 활용된다. 형식승인서 교부는 해양수산부의 지방해양수산청이며, 형식승인시험은 한국조선기자재연구원, 방재시험연구원 등을 미리 지정하고 있다. 검정업무는 한국선급 등 정부대행기관이 실시하고 있다.

형식승인 시험기준이 고시되지 아니한 신기술이 적용된 선박용 물건 또는 소형선박에 대한 신속한 형식승인을 위해 필요한 경우 기술전문위원회를 구성하여 기술전문위원회가 심의한 형식승인 시험기준을 적용하여 신속한 형식승인이 가능하도록 하고 있다(법 시행규칙 제45조의 2, 제45조의 3, 제45조의 4).

2) 지정사업장 제도(법 제20조)

제조사업장의 시설, 설비 및 인력 등이 우수제조 또는 정비사업장 인정기준에 적합할 경우에 제조 또는 정비업체가 생산 또는 정비한 사항에 대하여 자체적으로 검사를 받도록 하고 선박검사시에 검사를 면제하는 제도이다.

3) 예비검사(법 제22조)

선박용물건 또는 소형선박의 선체를 제조·개조·수리·정비 또는 수입하고자 하는 자는 선박용물건이 선박에 설치되기 전에 예비검사를 받을 수 있다. 예비검사를 받고자 하는 자는 해당 선박용물건 또는 소형선박의 선체의 도면에 대하여 해양수산부장관의 승인을 얻어야 한다.

예비검사에 합격한 선박용물건 또는 소형선박의 선체에 대하여는 건조검사 또는 선박검사 중 최초로 실시하는 검사는 이를 합격한 것으로 본다.

4) 컨테이너 형식승인 및 안전점검(법 제23조, 제24조)

해상 화물운송에 사용되는 모든 컨테이너는 해양수산부장관으로부터 형식승인 및 검정을 받아야 한다. 대상은 바닥 면적이 7제곱미터(윗부분에 모서리 끼움쇠가 없는 컨테이너인 경우에는 14제곱미터)이상인 컨테이너이다.

컨테이너의 소유자는 해양수산부장관으로부터 자체 안전점검방법의 승인을 얻어 스스로 안전점검을 실시하여야 한다. 이 경우 컨테이너의 소유자는 안전점검업무를 수행하는 안전점검사업자로 하여금 이를 대행하게 할 수 있다.

3. 선박의 등록

3.1 개요

선박의 등록은 신생아가 태어나거나 외국인이 귀화를 하면 주민등록을 하는 것과 같이 국적을 명확히 하는 행정행위이다.

선박법에 따라 선적항을 관할하는 지방해양수산청에 비치한 선박원부(船舶原簿)에 대상 선박이 다른 선박과 구별되는 개성 또는 동일성(identity)을 표시하는 사항과 소유자를 기재하는 것이다[10]. 어선은 어선법에 따라 시 · 군 · 구에 등록한다[11]. 이와 같이 선박의 등록은 선박의 표시사항과 소유자라는 법률사실을 공적으로 증명하는 행정행위이므로 행정법상 준법률행위적 행정행위 중 공증행위[12]에 속한다.[13]

선박등록을 신청하려면 우선 '총톤수측정증명서' 발급을 신청하여야 하며, '총톤수측정증명서'는 선박검사관이 직접 현장에서 선박의 총톤수를 확인한 후에 발부한다. 이 증명서는 선박등록이나 선박등기에 모두 필요한 서류이다.

'등록'은 해양수산부 지방해양수산청이나 지방자치단체와 같은 행정기관이 관할하며,

10) 선박법 제8조(등기와 등록)
① 한국선박의 소유자는 선적항을 관할하는 지방해양수산청장에게 해양수산부령으로 정하는 바에 따라 선박을 취득한 날부터 60일 이내에 그 선박의 등록을 신청하여야 한다. 이 경우 「선박등기법」 제2조에 해당하는 선박은 선박의 등기를 한 후에 선박의 등록을 신청하여야 한다.
② 지방해양수산청장은 제1항의 등록신청을 받으면 이를 선박원부(船舶原簿)에 등록하고 신청인에게 선박국적증서를 발급하여야 한다.
③ 선박국적증서의 발급에 필요한 사항은 해양수산부령으로 정한다.
④ 선박의 등기에 관하여는 따로 법률로 정한다

11) 어선법 제13조(어선의 등기와 등록)
① 어선의 소유자나 해양수산부령으로 정하는 선박의 소유자는 그 어선이나 선박이 주로 입항 · 출항하는 항구 및 포구(이하 "선적항"이라 한다)를 관할하는 시장 · 군수 · 구청장에게 해양수산부령으로 정하는 바에 따라 어선원부에 어선의 등록을 하여야 한다. 이 경우 「선박등기법」 제2조에 해당하는 어선은 선박등기를 한 후에 어선의 등록을 하여야 한다.

12) 공증행위란 특정한 사실 또는 법률관계의 존부를 공적으로 증명하는 행위이다.
- ① 등기부, 등록부 등의 등기 · 등록(예: 부동산등기부, 외국인등록부에 등록), ② 각종의 명부, 장부, 원부 등에 등재(예: 선거인명부, 토지대장, 가옥대장, 광업원부에 등재), ③ 각종의 증명서발급(예: 합격증서 발급) 등이 있다.
- 공증행위의 효과는 공증된 사실 또는 법률관계에 대하여 공적 증거력을 발생시킨다. 반증이 있을 때까지 일응 진실한 것으로 추정되는 효력을 가지며, 누구든지 반증을 제시함으로써 그 증거력을 다투고 이를 번복시킬 수 있다. 원칙적으로 공정력을 갖지는 않는다.
- 공정력이란 행정행위의 성립에 하자가 있다고 하더라도, 그것이 중대하고 명백하여 당연히 무효로 인정되는 경우를 제외하고는 권한 있는 기관(처분청 · 감독청 · 행정심판위원회 · 수소법원)에 의하여 취소되기까지 유효한 것으로 통용되는 힘이다.

13) 이상규, 신행정법론(상), 법문사, 1995, 376쪽

'등기'는 법원의 등기소에서 관할한다.[14] 등록 관련법인 선박법과 어선법에서는 등기 대상 선박인[15] 경우에는 우선 등기를 한 후에 등록하도록 규정하고 있다[16].

선박 등록은 국적취득의 효력발생요건이자 선박의 현황을 공시하는 기능을 하며, 선박 등기는 선박에 관한 소유권, 저당권, 임차권과 같은 권리의 공시를 목적으로 한다.

3.2 선박의 정의 및 분류

1) 학술적 정의

선박이란 '물 위에서 사람이나 물건을 싣고 떠다닐 수 있도록 제작된 구조물'이기 때문에 부양성, 적재성, 이동성[17]을 선박의 3요소라고 한다. 그러나 안전하고 경제적으로 항해를 성취하기 위해서는 자력추진능력, 조종성능, 복원성, 내항성 등 추가적인 기능을 갖추어야 실무에 투입될 수 있는 선박이라고 정의 할 수 있을 것이다.

선박은 용도별로 상선, 어선, 군함과 같이 분류하든지, 선적하는 화물의 종류에 따라 원유운반선, 컨테이너선, 건화물선 등으로 분류하든지, 추진기의 종류에 따라 공기부양선, 워터젯 추진선 등으로 분류하는 등 필요에 따라 다양하게 나누어 볼 수 있다.

2) 법률적 정의

선박의 정의나 분류는 법률의 제정 목적에 따라 달라진다.

- 선박의 국적에 관한 사항과 선박톤수의 측정 및 등록에 관한 사항을 규정하고 있는 「선박법」에서는 선박을 수상 또는 수중에서 항행용으로 사용하거나 사용할 수 있는 배 종류로 정의하고 있으며, 동력에 따라 기선, 범선, 부선으로 분류하고 있다. 소형선박이란 총톤수 20톤 미만인 기선 및 범선, 총톤수 100톤 미만인 부선을

---

14) 등록은 일정한 사실 또는 법률관계를 행정청 등에 비치되어 있는 특정장부에 기재하는 것이다. 등기는 일정한 사항을 널리 공시하기 위해 등기소에 비치하는 공부(등기부)에 기재하는 것이다.

15) 선박등기법 제2조(적용 범위) 이 법은 총톤수 20톤 이상의 기선(機船)과 범선(帆船) 및 총톤수 100톤 이상의 부선(艀船)에 대하여 적용한다. 다만, 선박법 제26조제4호 본문에 따른 부선에 대하여는 적용하지 아니한다.

16) 선박등록 신청시 첨부서류
- 등기선박인 경우 : 선박등기부등본 1부, 총톤수측정증명서 사본 1부, 선박등록신청서 1부(선주 도장)
- 미등기선박인 경우 : 총톤수측정증명서 사본 1부, 선박등록신청서 1부(선주 도장), 매매계약서(인감증명서 첨부) 1부, 취득세 영수증 1부

17) 부선이 선박안전법의 등록대상이 아닐 때는 '이동성'이 아닌 '자항성'이 3요소의 하나였다.

말한다(선박법 제1조의2).[18]

- o 선박의 감항성(堪航性) 유지 및 안전운항에 필요한 사항을 규정을 담고 있는 「선박안전법」에서는 선박을 수상(水上) 또는 수중(水中)에서 항해용으로 사용하거나 사용될 수 있는 것(선외기를 장착한 것을 포함한다)과 이동식 시추선·수상호텔 등 해양수산부령[19]으로 정하는 부유식 해상구조물을 말한다(선박안전법법 제2조 제1호).
- o 해사안전 정책과 제도에 관한 기본적 사항을 규정함으로써 해양사고의 방지 및 원활한 교통을 확보하기 위한 규정을 담고 있는 「해사안전기본법」에서는 선박이란 물에서 항행수단으로 사용하거나 사용할 수 있는 모든 종류의 배로 수상항공기(물 위에서 이동할 수 있는 항공기를 말한다)와 수면비행선박(표면효과 작용을 이용하여 수면 가까이 비행하는 선박을 말한다)을 말한다(해사안전기본법 제3조 제2호).
- o 선박과 관련된 사고의 재발방지를 위한 「해양사고의 조사 및 심판에 관한 법률」에서는 선박이란 수상 또는 수중을 항행하거나 항행할 수 있는 구조물로서 대통령령[20]

---

18) 선박법 제1조의2(정의) ① 이 법에서 "선박"이란 수상 또는 수중에서 항행용으로 사용하거나 사용할 수 있는 배 종류를 말하며 그 구분은 다음 각 호와 같다.
  1. 기선: 기관(機關)을 사용하여 추진하는 선박[선체(船體) 밖에 기관을 붙인 선박으로서 그 기관을 선체로부터 분리할 수 있는 선박 및 기관과 돛을 모두 사용하는 경우로서 주로 기관을 사용하는 선박을 포함한다]과 수면비행선박(표면효과 작용을 이용하여 수면에 근접하여 비행하는 선박을 말한다)
  2. 범선: 돛을 사용하여 추진하는 선박(기관과 돛을 모두 사용하는 경우로서 주로 돛을 사용하는 것을 포함한다)
  3. 부선: 자력항행능력(自力航行能力)이 없어 다른 선박에 의하여 끌리거나 밀려서 항행되는 선박
 ② 이 법에서 "소형선박"이란 다음 각 호의 어느 하나에 해당하는 선박을 말한다.
  1. 총톤수 20톤 미만인 기선 및 범선
  2. 총톤수 100톤 미만인 부선

19) 「선박안전법 시행규칙」 제3조(부유식 해상구조물) 「선박안전법」 제2조제1호에서 "해양수산부령으로 정하는 부유식 해상구조물"이란 다음 각 호와 같다.
  1. 이동식 시추선 : 액체상태 또는 가스상태의 탄화수소, 유황이나 소금과 같은 해저 자원을 채취 또는 탐사하는 작업에 종사할 수 있는 해상구조물(항구적으로 해상에 고정된 것은 제외한다)
  2. 수상호텔, 수상식당 및 수상공연장 등으로서 소속 직원 외에 13명 이상을 수용할 수 있는 해상구조물(항구적으로 해상에 고정된 것은 제외한다)
  3. 다음 각 목에 해당하는 기름 또는 폐기물 등을 산적하여 저장하는 해상구조물
   가. 「해양환경관리법」 제2조에 따른 기름
   나. 「폐기물관리법」 제2조에 따른 폐기물
   다. 「하수도법」 제2조에 따른 하수, 분뇨 및 하수도·공공하수도·하수처리구역의 유지·관리와 관련하여 발생되는 준설물질 및 오니류(오염 침전물류)
   라. 「물환경보전법」 제2조제4호에 따른 폐수
   마. 「가축분뇨의 관리 및 이용에 관한 법률」 제2조에 따른 가축분뇨
   바. 선박 및 해양시설에서 사람의 일상적인 활동에 따라 발생하는 분뇨
  4. 법 제41조에 따른 위험물을 산적하여 저장하는 해상구조물

20) 「해양사고의 조사 및 심판에 관한 법률 시행령」 제1조의2(선박의 범위) 「해양사고의 조사 및 심판에 관한 법률」 제2조제2호에서 "대통령령으로 정하는 것"이란 다음 각 호의 것을 말한다. 다만, 다른 선박과 관련 없이 단독으로 해양사고를 일으킨 군용 선박 및 경찰용선박, 그 상호간에 해양사고를 일으킨 군용 선박 및 경찰용 선박, 그 밖에 해양수산부장관이 정하여 고시하는 수상레저기구는 제외한다.
  1. 동력선(기관을 사용하여 추진하는 선박을 말하며, 선체의 외부에 추진기관을 붙이거나 분리할 수 있는 선박을

으로 정하는 것을 말한다(해양사고심판법[21] 제2조 제2호).

- ㅇ 선박, 해양시설, 해양공간 등 해양오염물질을 발생시키는 발생원을 관리하고, 기름 및 유해액체물질 등 해양오염물질의 배출을 규제하는 등 해양오염을 예방, 개선, 대응, 복원하는 데 필요한 사항을 정하고 있는 「해양환경관리법」에서 선박이란 수상(水上) 또는 수중(水中)에서 항해용으로 사용하거나 사용될 수 있는 것(선외기를 장착한 것을 포함한다) 및 해양수산부령[22]이 정하는 고정식·부유식 시추선 및 플랫폼을 말한다(해양환경관리법 제2조 제16호).
- ㅇ 「상법」에서 선박이란 상행위나 그 밖의 영리를 목적으로 항해에 사용하는 선박을 말한다(상법 제740조).

3.3 선박국적증서

선박국적의 증명 방법으로는 국기(flag), 등록(registration), 증명서(documentation) 등이 사용된다. 통상 외관상으로 선박에게 국가적 성격을 부여한 명백한 증거로는 국기의 게양을 들 수 있다. 이는 국기의 제정과 게양권 부여에 관하여 각 국가의 국내법의 요건에 의해 부여하는 것이 국제관습법으로 확립되어 있으므로 각 선박의 국기게양은 이러한 국적의 추정을 가능하게 한다. 선박에게 국적을 부여하고 국기게양권을 허가하는 구체적인 방법은 등록이다.[23]

선박이 등록되면 선박국적증서를 발급한다. 선박국적증서에는 선박의 개성 내지 동일성을 표시하는 사항과 소유자에 관한 사항이 기재된다.

구체적으로 선박번호, IMO번호, 호출부호, 선박의 종류, 선박의 명칭, 선적항, 선질(船質)[24], 범선의 범장(帆裝), 선박의 장·폭·심 치수, 총톤수, 폐위 장소의 합계 용적, 제외 장소의 합계 용적, 기관의 종류와 수, 추진기의 종류와 수, 조선지, 조선자, 진수일 및 소유자가 있다.[25]

포함한다)
2. 무동력선(범선과 부선을 포함한다)
3. 수면비행선박(표면효과 작용을 이용하여 수면에 근접하여 비행하는 선박을 말한다)
4. 수상에서 이동할 수 있는 항공기

21) 법령의 명칭이 긴 경우에는 약칭을 사용한다.

22) 「선박에서의 오염방지에 관한 규칙」 제7조(고정식·부유식 시추선 및 플랫폼) 법 제2조제16호에서 "해양수산부령이 정하는 고정식·부유식 시추선 및 플랫폼"이란 「해저광물자원 개발법」 제2조제2호에 따른 해저광업을 위한 고정식·부유식 시추선 및 플랫폼을 말한다.

23) 이윤철·김진권·홍성화, 해사법규 신강, 다솜, 2016, 35쪽

24) 선박총톤수 측정증명서에 기재된 선체의 구성재료를 말한다.

유엔해양법협약에 따라 선박은 하나의 국적만을 가질 수 있다. 편의에 따라 국기를 변경하여 게양하는 선박은 무국적선으로 간주될 수 있다.[26]

선박법에 따른 대한민국 선박이라 함은 ① 국유 또는 공유의 선박, ② 대한민국 국민이 소유하는 선박, ③ 대한민국의 법률에 따라 설립된 상사법인(商事法人)이 소유하는 선박, ④ 대한민국에 주된 사무소를 둔 제3호 외의 법인으로서 그 대표자(공동대표인 경우에는 그 전원)가 대한민국 국민인 경우에 그 법인이 소유하는 선박을 말한다(법 제2조). 대한민국 선박으로 등록되면 국기게양권(제5조), 불개항장 기항권[27]과 국내 연안무역권(제6조) 등을 갖는다.

25) 「선박법 시행규칙」 제11조(등록사항)

① 지방청장은 제10조에 따라 선박의 등록신청을 받았을 때에는 별지 제7호서식의 선박원부(船舶原簿)에 다음 각 호의 사항을 등록하여야 한다.

1. 선박번호 / 2. 국제해사기구에서 부여한 선박식별번호(IMO번호) / 3. 호출부호 / 4. 선박의 종류 / 5. 선박의 명칭 / 6. 선적항 / 7. 선질(船質) / 8. 범선(帆船)의 범장(帆裝)

9. 선박의 길이[최소 형(型) 깊이의 85퍼센트의 위치에서 계획만재흘수선에 평행한 흘수선 전장(全長)의 96퍼센트와 그 흘수선상의 선수재(船首材)전면으로부터 타두재(舵頭材) 중심선까지의 거리 중 긴 것을 말한다. 이하 같다]

10. 선박의 너비[선박 길이의 중앙에서 금속제 외판(金屬製 外板)이 있는 선박의 경우에는 늑골 외면(肋骨 外面) 간의 최대너비를 말하고, 금속제 외판 외의 외판이 있는 선박의 경우에는 선체 외면(船體 外面) 간의 최대너비를 말한다. 이하 같다]

11. 선박의 깊이[선박 길이의 중앙에서 금속제 외판이 있는 선박의 경우에는 용골(龍骨)의 윗면으로부터, 금속제 외판 외의 외판이 있는 선박의 경우에는 용골의 아랫면으로부터 선측에 있어서의 상갑판의 아랫면까지의 수직거리를 말한다. 이하 같다]

12. 총톤수 / 13. 폐위장소(蔽圍場所)의 합계용적 (각목 이하 생략) / 14. 제외 장소의 합계용적 (각목 이하 생략) / 15. 기관의 종류와 수 / 16. 추진기의 종류와 수 / 17. 조선지 / 18. 조선자 / 19. 진수일

20. 소유자의 성명·주민등록번호(법인인 경우에는 그 명칭과 법인등록번호) 및 주소

21. 선박이 공유인 경우에는 각 공유자의 지분율

② 제1항의 선박원부는 전자적 처리가 불가능한 특별한 사유가 있는 경우를 제외하고는 전자적 방법으로 작성·관리하여야 한다.

26) 유엔해양법협약 제92조(선박의 지위)

1. 국제조약이나 이 협약에 명시적으로 규정된 예외적인 경우를 제외하고는 선박은 어느 한 국가의 국기만을 게양하고 항행하며 공해에서 그 국가의 배타적인 관할권에 속한다. 선박은 진정한 소유권 이전 또는 등록변경의 경우를 제외하고는 항행중이나 기항중에 그 국기를 바꿀 수 없다.

2. 2개국 이상의 국기를 편의에 따라 게양하고 항행하는 선박은 다른 국가에 대하여 그 어느 국적도 주장할 수 없으며 무국적선으로 취급될 수 있다.

27) 불개항장은 관세법상 외국과의 무역이 허용되지 않는 항구이므로 실무에서는 밀수, 밀입국 등을 방지하고자 대한민국 선박이라 하더라도 국제항해선박이 불개항장에 출입항하려면 세관장의 허가를 받도록 하고 있다.

〈그림 1-3〉 목포해양대학교 실습선의 국적증서(영문 예시)

CERTIFICATE OF VESSEL'S NATIONALITY

Cert. No 14-01

Owners	Name : REPUBLIC OF KOREA(Ministry Of Education) Address : 91, Haeyangdaehak-ro, Mokpo-si, Jeollanam-do, Korea

Official Number MPR-0[illegible]	Gross Tonnage 4,701 tons
IMO Number 92[illegible]	Total Capacity of Enclosed Spaces
Signal Letters -	16,531.764 cubic metres
Kind of Vessel Motor Vessel	Under the Upper Deck
Name of Vessel SAE NURI	10,675.162 cubic metres
Port of Registry MOKPO	Closed-in Spaces above the Upper
Material of Hull STEEL	Deck 5,856.602 cubic metres
Riggings(if a Sailing Vessel) -	Forecastle 919.407 cubic metres
Type and Number of Engines DIESEL × 1	Bridge cubic metres
Kind and Number of Propellers SCREW × 1	Poop cubic metres
Where Built ULSAN, KOREA	Deck House 4,748.711 cubic metres
Name of Builders	Other Spaces 188.484 cubic metres
HYUNDAI HEAVY INDUSTRIES CO., LTD.	Total Capacity of Exempted Spaces
Date of Launch 6TH. DEC. 2002	cubic metres
Main Dimensions: Length 94.17 metres, Breadth 15.60 metres, Depth 7.30 metres	Forecastle cubic metres Bridge cubic metres Poop cubic metres Deck Houses cubic metres Other Spaces cubic metres

It is hereby certified that the above described particulars are exact in all respect, and the above mentioned vessel is of Korean Nationality.

The day of 25TH MAR 2014

REPUBLIC OF KOREA

It is hereby certified that the above is a true translation of "Certificate of Vessel's Nationality" of the above mentioned vessel.

The day of 25TH MAR 2014

Director General of Mokpo Regional Maritime Affairs and Port Administration

〈그림 1-4〉 한국해양대학교 실습선의 국적증서(국문 예시)

선박국적증서

제 2019 - 29 호

소유자		
소유자	성 명	국(교육부)
	주 소	부산광역시 영도구 태종로 727,(동삼동)

선 박 번 호	BSR-19
총 톤 수	9,196 톤
I M O 번 호	980
호 출 부 호	D7TU
선 박 의 종 류	기선
선 박 의 명 칭	한나라
선 적 항	부산광역시
선 질	강
범 선 의 범 장	
기관의 종류와 수	디젤엔진 1 기
추진기의 종류와 수	나선 1 대
조 선 지	부산광역시
조 선 자	(주)한진중공업
진 수 일	2018년04월05일
주요치수 길이	121.78 m
주요치수 너비	19.40 m
주요치수 깊이	11.05 m

용적	
폐위 장소의 합계용적	31,711.570 m³
상갑판 아래의 용적	18,992.852 m³
상갑판 위의 용적	12,718.718 m³
선수루의 용적	1,778.337 m³
선교루의 용적	— m³
선미루의 용적	— m³
갑판실의 용적	9,916.986 m³
그 밖의 장소의 용적	1,023.395 m³
제외 장소의 합계용적	— m³
선수루의 용적	— m³
선교루의 용적	— m³
선미루의 용적	— m³
갑판실의 용적	— m³
그 밖의 장소의 용적	— m³

비 고	제원등록

위의 사항은 정확하며 이 선박은 대한민국의 국적을 가지고 있음을 증명합니다.

2019년 01월 18일

대한민국 [부산지방해양수산청장

3.4 선박의 톤수

선박과 관련된 제도는 대부분 선박의 톤수에 따라 적용여부를 결정한다.

선박법에 따른 소형선박이란 ① 총톤수 20톤 미만인 기선 및 범선, ② 총톤수 100톤 미만인 부선을 말한다. ② 선박입출항법에서 다른 선박의 진로를 피하여야 하는 선박을 일컫는 '우선피항선' 중에는 총톤수 20톤 미만의 선박이 포함된다. ③ 해상교통안전법에서 안전관리체제(ISM Code) 수립대상 선박 중의 하나로 해상화물운송사업에 종사하는 총톤수 500톤 이상의 선박을 지정하는 등 선박의 톤수는 여러 법률과 상사 문서에서 다양하게 사용된다.

톤수 중에 가장 기본이 되는 톤수는 총톤수이며, 각국의 총톤수 측정방식이 달라서 동일한 선박이라도 국가별로 총톤수가 서로 달라 질 수 있는 상황을 개선하기 위하여 국제적으로 통일을 기한 총톤수를 국제총톤수라고 한다.[28]

톤(ton)이라는 용어는 나무로 만든 술통의 고어인 튠(tun)에서 기원하였으며[29], 선박의 크기를 나타내기 위하여 몇 통(tun)이나 선적할 수 있는지 표시하면서 사용된 용어로 알려져 있다. 따라서 당초에는 부피를 나타내는 단위였다고 볼 수 있겠으나 현재는 부피톤수와 무게톤수가 함께 쓰인다.[30]

---

28) 선박법 제3조(선박톤수) ① 이 법에서 사용하는 선박톤수의 종류는 다음 각 호와 같다.
  1. 국제총톤수: 「1969년 선박톤수측정에 관한 국제협약」(이하 "협약"이라 한다) 및 협약의 부속서(附屬書)에 따라 주로 국제항해에 종사하는 선박에 대하여 그 크기를 나타내기 위하여 사용되는 지표를 말한다.
  2. 총톤수: 우리나라의 해사에 관한 법령을 적용할 때 선박의 크기를 나타내기 위하여 사용되는 지표를 말한다.
  3. 순톤수: 협약 및 협약의 부속서에 따라 여객 또는 화물의 운송용으로 제공되는 선박 안에 있는 장소의 크기를 나타내기 위하여 사용되는 지표를 말한다.
  4. 재화중량톤수: 항행의 안전을 확보할 수 있는 한도에서 선박의 여객 및 화물 등의 최대적재량을 나타내기 위하여 사용되는 지표를 말한다.

  ② 제1항 각 호의 선박톤수의 측정기준은 해양수산부령으로 정한다.

29) Michael Corkhill, The Tonnage Measurement of Ships, Fairplay Pub., 1980, p. 2

30) 톤의 종류(출처: 선박행정의 변천사 부록, 선박검사기술협회 · 한국선급, 2003, 7쪽)
  1. 화물운임의 계산단위
  선박에 적재할 수 있는 화물의 양(量)은 그 화물의 부피와 무게 양면에서 제한을 받게 되므로, 운임을 합리적으로 결정하기 위하여서는 무게에 비하여 부피가 큰 화물, 즉 용적화물(measurement cargoes)은 그 용적이 운임계산의 단위가 되고, 부피에 비하여 무게가 큰 화물, 즉 중량화물(weight cargoes)은 그 무게가 운임계산의 단위가 된다. 앞의 운임계산 단위를 '용적톤'(measurement ton, M/T)이라 하고, 뒤의 운임계산 단위를 '중량톤'(weight ton)이라고 한다.
  2. 용적톤
  화물의 부피 40 ft3(1.1327 m3)을 1톤으로 한다. 따라서 화물이 그 부피 40 ft3의 무게가 1 중량톤 이하인 때에는 용적화물로 되고, 1 중량톤을 넘을 때에는 중량화물로 된다.
  3. 중량톤
  중량톤에는 각 국의 관습에 따라 다음 3가지가 있다.
  - 1 long ton (L/T) = 2,240 lbs = 1,016.05 kg
  - 1 metric ton (또는 kilo ton, K/T) = 1,000 kg = 2,204.62 lbs

〈표 1-3〉 선박 톤수의 구분

톤수의 종류	용도	비고
총톤수 (Gross Tonnage, GT)	우리나라의 해사에 관한 법령을 적용할 때 선박의 크기를 나타내기 위하여 사용되는 지표 ▸ 선박의 밀폐된 내부 총 용적 ▸ 선박의 수용 능력을 나타내어 등록세, 도선료, 계선료 등의 과세나 수수료 산출 기준으로 사용됨[31]	부피 톤수
국제총톤수	「1969년 선박톤수측정에 관한 국제협약」에 따라 주로 국제항해에 종사하는 선박에 대하여 그 크기를 나타내기 위하여 사용되는 지표	부피 톤수
순톤수 (Net Tonnage, NT)	「1969년 선박톤수측정에 관한 국제협약」에 따라 여객 또는 화물의 운송용으로 제공되는 선박 안에 있는 장소의 크기를 나타내기 위하여 사용되는 지표 ▸ 순수하게 여객, 화물수송에 사용되는 공간의 용적 ▸ 총톤수에서 선원실, 기관실, 선용품, 창고 등 선박의 운항에 필요한 장소를 뺀 용적으로 운하통과료, 항세, 톤세 등의 산출기준으로 활용됨	부피 톤수
배수톤수 (Displacement Tonnage, DT)	선박의 총 무게는 선박의 기동성에 영향을 미치므로 주로 군함의 크기기준으로 사용됨 ▸ 선체가 물에 떠 있을 때 그 무게로 수면 아래로 잠기는 만큼 밀려나는 물(배수)의 중량	무게 톤수
재화중량톤수 (Deadweight Tonnage, DWT)	항행의 안전을 확보할 수 있는 한도에서 선박의 여객 및 화물 등의 최대적재량을 나타내기 위하여 사용되는 지표 ▸ 순수한 화물 무게에 더하여 항해에 필요한 연료, 청수, 식량 등의 중량을 포함한 무게 ▸ 만재배수톤수 - 경하배수톤수 = 재화중량톤수 ▸ 선박의 매매, 용선계약 상거래의 기준에 사용됨	무게 톤수

- 1 short ton (S/T) = 2,000 lbs = 907.18 kg

31) 세금이나 사용료 징수에 사용되는 톤수는 국가별로 다를 수 있다.

〈그림 1-5〉 톤수 종류별 선박의 측정 개소

Gross Tonnage (GT)

- Measure of the total interior volume of a ship
- Moulded volume of all enclosed spaces of a ship

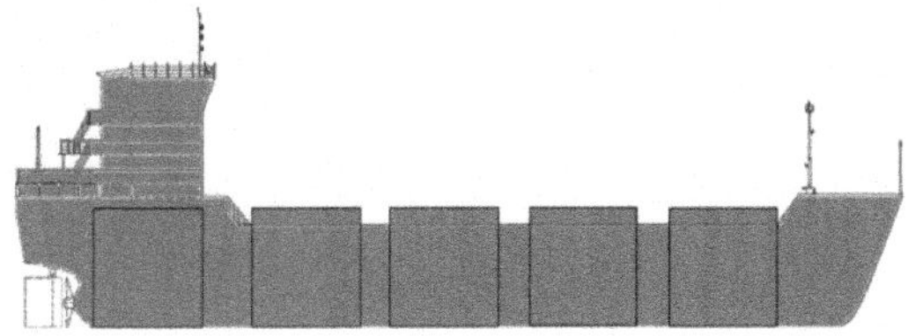

Net Tonnage (NT)

- Measure of the total interior volume of a ship's cargo spaces
- Moulded volume of all cargo spaces of a ship

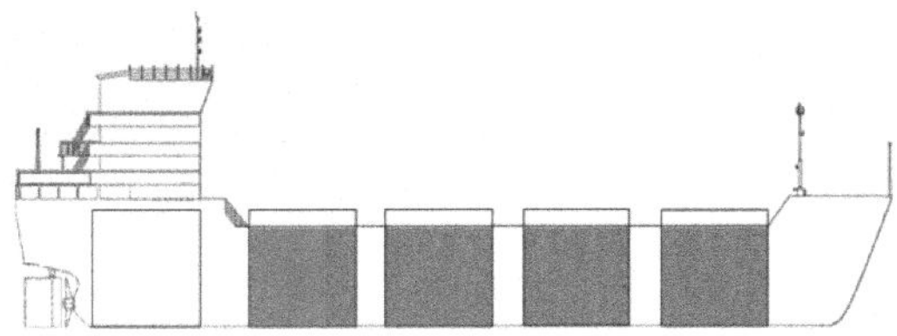

Displacement Tonnage (DT)

- Weight of the volume of water displaced by a ship.
- Loaded displacement, Light displacement

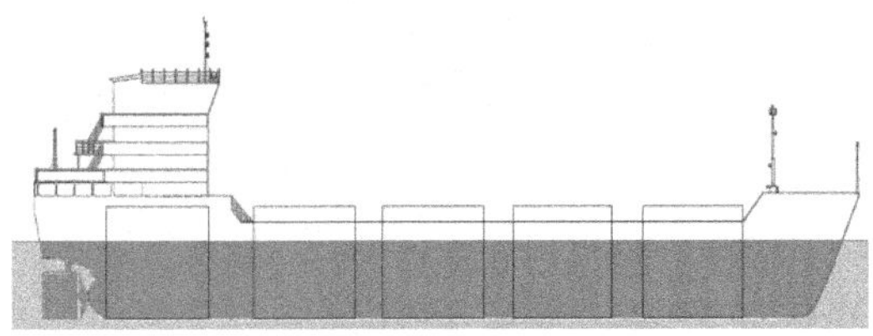

Deadweight Tonnage (DWT)

- Weight of all variables such as cargo, fuel, fresh water, ballast water, provisions, passengers, and crew loaded on a ship.
- Full load displacement tonnage − Light displacement tonnage = DWT

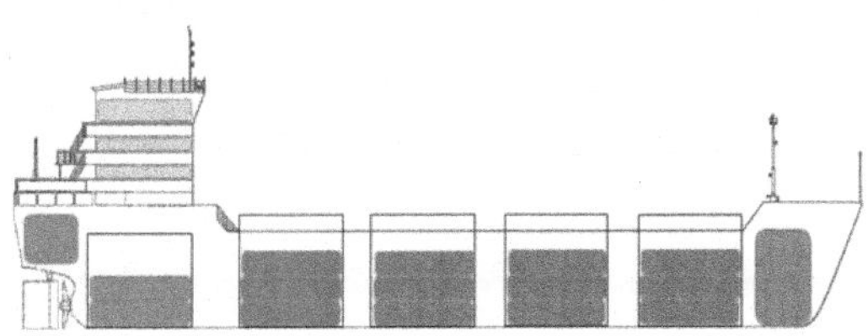

제 2 장

국제해사기구와 주요 안전제도

제2장 국제해사기구와 주요 안전제도

1. 국제해사기구(IMO)

1.1 설립 연혁

국제해사기구(IMO)는 선박 운항과 관련된 안전 및 보안 확보, 해양환경 보호와 효율적인 해운 진흥에 필요한 법적 문제 해결을 위한 정부간 협의체이다.

1889년에 워싱턴에서 첫 번째 국제해사회의(International Maritime Conference)[32]가 개최되어 영속적으로 해사문제를 다루는 기구의 설립에 관한 논의가 있었다. 그러나 당시에는 바람직하지만 시기상조라고 여겨졌다.

1912년에 타이타닉호 침몰사고가 발생하자 1913년 11월 12일에 런던에서 13개국이 참가한 국제회의가 개최되었으며, 1914년 1월에 국제해상인명안전협약(International Convention for the Safety of Life at Sea, 이하 'SOLAS협약'이라 한다)을 채택하였다. 그러나 곧이어 발생한 제1차 세계대전의 여파로 비준·시행되지는 못하였다.

이어 1929년 4월에 런던에서 18개국이 참가하여 개최된 제2회 국제해상인명안전회의(International Conference on Safety of Life at Sea)에서 1929년 SOLAS협약을 채택하였다.[33] 기본적인 내용은 1914 SOLAS협약과 같았으며 몇 가지 규정을 신설하고 기존 규정을 일부 개정한 것이다.[34] 같은 해 5월말에 비준이 완료되어 1933년 1월

32) 영국 상무성(Board of Trade)이 프랑스 정부와 협의하여 1863년에 제정한 해상충돌예방규칙(Regulations for Preventing Collisions at Sea)은 그 해부터 시행되었는데, 1864년 말에 이르기까지 미국 및 독일을 포함하여 30개국이 넘는 해운국들이 이에 동참하였다. 그 뒤 해상에서의 인명과 재산의 안전을 증진하기 위한 통일규칙을 의정(議定)하기 위하여, 미국 정부의 발의로 28개국의 대표가 참석한 제1회 국제해사회의(International Maritime Conference)가 1889년 10월에 워싱턴에서 개최되어, 당시 국제적으로 시행되고 있던 위의 1863년 규칙을 보다 상세하고 명확하게 개정하여, 세계 공통의 국제해상충돌예방규칙(International Regulations for Preventing Collisions at Sea)을 성립시켰다. 1910년에는 브뤼셀에서 다시 국제해사회의를 개최하여 1910년 규칙을 채택하였다.(출처: 선박검사기술협회·한국선급. 「선박행정의 변천사」. 2003)

33) 두 개의 부속서가 있었으며, 그중 하나는 해상충돌예방에 관한 것이었다.

34) 1929년 SOLAS협약은 1914년 SOLAS협약에 아래 사항을 추가하여 국제항해에 종사하는 여객선과 총톤수

1일부로 발효되었다.

1930년 5월에 런던에서 30개국이 참가하여 국제만재흘수선회의(International Load Line Conference)가 개최되었으며 7월 5일에 국제만재흘수선협약(International Conference on Load Lines)을 채택하였다.

제1차 세계대전 후인 1920년에 국제연맹이 설립되었으며 해사분야의 국제 협력을 증진시키고자 노력하였으나 국제연맹 체제는 해사분야에서 해결해야 할 여러 문제에 대해 효과적으로 대응하지 못했다.[35)]

1926년에 국제법협회(International Law Association)와[36)] 1934년에 국제법학회(Institute of International Law)에서[37)] 해운분야를 다루는 국제기구의 설립 주장을 펼쳤으나 성공하지 못하였고, 제2차 세계대전 직후에야 몇 가지 실질적인 진전이 국제연합(UN)을 통해 이루어졌다.[38)]

1945년에 전승국을 중심으로 국제연합(UN)이 창설된 이후 국제연합(UN)이 국제기구 설립 임무를 물려받았다. 해사문제는 UN 경제사회이사회(ECOSOC)의 운수통신위원회(Transportation and Communications Commission)에서 다루어졌다.[39)]

UN 경제사회이사회(ECOSOC)는 당시 해사연합자문회의(United Maritime Consultative

1,600톤 이상의 비 여객선에 적용하도록 하였다. 검사에 합격한 여객선에 안전증서, 비 여객선에는 안전무선전신증서를 교부하고, 적용이 면제된 모든 선박에 면제증서를 교부하기로 규정하였다.

① 구획만재흘수선의 지정과 표시

② 배수장치

③ 복원성시험

일반선박에 대해서는 1914년 협약에 다음과 같은 사항이 추가되었다.

① 기상관측 및 그 통보방법

② 조타명령을 직접방법으로 개정

③ 조난신호를 접수한 선박의 조치사항

④ 신호등 및 무선방위 측정기의 비치

35) (출처) Carl E MacDowell & Helen Gibbs, 1999, Ocean transportation, Beard Books, Washington, D.C. p. 440

36) 1873년 벨기에 브뤼셀에서 창설되었다. 현재 런던에 본부를 두고 전세계 63개 지부를 두고 있다. 국제법학자, 정부관계자, 상공업, 해상(海商)에 관한 실무자까지도 회원으로 두고 있으며, 1921년에 해상 물품운송상의 면책약관(免責約款) 규칙인 '헤이그 규칙' 채택에 공헌하였다.

37) 1873년 벨기에 겐트(Ghent Town Hall)에서 유럽 제국(諸國)의 학자 10명이 모여 발족하였다. 1904년에 국가간 분쟁의 평화적 해결을 위한 노력을 인정받아 노벨평화상을 수상한 바 있으며, 현재 정회원 60명, 준회원 72명으로 구성되어 있다.

38) (출처) Mukherjee P. K. & Mark Brownrigg, Farthing on International Shipping, Springer, pp. 64~65

39) 국제연합(UN) 경제사회이사회(ECOSOC) 운수통신위원회는 항공, 해운, 통신 및 우편의 4개 분야를 취급할 전문기구의 설치를 권고하였다. 특히 해운분야에 정부간 국제기구가 없음을 지적하고 해운의 기술적 측면을 다루게 될 영구적인 기구설립의 필요성을 강조하는 보고서를 제출하였다. UN의 개념은 하나의 지붕 아래 해사문제를 하나로 모아 기구를 만들고 특별기구 집단을 구성하는 것이었다. 국제무선통신연합(International Tele-communication Union), 정부간항공기구(Intergovernmental Civil Aviation Organization), 세계기상기구(World Meteorological Organization), 세계보건기구(World Health Organization), 국제노동기구(International Labour Organisation)를 포괄하는 것으로 이 기구들이 현재 15개 특별기구를 구성하고 있다.

Council)에 해사분야의 국제기구 설립을 위한 협약 초안을 작성케 하였고, 1948년 3월에 스위스의 제네바에서 열린 UN해사회의(UN Maritime Conference)에서 채택됨으로써 기구 설립의 근거가 마련되었다.

설립논의 당시 영국, 노르웨이 등 전통 해운강국들은 가능한 한 통제 기능이 약한 UN 경제사회이사회(ECOSOC) 산하 전문위원회 형태로 설치할 것을 제안하였지만 다수의 개발도상국들은 실질적 권한을 가진 독립적 기구를 설치하여 해운 선진국의 차별적 해운 관행을 통제할 수 있기를 기대했다. 그 절충안으로 UN 산하의 기술적 자문의 성격을 지닌 전문기구로 설립한다는 IMCO 설립협약이 채택되었다.[40]

그러나 해운의 상업적 성격을 배제한 채 기술적 문제만을 자문하는 기구의 성격에 따라 IMCO 설립협약은 채택된 후 상당 기간 동안 발효요건이[41] 충족되지 못했으나, 설비 표준화와 안전조치에 대한 필요성이 높아지자 협약 채택 후 10년이 지난 1958년 3월 17일에 비로소 발효되었다.

〈그림 2-1〉 1959년 IMO 창립총회 전경(좌), 현재 회의 전경(우)

IMCO는 그 이듬해인 1959년 1월에 런던에서 창립총회를 개최하고 UN 산하 12번째 특별기구로 탄생하였다. UN 경제사회이사회(ECOSOC)에는 총 15개의 특별기구(specialized agencies)가 속해 있다. IMCO가 해운의 기술적인 문제만을 다루기로 함에 따라 UN무역개발회의(UNCTAD)는[42] 1965년에 해운위원회를 설치하여 해운의 상업적 문제, 즉 보험개방, 등록, 운임률, 해운동맹의 관행 등에 관한 문제를 다루기로 하였다.

IMCO는 기구의 기능과 역할을 강화하기 위하여 1975년 제9차 총회에서 기구의 명칭을 IMCO에서 IMO로 개정할 것을 채택하여[43] 발효요건이 충족된 1982년 5월 22일

40) 해양수산부, 2016, 해양수산 통합행정 20년 발전사
41) 100만톤 이상을 보유한 7개국을 포함한 21개국의 수락
42) (UNCTAD) United Nations Conference on Trade and Development

IMO로 새롭게 탄생하였으며, 영국 의사당으로부터 대각선 방향으로 템즈강 건너편에 건물에 자리 잡았다.

〈그림 2-2〉 IMO 회의장 입구의 조형물(좌), ISOLAS협약 초판본(우)

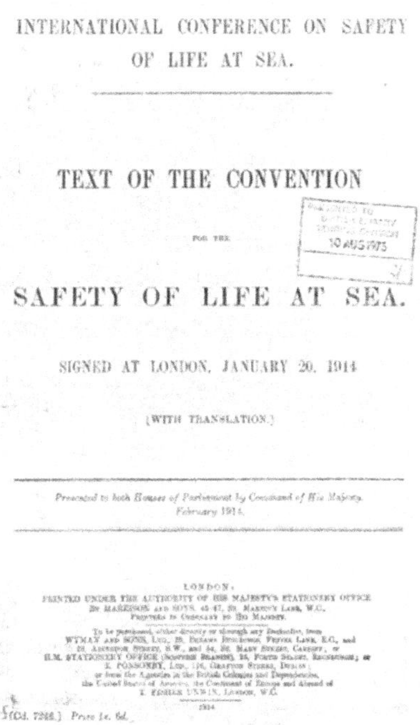

INTERNATIONAL CONFERENCE ON SAFETY OF LIFE AT SEA.

TEXT OF THE CONVENTION

FOR THE

SAFETY OF LIFE AT SEA.

SIGNED AT LONDON, JANUARY 20, 1914

(WITH TRANSLATION.)

Presented to both Houses of Parliament by Command of His Majesty. February 1914.

LONDON:

1.2 IMO 조직 및 역할[44]

IMO협약(IMO Convention) 제11조에 따른 정규 조직은 총회, 이사회, 해사안전위원회, 법률위원회, 해양환경보호위원회, 기술협력위원회, 간소화위원회와 사무국이다. 이 외에도 기구에서 필요하다고 여길 경우에는 하부 조직을 갖출 수 있도록 하고 있다.[45]

2022년을 기준으로 175개 회원국과 3개의 준회원국으로 구성되어있으며, IMO와 협력약정을 체결하고 회의에 참관(Observers)하는 정부간 국제기구(IGO) 66개, IMO의

43) (출처) IMO, Res.A.358(IX)

44) (출처) 김인철 · 조익순, 해사안전행정론, 두남, 2020, 167~194쪽

45) IMO Convention. Article 11 (Organs) The Organization shall consist of an Assembly, a Council, a Maritime Safety Committee, a Legal Committee, a Marine Environment Protection Committee, a Technical Cooperation Committee, a Facilitation Committee and such subsidiary organs as the Organization may at any time consider necessary; and a Secretariat.

승인을 거쳐 자문역할을 부여받은 비정부간 국제기구(NGO) 85개가 등록되어 있다.[46]

우리나라는 1959년에 IMO 가입을 신청하였으며, 1962년 4월 10일에 가입효력이 발생하여 회원국이 되었다.

사무국을 제외한 IMO의 정규 조직(Organs)은 독립적으로 활동하는 정기 회의체이다. 총회, 이사회, 각 위원회와 런던협약[47] 회의체에서는 많은 임무와 관련된 결의서를 채택할 수 있다.

〈그림 2-3〉 IMO 조직도

각 회의체는 의장단을 스스로 선출하며 임기는 1년이지만 이후 4년까지 연임할 수 있어 총 5년까지 임기를 가질 수 있다. 특별한 경우에는 1년을 더 연임할 수 있다. 이사회 의장단의 임기는 2년이며 이후 4년까지 연임할 수 있어 총 6년이 가능하지만 특별한 경우에는 2년 더 연임할 수 있다. 다만 총회는 매번 새로이 의장단을 구성한다.

위원회는 각 전문위원회에 의제 검토를 요청할 수 있으며, 전문위원회는 위원회에 업

46) (출처) http://www.imo.org/en/About/Membership/Pages/MemberStates.aspx

47) London Convention (LDC, LC) and London Protocol (LP)

무성과를 보고하고, 위원회는 이사회를 거쳐 총회에 업무결과를 보고한다. 각 조직은 이사회를 제외하고는 모든 회원국으로 구성된다.

IMO의 공식 언어(official languages)는 아랍어, 중국어, 영어, 프랑스어, 러시아어 및 스페인어로 6개이며, 실무 언어(working languages)는 영어, 프랑스어 그리고 스페인어로 3개이다. IMO 회의체에서 발언은 공식 언어 중 하나로 이루어지며, 이를 다른 5개의 공식 언어로 통역한다. 그러나 회의 의제(agenda)에 관한 모든 서류는 실무 언어로 발행되기 때문에 아랍어, 중국어, 러시아어로는 문서가 제공되지 않는 차이가 있다.48)

1) 총회(Assembly)

총회는 IMO의 최고 의결기관으로 모든 회원국이 참여할 수 있으며 매 2년마다 한 번씩 개최된다. 첫 회의가 1959년에 개최되어 지금도 홀수 연도마다 총회가 개최되고 있다.

임시총회는 회원국의 3분의1 이상이 총회소집 요청을 사무총장에게 통고하거나, 이사회가 필요하다고 인정하는 경우에 통고 후 60일 이내에 소집된다. 총회의 의사정족수는 준 회원국을 제외한 회원국의 과반수이다.

총회의 의장단은 매 총회마다 의장 1명과 부의장 2명을 선발하므로 임기 2년으로 볼 수 있다. 다른 회의체 의장을 'Chair'라고 부르는 반면에 총회는 'President'라고 부른다. 의장단은 주로 영국에 주재하는 각국 대사들이 맡는다.

총회의 주요 기능은 다음과 같다.

- o 정기총회 기간 중 정회원국에서 의장 1명 및 부의장 2명 선출
- o 협약에서 별도로 정하는 경우를 제외하고 자체 의사규칙 채택
- o 이사회의 권고에 따라 임시 또는 상설의 하부조직 설치
- o 이사국 선출
- o 이사회 보고서의 심의 및 필요한 사항의 결정
- o 작업계획의 승인 및 예산과 재정계획 표결
- o 비용에 대한 검토 및 결산의 승인
- o 기구의 기능 수행을 위하여 총회는 이사회에 검토나 권고를 의뢰하고, 이사회의 검토사항이 총회에서 수락되지 않는 경우는 총회에서 검토한 사항을 반영하여 재

48) 문서는 실무 언어로 작성하지만 2021년에 개최된 제32차 총회에서 'IMO협약'은 아랍어, 중국어와 러시아어로도 제공하기로 결의하였다.

검토 의뢰

- 해사안전, 해양오염방지에 관한 각종 규칙 및 지침을 회원국에게 채택하도록 권고
- 개발도상국의 특별한 수요를 감안하여 기술협력의 증진에 필요한 조치
- IMO에서 토의된 국제협약의 제정 또는 개정을 위한 국제회의의 소집
- 이사회에 대하여 IMO의 업무범위에 속하는 모든 사항에 대한 검토 또는 결정 의뢰(회원국에 대한 안전 및 환경 제도와 지침에 대한 채택권고 제외)

총회는 기구의 최고 의결기관임에도 불구하고 이사회를 거쳐 상정된 하부조직의 권고와 결정을 추인하는 역할을 주로하며, 2년에 한 번씩 개최되기 때문에 실질적 권한은 그리 크지 않으나 국제협약의 이행권고 및 이사국 선출 등의 업무에 따라 외교적 성격이 가장 강한 회의체이다.

2) 이사회(Council)

이사회가 총회보다 실질적 권한을 행사하고 있는 것은 제2차 세계대전 전승국을 중심으로 한 해운 선진국의 영향력이 지배적이었던 설립 당시의 상황을 반영하고 있다고 볼 수 있다.

이사회는 IMO의 여러 회의체 중에서 현재까지도 유일하게 의결권이 이사국으로만 제한되는 회의체이다. 따라서 이사국의 구성은 초창기부터 지금까지 논쟁의 대상이었다.

이사국의 수는 창립 당시 16개국이었으나 1964년 IMO협약의 1차 개정으로 18개국, 1974년 2차 개정에 의해 24개국, 1979년 3차 개정에 의해 32개국, 1993년 4차 개정으로 40개국으로 확대되었다.

2021년에 개최된 제32차 총회에서 제5차 개정안[49]이 채택되어 이사회 위원국의 임기를 4년으로 연장하고 이사회 규모를 52명으로 확대하였다. 그리고 늘어나는 이사국 수에 맞추어 이사회의 정족수(quorum)를 34개국으로 확대하였다. 그러나 2022년 현재 발효요건[50]이 충족되지 않았으나 머지않아 발효될 것으로 기대된다.

이사국은 카테고리 A와 B에 각각 12개국, 카테고리 C에 28개국을 분배하기로 하였다.[51]

49) IMO협약 제17조, 제18조, 제19조 및 제81조가 개정

50) 준회원국을 제외한 현 IMO 회원국 175개국 중 2/3 이상인 117개국의 수락이 필요하다.

51) 제31차 총회(2019년)의 요청에 따라 이사회는 IMO협약 제16조, 제17조, 제18조, 제19(b)조의 개정안과 관련 결의서를 확정하였으며, 제32차 총회(2021년) 개회 6개월 전 회원국에 회람되었으나 아직 발효되지는

우리나라는 1991년에 개최된 제17차 총회에서 C그룹 이사국으로 선출되었으며, 2001년 제22차 총회에서 A그룹 이사국으로 진출하였다.[52)]

현재 유효하게 시행되고 있는 1993년 IMO협약에 따르면 이사국의 임기는 2년으로 재선이 가능하며, 범주는 A, B 및 C로 구분되어 있고 각각의 구분 요건은 다음과 같다.

- o A그룹 이사국은 10개국으로 국제 해상운송 서비스 제공에 최대 영향을 미치는 회원국이다.
- o B그룹 이사국은 10개국으로 국제 해상무역에 최대 영향을 미치는 회원국이다.
- o C그룹 이사국은 20개국으로 A그룹 및 B그룹을 제외하고, 지역적 대표성을 가지고 해상운송이나 항해에 특별한 영향력을 가지는 회원국이다.

주로 A그룹은 선주국 또는 해운국, B그룹은 화주국, C그룹은 지역대표국이라 한다.

이사회의 주요 기능은 다음과 같다.

- o 각 위원회의 보고, 제안 및 권고에 대한 접수 및 총회에 제출
- o 사무총장 선출 · 임명[53)]
- o 기구의 활동에 대하여 정기 총회에 보고
- o 사무국 직원의 근무조건 등 결정
- o 사업계획, 예산 및 결산을 심의 후 총회에 제출
- o 기구의 재정명세서의 작성 및 총회에 제출

- o 총회의 회기 이외의 기간 중 기구의 제반 기능 수행
- o 기구의 효율적인 운영을 위한 사업계획 조정
- o 타 국제기구와 협정체결

이사회의 역할을 상세히 기술하면 다음과 같다.

- o 해사안전위원회, 법률위원회, 해양환경보호위원회, 기술협력위원회, 간소화위원회와 기구의 기타 기관의 제안으로 총회가 마련한 작업계획 초안과 예산안 심의하고, 이에 따라 기구를 우선하고 전체 이익을 고려한 기구의 작업계획과 예산을 총회에 제출

아니하였다.

52) 우리나라는 1991년 처음으로 C그룹 이사국에 진출하여 5회 연임(1991.12 ~2001.11)하였고, 2001년 말에는 A그룹 이사국에 당선된 이래 2021년 제32차 이사회에서 재임됨에 따라 11회(2001.12-2023.12) 연임중이다.

53) 임기만료 1년 전에 차기 사무총장 선출하며 총회의 승인을 얻어 임명한다.

- 해사안전위원회, 법률위원회, 해양환경보호위원회, 기술협력위원회, 간소화위원회와 기구의 기타 기관의 권고제안보고서를 접수하여 총회에 상정하며, 총회 기간이 아닐 경우 이사회의 권고 및 의견과 함께 정보사항을 회원국에 송부
- 위의 범위에 속하는 문제에 대한 해사안전위원회, 법률위원회, 해양환경보호위원회, 기술협력위원회의 의견을 심의
- 사무총장을 선출하여 총회의 승인을 얻어 임명하며, 필요한 직원의 임명에 관한 규칙을 제정하고, UN 및 UN 전문기구의 규칙과 가능한 한 일치되도록 사무총장의 임기 및 직무의 조건을 결정
- 이전 총회가 개최된 이후에 기구가 수행한 업무에 대하여 총회에 보고하여야 하며, 이사회의 의견 및 권고와 함께 기구의 재정보고서를 총회에 제출
- IMO협약 제15장의 규정에 따라서 본 기구와 다른 기구와 관계를 규율하는 협약 및 협정을 체결할 수 있으며, 여타 협약 및 협정은 총회의 승인 요청
- 각 위원회가 다른 기관과 유지해 온 관계를 고려하여 총회의 회기와 회기 사이에 기타 기관에 대한 책임 수행
- 기구와 기관의 활동을 조정하고 기구의 효율적인 업무 수행을 담보하기 위하여 반드시 필요한 업무계획 조정

이사회의 회의 정족수는 현행 40개 이사국을 기준으로 26개국이며, 개정 협약이 시행될 경우에는 정족수(quorum)가 34개국으로 확대된다. 이사회는 의장을 선출하고 IMO 협약(IMO Convention)에[54] 따라 회의에 관한 규칙을 스스로 정한다.

이사회는 연간 2회 이상 정기적으로 개최되고 있으며, 필요시 수시로 개최할 수 있다. 이 경우 의장의 소집 또는 4개 이사국 이상의 요청에 의하여 1개월의 예고기간을 거쳐 개최된다. 이사회는 편리한 장소에서 개의할 수 있으나 대부분의 회의는 본부가 있는 런던에서 개최된다.

이사회에서 심의하는 문제가 특정 회원국과 특별한 관계가 있을 때에는 이러한 회원국을 투표권 없이 심의에 참가하도록 초청하여야 한다. 이사회 회의에는 이사국이 아니라도 참가하여 의견을 개진할 수 있으나 결정에 참여할 권한은 주어지지 않는다.

54) ‘IMO Convention’은 IMO 설립 및 운영에 관한 협약이며, 소문자로 ‘IMO conventions’라고 하면 IMO가 채택한 여러 협약들을 말한다.

3) 위원회

IMO가 설립될 당시인 1959년에는 총회, 이사회, 해사안전위원회가 있었으며 1969년에 법률위원회 신설, 1972년에 간소화위원회 신설, 1973년에 해양환경보호위원회 신설, 그리고 1975년에 기술협력위원회가 신설됨으로써 현재와 같은 다섯 개의 위원회 체제를 갖추게 되었다.

MSC	MEPC	Legal	TCC	FAL

가) 해사안전위원회(MSC: Maritime Safety Committee)

해사안전위원회는 총회, 이사회와 함께 IMO 설립 당시부터 활동을 시작한 주요기관으로서 초기에는 이사회와 총회에서 선출된 14개 회원국이 참석할 수 있었으며, 이 중에 적어도 8개국은 가장 많은 선박량을 보유한 국가여야 했다.[55] 회의는 위원회 회원국 중에 5개국의 요구가 있을 때에 개최되었다. 그 후 2회에 걸친 IMO협약 개정을 통하여 1978년부터 모든 회원국에게 개방되었다.

주요 기능은 다음과 같이 크게 3가지로 분류된다.

- o 항로표지, 선박의 설계 · 건조 · 의장품 등에 관한 국제적 기준을 마련함으로써 여객, 화물 및 선박 자체의 안전 확보를 도모
- o 일반화물의 컨테이너화, 다양한 가스류 및 화학제품 등 위험물운송의 증가와 초대형유조선(VLCC) 등 대형선의 출현 등에 따른 화물의 안전한 적재 및 취급을 위한 각종 기준을 제정
- o 선박의 항해안전에 관한 문제로서 선원에 대한 훈련 및 자격기준과 선박충돌 예방을 위한 항행규칙 및 해상 수색 및 구조에 관한 규칙 제정 등

해사안전위원회는 매년 2회 개최되지만 총회가 개최되는 연도에는 1회씩 개최되고 있다. 이 경우에는 회기가 길어진다.[56]

55) 대형 선주국으로 ①미국, ②영국, ③노르웨이, ④일본, ⑤이탈리아, ⑥네덜란드, ⑦프랑스와 ⑧서독이 참여하는 데는 이의가 없었다. 그러나 편의치적국인 라이베리아(당시 선박 수로는 세계 3위)와 파나마(당시 8위)에 대해서 전통 해운국들은 진정한 선박 소유국이 아니라고 주장하였다. 이 문제는 오랜 토론 끝에 헤이그의 국제사법재판소(International Court of Justice)에 조언을 구했으며, 9대 5로 라이베리아와 파나마를 뽑지 않는 것은 IMCO 협약의 규정에 위배된다고 보았다. 다시 말해 선박 보유국이란 문자 그대로 국가 등록 톤수를 기준한다고 결정되었다. 이 논쟁은 이후에도 선박과 선주국의 진정한 연계(genuine link) 문제로 이어졌다.

해사안전위원회에서 토의된 안전관련 규정의 개정에 관한 각종 제안, 지침서 및 활동 보고서를 이사회에 제출하여야 한다. 해사안전위원회에 주어진 모든 사항을 직접 처리할 수 없기 때문에 분야별로 7개의 전문위원회를[57] 두고 있다.

회기 중에 특정 의제에 대해 관심 있는 회원국만 모여 상세히 다루고자 개최되는 '회기중 작업반(Working Group, WG)' 회의가 있으며, 협의된 안건을 조문으로 만들기 위한 '문구 작업반(Drafting Group, DG)' 회의가 개최되기도 한다. 회기와 회기 사이에 전자우편 등 비대면으로 토의하는 '회기간 작업반(Inter-sessional Working Group, ISWG)' 또는 '회기간 실무작업반(Correspondence Group, CG)' 회의를 구성하여 운영하기도 한다. 각종 작업반 회의는 다른 회의체에서도 필요에 따라 구성되고 있다.

해사안전위원회는 이사회에 다음 사항을 제출하여야 한다.

- o 위원회가 개발한 안전규칙 제정 및 개정 제안
- o 위원회가 결정한 권고 및 개발한 지침
- o 이전 이사회에 보고한 이후 위원회의 업무 추진현황 보고

나) 해양환경보호위원회(MEPC: Marine Environment Protection Committee)

해양환경보호위원회는 1973년 제8차 총회 의결에 따라 설치되었으며 모든 회원국의 대표로 구성된다.

해양환경보호위원회는 선박에 의한 해양오염의 방지 및 규제를 위한 문제를 심의하고 이와 관련한 국제협약의 채택 및 개정에 관한 기능을 수행한다.

IMO는 창립 후 1954년 기름오염방지협약(OILPOL)을[58] 기탁 받고 해사안전위원회(MSC)에 두었으나 해양오염 문제에 관해서 큰 관심을 두고 있지 않았다. 그러나 1967년 영국 남서부 해안에서 발생한 '토리캐년호(M/T Torrey Canyon)' 좌초사고는 해양오염에 대한 전 세계인의 경각심을 일깨우는 계기가 되었다. 이 사고는 유출량, 오염범위 및 피해가 예전에는 상상할 수 없었던 막대한 것이었다.[59]

56) 일반적으로 1주간(월~금) 개최하지만 총회가 끼인 년도에는 2주간(첫 주 월~금, 다음 주 월~수 또는 첫 주 수~금, 다음 주 월~금) 개최된다.

57) 7개 전문위원회에서 안전관련 의제의 토의결과를 해사안전위원회에 보고한다. 오염예방 · 대응 전문위원회(PPR)는 주로 해양환경보호위원회(MEPC)에 보고하지만 해사안전위원회 의제인 경우에는 해사안전위원회에 보고한다.

58) (OILPOL) International Convention for the Prevention of Pollution of the Sea by Oil, 1954 as amended in 1962 and 1969

59) 1967. 2. 18일 페르시아만에서 원유 119,328톤을 싣고 영국 밀포드하벤(Milford Haven)으로 출항한 토리캐년호는 한 달 후인 3월 18일 영국 남서해육지 끝단(Lands End)과 섬들(Scilly Isles) 사이를 통과하다가 암

유출유가 이동하여 인접 국가도 큰 어려움을 겪었으며 해양오염에 대한 여러 문제점들이 전 세계에 노출되었다. 이를 계기로 해양환경보호위원회(MEPC)가 구성되었으며 해양오염 문제가 IMO에서 적극적으로 다루어지게 되었다.

이러한 일련의 과정은 당시 IMO가 UN의 전문기구로서 역할을 정립하고 해양환경 분야로 업무를 확대하는 계기가 되었다.

해양환경보호위원회는 매년 1회 이상 회의를 개최한다.[60]

회기가 끝난 후에는 동 위원회에서 결정한 권고, 개발한 지침 및 위원회의 활동보고서를 이사회에 제출하여야 한다.

해양환경보호위원회 산하의 전문위원회로는 오염예방·대응 전문위원회(PPR)가 있어 관련 의제를 검토하고 있다.[61]

주요 기능은 다음과 같다.

- o 선박에 의한 해양오염의 방지 및 규제를 위한 국제협약에 의거하여 기구에 부여되거나 부여될 수 있는 기능, 특히 이러한 협약에 규정된 규칙이나 기타 규정의 채택 및 개정에 관련된 기능의 수행
- o 선박에 의한 해양오염 방지와 관련된 협약의 시행을 촉진하기 위한 적절한 조치를 논의
- o 국가, 특히 개발도상국에 보급하기 위하여 선박에 의한 해양오염의 방지 및 규제에 관한 과학적·기술적 및 기타 모든 실질적 정보를 입수하기 위한 준비를 하고 적절한 경우 권고 및 지침 제정
- o 선박에 의한 해양오염의 방지 및 규제와 관계있는 지역기구와 협력 증진

초(Seven Stones reef)에 좌초하였다. 손상된 여러 화물창에서 같은 해 3월 20일까지 원유 약 3만 톤이 해상으로 유출되었으며, 3월 25일에는 유출유가 영국 코니쉬(Cornish) 해안에 도달하여 100마일의 연안을 오염시켰다. 3월 26일에는 강풍이 불어 선박이 부러졌으며 추가로 약 3만 톤의 원유가 유출되었다. 구난이 실패하자 3월 28일과 30일 사이에 영국군이 항공기로 선박에 인화물질을 쏟아부은 후 네이팜탄 등으로 폭격하여 잔존유와 유출유를 불태웠다. 선적국인 라이베리아 조사당국은 좌초의 원인이 오로지 선장의 태만(negligence) 때문이었다고 발표하였다.
(출처: TORREY CANYON PRELIMINARY REPORT, CMI,
https://comitemaritime.org/wp-content/uploads/2018/06/TORREY-CANYON-1.pdf)

- 토리캐년호 좌초사고에 따라 MARPOL협약 체결뿐만 아니라, 오염피해를 구제를 위한 CLC협약(Civil liability convention)과 Fund협약(Fund convention) 및 이러한 사고가 발생할 경우 연안국이 개입할 수 있는 권한에 관한 협약(Intervention convention)을 체결하게 된다.

60) 실제로는 매년 1회 개최되며, 총회가 열리는 해는 1주간(월~금), 총회가 열리지 않는 해는 2주간(첫 주 월~금, 다음 주 월~수 또는 첫 주 수~금, 다음 주 월~금) 개최되고 있다.

61) PPR 이외의 다른 6개 전문위원회도 해양환경보호위원회(MEPC)로부터 해양오염방지와 관련된 의제를 위임받은 경우에 필요한 업무를 수행하고 해양환경보호위원회(MEPC)에 보고하여야 한다.

〈그림 2-4〉토리캐년호 좌초사고 조사보고서 표지

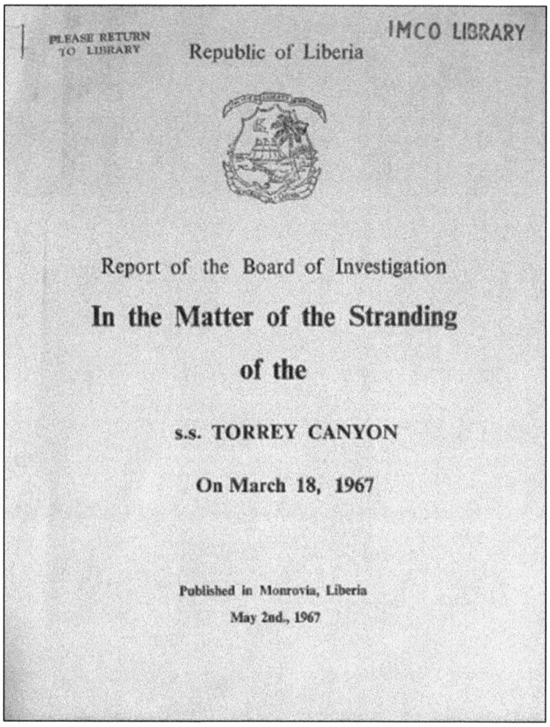
PLEASE RETURN TO LIBRARY

IMCO LIBRARY

Republic of Liberia

Report of the Board of Investigation

In the Matter of the Stranding of the

s.s. TORREY CANYON

On March 18, 1967

Published in Monrovia, Liberia
May 2nd., 1967

- o 기타 국제기구와 환경문제에 관한 협력을 포함하여 선박에 의한 해양오염의 방지 및 규제에 기여할 기구의 범위 내에 속하는 모든 문제에 관한 적절한 조치
- o 선박에 의한 해양오염의 방지 및 규제를 위한 국제협약에 의거하여 기구에 부여되거나 부여될 수 있는 기능, 특히 이러한 협약에 규정된 규칙이나 기타 규정의 채택 및 개정에 관련된 기능의 수행
- o 선박에 의한 해양오염 방지와 관련된 협약의 시행을 촉진하기 위한 적절한 조치를 논의
- o 국가, 특히 개발도상국에 보급하기 위하여 선박에 의한 해양오염의 방지 및 규제에 관한 과학적·기술적 및 기타 모든 실질적 정보를 입수하기 위한 준비를 하고 적절한 경우 권고 및 지침 제정
- o 선박에 의한 해양오염의 방지 및 규제와 관계있는 지역기구와 협력 증진
- o 기타 국제기구와 환경문제에 관한 협력을 포함하여 선박에 의한 해양오염의 방지 및 규제에 기여할 기구의 범위 내에 속하는 모든 문제에 관한 적절한 조치

해양환경보호위원회는 이사회에 다음 사항을 제출하여야 한다.

- o 선박에 의한 해양오염의 방지 및 규제에 관한 규칙 제정 또는 위원회가 개발한 규칙 개정을 위한 제안
- o 위원회가 결정한 권고 및 개발한 지침
- o 이전 이사회에 보고한 이후 위원회의 업무 추진현황 보고

다) 법률위원회(LEG: Legal Committee)

법률위원회는 토리캐년호 좌초사고에 따른 피해보상 등 법률적 제반 문제를 다루기 위하여 임시로 설치되었으나 그 후 정식 위원회가 되었다.

해상운송에서 야기되는 오염손해에 대한 책임과 보상, 구조 및 원조, 외국 항에 있는 선박·여객 및 수하물 등에 관한 법적 문제를 다루고 있으며, 기구의 업무범위 내에 속하는 모든 법률사항을 심의하고, IMO의 협약, 총회 및 이사회가 부여한 의무 또는 기타 모든 국제문서에 의해 부과되고 기구가 수락한 범위내의 의무를 수행하기 위하여 필요한 모든 조치를 취한다.

법률위원회는 1969년 유류오염손해에 대한 민사책임에 관한 국제협약(CLC협약)과 이와 관련된 의정서, 1971년 유류오염손해보상을 위한 국제기금 설치에 관한 국제협약(FUND협약)과 이와 관련된 의정서, 1976년 해사채권의 책임제한협약(LLMC협약)의 개정협약, 1996년 위험·유독물질의 해상운송과 관련된 손해배상과 책임에 관한 국제협약(HNS협약), 2001년 연료유 오염손해에 대한 민사책임에 관한 국제협약(BUNKER협약) 및 2007년 난파물제거협약(WRC) 등의 채택, 그리고 UN무역개발회의(UNCTAD)와 합동으로 1993년 선박우선특권 및 저당권에 관한 국제협약(MLM 협약) 및 1952년 선박억류협약(ARREST 협약)의 채택작업을 수행하였다.

매년 1회 개최되며, 주요 기능은 다음과 같다.

- o 기구의 업무범위 내에 있는 모든 법률문제를 심의
- o IMO협약, 총회 또는 이사회가 부과한 의무와 기타 모든 국제 문서에 의거하여 부과되고 기구에 의해 수락된 의무를 수행하기 위해 필요한 모든 조치
- o 이사회의 요청에 의하거나 또는 업무상 이러한 행동이 유익하다고 판단하는 경우, 기구의 목적 달성을 촉진할 수 있도록 기타 기구와 긴밀한 관계 유지

법률위원회는 이사회에 다음 사항을 제출한다.

- o 위원회가 제정한 국제협약 및 국제협약 개정 초안
- o 이전 이사회에 보고한 이후 위원회의 업무 추진현황 보고

라) 기술협력위원회(TCC: Technical Cooperation Committee)

IMO는 기구에서 채택한 제반 기준을 개발도상국이 시행하는데 큰 어려움을 겪는 사실에 주목하고, 이의 원활한 국제적 시행을 위해서는 개발도상국에 대한 기술협력이 필수적이라는 판단에 따라 기술협력위원회를 설치하게 되었다.

IMO의 기술협력사업은 주로 UN개발계획(UNDP)과 UN환경계획(UNEP)의 기술원조

자금 그리고 기구에 기탁되는 신탁기금과 각 회원국의 기부금 등에 의존하고 있으며, 기술협력은 전문가의 파견, 장학금의 지급 또는 장비의 보급 등과 같은 형태로 개발도상국에 기술과 지식을 전달하는데 주목적을 두고 있다.

IMO는 1983년 6월에 스웨덴 제3의 도시 말뫼(Malmö)에 대학원 과정의 세계해사대학(World Maritime University)을 설립하여 고급 해사전문인력을 양성하고 있으며 이는 IMO 기술협력사업의 큰 성과의 하나로 평가되고 있다.

우리나라도 IMO A그룹 이사국으로서 IMO를 통해 국제사회, 특히 개발도상국에 대한 기술적 · 재정적 기여도를 높여가고 있다.

기술협력위원회 다음과 같은 업무를 수행한다.

- o 기구가 집행기관 또는 협력기관으로서 활동하는 관련 UN 프로그램에서 제공하는 자금에 따른 기술협력사업 이행
- o 기구에 자발적으로 제공되는 신탁기금 및 기술협력 분야에서 기구의 활동과 관련된 문제 심의
- o 기술협력에 관한 사무국의 업무 검토
- o IMO협약, 총회 또는 이사회에서 부여한 기능과 다른 국제적 제도에 따라 양도되어 기구가 수락한 기능의 수행
- o 총회와 이사회의 요청이나, 기구의 목적 달성을 촉진할 수 있는 업무상 이익이 되는 다른 기관과 긴밀한 관계 유지

기술협력위원회는 이사회에 다음 사항을 제출한다.

- o 위원회가 결정한 권고 및 개발한 지침
- o 이전 이사회에 보고한 이후 위원회의 업무 추진현황 보고

마) **해상교통간소화위원회**(FAL: Facilitation Committee)

해상교통간소화위원회는 1965년 국제해상운송 간소화협약(FAL협약)[62] 채택과 관련된 문제를 토의하는 회의를 지원하기 위하여 이사회가 설치한 위원회이다.

1965년 FAL협약의 채택으로 항구간의 자유로운 해상교역을 촉진하는 국제적 절차가

62) (FAL) Convention on Facilitation of International Maritime Traffic, 1965
- 국제항해에 종사하고 있는 선박의 입항, 정박, 출항에 관한 행위, 수속절차 등을 간소화하고 최소한도로 줄임으로써 해상교통을 원활하게 할 목적으로 제정된 협약

마련되었으며, 이 위원회는 국제항해에 종사하는 선박의 입출항시 요구되는 제반서류 및 수속절차를 간소화 및 표준화하기 위한 국가 간의 협력을 위하여 노력하고 있다.

1991년 제17차 총회에서는 FAL위원회를 IMO협약에 의한 정식 위원회로 설치하기 위한 IMO협약(IMO Convention) 개정안이 채택된 후, 2007. 12. 7일 발효요건이 충족되어 정식 위원회로 출범했다.

간소화위원회는 다음과 같은 업무를 수행한다.

- o 국제해상운송 간소화협약(FAL협약)의 개정 및 관련 규정의 채택
- o 총회나 이사회의 요청 또는 위원회의 업무영역에 따라 다른 기관과 긴밀한 관계 유지

간소화위원회는 이사회에 다음 사항을 제출한다.

- o 위원회가 결정한 권고 및 개발한 지침
- o 이전 이사회에 보고한 이후 위원회의 업무 추진현황 보고

4) IMO 전문위원회

전문위원회는 IMO협약에서 필요에 따라 설립할 수 있도록 하고 있기 때문에 전문위원회 개편을 위한 IMO협약 개정은 필요하지 않다.

전문위원회는 각 위원회로부터 위임받은 업무(terms of reference)를 주어진 기한 내에 논의하고 그 결과를 해당 위원회에 보고한다.

SDC	SSE	PPR	CCC	III	NCSR	HTW

가) 선박 설계 및 건조 전문위원회
(SDC: Sub-Committee on Ship Design and Construction)

선박 및 해양구조물의 구조, 강도, 선형 등에 관한 사항을 담당하며, 1966년 국제만재흘수선 협약(1966 LL협약), 1969년 선박톤수 측정에 관한 국제협약(1969 TONNAGE 협약)을 검토한다. 그리고 SOLAS협약 부속서 제2-1장 중에 구조, 복원성 관련 규정 및 어선 안전에 관한 토레몰리노스협약(SFV)의[63] 제반 규정을 토의한다.

63) (SFV) Torremolinos International Convention for the Safety of Fishing Vessels

선박설계 및 건조 전문위원회(SDC)의 수임사항은 다음과 같다.

- o IMO에서 다루는 모든 선종(중소형 선박 포함), 선박관련 디자인, 구조, 안전성, 복원성, 내항성, 배수시설 검토
- o 선박 건조 및 재료 시험 인증
- o 만재흘수선 관련 문제
- o 선박 톤수측정 관련 문제
- o 어선과 어업인의 안전
- o 선박 검사와 인증

나) 선박 시스템 및 설비 전문위원회

(SSE: Sub-Committee on Ship System and Equipment)

선박 및 해양구조물의 각종 시스템 및 설비(구명설비 포함)에 관한 사항, 방화, 화재탐지, 소화에 관한 사항을 담당한다.

SOLAS협약 부속서 제2-1장 중에 기관 및 전기설비, SOLAS협약 부속서 제3장의 구명설비 및 장치와 관련된 규정을 검토한다.

선박시스템 및 설비 전문위원회(SSE) 수임사항은 다음과 같다.

- o IMO에서 다루는 중소형 선박을 포함한 모든 선종, 선박관련 기계적 전기적 설비를 포함한 시스템과 장비
- o 선박 시스템과 장비의 시험 인증
- o 인명구조 장비의 적용과 배치
- o 선박 시스템과 장비 관련 사고기록 및 재난 분석

다) 오염예방 · 대응 전문위원회

(PPR: Sub-Committee on Pollution Protection and Response)

해양오염방지협약(MARPOL 73/78협약)의[64] 부속서 제2장(산적유해액체물질의 오염방지) 및 부속서 제6장 대기오염방지를 위한 규정, 선박평형수관리협약, IBC[65], IGC[66], BCH[67] 코드 등의 관련규정을 토의한다.

64) 해양오염방지협약(MARPOL: International Convention for the Prevention of Pollution from Ships)
65) (IBC Code) International Bulk Chemical Code

주로 해양환경보호위원회(MEPC)에 회의결과를 보고한다.[68]

오염예방·대응 전문위원회(PPR) 수임사항은 다음과 같다.

- o 선박으로부터 해양환경오염 및 관련 해상활동 예방 및 통제
- o 안전하고 친환경적인 선박 재활용
- o 선박운송 산적화물내 액체물질의 오염위험 및 안전성 평가
- o 선박평형수 및 침전물 내의 유해수중생물 관리·통제
- o 위험하고 유독한 기름물질 오염대응 협력 및 준비

라) 화물·컨테이너운송 전문위원회 (CCC: Sub-Committee on Carriage of Cargoes and Containers)

포장형태 또는 산적고체형태로 운송되는 위험물, 컨테이너를 포함한 각종화물의 안전한 제작, 적재, 고박 및 운송과 관련된 사항을 담당한다. SOLAS협약의 화물의 운송 관련, 안전한 컨테이너에 관한 국제협약(CSC)[69] 및 각종 관련 코드 등의 제반 규정을 토의한다.

화물·컨테이너운송 전문위원회(CCC)가 위임받은 사항은 다음과 같다.

- o 컨테이너, 가스화물, 산적화물, 포장된 위험화물 운송관련 협약, 코드, 기타 강제/권고 조항의 효과적인 적용
- o 포장된 위험화물, 산적화물, 가스화물에 대한 오염 위험성 및 안전성 평가
- o 위험물화물 운송 선박의 검사 및 인증
- o 모든 화물 및 컨테이너 운송 관련 안전, 보안 문화, 환경의식의 향상
- o 컨테이너와 화물운송 국제표준에 관한 정부간기구(IGO), 비정부간기구(NGO), UN 관련기구와 협력

66) (IGC Code) International Code for the Construction and Equipment of Ships Carrying Liquefied Gases in bulk, 일명 International Gas Carrier Code는 국제가스운반선 안전기준으로 1983. 6월 제정되었으며 2014. 5월 전면 개정되어 2016. 7. 1일 이후 건조 완료되는 선박을 대상으로 발효됨

67) IBC 코드의 전신이다. 1986. 7. 1일 이전에 건조된 케미컬 탱커는 BCH 코드를 준수해야 한다.

68) 해사안전위원회(MSC)에서 의제 검토 요청을 받은 경우에는 해사안전위원회(MSC)에 보고한다.

69) (CSC) International Convention for Safe Containers

마) IMO협약이행 전문위원회
(III: Sub-Committee on Implementation of IMO Instruments)

IMO가 추구하는 해사안전과 해양환경 보호를 위하여 세계적으로 각국이 동질의 협약 준수 수준을 갖추어 IMO 협약과 관련법규의 실질적인 시행을 확보하기 위한 업무를 담당한다. 주로 SOLAS협약의 선박 안전운항관리, 항만국통제(PSC), 기국의 협약준수사항, 해양사고 조사업무를 토의한다.

IMO협약이행 전문위원회(III)가 위임받은 사항은 다음과 같다.

- o IMO협약(IMO Convention)에 따른 기국의 권리와 의무에 관한 종합적 검토
- o 기국이자 항만국 및 연안국으로서 회원국의 협약이행 수준에 대한 평가 및 분석
- o 항만국통제(PSC) 지료 분석 및 절차에 대한 지속적 평가로 전 세세에서 조화로운 항만국통제(PSC) 활동 증진
- o 위원회의 권고, 강제/비강제 지침 이행지원을 위한 제안 검토
- o 해양사고관련 조사보고서 분석 및 사고교훈 발표
- o 검사 및 증서 조화제도(HSSC)의 이행지침 유지 및 검토를 위한 해사안전, 보안, 해양환경 보호에 관한 IMO 기준 검토

바) 항해 · 통신 및 수색구조 전문위원회
(NCSR: Sub-Committee on Navigation, Communications and Search and Rescue)

항해안전과 관련된 모든 사항을 다룬다. 특히 1972년 국제해상충돌예방규칙협약(COLREG 72), 해상인명안전협약(SOLAS협약)의 항해의 안전에 관한 규정을 중점적으로 토의한다.

또한 선박 통신, 조난시 수색 · 구조와 관련된 모든 사항을 다룬다. 특히 SOLAS협약 부속서 제4장(무선통신), GMDSS, 수색 및 구조에 관한 국제협약(SAR) 관련 규정을 주로 검토한다.

항해 · 통신 및 수색구조 전문위원회(NCSR)가 위임받은 사항은 다음과 같다.

- o 해양환경 보호조치를 포함한 도선사 승선, 선박교통관제(VTS), 전파항해시스템, 선박항로 보고시스템, 수로서비스 등 항해안전 관련 기국 정부의 의무 및 운영 조치
- o 충돌예방, 좌초, 선교 의사결정과정, 항해계획, 위험상황 회피, 피난처 마련, 해상보안 측면의 해사지원서비스 규정 등 관련 사안 및 항해안전과 관련된 운영요건 지침
- o 선교 설계, 시야각, 도선사 승선장치를 포함한 선박탑재 항해장비와 기타 성능요건에 관한 기준

- o GMDSS 및 GMDSS 종합계획과 관련하여 기국정부의 의무 및 운영 조치
- o 전세계 수색구조계획 개발 및 유지와 관련된 기국정부의 의무 및 운영 조치
- o 장거리 선박위치추적시스템(LRIT)[70] 관련된 기국정부의 의무 및 운영 조치
- o 국제민간항공기구(ICAO)와[71] 수색 · 구조(SAR)[72] 협력절차, SAR 훈련, GMDSS 조난정보 추적절차, 전파통신, SAR 관련 운영요건 및 지침
- o 선박탑재 통신장비, 수색 · 구조장비 사용을 위한 성능기준 및 작동지침
- o 국제전기통신연합(ITU)과[73] 해상 이동통신장비 문제 및 기술적 사안 협조

사) 인적요소, 훈련 및 당직 전문위원회
(HTW: Sub-Committee on Human Element, Training and Watchkeeping)

선원의 훈련, 자격증명 및 당직기준에 관한 국제협약(STCW협약)의 규정 및 각종 관련 협약에서 요구하는 선원의 훈련, 당직 및 증서 발급의 관련규정을 토의한다.

인적요소, 훈련 및 당직 전문위원회(HTW)가 위임받은 사항은 다음과 같다.

- o 선원 훈련, 증서발급에 관한 최소 국제기준, 안전한 당직규정 기준 마련
- o 어선원에 대한 훈련, 교육증서발급에 관한 최소 국제기준
- o 선박의 운항과정에서 안전 · 보안 · 해양환경보호 문화
- o 선원의 수급 기준 검토 및 기술적 · 사회적 · 조직적 · 사회적 발전을 고려한 인적요소 관련 교육 · 훈련
- o 사고 보고서 및 정보 분석에 따른 교훈 등 전파
- o IMO 모델코스의 개정, 검토 및 최신화
- o 안전 · 보안 · 해양환경보호 책임관계를 포함한 기구의 인적요소 전략의 적용과 개선
- o 선원의 교육 · 훈련증서와 관련된 국제기준에 대한 정부간기구(IGO), 비정부간기구(NGO), UN 관련기구와 협력
- o 안전 · 보안 · 해양환경보호를 위한 선원의 훈련에 관한 지침서의 개정 및 개발

70) (LRIT: Long-Range Identification and Tracking) SOLAS협약 부속서 제5장 제19-1규칙에 따라 장거리위치추적제도가 시행되었으므로 2009. 1. 1일부터 총톤수 300톤 이상 선박은 의무적으로 LRIT 장비를 설치 · 운영하여야 한다.
- 해적 · 테러 등에 대처하기 위한 해상보안을 목적으로 선박의 기국, 항만국 및 연안국에서 전세계 선박의 위치를 추적하는 시스템, 연안으로부터 1,000마일 이내에서 외국선박도 추적가능

71) (ICAO) International Civil Aviation Organization

72) (SAR) Search and Rescue

73) (ITU) International Telecommunication Union

5) 요약

o 총회(Assembly)

참가자격	◦ 모든 회원국(정족수 : 준 회원국을 제외한 회원국의 과반수)
개최시기	◦ (정기회의) 매 2년마다 1회 ◦ (임시회의) 회원국 3분의1 이상이 총회소집 요청을 사무총장에게 통고하거나 이사회가 필요하다고 인정하는 경우 통고 후 60일 이내
주요기능	◦ 기구의 사업계획 및 예산 · 결산의 승인 ◦ 이사국 선출 및 사무총장 승인 ◦ 이사회의 보고서 및 상정안에 대한 심의 · 의결 ◦ 협약 채택을 위한 국제회의 소집 등
특징	◦ 최고 의결기관

o 이사회(Council)

참가자격	◦ 총회에서 선정된 40개 이사국(정족수 : 26개국) – 비 이사국인 경우에도 회의에 참석하여 발언할 수 있으나 의결에 참여할 수 없음
개최시기	◦ (정기회의) 매년 2회 ◦ (임시회의) 의장의 소집 또는 4개 이사국 이상의 요청 후 1개월 이내
주요기능	◦ 각 위원회의 보고, 제안 및 권고에 대한 접수 및 총회에 제출 ◦ 사무총장의 임명(임기만료 1년 전 선출) ◦ 기구의 활동에 대하여 정기회기마다 총회에 보고 ◦ 사무국 직원의 근무조건 등 결정 ◦ 기구의 사업계획, 예산 및 결산을 심의 후 총회에 제출 ◦ 기구의 재정명세서 작성 및 총회에 제출 ◦ 총회의 회기 이외의 기간 중 기구의 제반기능 수행 ◦ 기구의 효율적인 운영을 위한 사업계획 조정 ◦ 타 국제기구와 협정체결
특징	◦ 기구의 실질적 권한 행사

o 위원회는 각종 기술규정의 승인·채택 등의 권한이 있으며, 연 1회 개최되지만 해사안전위원회(MSC)는 격년으로 개최되는 총회가 없는 연도에는 2회 개최된다.

- 5개 위원회와 7개 전문위원회는 모든 회원국이 회의와 의결에 참가할 수 있다.

구 분	역 할
MSC (해사안전위원회)	◦ 선박의 설계, 건조, 의장품 등에 관한 국제적 기준 제정 ◦ 화물의 안전한 적재 및 취급을 위한 각종 기준 제정 ◦ 선원의 훈련, 자격기준 및 해상충돌예방을 위한 항로표지 등 항행규칙 제정 ◦ 해상에서 수색 및 구조에 관한 규칙 제정 등
MEPC (해양환경보호 위원회)	◦ 선박에 의한 해양오염 방지 및 규제를 위한 사안 심의 ◦ 해양환경보호 관련 국제협약의 채택 및 개정에 관한 기능 수행
LEG (법률위원회)	◦ 해상운송에서 야기되는 오염손해에 대한 책임과 보상, 구조 및 원조 문제 심의 ◦ 외국 항만에 있는 선박, 여객 및 수하물 등에 관한 법적 문제 심의
TC (기술협력위원회)	◦ 협약 당사국의 원활한 협약이행 촉진 ◦ 개발도상국에 대한 기술협력활동과 관련된 모든 문제를 심의·검토
FAL (간소화위원회)	◦ 국제항해선박의 입출항시 요구되는 제반서류 및 수속절차 검토 ◦ 이를 간소화 및 표준화하기 위한 국제적 협력 촉진

o 전문위원회는 각 위원회로부터 위임받은 세부 기술규정을 논의하고 그 결과를 해당 위원회에 보고한다.

구분	안건
SDC (선박 설계 및 건조)	◦ 선박 및 해양구조물의 구조, 강도, 선형 등에 관한 사항 ◦ 만재흘수선협약(1966 LL협약), 선박 톤수측정에 관한 협약(1969 TONNAGE 협약), SOLAS협약 부속서 제2-1장 중에 구조, 복원성 관련규정 ◦ 어선 안전에 관한 토레몰리노스협약(SFV)의 제반 규정
SSE (선박 시스템 및 설비)	◦ 선박 및 해양구조물의 각종 시스템 및 설비(구명설비 포함) 관련 사항, 방화 · 화재탐지 · 소화에 관련 사항 ◦ SOLAS협약 부속서 제2-1장 중에 기관 및 전기설비 및 SOLAS협약 부속서 제3장의 구명설비 및 장치 관련 규정
PPR (오염예방 대응)	◦ MARPOL 73/78협약 부속서 제2장(산적유해액체물질의 오염방지) ◦ 대기오염방지를 위한 새로운 부속서 제6장, 선박평형수관리협약 ◦ IBC, IGC, BCH 코드 등의 관련 규정
CCC (화물 · 컨테이너운송)	◦ 포장 또는 산적고체형태로 운송되는 위험물, 컨테이너를 포함한 각종 화물의 안전한 제작, 적재, 고박 및 운송과 관련되는 사안 ◦ SOLAS협약의 화물운송, 안전한 컨테이너에 관한 국제협약(CSC) 및 각종 관련 코드 등의 제반 규정
III (IMO협약이행)	◦ IMO의 각종 협약과 관련 규정의 실질적 이행을 위한 관련사안 ◦ 선박의 안전운항관리, 항만국통제(PSC), 기국의 협약 이행사항, 해양사고 조사 업무 토의
NCSR (항해 · 통신 및 수색 · 구조)	◦ 1972년 국제해상충돌예방규칙협약(1972 COLREG협약) 관련 규정 ◦ SOLAS협약 부속서 제4장(무선통신), 전세계 해상조난 및 안전제도(GMDSS), 수색 및 구조에 관한 국제협약(SAR) 관련 규정 ◦ SOLAS협약의 항해안전에 관한 규정 등
HTW (인적요소, 훈련 및 당직)	◦ 선원의 훈련, 자격증명 및 당직근무 기준에 관한 협약(STCW협약) 규정 ◦ 각종 협약에 따른 선원의 훈련, 당직 및 증서발급 관련 규정

o IMO 사무국(Secretariat)은 보조부서 7국과 보좌부서 2실로 구성되어 있으며, 사무총장과 약 300명의 직원이 근무한다.74)

74) 사무국 구성

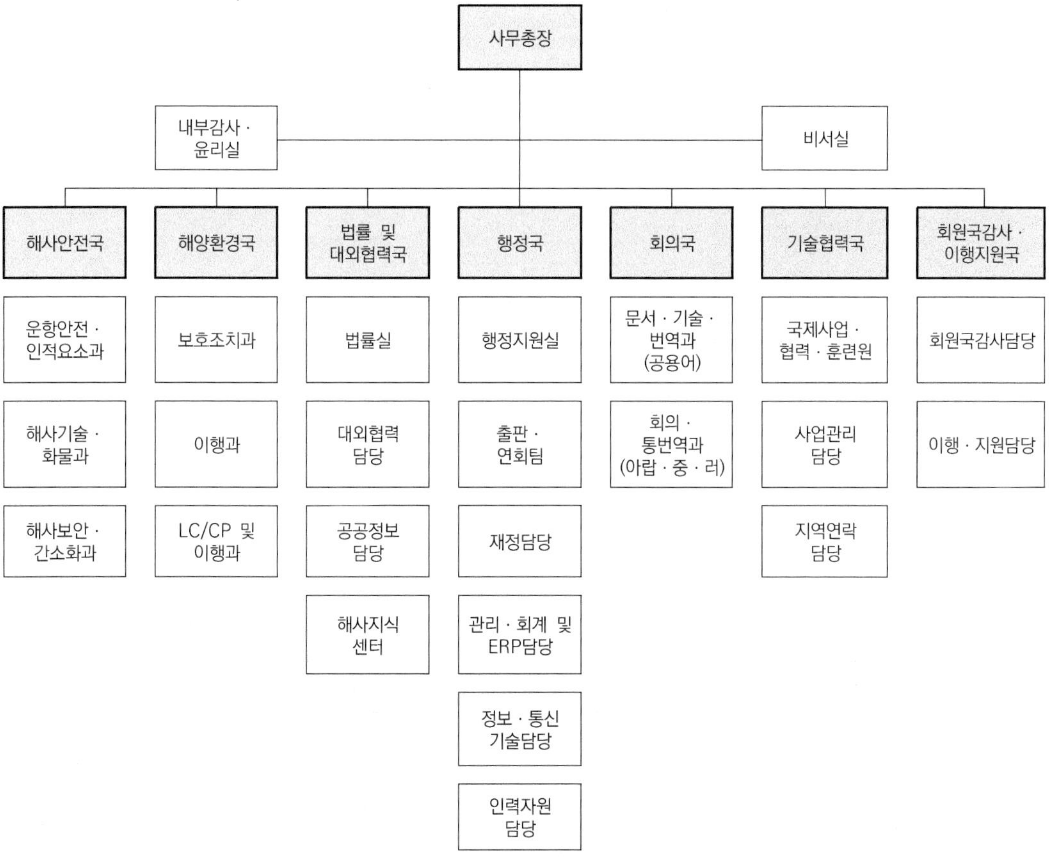

1.3 IMO의 주요 협약[75)]

국제해사기구에서 관리하는 협약을 해사안전, 해양환경보존, 민사책임·보상 등으로 구분하면 다음과 같다.

분류		근원협약	개정 및 의정서
IMO 구성·운영		IMO Convention 48	Amendment 91, 93, 2021
해사안전	물적 안전	SOLAS 74	Protocol 78, 88
		Stockholm agreement	
		LOAD LINE Convention 66	Protocol 88
		TONNAGE Convention 69	
		COLREG Convention 72	
		CSC Convention 72	Amendment 93
		SFV Convention 77	Protocol 93
		SAR Convention 79	
		STP Agreement 71	Protocol 73
		INMARSAT Convention 76	Amendment 94, 98
		INMARSAT OA 76	Amendment 94, 2006
		WRC 2007	
	인적 안전	STCW Convention 78	
		STCW-F Convention 95	

75) (출처) https://www.imokorea.org/board/board.asp?B_ID=inter_convention&ty=view&page=1&bandstart=1&findtype=&findstr=&idx=993&ii=1

분류	근원협약	개정 및 의정서
해양환경 보존	MARPOL 73/78 (Annex Ⅰ, Ⅱ)	Annex Ⅲ, Ⅳ, Ⅴ, Protocol 97(Annex Ⅵ)
	London Convention 72	Amendment 78, Protocol 96
	INTERVENTION Convention 69	Protocol 73
	OPRC Convention 90	OPRC/HNS 2000
	Anti Fouling 2001	
	BWM Convention 2004	
	SRC 2009	
민사책임·보상	CLC Convention 69	Protocol 76, 92
	FUND Convention 71	Protocol 92, 2002, 2003
	NUCLEAR Convention 71	
	PAL Convention 74	Protocol 76, 90, 2002
	LLMC Convention 76	Protocol 96
	HNS Convention 96	
	Bunker Convention 2001	
기타 협약	FACILITATION Convention 65	
	SUA Convention 88	SUA 2005, Protocol 88, 2005
	SALVAGE Convention 89	

2. 국제안전관리규약(ISM Code)

2.1 개요

1) 의의

국제안전관리규약(ISM Code)에 따른 안전관리시스템(SMS)은 선사에서 선박의 안전과 해양환경 보호를 위하여 수립하고 실행하는 조직화된 시스템이다.

요컨대 ① 선박이 일상적으로 어떻게 운영되어야 하는지, ② 비상 상황에서 따라야 할 절차는 무엇인지, ③ 훈련과 실습, 안전한 운항을 위한 조치사항이 어떻게 수행되어야 하는지, ④ 누가 안전관리 책임자로 지정된 자인지 등에 관한 자세한 내용이다. 선박이나 선사에서만 수립하고 실행하는 독립된 시스템과 달리 육상의 선박회사와 긴밀하게 연계되어 운영되도록 구성된 시스템이다.

2) 도입 배경

IMO는 꾸준히 선박의 설비와 구조를 강화하고, 능력 있는 선원이 승선하도록 각종 협약을 마련하고 시대에 맞게 수시로 개정함으로써 해양안전 및 해양환경보호를 위한 성과를 거두어 왔다. 주요 해사협약은 대부분 대형 해양사고의 발생에 따라 유사한 사고를 예방하거나 효율적으로 대처하기 위하여 채택되었다.[76]

1980년대 후반에는 여러 사고에 대한 조사 결과에서 육상 관리부서의 잘못이 주요

76) 대형사고와 IMO의 입법적 대처

연도	사고명	입법적대처	규제의 변화
1912	타이타닉호 침몰	1914년 SOLAS협약 채택	해상안전기준 강화 기국주의 강화
1967	토리캐니언호 좌초	1969년 공해개입협약 1969년 CLC협약	연안국의 사고 개입
1976	아모코 카디즈호 좌초	1978년 MARPOL협약 1978년 SOLAS협약 의정서 1978년 STCW협약	IMO의 강력한 입법적 대응 항만국주의 대두
1987	해럴드 오브 프리 엔터프라이즈호 전복	ISM Code 채택	인적요인 안전검사 강화
1990	스칸디나비안 스타호 화재		
1989	엑손 발데스호 좌초	1978 MARPOL협약 개정	이중선체 구조도입 single hull → double hull
2001	9.11테러	ISPS Code 채택	항만, 선박보안 강화

원인으로 지목됨에 따라 해운회사의 부실한 선박 관리가 중대 관심사로 떠올랐다.

대표적인 사고로는 1987. 3. 6일 벨기에 지브뤼헤(Zeebrugge) 항구에서 선수문을 닫지 않은 채 출항한 후 전복되어 총 승선자 539명 중 193명이 사망한 로로(Roll-on/Roll-off) 여객선 '헤럴드 오브 프리 엔터프라이즈(Herald of Free Enterprise)'호 사고가 있었다.[77)]

IMO는 1987년 말에 개최된 제15차 총회에서는 해사안전위원회(MSC)와 해양환경보호위원회(MEPC)가 합동으로 선박과 육상 모두에게 적용하기 위한 로로 여객선의 안전한 운항과 관련되는 지침 개발을 요구하였다.[78)]

IMO는 사고의 원인으로 선수문 개폐 확인장치와 같은 선박 설비 문제뿐만 아니라 선수문을 담당하던 선원의 피로, 그러한 시설이나 장비 및 근로조건을 제공하는 육상 경영진에 대한 문제까지 검토가 필요하다고 보았다.

그리하여 IMO는 해양안전 및 해양환경 보호를 위해 선박의 물리적 안전성 및 선원의 자질향상 뿐만 아니라 해운기업의 육상과 해상을 아우르는 안전관리시스템을 선사 자율적으로 마련토록 하고자 국제안전관리규약(ISM Code)을 도입하게 되었다.

국제안전관리규약(ISM Code)을 마련하고 있던 중이던 1990년 4월 7일 노르웨이 해상에서 로로 여객선 '스칸디나비안 스타(Scandinavian Star)' 화재사고로 총 승선자 482 중에 159명이 사망한 사고가 발생하였으며,[79)] 이 사고는 ISM Code의 채택과 시행을 촉진하는 계기가 되었다.

3) 도입 연혁

IMO는 1989년 제16차 총회에서 해사안전위원회(MSC)와 해양환경보호위원회(MEPC)가 개발하여 보고한 '안전한 선박 운항과 해양환경 보호를 위한 경영관리 지침'을 채택함으로써 해운회사의 책임에 관해 규정하기 시작하였다.[80)] 그리고 1991년 제17차 총회에서 일부 개정이 이루어졌다.

---

77) 사고조사보고서(REPORT OF COURT NO. 8074 FORMAL INVESTIGATION)에는 여객이 적어도 150명, 선원 30명으로 188명이 사망한 것으로 기록되어 있으나 최종 193명이 사망한 것으로 알려져 있다
- (출처: DEPARTMENT OF TRANSPORT, Report of Court No. 8074: mv HERALD OF FREE ENTERPRISE, UK, p. 8, 71)

78) IMO A.596(15), 1987, SAFETY OF PASSENGER RO-RO FERRIES

79) SWECO Fire Protection Engineering and Risk Management, 2009, Fire Investigation report of SCANDINAVIAN STAR, Malmö, Sweden, p. 5, 17

80) IMO A.647(16), 1989, GUIDELINES ON MANAGEMENT FOR THE SAFE OPERATION OF SHIPS AND FOR POLLUTION PREVENTION

1993. 5월에 개최된 해사안전위원회(MSC)는 국제안전관리규약(ISM Code) 초안을 확정하고, 그해 말에 개최된 제18차 총회에서 현재 형태의 국제안전관리규약(ISM Code)을 채택하였다.[81] 그리고 묵시적 수락절차를[82] 활용하여 시행을 앞당기기 위해 해상인명안전협약(SOLAS협약) 부속서 제9장을 신설하여 국제안전관리규약(ISM Code)을 강제화하기로 결정하였다.

1994. 5월에는 해상인명안전협약(SOLAS협약) 당사국 회의를[83] 개최하고 국제안전관리규약(ISM Code)의 전면적이고 조속한 시행을 강행하고자 SOLAS협약에 '선박의 안전운항을 위한 관리'라는 제목으로 제9장을 추가하였다.[84]

1995년 제18차 총회에서는 국제안전관리규약(ISM Code)의 통일적 시행과 어느 정부에서 다른 정부가 발행한 증서의 인정 등에 관해 합의를 이끌 필요성에 따라 '정부에 의한 ISM Code 이행 지침'을 채택하였다.[85] 이 후 여러 차례 개정을 거쳐 현재에 이르고 있다.[86]

81) IMO A.741(18), 1993, INTERNATIONAL MANAGEMENT CODE FOR THE SAFE OPERATION OF SHIPS AND FOR POLLUTION PREVENTION (INTERNATIONAL SAFETY MANAGEMENT (ISM) CODE)

82) 새로운 협약으로 제정하게 되면 일정 국가 수 또는 전 세계 상선대의 일정 비율 이상이 가입해야 발효된다는 발효조건을 두는데 각 국가는 협약에 가입한다는 뜻을 담은 비준서를 IMO에 기탁해야하는 명시적 수락절차를 따라야 한다. 그러나 묵시적 수락절차는 이미 발효된 기존 협약에 새로운 제도를 추가하고 이에 반대하는 국가만 의견을 제시토록 함으로써 새로운 제도의 조속한 시행을 기대할 수 있다.

83) 협약을 제정할 때는 각국의 외교대표가 참석하는 '외교회의'를 개최하여 채택한다. 협약의 개정 등을 위해 관련 있는 국가만 모여 개최하는 외교회의를 '당사국 회의'라고 한다.

84) SOLAS협약에서는 세부 절차를 두지 않고 부속서 제9장 제5규칙에서 '안전관리시스템은 ISM Code의 규정에 따라 유지되어야 한다.'라고만 규정되어 있다. 따라서 ISM Code에 세부절차규정이 있다.

85) IMO A.788(19), 1995, GUIDELINES ON IMPLEMENTATION OF THE INTERNATIONAL SAFETY MANAGEMENT (ISM) CODE BY ADMINISTRATIONS

86) ISM Code Amendments: Timeline
- (2002.7.1.) The ISM Code was initially amended by Resolution 104(73), adding definitions and chapter 13 to 16.
- (2006.7.1.) The ISM Code was further amended by Resolution 179(79), inserting new sections to the forms of the DOC (Document of Compliance) and SMC (Safety Management Certificate).
- (2009.1.1.) The ISM Code was amended by Resolution 195(80), adding text to the forms of the full term and interim DOC and the SMC Certificates.
- (2010.7.1.) ISM Code Resolution 273(85) entered into force, introducing among others amended definitions, addition of cross references, risk requirements, specific intervals for implementation and SMS review effectiveness criteria.
- (2015.1.1.) The latest amendments by Resolution 353(92) entered into force, updating and crosslinking the existing IMO documents

4) 적용 대상

SOLAS협약 부속서 제9장을 신설함으로써 강제화 된 ISM Code는 1998년부터 모든 체약국에 단계적으로 적용되어, 1998. 7. 1일부터 국제항해에 종사하는 모든 여객선, 500톤 이상의 유조선, 케미컬탱커, 가스운반선, 산적화물운반선, 고속화물선에 적용되었고, 2002. 7. 1일부터는 국제항해에 종사하는 총톤수 500톤 이상의 모든 화물선과 이동식 해양구조물에 적용되고 있기 때문에 현재는 모든 SOLAS협약 적용선박에서 시행되고 있다.

우리나라는 1997. 6. 3일에 '선박안전경영규정'을 해양수산부 고시로[87] 제정하여 ISM Code를 도입하였으며, 1998. 7. 1일부터 국내에 발효시켰다. 현재는 해상교통안전법 제46조에 근거를 두고 선박소유자에게 그 선박과 사업장에 대하여 선박의 안전운항 등을 위한 관리체제를 수립하고 시행하도록 규정하고 있다.

대상선박은 SOLAS협약 보다 강화되어 내항운송 여객선을 제외한 모든 여객선, 수면비행선박(Wing In Ground effect vessel, WIG), 100톤 이상의 유류·가스류 및 화학제품류를 운송하는 선박 등이 포함되어 있다.[88]

87) 해양수산부 고시 제1997-55호 "국제안전관리규약 시행을 위한 선박안전경영 규정"

88) 해상교통안전법 제46조(선박의 안전관리체제 수립 등) ② 다음 각 호의 어느 하나에 해당하는 선박(해저자원을 채취·탐사 또는 발굴하는 작업에 종사하는 이동식 해상구조물을 포함한다. 이하 이 조 및 제49조부터 제56조까지 같다)을 운항하는 선박소유자는 안전관리체제를 수립하고 시행하여야 한다. 다만, 「해운법」 제21조에 따른 운항관리규정을 작성하여 해양수산부장관으로부터 심사를 받고 시행하는 경우에는 안전관리체제를 수립하여 시행하는 것으로 본다.
1. 「해운법」 제3조에 따른 해상여객운송사업에 종사하는 선박
2. 「해운법」 제23조에 따른 해상화물운송사업에 종사하는 선박으로서 총톤수 500톤 이상의 선박[기선(機船)과 밀착된 상태로 결합된 부선(艀船)을 포함한다]
3. 국제항해에 종사하는 총톤수 500톤 이상의 어획물운반선과 이동식 해상구조물
4. 수면비행선박
5. 그 밖에 대통령령으로 정하는 선박

- 2023년 7월 25일에 해사안전법이 해사안전기본법과 해상교통안전법으로 분법되었으며, 6개월 후인 2024년 1월 26일에 시행된다. 2023년 하반기인 본 서의 발행일에는 아직 각 법률의 하위법령이 공포되지 아니하여 분법 이전의 해사안전법 하위법령을 인용한다.
  해사안전법 시행령 제15조(안전관리체제를 수립·시행해야 하는 선박) ①법 제46조제2항제5호에서 "대통령령으로 정하는 선박"이란 다음 각 호의 어느 하나에 해당하는 선박을 말한다.
  1. 「해운법」 제23조에 따른 해상화물운송사업에 종사하는 선박으로서 총톤수 100톤 이상 500톤 미만의 유류·가스류 및 화학제품류를 운송하는 선박(기선과 밀착된 상태로 결합된 부선을 포함한다)
  2. 「선박안전법 시행령」 제2조제1항제3호가목 본문에 따른 평수(平水)구역 밖을 운항하는 선박으로서 다음 각 목의 어느 하나에 해당하는 부선이나 구조물을 끌거나 미는 선박
  가. 총톤수가 2천톤 이상이거나 길이가 100미터 이상인 부선
  나. 길이가 100미터 이상인 구조물
  다. 각각의 부선의 총톤수의 합이 2천톤 이상인 2척 이상의 부선
  라. 밀리거나 끌리는 각각의 구조물의 길이의 합이 100미터 이상인 2개 이상의 구조물
  마. 밀리거나 끌리는 부선이나 구조물의 길이의 합이 100미터 이상인 부선과 구조물

2.2 주요내용

1) 구성

ISM Code에 따라 선사는 안전관리시스템(Safety Management System, SMS)을 갖추어야 하는데 ISO에서 제품 및 서비스의 품질 향상을 위해 제정한 ISO 9002를 원용하고 있다.

구체적으로는 선박과 선사에서 안전관리 체계를 기술한 문서를 각각 보유하고 있어야 하며, 이 문서는 정부 또는 정부대행기관[89]으로부터 심사를 받고 적합하다는 인증서를 발급 받아야 하는 체제이다.

선사는 안전관리적합증서(Document of Compliance, DOC)를, 선박은 선박안전관리증서(Safety Management Certificate, SMC)를 갖추어야 한다. 유효한 증서가 아닐 경우에는 항만국통제를 받을 때 출항정지 사유에 해당한다.

이 규약은 A장에서 시행(Implementation)에 관한 12개 규정이 있으며, B장에서 증서 및 확인(Certification and Verification)에 관한 4개 규정이 있다. 그리고 네 가지 증서양식이 첨부되어 있다.

o **(A장 내용)** 아래와 같이 12가지 규정으로 구성되어 있다.

(1) 일반사항(General)
- 정의(Definitions)
- 목적(Objectives)
- 적용(Application)
- 안전관리시스템 운영요건(Functional requirements for a Safety Management Systems (SMS)

(2) 안전 및 환경보호 방침(Safety and environmental protection policy)

(3) 사업장의 책임 및 권한(Company responsibilities and authority)

(4) 안전관리 책임자로 지정된 자(Designated person(s))

(5) 선장의 책임 및 권한(Master's responsibility and authority)

(6) 자원과 인원(Resources and personnel)

---

3. 국제항해에 종사하는 총톤수 500톤 이상의 준설선(浚渫船)

89) 우리나라는 1997. 7. 7일 한국선급(KR)을 ISM Code 인증심사기관으로 지정하였다.

(7) 선내 작업(Shipboard operations)
(8) 비상 대책(Emergency preparedness)
(9) 부적합사항, 사고 및 위험상황에 대한 보고 및 분석(Reports and analysis of non-conformities, accidents and hazardous occurrences)
(10) 선박 및 설비 정비(Maintenance of the ship and equipment)
(11) 서류화(Documentation)
(12) 사업장의 검증, 검토 및 평가(Company verification, review and evaluation)

o **(B장 내용)** 네 가지 규정으로 구성된다.
(13) 증서 발급 및 정기적 검증(Certification, and periodical Verification)
(14) 임시증서 발급(Interim Certification)
(15) 검증(Verification)
(16) 증서의 양식(Forms of Certificates)

o **(첨부 양식)** ① 안전관리적합증서(DOC), ② 선박안전관리증서(SMC), ③ 임시 안전관리적합증서(Interim DOC), ④ 임시 선박안전관리증서(Interim SMC)가 있다.

이외에 IMO는 ISM Code 시행을 위하여 세 가지 지침을 제공하고 있다. ① 회사에서 규약 운영을 위한 지침[90], ② 준사고의 보고[91], ③ 지정된 안전관리자의 자격, 교육 및 경험에 대한 지침이다.[92]

2) 안전관리시스템(SMS) 수립

ISM Code는 해상교통안전법으로 국내에 도입되어 있다. 선박소유자가 그 선박과 사업장에 대하여 수립해야 하는 안전관리체제에는 해상교통안전법 제46조 제3항에 따라 다음 각 호의 사항이 포함되어야 하며 이는 ISM Code A장과 같은 내용이다.

90) IMO MSC-MEPC.7/Circ.8, 2013, REVISED GUIDELINES FOR THE OPERATIONAL IMPLEMENTATION OF THE INTERNATIONAL SAFETY MANAGEMENT (ISM) CODE BY COMPANIES
91) IMO MSC-MEPC.7/Circ.7, 2008, GUIDANCE ON NEAR-MISS REPORTING
92) IMO MSC-MEPC.7/Circ.6, 2007, GUIDANCE ON THE QUALIFICATIONS, TRAINING AND EXPERIENCE NECESSARY FOR UNDERTAKING THE ROLE OF THE DESIGNATED PERSON UNDER THE PROVISIONS OF THE INTERNATIONAL SAFETY MANAGEMENT (ISM) CODE

① 해상에서의 안전과 환경보호에 관한 기본방침
② 선박소유자의 책임과 권한에 관한 사항
③ 안전관리체제의 시행을 위한 안전관리책임자와 안전관리자의 임무에 관한 사항
④ 선장의 책임과 권한에 관한 사항
⑤ 인력의 배치와 운영에 관한 사항
⑥ 선박의 안전관리체제 수립에 관한 사항
⑦ 선박충돌사고 등 발생 시 비상대책의 수립에 관한 사항
⑧ 사고, 위험 상황 및 안전관리체제의 결함에 관한 보고와 분석에 관한 사항
⑨ 선박의 정비에 관한 사항
⑩ 안전관리체제와 관련된 지침서 등 문서 및 자료 관리에 관한 사항
⑪ 안전관리체제에 대한 선박소유자의 확인 · 검토 및 평가에 관한 사항

안전관리체제에 대한 세부사항은 「해사안전법 시행규칙」 제33조에 따른 별표 11, 제1호에 기술되어 있으며[93] SOLAS협약 적용선박에 대한 사항은 다음과 같다.

■ 해사안전법 시행규칙 [별표 11]

안전관리체제의 수립 · 시행

1. 여객선 및 국제항해에 종사하는 500톤 이상의 여객선 외의 선박

구분	내용
가. 해상에서의 안전 및 환경보호에 관한 기본방침	1) 다음 사항을 포함하는 안전관리목표가 수립되어야 한다. 가) 선박의 안전운항 및 안전한 작업환경의 제공 나) 식별된 모든 위험에 대한 안전장치의 수립 다) 안전 및 환경보호에 대한 비상대책을 포함하여 육상직원 및 해상종사원의 지속적인 안전관리기술의 향상 2) 1)에 따라 수립된 안전관리목표를 달성하기 위한 방침을 수립하고, 육상직원 및 해상종사원이 이를 이행 · 유지하고 있는지 여부를 확인하여야 한다.

93) 2023년 7월 25일에 해사안전법이 해사안전기본법과 해상교통안전법으로 분법되었으며, 6개월 후인 2024년 1월 26일에 시행된다. 2023년 하반기인 본 서의 발행일에는 아직 각 법률의 하위법령이 공포되지 아니하여 분법 이전의 해사안전법 하위법령을 인용한다.
- 해사안전법 제46조(선박의 안전관리체제 수립 등) ① 해양수산부장관은 제2항에 따른 선박을 운항하는 선박소유자가 그 선박과 사업장에 대하여 해양수산부령으로 정하는 바에 따라 선박의 안전운항 등을 위한 관리체제(이하 "안전관리체제"라 한다)를 수립하고 시행하는 데 필요한 시책을 강구하여야 한다.
- 해사안전법 시행규칙 제33조(안전관리체제의 수립 및 시행) 법 제46조제1항 및 같은 조 제4항에 따른 선박의 안전운항 등을 위한 관리체제(이하 "안전관리체제"라 한다)의 수립 및 시행은 별표 11에 따른다

나. 선박소유자의 책임 및 권한에 관한 사항	1) 안전관리체제와 관련된 육상직원 및 해상종사원의 책임 · 권한 및 상호 관계를 규정하고 문서화하여야 한다. 2) 안전관리책임자 및 안전관리자의 임무수행에 필요한 자원 및 육상지원을 적절하게 제공하여야 한다.
다. 안전관리책임자의 선임 및 임무에 관한 사항	1) 최고경영자와 직접 협의할 수 있는 권한을 가진 육상직원으로서 영 제16조 및 별표 3에서 정한 자격요건을 갖춘 자를 안전관리책임자 및 안전관리자로 선임하여야 한다. 2) 안전관리책임자는 안전관리자를 지휘하고, 선박의 안전운항 및 오염방지활동을 감시하며, 필요한 자원과 육상지원이 적절하게 제공되는지 여부를 확인하여야 한다. 3) 안전관리자는 2)에서 규정한 임무와 관련하여 안전관리책임자를 보좌한다.
라. 선장의 책임 및 권한에 관한 사항	1) 다음 사항에 대하여 선장의 책임을 명확히 규정하여야 한다. 가) 안전관리목표 및 방침의 시행 나) 해상종사원이 안전관리체제를 준수하는데 필요한 동기의 부여 다) 간단명료한 지시 및 지침의 시달 라) 안전관리체제의 준수여부 확인 마) 안전관리체제의 검토 및 그에 대한 결함사항의 안전관리책임자에게의 보고 2) 다음 사항에 대하여 선장의 최우선적인 결정권한과 책임을 규정하여야 한다. 가) 선박의 안전 및 오염방지를 위한 대응조치 나) 필요시 회사에 대한 지원요청
마. 인력의 배치 및 운영에 관한 사항	1) 선장에 대하여 다음 사항을 확인하여야 한다. 가) 해상종사원을 지휘할 수 있는 적절한 자격보유 나) 회사의 안전관리체제에 대한 숙지 다) 선장의 임무를 안전하게 수행하는데 필요한 지원의 제공 2) 회사는 다음 사항을 보장하여야 한다. 가) 관련 국제협약 및 국내법에 따라 자격이 인정되고 해당 자격증서를 가진 건강한 해상종사원의 승선 나) 모든 측면에서 선박의 안전운항을 유지하기 위하여 필요한 적정한 해상종사원의 승선 3) 신규채용되거나 임무가 변경된 종사원이 안전관리체제와 관련하여 해당 업무에 익숙할 수 있도록 절차를 수립하여야 하며, 모든 해상종사원에 대하여 해당 선박의 출항 전에 필수적으로 제공되어야 하는 지침을 문서화하여 제공하여야 한다. 4) 안전관리체제와 관련된 종사원들이 관련 법령 · 규칙 · 규약 및 지침을

	충분히 이해하고 있는지 여부를 확인하여야 한다. 5) 안전관리체제를 지원하는데 필요한 훈련절차를 수립 · 유지하고 관련된 종사원이 훈련을 받을 수 있도록 하여야 한다. 6) 안전관리체제와 관련된 필요한 정보를 해상종사원들이 사용하거나 이해할 수 있는 언어로 제공할 수 있도록 절차를 수립하고, 그들이 임무를 수행하는데 효과적으로 의사소통을 할 수 있도록 하여야 한다.
바. 선상운용(船上運用)계획의 수립에 관한사항	1) 선박의 안전과 오염방지에 관한 주요 선상운용계획 및 지침을 작성하는 절차를 수립하여야 한다. 2) 1)에 따른 업무는 명확히 규정되고 자격이 있는 자에게 부여하여야 한다.
사. 비상대책의 수립에 관한 사항	1) 선박의 잠재적인 비상상황을 파악하고 이에 대한 대응절차를 수립하여야 한다. 2) 1)에 따른 비상상황에 대응하기 위한 훈련 및 연습계획을 수립하여야 한다. 3) 선박과 관련한 위험 · 사고 및 비상상황에 대하여 선박 및 사업장의 조직이 언제든지 대응할 수 있는 조치계획을 수립하여야 한다.
아. 사고, 위험상황 및 안전관리체제의 결함에 관한 보고와 분석에 관한 사항	1) 안전관리체제를 개선하기 위하여 부적합사항, 사고 및 위험발생에 대하여 보고하고, 조사 · 분석하는 절차를 수립하여야 한다. 2) 1)에 따른 조사 · 분석의 결과에 대한 시정조치 절차를 수립하여야 한다.
자. 선박의 정비에 관한 사항	1) 선박이 관련 법령 및 자체수립한 정비계획에 따라 정비 · 유지되고 있는지 여부를 확인하는 절차를 수립하여야 한다. 2) 1)에 따른 절차 수립에는 다음 사항이 포함되어야 한다. 가) 주기적인 검사 나) 가)의 검사에 관한 모든 부적합사항(추정원인을 포함한다)의 보고 및 시정조치 다) 가) 및 나)의 활동에 대한 기록유지 3) 갑자기 작동이 정지될 경우를 대비하여 선박의 안전과 관련하여 중요한 설비 및 기능을 식별할 수 있는 절차를 수립하여야 한다. 4) 3)에 따른 절차 수립에는 설비 및 기술적 체계를 향상시키는 방법과 지속적으로 사용하지 아니하는 예비설비 및 기술적 체계에 대한 정기적인 시험이 포함되어야 한다. 5) 2)가)에 따른 주기적인 검사 및 4)에 따른 설비 및 기술적 체계의 향상방법은 선박의 일상적인 운항정비에 포함하여야 한다.
차. 문서 및 자료 관리에 관한 사항	1) 안전관리체제와 관련된 모든 문서 및 자료를 관리하는 절차를 수립하여야 한다. 2) 문서관리와 관련하여 다음 사항을 시행하여야 한다.

	가) 모든 관련 부서에서는 안전관리체제와 관련하여 효력이 있는 문서만을 사용할 것 나) 문서의 개정은 권한을 부여받은 자가 검토 · 승인할 것 다) 무효화된 문서는 신속히 폐기할 것 3) 문서는 가장 효과적인 방법으로 관리되어야 하며, 해당 선박과 관련되는 모든 문서를 선내에 비치하여야 한다.
카. 안전관리체제에 대한 선박소유자의 확인 · 검토 및 평가에 관한 사항	1) 안전 및 오염방지활동이 안전관리체제에 적합한지 여부를 확인하기 위하여 정기적인 인증심사 시행 전에 내부심사를 시행하여야 한다. 2) 회사는 안전관리체제와 관련하여 회사의 업무를 위임받은 종사자 등이 이 표에서 규정하는 회사의 책임을 이행하는지를 주기적으로 검증하여야 한다. 3) 1)의 내부심사를 시행한 후 안전관리체제의 효율성에 대하여 정기적으로 평가 및 검토를 하여야 한다. 4) 내부심사와 시정조치는 문서화된 절차에 따라 시행하여야 한다. 5) 내부심사를 실시하는 자는 사업장의 규모 및 특성상 부득이한 경우를 제외하고는 심사를 받는 부서와 독립된 자이어야 한다. 6) 내부심사 결과 및 안전관리체제에 대한 효율성 검토 결과는 관련 부서의 책임 있는 모든 종사원에게 통보되어야 한다. 7) 내부심사 시 발견된 부적합사항에 대하여 책임 있는 자는 그 사항을 적절한 기간 내에 시정조치를 하여야 한다.

※ 비고
1. 수면비행선박의 안전관리체제에 대하여는 제3호에 따른다.

3) 인증심사

ISM Code B장은 인증심사에 관한 규정이다.

심사는 네 종류가 있으며 ① 최초인증심사로서 최초로 선박 및 사업장의 안전관리체제의 수립 · 시행에 관한 사항을 확인하기 위하여 처음으로 하는 심사, ② 갱신인증심사로서 매 5년마다 선박안전관리증서 또는 안전관리적합증서의 유효기간이 끝난 때에 하는 심사, ③ 중간인증심사로서 최초인증심사와 갱신인증심사 사이 또는 갱신인증심사와 갱신인증심사 사이에 행하는 심사이며 사업장은 매 1년마다 실시하므로 연차심사라고도 한다. 선박은 2.5년마다 실시한다.[94] ④ 임시인증심사는 새로운 종류의 선박을 추가하

94) 제49조(인증심사) ① 선박소유자는 제46조제2항에 따라 안전관리체제를 수립 · 시행하여야 하는 선박이나 사업장에 대하여 다음 각 호의 구분에 따라 해양수산부장관으로부터 안전관리체제에 대한 인증심사(이하 "인증심

거나 신설한 사업장이 있거나, 개조 등으로 선종이 변경되거나 신규로 도입한 선박이 있을 때 행하는 심사이다.

그 외에 우리나라에서는 선박의 해양사고 및 외국항에서 항행정지 예방 등을 위하여 '수시인증심사'를 실시할 수 있도록 규정하고 있다(해상교통안전법 제49조 제1항 제5호).

〈표 2-1〉 지방해양항만청의 인증심사 종류

종류	시기
임시인증심사	선종, 선박 추가 시, 사업장 신설하는 경우
최초인증심사	임시 심사 후(문서심사 포함)
중간인증심사	사업장(1년), 선박(2.5년)
갱신인증심사	사업장, 선박(5년)
수시인증심사	선박의 해양사고 및 외국항에서 출항정지 예방 등 필요시

심사의 방법으로 최초인증심사, 중간인증심사, 갱신인증심사는 선박이 일반적인 운항 상태에서 심사를 하여야 하므로 선거(Dry dock)에 있거나 장기 계선(Laid up) 중이어서는

사"라 한다)를 받아야 한다.
1. 최초인증심사: 안전관리체제의 수립 · 시행에 관한 사항을 확인하기 위하여 처음으로 하는 심사
2. 갱신인증심사: 선박안전관리증서 또는 안전관리적합증서의 유효기간이 끝난 때에 하는 심사
3. 중간인증심사: 최초인증심사와 갱신인증심사 사이 또는 갱신인증심사와 갱신인증심사 사이에 해양수산부령으로 정하는 시기에 행하는 심사
4. 임시인증심사: 최초인증심사를 받기 전에 임시로 선박을 운항하기 위하여 다음 각 목의 어느 하나에 대하여 하는 심사
 가. 새로운 종류의 선박을 추가하거나 신설한 사업장
 나. 개조 등으로 선종이 변경되거나 신규로 도입한 선박
5. 수시인증심사: 제1호부터 제4호까지의 인증심사 외에 선박의 해양사고 및 외국항에서의 항행정지 예방 등을 위하여 해양수산부령으로 정하는 경우에 사업장 또는 선박에 대하여 하는 심사

② 선박소유자는 인증심사에 합격하지 아니한 선박을 항행에 사용하여서는 아니 된다. 다만, 천재지변 등으로 인하여 인증심사를 받을 수 없다고 인정되는 등 해양수산부령으로 정하는 경우에는 그러하지 아니하다.
③ 인증심사를 받으려는 자는 해양수산부령으로 정하는 바에 따라 수수료를 내야 한다.
④ 인증심사의 절차와 심사방법 등에 필요한 사항은 해양수산부령으로 정한다.

- 2023년 7월 25일에 해사안전법이 해사안전기본법과 해상교통안전법으로 분법되었으며, 6개월 후인 2024년 1월 26일에 시행된다. 2023년 하반기인 본 서의 발행일에는 아직 각 법률의 하위법령이 공포되지 아니하여 분법 이전의 해사안전법 하위법령을 인용한다.

 해사안전법 시행규칙 제35조(중간인증심사의 시행시기) 법 제47조제1항제3호에서 "해양수산부령으로 정하는 시기"란 다음 각 호의 구분에 따른 시기를 말한다.
1. 사업장의 경우: 안전관리적합증서의 유효기간 개시일부터 매 1년이 되는 날 전후 3개월 이내
2. 선박의 경우: 선박안전관리증서의 유효기간 개시일부터 2년 6개월이 되는 날 전후 6개월 이내. 다만, 선박소유자의 요청이 있는 경우에는 유효기간 개시일부터 매 1년이 되는 날 전후 3개월 이내에 할 수 있다.

안 된다. 임시인증심사는 일반적인 운항 상태는 아니더라도 안전승무증서(Safe Manning Certificate) 상의 선원들이 모두 승선하고 있다면 수행할 수 있다.

① 최초인증심사(Initial verification) : 선박에 대한 인증심사는 통상적 운항 상태에서 행하며, 사업장에 대한 최초인증심사는 문서심사를 완료한 후에 시행하되 선박을 포함한 전반적인 안전관리계획에 대해 심사를 진행한다.

② 갱신인증심사(Renewal verification) : 증서의 유효기간이 만료되는 매 5년마다 행하며, 문서심사는 별도로 하지 않는다.

③ 중간인증심사(Intermediate verification) : 사업장은 매1년, 선박은 매 2.5년마다 받아야 하는 심사로 최초인증심사 이후 사업장 및 선박에서 안전관리체제가 적절하게 관리 및 운영되고 있는지의 여부에 대해 심사한다.

④ 임시인증심사(Interim verification) : 사업장에 대해서는 안전관리체제 적용 이후에 1)사업장을 신설할 때, 2) 현행 안전관리적합증서에 새로운 선종을 추가할 경우에 시행한다. 선박에 대해서는 1)신조 선박 인수, 2)사업장이 처음 관리 책임을 맡은 선박, 3)선박의 기국 변경이 있을 때가 해당된다. 새로운 종류의 선박이 추가된 경우의 임시인증심사는 사업장에 대한 수시인증심사가 완료된 후 선박에 대한 임시인증심사를 수행한다.

• 사업장의 인증심사 시행절차는 다음과 같다.

• 선박의 인증심사 시행절차는 다음과 같다.

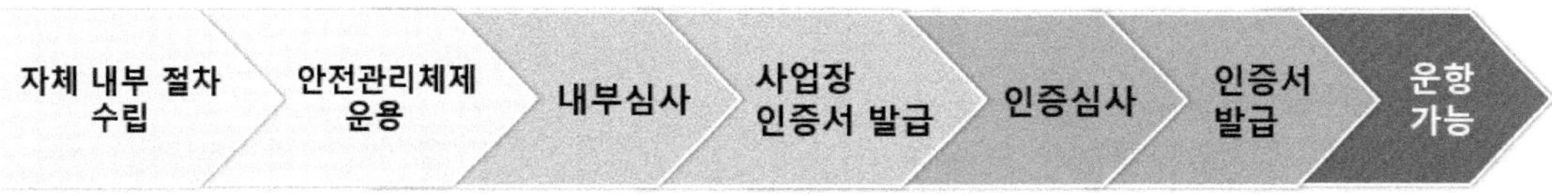

2.3 내항선 안전관리체제

1) 개요

우리나라는 ISM Code가 적용되지 않는 내항운송 선박 중에서 여객선, 수면비행선박(WIG: Wing In Ground effect ship), 100톤 이상의 유류·가스류 및 화학제품류를 운송하는 선박 등을 내항선 안전관리체제 대상선박으로 지정하여 ISM Code에 준하는 안전관리체제를 수립하여 인증을 받도록 강제화하였다.[95]

내항선 안전관리체제는 외항선 ISM Code와 유사한 시스템이지만 연안항해의 특성을 감안하여 현지화 시킨 시스템이라고 할 수 있다.

2) 구성

내항선 안전관리체제 수립·시행에 필요한 세부사항은 「해사안전법 시행규칙」 제33조에 따른 별표 11, 제2호에 기술되어 있다. 수면비행선박은 제3호에 따른다.[96]

■ 해사안전법 시행규칙 [별표 11]

안전관리체제의 수립·시행

2. 국제항해에 종사하지 아니하는 선박 및 국제항해에 종사하는 총톤수 500톤 미만의 선박

구분	내용
가. 해상에서의 안전 및 환경보호에 관한 기본방침	1) 선박의 안전운항 및 안전한 작업환경의 제공을 포함하는 안전관리목표가 수립되어야 한다. 2) 1)에 따라 수립된 안전관리목표를 달성하기 위한 방침을 수립하

95) 내항선 등의 안전관리체제 인증심사 적용지침 제3조(적용범위) 이 지침은 국토해양부(소속기관을 포함한다)의 인증심사 업무를 수행하는 공무원(이하 "심사관"이라 한다)이 다음 각 호의 선박 및 사업장의 안전관리체제에 대한 인증심사를 수행할 경우에 적용한다.
1. 법 제46조제2항제2호의 선박 중 총톤수 500톤 이상의 선박으로서 국제협약의 적용을 받지 아니하는 선박
2. 해사안전법 시행령(이하 "영"이라 한다) 제15조제1호의 선박 중 국제항해에 종사하지 않는 선박
3. 영 제15조제2호의 선박
4. 해사안전법 시행규칙(이하 "규칙"이라 한다) 제36조제1항 각 호에 해당하는 선박
5. 제1호부터 제4호까지의 선박에 대한 안전관리업무를 담당하는 사업장

96) 2023년 7월 25일에 해사안전법이 해사안전기본법과 해상교통안전법으로 분법되었으며, 6개월 후인 2024년 1월 26일에 시행된다. 2023년 하반기인 본 서의 발행일에는 아직 각 법률의 하위법령이 공포되지 아니하여 분법 이전의 해사안전법 하위법령을 인용한다.

	고, 육상직원 및 해상종사원이 이를 이행 · 유지하고 있는지 여부를 확인하여야 한다.
나. 선박소유자의 책임 및 권한에 관한 사항	1) 안전관리체제와 관련된 육상직원 및 해상종사원의 책임 · 권한 및 상호관계를 규정하고 문서화하여야 한다. 2) 안전관리책임자 및 안전관리자의 임무수행에 필요한 자원 및 육상지원을 적절하게 제공하여야 한다.
다. 안전관리책임자의 선임 및 임무에 관한 사항	1) 최고경영자와 직접 협의할 수 있는 권한을 가진 육상직원으로서 영 제16조 및 별표 3에서 정한 자격요건을 갖춘 자를 안전관리책임자 및 안전관리자로 선임하여야 한다. 2) 안전관리책임자는 안전관리자를 지휘하고, 선박의 안전운항 및 오염방지활동을 감시하며, 필요한 자원과 육상지원이 적절하게 제공되는지 여부를 확인하여야 한다. 3) 안전관리자는 2)에서 규정한 임무와 관련하여 안전관리책임자를 보좌한다.
라. 선장의 책임 및 권한에 관한 사항	1) 안전관리목표 및 방침의 시행에 대하여 선장의 책임을 명확히 규정하여야 한다. 2) 다음 사항에 대하여 선장의 최우선적인 결정권한과 책임을 규정하여야 한다. 가) 선박의 안전 및 오염방지를 위한 대응조치 나) 필요시 회사에 대한 지원요청
마. 인력의 배치 및 운영에 관한 사항	1) 선장에 대하여 다음 사항을 확인하여야 한다. 가) 해상종사원을 지휘할 수 있는 적절한 자격보유 나) 회사의 안전관리체제에 대한 숙지 2) 회사는 다음 사항을 보장하여야 한다. 가) 관련 국내법에 따라 자격이 인정되고 해당 자격증서를 가진 건강한 해상종사원의 승선 나) 모든 측면에서 선박의 안전운항을 유지하기 위하여 필요한 적정한 해상종사원의 승선 3) 안전관리체제를 지원하는데 필요한 훈련절차를 수립 · 유지하고 관련된 종사원이 훈련을 받을 수 있도록 하여야 한다.
바. 선상운용(船上運用) 계획의 수립에 관한사항	1) 선박의 안전과 오염방지에 관한 주요 선상운용계획 및 지침을 작성하는 절차를 수립하여야 한다. 2) 1)에 따른 업무는 명확히 규정되고 자격이 있는 자에게 부여하여야 한다. 3) 해상기상상태별 자체운항통제기준을 설정하여야 한다.

	4) 자체운항통제기준에는 운항 중 기상악화 시의 피항 등의 대응계획 및 절차와 기상특보 시 운항 및 입출항을 통제하기 위한 기준이 포함되어야 한다.
사. 비상대책의 수립에 관한 사항	1) 선박의 잠재적인 비상상황을 파악하고 이에 대한 대응절차를 수립하여야 한다. 2) 1)에 따른 비상상황에 대응하기 위한 훈련 및 연습계획을 수립하여야 한다.
아. 사고, 위험상황 및 안전관리체제의 결함에 관한 보고와 분석에 관한 사항	1) 안전관리체제를 개선하기 위하여 부적합사항(사업장에 한함), 사고 및 위험발생에 대하여 보고하고, 조사 · 분석하는 절차를 수립하여야 한다. 2) 1)에 따른 조사 · 분석의 결과에 대한 시정조치 절차를 수립하여야 한다.
자. 선박의 정비에 관한 사항	1) 선박이 관련 법령에 따라 정비 · 유지되고 있는지 여부를 확인하는 절차를 수립하여야 한다. 2) 1)에 따른 절차 수립에는 주기적인 검사가 포함되어야 한다. 3) 갑자기 작동이 정지될 경우를 대비하여 선박의 안전과 관련하여 중요한 설비 및 기능을 식별할 수 있는 절차를 수립하여야 한다.
차. 문서 및 자료 관리에 관한 사항	1) 안전관리체제와 관련된 모든 문서 및 자료를 관리하는 절차를 수립하여야 한다. 2) 무효화된 문서는 신속히 폐기하여야 한다. 3) 문서는 가장 효과적인 방법으로 관리되어야 하며, 해당 선박과 관련되는 모든 문서를 선내에 비치하여야 한다.
카. 안전관리체제에 대한 선박소유자의 확인 · 검토 및 평가에 관한 사항	1) 안전 및 오염방지활동이 안전관리체제에 적합한지 여부를 확인하기 위하여 정기적인 인증심사 시행 전에 사업장에 대한 내부심사를 시행하여야 한다. 2) 회사는 안전관리체제와 관련하여 회사의 업무를 위임받은 종사자 등이 이 표에서 규정하는 회사의 책임을 이행하는지를 주기적으로 검증하여야 한다. 3) 안전관리책임자 또는 안전관리자는 매월 선박을 방문하여 선박의 안전 및 오염방지 활동이 안전관리체제에 적합한지 여부를 확인하여야 한다 4) 내부심사와 시정조치는 문서화된 절차에 따라 시행하여야 한다.

※비고

1. 영 제15조제1항제2호의 선박에 대해서는 다음 각 목에서 정하는 내용만을 적용한다.

가. 나목 1) 및 2): 바목 3) 및 4)의 자체운항통제기준의 시행을 위하여 필요한 육상직원 및 해

상종사원의 책임과 권한 관계의 규정, 문서화 및 육상지원의 제공

나. 라목 1) 및 2) 가): 바목 3) 및 4)의 자체운항통제기준의 시행을 위한 선장의 안전관리 목표 및 방침의 시행과 이를 위한 선장의 최우선적인 결정권한 및 책임의 규정

다. 마목 1) 나): 바목 3) 및 4)의 자체운항통제기준의 시행에 필요한 선장의 권한과 책임을 보장한 회사규정의 숙지

라. 바목 3) 및 4): 자체운항통제기준에 관한 사항

마. 사목 1): 기상악화 시 자체 입출항통제 또는 운항 중 피항 등에 대한 비상대응절차의 수립

바. 카목3): 안전관리책임자 또는 안전관리자의 선박 방문 및 확인에 관한 사항

2. 영 제15조제1항제2호의 선박 외의 선박(추진기관이 설치되어 있는 선박에 결합하여 운항하는 압항부선은 제외한다)은 다음 각 목의 사항을 적용하지 아니한다.

가. 마목 1)나)

나. 바목 3) 및 4)

3. 여객선의 안전관리체제에 대하여는 제1호에 따르고, 수면비행선박의 안전관리체제에 대하여는 제3호에 따른다.

3. 수면비행선박

구분		내용
가. 해상에서의 안전 및 환경보호에 관한 기본방침	운항선 · 시운전선	1) 다음 사항을 포함하는 안전관리목표가 수립되어야 한다. 가) 선박의 안전운항 및 안전한 작업환경의 제공 나) 식별된 모든 위험에 대한 안전장치의 수립 다) 안전 및 환경보호에 대한 비상대책을 포함하여 육상직원 및 해상종사원의 지속적인 안전관리기술의 향상 라) 안전과 관련된 준해양사고 등의 보고를 장려하는 방침 마) 안전문화 2) 1)에 따라 수립된 안전관리목표를 달성하기 위한 방침과 안전성과지표를 수립하고, 육상직원 및 해상종사원이 이를 이행 · 유지하고 있는지 여부를 확인하여야 한다.
나. 선박 소유자의 책임 및 권한에 관한 사항	운항선 · 시운전선	1) 안전관리업무를 총괄적으로 수행하고 지원하는 안전관리전담조직을 구성하여야 한다. 2) 안전관리체제와 관련된 육상직원 및 해상종사원의 책임 · 권한 및 상호관계를 규정하고 문서화하여야 한다. 3) 안전관리책임자 및 안전관리자의 임무수행에 필요한 자원 및 육상지원을 적절하게 제공하여야 한다.
다. 안전관리 책임자의 선임 및 임무에 관한 사항	운항선 · 시운전선	1) 최고경영자와 직접 협의할 수 있는 권한을 가진 육상직원으로서 영 제16조 및 별표 3에서 정한 자격요건과 수면비행선박의 지식과 경험을 충분히 갖춘 자를 안전관리책임자 및 안전관리자로 선임하여야 한다.

		2) 안전관리책임자는 안전관리자를 지휘하고, 선박의 안전운항 및 오염방지활동을 감시하며, 필요한 자원과 육상지원이 적절하게 제공되는지 여부를 확인하여야 한다. 3) 안전관리자는 2)에서 규정한 임무와 관련하여 안전관리책임자를 보좌한다.
라. 선장의 책임 및 권한에 관한 사항	운항선	1) 다음 사항에 대하여 선장의 책임을 명확히 규정하여야 한다. 가) 안전관리목표 및 방침의 시행 나) 해상종사원이 안전관리체제를 준수하는데 필요한 동기의 부여 다) 간단명료한 지시 및 지침의 시달 라) 안전관리체제의 준수여부 확인 마) 안전관리체제의 검토 및 그에 대한 결함사항의 안전관리책임자에게의 보고 2) 다음 사항에 대하여 선장의 최우선적인 결성권한과 책임을 규정하여야 한다. 가) 선박의 안전 및 오염방지를 위한 대응조치 나) 필요시 회사에 대한 지원요청
	시운전선	1) 다음 사항에 대하여 선장의 최우선적인 결정권한과 책임을 규정하여야 한다. 가) 선박의 안전 및 오염방지를 위한 대응조치 나) 필요시 회사에 대한 지원요청
마. 인력의 배치 및 운영에 관한 사항	운항선 · 시운전선	1) 선장에 대하여 다음 사항을 확인하여야 한다. 가) 해상종사원을 지휘할 수 있는 적절한 자격보유 나) 회사의 안전관리체제에 대한 숙지 다) 선장의 임무를 안전하게 수행하는데 필요한 지원의 제공 2) 회사는 다음 사항을 보장하여야 한다. 가) 관련 국제협약 및 국내법에 따라 자격이 인정되고 해당 자격증서를 가진 건강한 해상종사원의 승선 나) 모든 측면에서 선박의 안전운항을 유지하기 위하여 필요한 적정한 해상종사원의 승선 3) 신규채용되거나 임무가 변경된 종사원이 안전관리체제와 관련하여 해당 업무에 익숙할 수 있도록 절차를 수립하여야 하며, 모든 해상종사원에 대하여 해당 선박의 출항 전에 필수적으로 제공되어야 하는 지침을 문서화하여 제공하여야 한다. 4) 안전관리체제와 관련된 종사원들이 관련 법령 · 규칙 · 규약 및 지침을 충분히 이해하고 있는지 여부를 확인하여야 한다. 5) 안전관리체제를 지원하는데 필요한 훈련절차를 수립 · 유지하고 관련된 종사원이 훈련을 받을 수 있도록 하여야 한다.

		6) 안전관리체제와 관련된 필요한 정보를 해상종사원들이 사용하거나 이해할 수 있는 언어로 제공할 수 있도록 절차를 수립하고, 그들이 임무를 수행하는데 효과적으로 의사소통을 할 수 있도록 하여야 한다. 7) 안전관리체제와 관련된 종사원들 간에 의사소통절차를 수립하여야 하며 절차에는 다음 사항이 포함되어야 한다. 가) 안전관리업무와 관련된 중요 사항에 대한 협의 · 조정 및 심의 · 결정 등을 위한 안전위원회의 구성 나) 안전관리체제 운용 목적의 이해, 중요 안전정보의 전달, 제도의 신설 · 변경 등 협의를 위한 의사소통체제
바. 선상운용(船上運用) 계획의 수립에 관한사항	운항선	1) 선박의 안전과 오염방지에 관한 주요 선상운용계획 및 지침을 작성하는 절차를 수립하여야하며 선상운용계획 및 지침에는 다음 사항이 포함되어야 한다. 가) 운항관리일반 나) 기상 다) 선원의 휴식 및 건강상태 관리 라) 수면효과 고도 한계, 임시 상승 고도 한계 및 임시 상승 고도에서 체공시간의 한계 등을 포함한 운항안전에 관한 사항 마) 보안 바) 위험물 사) 통신 및 보고 아) 탑재관리 자) 여객관리 2) 1)에 따른 업무는 명확히 규정되고 자격이 있는 자에게 부여하여야 한다. 3) 해상기상상태별 자체운항통제기준을 설정하여야 한다. 4) 자체운항통제기준에는 운항 중 기상악화 시의 피항 등의 대응계획 및 절차와 기상특보 시 운항 및 입출항을 통제하기 위한 기준이 포함되어야 한다. 5) 여객을 운송하는 선박의 경우 출항 전 여객의 안전 및 비상시 행동요령 등 여객 친숙화 절차를 수립하여야 한다.
	시운전선	1) 선박의 안전과 오염방지에 관한 주요 시운전계획 및 지침을 작성하는 절차를 수립하여야 하며 시운전계획 및 지침에는 다음 사항이 포함되어야 한다. 가) 시운전 해역 나) 시운전 항해계획 다) 시운전 업무 라) 시운전 단계 별 안전 확인 및 보고 사항

		마) 시운전 제한 및 중단 사항 2) 1)에 따른 업무는 명확히 규정되고 자격이 있는 자에게 부여하여야 한다. 3) 시운전 전 대상 선박에 대해 자체적으로 감항성을 증명하는 절차를 수립하고 이행하여야 하며, 그 절차에는 다음 사항이 포함되어야 한다. 가) 해당 선박이 기술자료에 합치하는지 여부 나) 선박 중량의 한계 다) 탑재 및 분배 한계 라) 무게 및 양력 중심 한계 마) 속도의 한계 바) 수면효과 고도 한계 사) 선박 분류에 따른 임시 상승 고도 한계 아) 임시 상승 고도에서 체공시간의 한계 자) 운전 및 기기 사용의 제한 차) 인적 및 물적 자원의 보장 4) 수면비행선박의 안전한 시운전 실행을 위하여 통신 및 보고 체계를 수립하여야 한다. 5) 해상기상상태별 자체운항통제기준을 설정하여야 한다. 6) 자체운항통제기준에는 운항 중 기상악화 시의 피항 등의 대응계획 및 절차와 기상특보 시 운항 및 입출항을 통제하기 위한 기준이 포함되어야 한다.
사. 비상대책의 수립에 관한 사항	운항선	1) 선박의 잠재적인 비상상황을 파악하고 이에 대한 대응절차를 수립하여야 하며 대응절차에는 다음 사항이 포함되어야 한다. 가) 비상상황 발생 시 업무수행을 위한 비상 운영체제 나) 비상상황을 총괄하는 책임자 지정 및 책임자 업무범위 다) 비상상황 발생 시 대응활동 2) 1)에 따른 비상상황에 대응하기 위한 훈련 및 연습계획을 수립하고 이행하여야 한다. 3) 비상상황의 식별에는 다음 사항이 포함되어야 한다. 가) 충돌 나) 퇴선 다) 오염 라) 좌초 마) 화재 및 폭발 바) 안정성 상실 사) 조종통제 불능 아) 구조결함 발생

		자) 운항 중 결함 발생 차) 여객 및 해상종사원의 안전 위해 발생 4) 선박과 관련한 위험 · 사고 및 비상상황에 대하여 선박 및 사업장의 조직이 언제든지 대응할 수 있는 조치계획을 수립하여야 하며 유관기관과의 협조체계를 유지하여야 한다.
	시운전선	1) 시운전 선박의 잠재적 비상상황을 파악하고 이에 대한 대응 절차를 수립하여야 하며 비상상황의 식별에는 다음 사항이 포함되어야 한다. 가) 충돌 나) 퇴선 다) 오염 라) 좌초 마) 화재 및 폭발 바) 안정성 상실 사) 조종통제 불능 아) 구조결함 발생 자) 운항 중 결함 발생 차) 해상종사원의 안전 위해 발생 2) 1)에 따른 비상상황에 대응하기 위한 훈련 및 연습계획을 수립하고 이행하여야 한다. 3) 선박과 관련한 위험 · 사고 및 비상상황에 대하여 선박 및 사업장의 조직이 언제든지 대응할 수 있는 조치계획을 수립하여야 하며 유관기관과의 협조체계를 유지하여야 한다.
아. 사고, 위험상황 및 안전관리체제의 결함에 관한 보고와 분석에 관한 사항	운항선 · 시운전선	1) 안전관리체제를 개선하기 위하여 부적합사항, 사고, 준해양사고 및 위험발생에 대하여 자체 안전보고절차를 수립 및 운영하여야 하며 절차에는 다음 사항이 포함되어야 한다. 가) 항해안전정보의 수집, 분석, 활용을 위한 자체 자율보고 나) 자체 안전보고절차에 따라 보고 받은 자료에 대한 조사, 자료화, 분석 및 피드백 등 정보 처리절차 2) 선박, 인원 및 환경에 대하여 식별된 모든 위험성에 대한 평가 및 위험성 감소대책 절차를 수립하여야 한다. 3) 1)에 따른 자체 안전보고 결과를 분석하여 재발방지대책을 포함한 시정조치 절차를 수립 하여야 한다.
자. 선박의 정비에 관한 사항	운항선	1) 선박이 관련 법령 및 자체수립한 정비계획에 따라 정비 · 유지되고 있는지 여부를 확인하는 절차를 수립하여야 한다. 2) 1)에 따른 절차 수립에는 다음 사항이 포함되어야 한다. 가) 주기적인 검사

		나) 가)의 검사에 관한 모든 부적합사항(추정원인을 포함한다)의 보고 및 시정조치 다) 가) 및 나)의 활동에 대한 기록유지 3) 갑자기 작동이 정지될 경우를 대비하여 선박의 안전과 관련하여 중요한 설비 및 기능을 식별할 수 있는 절차를 수립하여야 한다. 4) 3)에 따른 절차 수립에는 설비 및 기술적 체계를 향상시키는 방법과 지속적으로 사용하지 아니하는 예비설비 및 기술적 체계에 대한 정기적인 시험이 포함되어야 한다. 5) 2) 가)에 따른 주기적인 검사 및 4)의 규정에 의한 설비 및 기술적 체계의 향상방법은 선박의 일상적인 운항정비에 포함하여야 한다. 6) 선박 검사 및 정비를 위해 충분한 지식과 경험이 있는자로 구성된 검사 · 정비조직을 갖추어야한다.
	시운전선	1) 시운전 실행 전 선박의 선체 및 기기들의 안전한 상태를 확인하기 위한 절차를 수립하고 이행하여야 한다.
차. 문서 및 자료관리에 관한 사항	운항선	1) 안전관리체제와 관련된 모든 문서 및 자료를 관리하는 절차를 수립하여야 한다. 2) 문서관리와 관련하여 다음 사항을 시행하여야 한다. 가) 모든 관련 부서에서는 안전관리체제와 관련하여 효력이 있는 문서만을 사용할 것 나) 문서의 개정은 권한을 부여받은 자가 검토 · 승인할 것 다) 무효화된 문서는 신속히 폐기할 것 3) 문서는 가장 효과적인 방법으로 관리되어야 하며, 선박에서 필수 보유하여야 할 문서를 목록화하고 선내에 비치하여야 한다.
	시운전선	1) 시운전 안전관리체제 활동은 기록되어야 하며 기록에는 다음 사항이 포함되어야 한다. 가) 인력의 배치와 운영에 관한 사항 나) 선상운용(船上運用)계획의 수립에 관한사항 다) 비상대책의 수립에 관한 사항 라) 사고, 위험상황 및 안전관리체제의 결함에 관한 보고와 분석에 관한 사항 마) 선박의 정비에 관한 사항 바) 안전관리체제에 대한 선박소유자의 확인 · 검토 및 평가에 관한 사항
카. 안전관리 체제에 대한 선박 소유자의	운항선	1) 안전 및 오염방지활동이 안전관리체제에 적합한지 여부를 확인하기 위하여 정기적인 인증심사 시행 전에 내부심사를 시행하여야 한다. 2) 회사는 안전관리체제와 관련하여 회사의 업무를 위임받은 종사자 등이 이 표에서 규정하는 회사의 책임을 이행하는지를 주기적으

확인 · 검토 및 평가에 관한 사항		로 검증하여야 한다. 3) 1)의 내부심사를 시행한 후 안전관리체제의 효율성에 대하여 정기적으로 평가 및 검토를 하여야 한다. 4) 내부심사와 시정조치는 문서화된 절차에 따라 시행하여야 한다. 5) 내부심사를 실시하는 자는 사업장의 규모 및 특성상 부득이한 경우를 제외하고는 심사를 받는 부서와 독립된 자이어야 한다. 6) 내부심사 결과 및 안전관리체제에 대한 효율성 검토 결과는 관련 부서의 책임 있는 모든 종사원에게 통보되어야 한다. 7) 내부심사 시 발견된 부적합사항에 대하여 책임있는 자는 그 사항을 적절한 기간 내에 시정조치 하여야 한다. 8) 안전관리체제 활동이 유효하게 이루어지는지 확인을 위한 모니터링 및 측정 절차를 수립하여야 하며 절차에는 다음 사항이 포함되어야 한다. 가) 자료수집, 보고, 분석, 평가 및 피드백의 절차 나) 안전관리체제 활동 저해 요인에 대한 주기적인 원인 분석 및 대책마련 절차 9) 운항해역, 운전절차, 장비 및 시스템 등의 변경 시 잠재적 위험을 식별하고 대응하기 위한 변경관리절차를 수립하여야 한다.
	시운전선	1) 계획된 시운전 완료 후 시운전 안전관리체제 이행 기록을 검토하여 개선하는 절차를 수립하고 이행하여야 한다. 2) 시운전 해역, 시운전 절차, 장비 및 시스템 등의 변경 시 잠재적 위험을 식별하고 대응하기 위한 변경관리절차를 수립하여야 한다.

※ 비고

1. 위 표에서 "운항선"이란 제2호에 따른 시운전선 외의 수면비행선박을 말한다.
2. 위 표에서 "시운전선"이란 선박을 최초로 항해에 사용하는 때 받아야 하는 「선박안전법」제8조 제1항에 따른 정기검사에 합격하기 전에 시운전을 하는 수면비행선박을 말한다.

2.4 인증심사 실무

1) 인증심사의 목적

인증심사의 목적은 선박소유자가 안전관리체제를 수립·시행하여야 하는 선박이나 사업장에 대하여 안전관리체제의 수립·시행에 관한 사항을 주관청에서 심사하여 안전관리체제의 적합여부를 확인하기 위함이다.

2) 인증심사 기준

인증심사 기준은 해양수산부 훈령인 「내항선 등의 안전관리체제 인증심사 적용지침」[97]에 따른다.

세부기준은 「내항선 등의 안전관리체제 인증심사 적용지침」제7조에 따른 별표 3이며, 다음과 같다.

■ 내항선 등의 안전관리체제 인증심사 적용지침 [별표 3]

내항선 등의 인증심사 기준(제7조 관련)

심 사 항 목	인 증 심 사 기 준
1. 해상에서의 안전 및 환경보호에 관한 기본방침 가. 선박의 안전운항 및 안전한 작업환경의 제공을 포함하는 안전관리목표가 수립되어야 한다.	1.1 안전관리목표는 최고경영자에 의하여 승인되고 문서화한 것을 말하며 선박의 안전운항 및 안전한 작업환경의 제공에 관한 사항을 포함한다. ※비고 1. 안전관리목표는 수량적 개념, 시간적 개념, 프로젝트(PROJECT) 개념 등을 고려하여 수립할 수 있다. 2. 안전관리 목표는 선박의 운항형태, 선종 및 최고경영자의 의지에 따라 다르게 설정될 수 있다. 3. 안전관리 목표 및 방침에 따라 해당 사업장 및 선박의 안전관리체제가 구성될 수 있다.
나. 가목에 따라 수립된 안전관리목표를 달성하기 위한 방침을 수립하고, 육상직원 및 해상종사원이 이를 이행·유지하고 있는지 여부를 확인하여야 한다.	1.2 안전관리방침은 안전관리목표를 달성하기 위하여 방안을 제시하는 문서화한 것을 말한다. ※비고: 외국인 혼승선박을 운용하는 회사의 안전관리 방침은 외국인 선원이 이해할 수 있는 언어로 문서화되

97) [시행 2015. 8. 19.] [해양수산부훈령 제268호, 2015. 8. 19., 일부개정]

	어야 한다. 1.3 육상직원 및 해상종사원의 안전관리 방침에 대한 이행 및 유지여부 확인은 그들이 안전관리 방침을 숙지하고 있는 것을 말한다.
2. 선박소유자의 책임 및 권한에 관한 사항 가. 안전관리체제와 관련된 육상직원 및 해상종사원의 책임 · 권한 및 상호관계를 규정하고 문서화하여야 한다.	2.1 안전관리체제와 관련된 육상직원 및 해상종사자의 책임 · 권한 및 상호관계 규정은 다음 사항을 포함하여 문서화한 것을 말한다. (1) 개인(직책)별 업무분장(책임 및 권한) (2) 부재자가 있을 경우 당해 업무 대행자 ※비고 1. 해상종사자는 결원이 있는 경우 업무대행자를 확인할 수 있어야 한다. 2. 외국인 혼승선박을 운용하는 회사의 육 · 해상 종사자의 책임 · 권한 및 상호관계에 관한 규정은 외국인 선원이 이해할 수 있는 언어로 문서화되어야 한다.
나. 안전관리책임자 및 안전관리자의 임무수행에 필요한 자원 및 육상지원을 적절하게 제공하여야 한다.	2.2 최고경영자가 안전관리책임자 및 안전관리자의의 임무수행을 위하여 제공하는 것에는 다음 사항을 포함한 것을 말한다. (1) 안전관리책임자 및 안전관리자의의 업무수행을 지원하는 적정한 인적자원 (2) 안전운항에 필요한 물적자원 (3) 안전운항에 필요한 최신정보
3. 안전관리책임자의 선임 및 임무에 관한 사항 가. 최고경영자와 직접 협의할 수 있는 권한을 가진 육상직원으로서 영 제16조 및 별표 3에서 정한 자격요건을 갖춘 자를 안전관리책임자 및 안전관리자로 선임하여야 한다.	3.1 안전관리책임자는 선박의 안전운항 및 오염방지에 대하여 다음과 같은 적절한 자격, 지식 및 경험을 가지고 최고경영자와 직접 협의할 수 있는 지위를 가진 자를 말한다. (1) 시행령 제16조 및 별표 3에서 정한 사업장 구분에 따른 해기사 면허 보유와 근무경력 및 교육이수 여부를 확인
나. 안전관리책임자는 안전관리자를 지휘하고, 선박의 안전운항 및 오염방지 활동을 감시하며, 필요한 자원과 육상지원이 적절하게 제공되는지 여부를 확인하여야 한다.	3.2 안전관리자는 선박의 안전운항 및 오염방지에 대하여 다음과 같은 적절한 자격, 지식 및 경험을 가지고 안전관리책임자를 보좌하는 자를 말한다. (1) 시행령 제16조 및 별표 3에서 정한 사업장 구분에 따른 해기사 면허 보유와 근무경력 및 교육이수 여부와 관리선박 대비 적정 인원수가 선임되었는지 확인
다. 안전관리자는 나목에서 규정한 임무와	3.3 안전관리자는 안전관리책임자를 보좌하여 3.2항에서

관련하여 안전관리책임자를 보좌한다.	규정한 사항을 수행하여야 한다.
4. 선장의 책임 및 권한에 관한 사항 가. 안전관리목표 및 방침의 시행에 대하여 선장의 책임을 명확히 규정하여야 한다.	4.1 안전관리 목표 및 방침을 시행할 수 있는 선장의 책임에 대하여 다음 사항을 규정하는 절차를 수립 및 유지하는 것을 말한다. (1) 회사의 안전관리 목표 및 방침에 대한 선장의 이해
나. 다음 사항에 대하여 선장의 최우선적인 결정권한과 책임을 규정하여야 한다. (1) 선박의 안전 및 오염방지를 위한 대응조치 (2) 필요시 회사에 대한 지원요청	4.2 선박의 안전 및 오염방지를 위한 대응조치에 대한 선장의 최우선적인 결정 권한과 책임의 규정은 회사가 회사의 최상위 문서에 이를 명확히 규정하는 것을 말한다.
5. 인력의 배치 및 운영에 관한 사항 가. 선장에 대하여 다음 사항을 확인하여야 한다. (1) 해상종사원을 지휘할 수 있는 적절한 자격보유	5.1 선장이 해상종사원을 지휘할 수 있는 적절한 자격이 있음을 확인하기 위하여 다음 사항을 포함한 절차를 수립 및 유지하는 것을 말한다. (1) 법적 자격증 소지 (예 : 해기사면허, 법정교육 이수증 등) (2) 지휘능력의 검증 (예 : 경력평가, 능력평가, 외국인 혼승 선박인 경우 의사소통 방법 등) ※비고: 지휘능력의 검증은 과거의 선장경력평가(선장경력자의 경우), 능력평가(승진의 경우), 외국인 선원에 대한 업무지시 능력(외국인 혼승선박의 경우) 등의 방법을 고려할 수 있다.
(2) 회사의 안전관리체제에 대한 숙지 (예인선에 한함)	(3) 예인선 선장이 심사항목 6호의 다, 라의 시행을 위하여 안전관리체제 매뉴얼 등에 규정된 선장의 최우선적인 결정권한과 책임을 숙지하고 시행하는 것을 말한다.
나. 회사는 다음 사항을 보장하여야 한다.	5.2 해상종사원의 자격기준 및 의학상 건강한 선원이 승선하도록 다음사항을 포함한 절차를 수립 및 유지하는 것을 말한다.
(1) 관련 국내법에 따라 자격이 인정되고 해당 자격증서를 가진 건강한 해상종사원이 승선 하도록 하여야 한다.	(1) 선박직원법 및 선원법 등 관련 법령에서 요구하는 선종별, 직무별 해상종사원의 자격증서, 교육증서 및 건강진단서 적합여부 확인 (2) 승선중인 해상종사원에 대한 각종 증서의 유효기간이 만료되는 경우의 관리방안

(2) 모든 측면에서 선박의 안전운항을 유지하기 위하여 필요한 적정한 해상종사원이 승선하도록 하여야 한다.	5.3 다음 사항을 포함하여 배승 수준을 적합하게 평가 및 유지하는 것을 말한다. (1) 선박 안전운항, 비상대응 등을 고려한 적정 인원의 배승 (2) 선종, 항행구역 등 운항여건 변경 시 적정 인원의 평가 및 배승 (3) 선원법에 따른 적정 휴식시간 확보 여부
다. 안전관리체제를 지원하는데 필요한 훈련절차를 수립·유지하고 관련된 종사원이 훈련을 받을 수 있도록 하여야 한다.	5.4 안전관리체제를 지원하는데 필요한 훈련절차에 따라 훈련을 받을 수 있도록 하기 위하여 다음 사항을 포함한 절차를 수립 및 유지하는 것을 말한다. (1) 교육훈련 책임자 지정 (2) 선박의 안전운항 및 오염방지 업무에 관련된 인원에 대한 훈련의 필요성 확인 및 시행 o 훈련의 필요성 확인에 고려하여야 할 사항은 다음과 같다. - 비상상황 대응 훈련 결과 - 내부심사 결과 - 외부기관의 검사 또는 심사 결과 (3) 교육훈련결과 기록유지 (4) 외국인 선원에 대한 교육훈련 (외국인 혼승선박에 한함)
6. 선상운용계획의 수립에 관한 사항 가. 선박의 안전과 오염방지에 관한 주요 선상운용계획 및 지침을 작성하는 절차를 수립하여야 한다.	6.1 선박의 안전과 오염방지에 관한 주요 선상운용계획 및 지침의 작성은 운항하는 선종 및 항로의 특성을 고려하여 다음 사항을 포함한 문서화한 절차를 수립 및 유지하는 것을 말한다. (1) 항해업무 (2) 당직업무 (3) 적·양하업무 (4) 입·출항업무 (5) 오염방지업무 (6) 여객보호업무(여객선에 한함) (7) 선내작업안전관리업무 ※비고: 외국인 혼승선박의 경우 외국인 선원이 참여하는 주요 선상운용 계획 및 지침은 외국인 선원이 이해할 수 있는 언어로 문서화 되어야 한다
나. 가목의 규정에 의한 업무는 명확히 규정되고 자격이 있는 자에게 부여하여야 한다.	6.2 6.1의 업무를 수행할 책임이 있는 육·해상 직원의 책임과 권한을 명확히 규정하고 그들의 적절한 자격요건을 규정한 절차를 수립 및 유지하는 것을 말한다.

	※비고: 적절한 자격 요건은 교육, 훈련, 경험 및 업무수행 능력중 하나 이상을 고려하여 부과할 수 있다.
다. 해상기상상태별 자체 운항통제기준을 설정하여야 한다.(예인선에 한함)	6.3 예인선 등의 소유자는 안전운항과 해양사고 예방을 위하여 다음 사항을 규정하는 문서화된 절차를 수립 및 유지하여야 한다. (1) 해상기상상태별 자체운항통제 설정 기준 (2) 해상기상태별 회사의 자체 운항통제기준 및 선장의 권한과 책임에 관련한 교육 및 숙지 여부 확인 ※비고: 회사가 수립하는 해상기상상태별 자체운항통제기준은 해사안전법 시행규칙 제31조에 따른 별표 10 선박출항통제의 기준 및 절차를 고려하여 설정할 수 있다.
라. 자체 운항통제기준에는 운항중 기상악화시의 피항 등의 대응계획 및 절차와 기상특보시 운항 및 입·출항을 통제하기 위한 기준이 포함되어야 한다.(예인선에 한함)	6.4 예인선 등의 안전한 운항을 위한 해양기상상태별 자체 운항통제기준과 잠재적인 비상상황(항해 및 정박의 경우 포함)에 대비하기 위하여 다음사항을 포함한 문서화된 비상대응 절차를 수립 및 유지하여야 한다. (1) 다음사항을 포함한 자체 운항통제기준 및 선박의 잠재적인 비상상황 종류의 확인 (가) 조석, 기상 등의 사항을 고려한 자체 운항통제기준 (나) 기상특보 또는 기상악화시 선박별 자체 출항통제기준 (다) 운항중 피항 등을 위한 비상대응절차 (라) 선박 조정불능 또는 조정제한 상황의 확인 절차 및 기준 (마) 예인삭의 절단, 화재, 퇴선, 조타기 고장, 기름 유출, 충돌 및 좌초, 인명사고, 기관사고(추진력 상실 포함) 등 비상상황의 구분 (2) 파악된, 비상상황에 대한 대응절차 (3) 비상상황별 해상 조직의 구성 및 개인별 임무의 지정과 당사자에 대한 고지 ※비고 1. 회사가 수립하는 비상대응절차는 다음 사항을 포함하여 CHECK LIST 형태로 구성할 수 있다. 가. 누가 (WHO), 무엇을 (WHAT), 언제 (WHEN), 어떻게 (HOW) 2. 선박의 경우에는 비상직무 배치표를 게시하는 방법이 포함되어야 한다.

7. 비상대책의 수립에 관한 사항 가. 선박의 잠재적인 비상상황을 파악하고 이에 대한 대응절차를 수립하여야 한다.	7.1 선박의 잠재적인 비상상황(항해 및 정박의 경우 포함) 파악을 위하여 다음 사항을 포함한 문서화한 비상대응 절차를 수립 및 유지하는 것을 말한다. (1) 다음 상황을 포함한 선박의 잠재적인 비상상황 종류의 확인 o 화재, 퇴선, 조타기 고장, 기름 오염, 충돌 및 좌초, 인명사고, 기관고장(추진력 상실포함) 등 (2) 파악된 비상상황에 대한 대응절차 (3) 비상상황별 해상 조직의 구성 및 각자의 임무 ※비고 1. 회사가 수립하는 비상대응절차는 다음사항을 포함하여 CHECK LIST 형태로 구성할 수 있다. * 누가(WHO), 무엇을(WHAT), 언제(WHEN), 어떻게(HOW) 2. 선박의 경우에는 비상직무 배치표를 게시하는 방법이 포함되어야 한다. 3. 외국인 혼승 선박의 비상대응 절차는 외국인 선원이 이해할 수 있는 언어로 수립되어야 한다.
나. 가목에 따른 비상상황에 대응하기 위한 훈련 및 연습계획을 수립하여야 한다.	7.2 비상상황에 대응하기 위한 훈련 및 연습계획은 다음 사항을 포함한 절차를 수립 및 유지하는 것을 말한다. (1) 훈련의 종류, 주기 및 훈련책임자 (2) 훈련결과의 기록 (3) 비상장치 및 장비의 사용 (4) 비상배치표상의 각자의 위치 및 직무 (5) 육 · 해상간 비상연락망 유지
8. 사고, 위험상황 및 안전관리체제의 결함에 관한 보고와 분석에 관한 사항 가. 안전관리체제를 개선하기 위하여 부적합사항(사업장에 한함), 사고 및 위험발생에 대하여 보고하고, 이를 조사 · 분석하는 절차를 수립하여야 한다.	8.1 부적합사항, 사고 및 위험발생(이하 "부적합사항 등"이라 한다)을 개선하기 위하여 다음 사항을 포함한 절차를 수립 및 유지하는 것을 말한다. (1) 부적합사항 등의 확인, 보고, 기록, 검토 및 처리와 관련되는 인원에게 통보 ※비고 1. 부적합사항은 다음의 경우를 말한다. o 업무절차가 법적 요건을 만족시키지 못하는 경우 o 절차에 의한 활동 증거가 불충분할 경우 2. 보고 및 통보는 구두로 할 수 있으며 안전에 직접적인 영향을 미치지 않는 부적합사항에 대한 기록은 생략할 수 있다.

나. 가목에 따른 조사·분석의 결과에 대한 시정조치 절차를 수립하여야 한다.	8.2 부적합사항 등의 조사·분석결과의 시정조치는 다음 사항을 포함한 절차를 수립 및 유지하는 것을 말한다. (1) 부적합사항의 원인조사 및 결과의 기록 (2) 부적합사항의 원인 제거에 필요한 적절한 수준의 시정조치 결정 및 이행 (3) 부적합사항에 대한 검토 및 처리의 책임과 권한이 있는 자의 지정
9. 선박의 정비에 관한 사항 가. 선박이 관련법령에 따라 정비·유지되고 있는지 여부를 확인하는 절차를 수립하여야 한다.	9.1 선박이 관련 법령에 따라 정비·유지되고 있는지 여부를 확인하는 절차를 수립 및 유지하는 것을 말한다.
나. 가목에 따른 절차 수립에는 주기적인 검사가 포함되어야 한다.	9.2 선박의 정비·유지에 관한 주기적인 검사 절차의 수립은 다음 사항을 포함한 것을 말한다. (1) 주기적인 검사대상 설정 및 검사주기의 설정 (2) 확인된 검사대상에 대한 주기에 따른 검사의 시행 ※비고: 검사대상은 선체, 갑판, 기관, 항해 및 통신설비를 말한다.
다. 갑자기 작동이 정지될 경우를 대비하여 선박의 안전과 관련하여 중요한 설비 및 기능을 식별할 수 있는 절차를 수립하여야 한다.	9.3 갑자기 기능이 정지하면 위험한 상태를 초래할 수 있는 설비 및 기능을 확인할 수 있는 절차에는 당해 선박에 해당되는 다음의 설비 및 기능을 포함하여 수립하는 것을 말한다. (1) 주기 및 주기 구동시스템 (2) 발전기 및 발전기 구동시스템 (3) 주기 및 발전기의 안전장치 (경보장치 및 비상차단 장치 등) (4) 조타기 및 조타기 구동시스템 (5) 항해기기(예 : 자이로컴파스, 레이다) (6) 양묘기 및 양묘기 구동시스템 (7) 화재감지 장치 (8) 안전설비 및 시스템 (예 ; 하역설비, 불활성가스 SYSTEM, 산소측정기, 가스탐지기, 안전벨트 등) (9) 환경보호 관련기기 및 시스템 (유수분리기, 기름배출감시제어장치 등) ※비고: 외국인 혼승선박의 중요 설비 및 기능 확인절차는 외국인 선원이 이해할 수 있는 언어로 제공되어야 한다.

10. 문서 및 자료관리에 관한 사항 가. 안전관리체제와 관련된 모든 문서 및 자료를 관리하는 절차를 수립하여야 한다.	10.1 안전관리체제에 관련되는 문서 및 자료관리를 위하여 다음 사항을 포함한 문서화한 절차를 수립 및 유지하는 것을 말한다. (1) 관리대상의 문서 및 자료는 최신상태가 확인될 수 있도록 문서 총목록의 작성 · 유지방법 ※비고 1. 문서에는 회사의 안전관리체제관련 문서 및 적용 가능한 범위까지의 법령, 협약, 도면, 제조자가 발행한 정비지침, 해도, 수로서지 등의 외부출처의 문서를 포함할 수 있다 2. 자료에는 항행통보, 항만정보, 기술정보 및 사고속보 등을 포함할 수 있다. 3. 문서 및 자료는 인쇄본 또는 전자매체 등 어떠한 형태도 가능하다. 4. 외국인 혼승선박을 운용하는 회사는 외국인 선원이 숙지해야 할 문서 및 자료를 식별하고, 외국인 선원이 이해할 수 있는 언어로 제공하여야 한다.
나. 무효화된 문서는 신속히 폐기하여야 한다.	10.2 무효화된 문서 및 자료의 관리를 위하여 다음 사항을 포함한 절차를 유지하는 것을 말한다 (1) 법적 및/또는 지식보전의 목적으로 보유하고 있는 무효화된 문서의 확인방법 (2) 무효화된 문서의 신속한 폐기절차
다. 문서는 가장 효과적인 방법으로 관리되어야 하며, 해당 선박과 관련되는 모든 문서를 선내에 비치하여야 한다.	10.3 효과적인 문서 관리방법은 다음 사항을 고려한 절차를 수립 및 유지하는 것을 말한다 (1) 문서의 구성체계는 어떤 형태도 가능하나 문서간의 상하 개념과 연결의 명확성 (2) 법령, 상위 문서의 개정 및 선박운항 관련 여건변화 등에 따른 안전관리체제 관련문서의 주기적 개정 10.4 문서의 선내 비치는 당해 선박에 사용되는 안전관리체제관련 문서가 선박에 비치되어야 하는 것을 말한다.

11. 안전관리체제에 대한 선박소유자의 확인 · 검토 및 평가에 관한 사항 가. 안전 및 오염방지활동이 안전관리체제에 적합한지 여부를 확인하기 위하여 정기적인 인증심사 시행전에 사업장에 대한 내부심사를 시행하여야 한다.	11.1 정기적인 인증심사전에 사업장에 대한 내부심사를 시행하였는지 여부를 확인하는 것을 말한다.
나. 안전관리체제와 관련하여 회사의 업무를 위임받은 자들이 이 표에서 부여한 회사의 책임에 따르는지를 주기적으로 검증하여야 한다.	11.2 회사의 업무를 위임받은 자들에 대한 주기적인 검증은 다음사항을 포함한 문서화한 절차를 수립 하는 것을 말한다. (1) 위임업무의 범위 (2) 위임업무의 검증절차 및 주기 (3) 검증 결과에 따른 조치 방안 ※비고 1. 위임업무의 검증 상태 확인을 위해 필요시 위임업무를 수행하는 사업장의 관련자를 심사시 입회 시키는 방안을 고려할 수 있다 2. 위임업무에 대한 검증주기는 위임업무의 범위, 중요도 등을 감안하여 적정성을 판단한다. *회사가 안전관리 업무를 위임하였다하더라도 회사의 책임이 면제되는 것은 아니다.
다. 안전관리책임자 또는 안전관리자는 매월 방선하여 선박의 안전 및 오염방지 활동이 안전관리체제에 적합한지 여부를 확인하여야 한다.	11.3 안전관리책임자 또는 안전관리자의 방선은 다음 사항을 확인하는 것을 말한다. (1) 해양사고예방을 위한 선원교육 (2) 선박 부적합사항의 발굴 · 개선 및 재발방지 절차의 이행 (3) 안전관리체제의 적정 이행 여부 (4) 선박 정비의 적정성, 비상훈련 이행상태
라. 내부심사와 시정조치는 문서화된 절차에 따라 시행하여야 한다.	11.4 내부심사 및 심사에 따른 시정조치는 다음 사항을 고려하여 문서화한 절차에 따라 시행하는 것을 말한다. (1) 심사계획 수립 및 통보 (2) 심사수행 (3) 심사결과보고서 작성 · 보고 및 심사결과를 관련부서에 통보 (4) 시정조치 이행

3) 인증심사 순서

인증심사에서는 시작회의와 종료회의를 개최하여야 하며 절차는 다음과 같다.

가) 인증심사 시작회의

① 인사

② 심사팀 소개 및 상호 인사

③ 심사의 목적, 범위, 절차에 대한 설명

- o 목적 : 안전 및 오염방지 활동이 안전관리체제에 적합한지를 여부를 확인하여 인증서 교부 또는 인증유지가 가능한지 판단
- o 범위 : 해상교통안전법에 따라 수립한 안전관리체제 및 안전관리체제 활동
- o 절차 : 질문, 기록 확인 또는 업무의 재연을 통하여 심사 진행

④ 부적합사항의 구분

- o 중부적합사항
  - 안전관리체제 심사시 확인된 인명, 선박의 안전 또는 해양환경에 중대한 위험을 야기시킬 수 있는 사항으로서 즉각적인 시정조치가 요구되는 것
  - 안전관리체제의 요건을 효과적, 조직적으로 수행하지 못하는 경우
- o 경부적합사항 : 중부적합사항 이외의 안전관리체제 요건을 충족하지 못하는 부적합사항
- o 관찰사항 : 어떤 조치가 취해지지 않으면 향후 부적합사항으로 될 수 있는 사항

⑤ 부적합사항의 처리방법

- o 심사기간 중에 종결할 수 있음
- o 합의된 기간 내에 시정조치 완료

⑥ 의사전달 계통의 결정

- o 문제점 발생시 또는 일정조정 등에 대한 사업장측의 책임자 확인

⑦ 심사장소 및 심사진행에 필요한 정보

- o 심사장소, 식사시간, 보고서 작성에 필요한 장소 등 확인
- o 문서 및 기록
- o 작업관계, 안전관계 등 심사진행시 알아야 할 사항

⑧ 시스템심사, 표본추출심사 개념 설명
- o 객관적 증거를 가지고 심사
- o 시스템을 심사하는 것으로 개인을 심사하는 것이 아님
- o 표본추출심사로 부적합사항이 없어도 완벽한 시스템임을 보장하는 것은 아니며, 부적합사항에 대하여 다른 분야도 점검해야 함

⑨ 비밀엄수에 대한 확인

⑩ 간단한 질의 응답

⑪ 심사계획의 확정

나) 인증심사 종료회의

① 감사의 표명 : 심사 수감자의 수고와 협조에 대한 감사

② 인증서 교부 또는 인증유지 여부 등 : 인증서 교부 또는 인증유지 발표

③ 심사소감 발표 : 심사관별 심사소감 발표, 주무심사관의 전체적인 평가
- o 노고 격려 및 잘된 부분, 보완이 필요한 부분 설명(사례 제시)
- o 시스템 개선 강조

④ 부적합사항의 시정조치 : 합의된 기간 내에 해당 지방해양항만청에 송부

⑤ 차기심사 소개
- o 사업장은 1년마다 중간인증심사, 선박은 2.5년마다 중간인증심사 및 5년마다 갱신 인증심사
- o 임시인증심사가 적용되는 경우 설명

⑥ 질의 응답

⑦ 종결

4) 부적합사항

'부적합사항'이란 「해사안전법 시행규칙」(이하 "규칙"이라 한다) 별표 11에서 정한 안전관리체제의 내용이 적절하게 수립·시행되고 있지 아니한 사항으로 다음 각 목의 사항을 말한다.[98)]

98) 2023년 7월 25일에 해사안전법이 해사안전기본법과 해상교통안전법으로 분법되었으며, 6개월 후인 2024년 1월 26일에 시행된다. 2023년 하반기인 본 서의 발행일에는 아직 각 법률의 하위법령이 공포되지 아니하여 분법

가) '중부적합 사항(重不適合事項)'이란 다음 중 어느 하나에 해당하는 사항을 말한다.

- o 안전관리체제 심사 중 확인된 인명·선박의 안전 또는 해양환경에 중대한 위험을 일으킬 수 있는 것으로서 즉각적인 시정조치가 요구되는 사항
- o 규칙 별표 11에서 정한 안전관리체제의 요건을 효과적이고 조직적으로 수행하지 못하는 사항

나) '경부적합사항(輕不適合事項)'이란 부적합사항 중 가목에서 규정하고 있는 중부적합 사항 이외의 부적합사항을 말한다.

중부적합사항 예시는 「인증심사 사무처리 규정」 제12조에 따른 별표에 기술되어 있으며 다음과 같다.

■ 인증심사 사무처리 규정 [별표]

중부적합사항 예시(제12조제2항 관련)

구분	중부적합사항
1. 해상에서의 안전 및 환경보호에 관한 기본 방침	가. 선박의 안전운항, 안전한 작업환경 제공 등 안전관리 목표와 그 목표를 달성하기 위한 방침의 미설정 나. 가.에서 설정한 안전관리 방침의 미시행·미유지 및 안전관리 방침의 시행·유지 여부 미확인 다. 선박·인원 및 환경에 대하여 식별된 모든 위험에 대한 평가 미실시 및 관련 절차 미수립 라. 안전관리대행업체의 경우 선박소유자, 선박, 선원 등의 관리주체 간 협조가 되지 않는 객관적인 증거의 확인된 경우
2. 선박소유자의 책임 및 권한에 관한 사항	가. 육·해상 종사원의 책임과 권한, 상호관계의 미규정 나. 안전관리(책임)자의 임무수행에 필요한 자원 및 육상지원의 미제공 또는 불충분한 제공 다. 시행령 [별표 3]에 따른 안전관리(책임)자의 인원수 미충족 라. 안전관리체제에 대한 선박소유자의 이행의지, 이해도가 부족한 객관적인 증거가 확인된 경우
3. 안전관리책임자의 선임 및 임무에 관한 사항	가. 시행령 [별표 3]에 따른 안전관리(책임)자의 자격기준 미충족 나. 안전관리(책임)자가 선박의 안전운항 및 오염방지활동을 감시하지 않은 경우

이전의 해사안전법 하위법령을 인용한다.

	다. 선박의 안전운항 및 오염방지에 필요한 자원과 육상지원이 적절하게 제공되는 지 여부를 확인하지 않은 경우 라. 안전관리체제의 수립 · 시행과 관련하여 그 책임과 임무에 대하여 숙지하지 못한 경우
4. 선장의 책임 및 권한에 관한 사항	가. 선장의 최우선적인 결정권한과 책임 미규정 나. 선장이 가.의 최우선적인 결정권한에 대해 모르거나 실제적으로 행사하지 않은 경우 다. 선장의 최우선적인 결정권한이 회사로부터 침해된 객관적인 증거가 확인된 경우 라. 기상상황을 고려하지 않은 항로설정 및 선박운항 마. 과적 · 과승 바. 선박안전경영시스템(SMS)에 대한 선장 검토 미시행
5. 인력의 배치 및 운영에 관한 사항	가. 선장이 해상종사원을 지휘할 수 있는 적절한 자격을 보유하지 않은 경우 나. 해상종사원이 국내 · 외 관련 법규에 따른 해당자격증을 소지 하지 않은 경우 다. 안전관리체제 지원에 필요한 교육 · 훈련절차의 미수립 또는 관련 종사원이 훈련을 이행하지 않은 경우 라. 담당자가 연료유 등 선박에서 사용하는 유류의 취급절차를 모르거나 취급절차를 이행하지 않은 경우 마. 담당자가 비상통신기기(GMDSS 장비)의 운용을 못하는 경우 바. 담당자가 레이더 작동 방법을 모르거나, 작동 방법을 알고 있다 하더라도 본선의 충돌 가능성 여부를 판단하지 못하는 경우 사. 특수작업(밀폐 장소/높은 장소/ 화기작업 등)에 종사하는 자가 안전절차를 모르거나 안전절차를 이행하지 않은 경우 아. 신규 및 새로운 직무를 맡은 전입직원에 대한 출항 전 필수지침의 미제공 자. 해상종사원이 SMS와 관련된 업무 수행 시 효과적으로 의사소통을 못하며, 통용어로 정한 언어를 이행하지 못하는 경우 차. 선박의 안전운항을 위하여 필수적으로 승선해야할 해상종사원이 협약 또는 국내법령에서 정한 수준에 따라 배승되지 않은 경우 카. 해당 직무에 대한 선원의 지식이 현저히 부족한 경우
6. 선상운용(船上運用) 계획의 수립에 관한사항	가. 상급사관이 안전관리책임자(DP)를 인지하지 못하거나, 연락수단을 알고 있지 못하고, 실제로 연락이 되지 않는 경우 나. 비상대응을 포함한 인명안전 및 해양환경오염과 직결되는 SMS에 관련된 문건이 통용언어 또는 선원이 이해하지 못하는 언어

	로 된 경우 다. 담당자가 특별보호관리대상 승객에 대한 관리절차를 모르거나 그 절차를 이행하지 않은 경우(여객선에 한함) 라. 자체운항통제기준을 설정하지 않거나 설정한 기준을 준수하지 않은 경우
	마. 자체 운항통제기준에 적합하다 하더라도 해 · 기상 상황을 고려하여 선박의 항행 지속 가능 여부를 종합적으로 판단하지 아니하고 항행을 계속하여 인명이나 선박의 안전에 중대한 위험을 초래한 경우
7. 비상대책의 수립에 관한 사항	가. 비상대응을 위한 연습 및 훈련절차의 미수립 또는 관련 종사원의 해당 훈련 미이행 나. 관련 종사원이 소화 · 퇴선 등의 비상대응 훈련에 익숙하지 아니하거나 비상대응훈련을 실시하지 않은 경우 다. 비상예인절차 미수립 또는 관련 종사원이 그 절차를 이해하지 못하는 경우(외항선에 한함) 라. 유조선 또는 화학제품운반선 등의 선원이 유증기 제거작업 및 화물창 청소 절차를 이해하지 못하거나 관련 절차에 따라 해당 작업을 이행하지 않을 경우
8. 사고, 위험상황 및 안전관리체제의 결함에 관한 보고와 분석에 관한 사항	가. 선장이나 선사가 해양사고 발생사실을 지방청이나 해양안전경비서에 통보하지 않은 경우 나. 이전 PSC(항만국통제) 검사로부터 같은 결함사항이 반복 지적된 경우 다. 발생된 해양사고 및 부적합사항에 대한 재발방지 절차를 수립하지 않은 경우 라. 정당한 사유없이 해양안전심판원의 안전관리체제 이행 개선을 위한 재결처분(권고, 명령)을 따르지 않은 경우
9. 선박의 정비에 관한 사항	가. 중대설비 · 시스템 및 예비설비에 대한 점검이 SMS의 일상정비 업무에 포함되어 있지 않거나 점검이 제대로 시행되지 않는 경우 나. 정비절차가 강제규칙 및 규정의 요건을 만족하지 못하거나, 정비절차대로 시행하지 못하여 관련사고 · 사건 등이 발생한 경우나 정비 미흡으로 같은 종류의 사건 · 사고가 재발한 경우
10. 문서 및 자료관리에 관한 사항	안전경영 문서 · 협약 증서 등 법정 증서가 없거나 유효하지 않은 경우
11. 안전관리체제에 대한	가. 경영검토가 시행되지 않은 경우

선박소유자의 확인 · 검토 및 평가	나. 내부심사가 시행되지 않은 경우(별표 11 제2호를 적용받는 선박에 대하여는 매월 방선이 이루어지지 않은 경우. 단 주무심사관이 불가피하다고 인정한 경우 2개월내에 1회를 실시하여야 한다) 다. 안전관리체제와 관련하여 사업장의 업무를 위임받은 자들에 대한 사업장의 주기적 검증이 이루어지지 않은 경우

※비고
이 표에 따라 중부적합사항을 식별하고자 할 때에는 규칙 [별표 11] 제1호부터 제3호의 선박에 적용되는 내용을 고려하여야 한다.

3. 항만국통제(Port State Control)

3.1 개요

1) 항만국통제(PSC)

항만국(Port State)이란 외국 선박이 기항하는 항만을 소유·관리하는 국가이다. 항만국통제(Port State Control, PSC)는 항만국이 자국의 관할 수역으로 진입하는 외국 선박에 대하여 그 선박이 국제협약의 기준에 따른 시설과 운항능력을 확보하고 있는지를 점검함으로써 선원 및 선박의 안전과 해양환경 보호를 목적으로 하는 제도이다.

IMO는 항만국통제의 시행에 필요한 각종 국제협약을 채택·시행하고 있으며, 선박의 제반 안전문제에 이해관계가 있는 국제기구의 회원국은 자국선의 시설과 운영을 협약요건에 맞추어야 할 의무를 가진다.

선박은 국적을 가지며 전통적으로 기국의 영토 일부로 인정되어 왔으므로 선박관리에 관한 준거법은 기국법이다. 따라서 선박이 협약 요건을 이행하도록 할 1차적 책임은 협약 당사국인 기국이다.[99] 그러나 선박이 다른 국가의 항만에서 다른 국가의 통제를 받

---

99) UNCLOS 제94조(기국의 의무)

1. 모든 국가는 자국기를 게양한 선박에 대하여 행정적·기술적·사회적 사항에 관하여 유효하게 자국의 관할권을 행사하고 통제한다.
2. 모든 국가는 특히,
   (a) 일반적으로 수락된 국제규칙이 적용되지 아니하는 소형 선박을 제외하고는 자국기를 게양한 선명과 세부사항을 포함하는 선박등록대장을 유지한다.
   (b) 선박에 관련된 행정적·기술적·사회적 사항과 관련하여 자국기를 게양한 선박, 그 선박의 선장, 사관과 선원에 대한 관할권을 자국의 국내법에 따라 행사한다.
3. 모든 국가는 자국기를 게양한 선박에 대하여 해상안전을 확보하기 위하여 필요한 조치로서 특히 다음 사항에 관한 조치를 취한다.
   (a) 선박의 건조, 장비 및 감항성
   (b) 적용가능한 국제문서를 고려한 선박의 인원배치, 선원의 근로조건 및 훈련
   (c) 신호의 사용, 통신의 유지 및 충돌의 방지
4. 이러한 조치는 다음을 보장하기 위하여 필요한 사항을 포함한다.
   (a) 각 선박은 등록전과 등록후 적당한 기간마다 자격있는 선박검사원에 의한 검사를 받아야하며, 선박의 안전항행에 적합한 해도·항행간행물과 항행장비 및 항행도구를 선상에 보유한다.
   (b) 각 선박은 적합한 자격, 특히 선박조종술·항행·통신·선박공학에 관한 적합한 자격을 가지고 있는 선장과 사관의 책임아래 있고, 선원은 그 자격과 인원수가 선박의 형태·크기·기관 및 장비에 비추어 적합하여야 한다.
   (c) 선장·사관 및 적합한 범위의 선원은 해상에서 인명안전, 충돌의 방지, 해양오염의 방지·경감·통제 및 무선통신의 유지와 관련하여 적용가능한 국제규칙에 완전히 정통하고 또한 이를 준수한다.
5. 제3항과 제4항에서 요구되는 조치를 취함에 있어서, 각국은 일반적으로 수락된 국제적인 규제 조치, 절차 및 관행을 따르고, 이를 준수하기 위하여 필요한 조치를 취한다.
6. 선박에 관한 적절한 관할권이나 통제가 행하여지지 않았다고 믿을 만한 충분한 근거를 가지고 있는 국가는 기국에 그러한 사실을 통보할 수 있다. 기국은 이러한 통보를 접수한 즉시 그 사실을 조사하고, 적절한 경우, 상

는다는 것은 그러한 요건의 충족 여부를 다른 국가 즉 항만국이 확인한다는 점에서 기국통제를 보완하기 위한 동등한 제도로 평가된다.

항만국은 국제협약이 정한 기준에 미달되는 선박에 대해 결함사항(Deficiency)의 시정을 요구하거나, 안전과 환경에 중대한 영향을 미치는 결함이 발견되는 경우에는 시정될 때까지 선박을 출항정지(Detention)[100] 할 수 있다. 또한 연안국이 국제협약을 준수하지 않는 다른 국가의 기준미달선(Substandard ship)에 대한 통제를 시행하는 것은 자국 연안에서 일으킬 수 있는 사고를 방지하고 해운산업을 보호할 목적도 띄고 있다고도 볼 수 있다.

2) 도입 배경

제2차 세계대전 이후에 물동량이 폭증하였으며 선박량 증가와 함께 편의치적선(Flag of Convenience)[101]이 출현하였고 이러한 선박에 의한 대형 오염사고가 발생하였다. 대표적으로 1967년 라이베리아 선적의 유조선 토리캐년호(M/T Torrey Canyon)[102]와 1978년 아모코카디즈호(M/T Amoco Cadiz)[103] 해양오염 사고를 꼽을 수 있다.

선박이 등록된 기국, 특히 편의치적국의 안전관리 능력을 보완하기 위한 별도의 조치가 필요하다는 의견이 국제적으로 대두되었고, 이에 영국은 전통적인 해운국의 지지를 받아 1975년 3월에 유엔해양법협약(UNCLOS) 마련을 위한 제3차 회의에서 외국적 선박 통제에 관한 규정을 제안하였다.

1982년 12월 10일에 유엔해양법협약이 채택되었으며, 동 협약 제218조[104] 및 제

황을 개선하기 위하여 필요한 조치를 취한다.

7. 각국은 다른 국가의 국민에 대한 인명손실이나 중대한 상해, 다른 국가의 선박이나 시설, 또는 해양환경에 대한 중대한 손해를 일으킨 공해상의 해난이나 항행사고에 관하여 자국기를 게양한 선박이 관계되는 모든 경우, 적절한 자격을 갖춘 사람에 의하여 또는 그 입회 아래 조사가 실시되도록 한다. 기국 및 다른 관련국은 이러한 해난이나 항행사고에 관한 그 다른 관련국의 조사실시에 서로 협력한다.

100) 항만국통제 점검 시 선박의 감항성, 인명의 안전 및 해양환경에 중대한 지장을 초래하는 결함사항이 식별된 경우, 선박 또는 선원의 안전이 확보될 때까지 해당선박의 출항을 정지시키는 항만국의 규제조치
- (출항정지시 고려요소) 안전항해 가능여부, 화물의 안전한 취급 및 운반 가능 여부, 기관의 안전한 작동여부, 추진기와 타기의 적정여부, 효과적 화재진압 가능 여부, 신속한 퇴선 및 구조가능 여부, 환경오염방지 여부, 적정한 복원성 보유 여부, 적정한 수밀성 확보 여부, 조난상황에서 적정한 통신가능 여부 등
- (일반적 고려사항) 최우선 고려요소, 적정한 증서의 구비 여부, 최소승무정원의 승선여부

101) 초장기에는 Flag of convenience라고 불렸으나 요즘은 Open registry로 바꾸어 부른다.

102) 120,890 DWT, 61,263 GRT, 1959년 건조

103) 233,690 DWT, 109,700 GRT, 1974년 건조

104) 제218조(항만국에 의한 법령집행)

1. 선박이 어느 국가의 항구나 연안정박시설에 자발적으로 들어온 경우 그 국가는 권한 있는 국제기구나 일반외교회의를 통하여 수립된 적용가능한 국제규칙과 기준에 위반하여 자국의 내수, 영해 또는 배타적경제수역 밖에서

219조에[105] 항만국통제의 근거가 마련되었다.

3) 지역별 협의체

호주는 이미 1972년에 자국법을 근거로 외국적 선박에 대한 안전점검을 시작하였으며, 미국도 1978년부터 자국법에 의한 외국적 선박 점검을 시행하고 있었다. 그러나 개별국의 입법에 의한 단독적이고 일방적인 규제방식보다 일정 권역의 국가들이 공동으로 실시하는 것이 더욱 효과적일 수 있다. 따라서 전 세계를 권역별로 구분한 지역 항만국통제 체제가 형성된다.

지역협정의 효시는 네덜란드의 발의로 1978년 3월에 헤이그에서 유럽 8개국[106] 해사당국이 체결한 양해각서(Memorandum of Understandings, MOU)이다[107]. 헤이그 양해각서는 IMO에서 체결한 각종 협약뿐만 아니라 1976년의 국제노동기구(ILO) 협약 제147호의 영향을 받았다.

헤이그 양해각서는 국제해사기구(IMO)와 국제노동기구(ILO)의 국제협약 기준을 이행하기 위하여 해사당국으로 하여금 그 나라에 기항하는 모든 국적의 해항선(seagoing ship)에 대하여 지속적으로 '통상적인 감독(general surveillance)'[108]을 이행하도록 요

행하여진 그 선박으로부터의 배출에 관하여 조사를 행하고 증거가 허용하는 경우에는 소송을 제기할 수 있다.

2. 제1항에 따른 소송은, 자국의 내수, 영해나 배타적경제수역에서 배출 위반이 발생한 국가나 기국 또는 배출 위반으로 인하여 피해를 입었거나 위협을 받는 국가에 의하여 요청되거나 또는 위반이 소송을 제기하는 국가의 내수, 영해나 배타적경제수역에서 오염을 초래하거나 오염을 초래할 위험이 있는 경우를 제외하고는, 다른 국가의 내수, 영해나 배타적경제수역에서 배출 위반에 관하여 제기될 수 없다.
3. 선박이 어느 국가의 항구나 연안정박시설에 자발적으로 들어온 경우 그 국가는 어떤 국가가 자국의 내수, 영해나 배타적경제수역에서 발생하였거나 이들 수역에 대하여 피해를 입히거나 피해의 위협을 주었다고 판단되는 제1항에 언급된 배출 위반에 관한 조사요청을 할 경우, 실행가능한 한 이에 응한다. 그 국가는 위반이 발생한 장소에 관계없이 기국이 배출 위반에 관한 조사요청을 하는 경우에도 마찬가지로 실행가능한 한 응한다.
4. 이 조에 따라 항만국이 수행한 조사기록은 기국이나 연안국이 있으면 기국이나 연안국에 전달된다. 위반이 연안국의 내수, 영해나 배타적경제수역에서 발생한 경우 이러한 조사를 기초로 하여 항만국이 제기한 소송은 제7절에 따를 것을 조건으로, 연안국의 요청에 따라 중단될 수 있다. 이러한 경우 사건의 증거와 기록은 항만국의 당국에 제공된 보석금이나 그 밖의 재정적 담보와 함께 연안국에 이송된다. 이러한 이송이 행하여지는 경우 항만국에서 소송은 계속되지 아니한다.

105) 제219조(오염방지를 위한 선박감항성 관련조치) 제7절에 따를 것을 조건으로, 각국은 요청에 의하거나 자발적으로 자국 항구나 연안정박시설에 있는 어떠한 선박이 선박의 감항성에 관하여 적용되는 국제규칙과 기준을 위반함으로써 해양환경에 대해 피해를 입힐 위험이 있다고 확인한 경우, 실행가능한 한 그 선박의 항행을 금지시키기 위한 행정조치를 취한다. 각국은 그 선박이 가장 가까이 있는 적절한 수리장소까지만 운항하도록 허가할 수 있고 또한 위반원인이 제거되는 즉시 항행을 계속하도록 허가한다.

106) 벨기에, 프랑스, 서독(현재 독일), 네덜란드, 노르웨이, 스웨덴, 영국, 북아일랜드

107) George C. Kasoulides, Port State Control and Jurisdiction Evolution of the Port State Regime, London, Martinus Nijhoff Publishers, 1993, p. 142.

108) '감독'이란 각종의 국제협약, 주로 1976년 ILO 협약 제147호에 규정된 요건이 당해 선박에 충족되도록 유도하는 방식으로 정의하고 있었기 때문에 지역국가들 간에 선박의 결함 정보 공유에 관한 협력을 시도한 정도

구하였다. 그리고 선박의 안전이나 선원의 건강이 명백하게 위험한 상태에 이르지 아니하도록 보장하기 위하여 시행된다고 규정하였다(헤이그 양해각서 제1조).

그러나 1976년 국제노동기구(ILO) 협약 제147호는 1981년에 발효됨으로써 헤이그 양해각서에 따른 '통상적인 감독행위'의 착수 시점 또한 발효 이후로 늦춰졌다. 그런데 발효 이전인 1978년에 프랑스 연안에서 아모코카디즈호가 좌초[109]되어 대규모 오염사고가 발생하자 유럽 각국은 보다 엄격한 지역협정 체결의 필요성에 공감하게 되었다.

유럽 14개국[110]은 1982년 1월 26일 파리에서 각료회의를 열고 항만국통제에 관한 양해각서(MOU)[111]를 체결하였으며 같은 해 7월 1일에 발효되었다. 협의체로 '유럽지역 항만국통제위원회(Paris MOU)'를 결성하였다. 회원수는 27개국으로 증가하였다.

1982년 파리 양해각서는 헤이그 양해각서와 달리 국제협약의 항만국통제에 관한 포괄석 규정을 구체적으로 해석함으로써 적용범위를 확대하고 실행력을 갖춘 것으로 평가된다. 각 회원국에서 실시한 선박점검 결과는 하나의 정보시스템(SIRENAC information system)[112]에 입력하여 공유한다.

우리나라는 1986년 9월 1일 부산항과 인천항에서 처음으로 항만국통제를 시행하였으며, 1989년에 전국 항만으로 확대하였다. 1994년에는 'Paris MOU'를 모델로 아시아 태평양 지역 국가들이 모여 '아시아·태평양지역 항만국통제위원회(Tokyo MOU)'라는 협의체를 구성하였다. 그리고 공동으로 점검자료 관리를 위한 시스템(APCIS)[113]을 운영하고 있다.

전 세계에 지역별 PSC MOU는 9개가 있으며, 미국은 단독으로 시행하고 있다.

지역별 위원회는 매년 일정기간 동안 중점점검 주제를 선정하여 점검하는 활동(concentrated inspection campaign, CIC)을 펼치고 있으며[114], 항만국통제관의 교

로 평가된다.

109) 1978. 3. 16일 밤, 233,690 DWT의 초대형 유조선 아모코 카디즈호가 중동산 원유를 만재하고 항해중 타기 고장으로 표류하다 프랑스 어촌 포트샬(Portsall) 앞바다 3km에서 좌초됨. 구난 계약협상이 길어져 구난에 실패하였으며, 다음날인 10시경 선체는 두 동강이 나고 원유가 유출되어 북부 노르망디 해안과 도버해협 연안까지 오염됨. 선체 잔해는 프랑스 해군이 해상에서 폭파시킴.

110) 벨기에, 덴마크, 필란드, 프랑스, 독일, 그리스, 아일랜드, 이탈리아, 네덜란드, 노르웨이, 포르투갈, 스페인, 스웨덴, 영국.

111) Memorandum of Understanding on Port State Control in the European Region.

112) 프랑스에서 관리하고 있다.

113) (APCIS) Asia Pacific Computerized Information System

114) 2021.9.1.부터 11.30.까지 석 달 동안 감항성을 중점점검 사항으로 보고 유럽지역 항만국통제 위원회와 공동으로 점검을 시행하였다. 같은 기간 중에 아·태지역 회원국이 총 6,260건의 항만국통제 점검을 시행하였으며, 그 중 4,984건은 중점점검으로 시행된 것이었다. 중점점검시 결함사항은 총 328척에서 379건이 발견되었으며 121척이 출항정지 되었다.(출처: 2021년도 아·태지역 항만국통제 연차보고서, Tokyo MOU 발행)

환 근무 등을 시행함으로써 지역 내에서 점검수준을 향상시키고 기준미달선의 퇴치를 위하여 노력하고 있다.

〈표 2-2〉 Regional PSC MOUs

	구분	채택일	회원국
1	Paris MOU (유럽지역)	1982.07.01	27개국
2	Vina Del Mar MOU (남미지역)	1992.11.05	13개국
3	Tokyo MOU (아 · 태지역)	1993.12.01	21개국
4	Caribbean MOU (카리브해 지역)	1996.02.09	24개국
5	Mediterranean MOU (지중해 지역)	1997.07.11	12개국
6	Indian Ocean MOU (인도양 지역)	1998.06.05	18개국
7	Abuja MOU (서 · 중앙아프리카)	1999.10.22	19개국
8	Black Sea MOU (흑해 지역)	2000.04.07	6개국
9	Riyadh MOU (아라비아 지역)	2004.06.30	6개국
10	USCG (미국)	-	1개국

〈그림 2-5〉 Regional PSC regimes

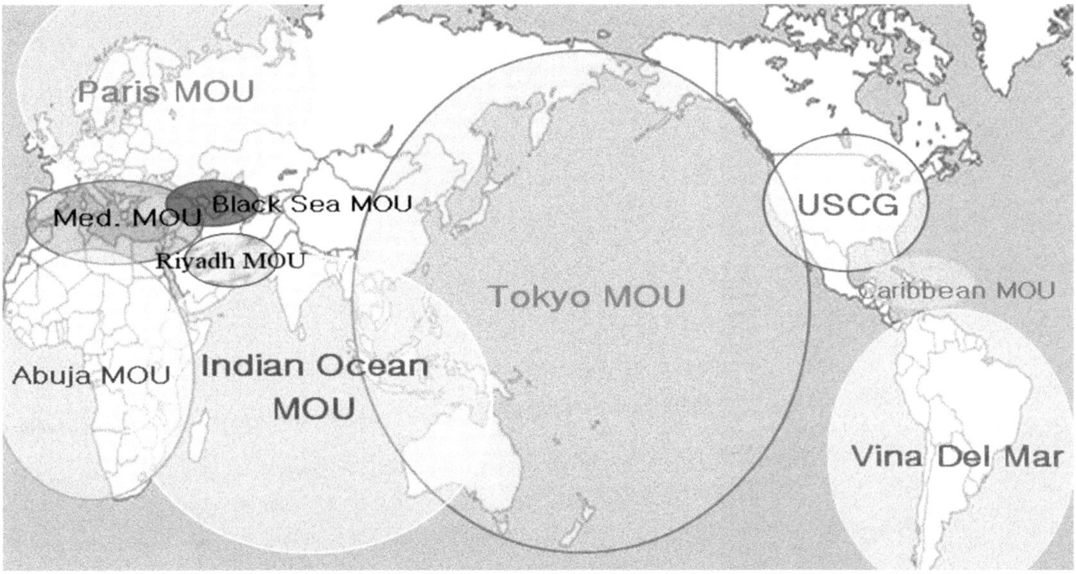

3.2 시행근거

1) 국제법적 근거

바다의 대헌장으로 불리는 유엔해양법협약(UNCLOS)은 바다의 거의 모든 면에 대한 광범위한 법체계를 다루고 있는데 그 중에는 해상에서 선박 활동에 관한 규정도 있다.

유엔해양법협약 제12편[115]에서는 해양환경 보호와 보존에 관한 규정으로서 선박운항에 기인하는 해양오염 방지에 대한 다양하고 상세한 규정들을 담고 있다. 항만국통제(PSC)에 관해서도 기국정부의 이행의무, 연안국의 권한, 기타 보완규정 등이 기술되어 있다.

항만국은 유엔해양법협약 제12편에 속한 제218조 및 제219조의 규정에 따라 자국 항만에 입항하는 외국선박이 국제협약의 기준을 위반하여 자국 내수면, 영해 또는 배타적경제수역(EEZ)에서 오염물질을 배출하는지 여부를 조사할 수 있으며, 증거가 충분한 경우 소송까지 제기할 수 있다. 또한, 해당 선박의 감항성이[116] 국제협약의 기준에 미달하는 경우에는 출항을 통제하여야 하며, 필요하다면 수리를 위하여 가장 가까운 인근 항만으로 이동을 허락하고, 기준미달 상태가 해소된 경우에는 즉시 항해를 허락하여야 한다.

대표적인 국제협약으로는 ① 1974 해상인명안전협약(SOLAS 74협약), ② 73/78 해양오염방지협약(MARPOL 73/78협약), ③ 1966 만재흘수선협약(Load Line협약), ④ 1969 선박톤수측정협약(TONNAGE협약), ⑤ 1978 선원의 훈련, 자격증명 및 당직기준에 관한 협약(STCW협약) 및 ⑥ 2006 해사노동협약(MLC) 등이 있다.

항만국통제(PSC) 절차와 관련된 규정은 ①해상인명안전협약(SOLAS 74/88협약)의[117] 경우에 부속서 제1장 제19규칙, 부속서 제9장 제6.2규칙, 부속서 제11-1장 제4규칙, 부속서 제11-2장 제9규칙, ② 만재흘수선 협약(LL 66/88협약)[118] 제21조, ③ 해양오염방지협약(MARPOL 73/78협약) 부속서 제1장 제5조, 제6조 및 제11규칙, 부속서 제2장 제16.9규칙, 부속서 제3장 제8규칙, 부속서 제4장 제13규칙, 부속서 제5장 제8규칙, 부속서 제6장 제10규칙이다. ④ 선원의 훈련, 자격증명 및 당직기준에 관한 협약(STCW 1978협약) 제10조, ⑤ 선박톤수측정협약(TONNAGE 1969협약) 제12

115) UNCLOS PART XII. PROTECTION AND PRESERVATION OF THE MARINE ENVIRONMENT

116) 감항성(Seaworthiness) : 선박이 목적지까지 안전하게 항해할 수 있는 능력으로서 악천후를 견딜 수 있는 선체구조와 복원성, 장비와 인력 등이 갖추어져야 한다. 해상에서 마주하게 될 일반적인 모든 위험에서 안전하게 항해하기에 적합한 상태이며, 해상보험약관에 묵시적 보증조항이다.

117) SOLAS 1974, as modified by SOLAS Protocol 1988

118) LL 1966, as modified by LL Protocol 1988

조, ⑥ 유해방오도료통제협약(AFS 2001) 제11조, ⑦ 선박평형수관리협약(BWM 2004) 제9조이다.[119)]

국제노동기구(ILO)에서 채택한 해사노동협약(MLC)에도[120)] 관련 규정이 있다.

가) 1974 해상인명안전협약(SOLAS 74/88협약)

SOLAS협약에서 관련 규정은 부속서 제1장 제19규칙, 부속서 제9장 제6.2규칙, 부속서 제11-1장 제4규칙, 부속서 제11-2장의 제9규칙에 있다.

SOLAS협약은 선박의 안전과 관련된 선박의 구조, 복원성, 구명설비, 소화설비 및 무선설비를 포함한 항해장비 등에 관한 사항을 규정하고 있다.

SOLAS협약 부속서 제1장 제19규칙에서 항만국통제는 협약증서의 유효 여부를 확인하도록 규정하고 있으며, 선박상태가 협약기준에 적합하지 않다고 믿을 만한 명백한 근거가 있는 경우에는 추가적 조치를 취할 수 있다. 따라서 항만국은 선박의 증서가 유효하지 않거나 협약기준에 적합하지 않다는 명백한 근거가 있는 경우에는 선박의 출항을 정지시키고 협약기준에 적합하도록 필요한 조치를 취하거나, 적절한 수리장소로 항해할 수 있도록 조치를 취한다.

항만국통제에 관한 SOLAS협약의 규정은 더욱 발전되어 동 협약 부속서 제11장 제4규칙에 의하여 선장과 선원들이 선박의 안전에 관한 필수적 선상 조치에 익숙한지 여부까지 점검할 수 있게 되었는데 이는 선박의 물적관리에 추가하여 인적관리까지 항만국통제 범위에 포함시킨 것으로써, ISM Code의 시행과 연계한 선박안전관리의 획기적 전환점이었다고 평가된다.

나) 1966 만재흘수선협약(LL 66/88협약)

만재흘수선협약은 선박의 만재흘수선 지정 및 표시에 관한 사항을 규정하고 있다.

이 협약 제21조에서는 항만국통제를 유효한 협약증서 소지여부를 확인하는 것으로 한정하고 있으며, 이를 위하여 시행하는 항만국통제 범위는 ①증서상의 허용 범위를 초과한 적재 여부, ②만재흘수선 위치가 증서와 일치하는지 여부, ③선박의 불합리한 개조 여부를 확인하는 것이다.

항만국통제 결과로 결함사항이 발견되는 경우의 사후처리에 대하여는 SOLAS협약 부속서 제1장 제19규칙의 규정과 유사하게 규정하고 있다.

119) PSC 절차와 관련된 규정은 총회시 마다 개정되지만 크게 바뀌지는 않는다. 2019년 제31차 총회에서 갱신된 결의서 A.1138(31)은 2021년 제32차 총회에서 A.1155(32)로 대체되었다.

120) (MLC) Maritime Labour Convention, 2006

다) 73/78 해양오염방지협약(MARPOL 73/78협약)

MARPOL 73/78협약 중 항만국통제와 관련된 규정은 부속서 제1장 제5조, 제6조 및 제11규칙, 부속서 제2장 제16.9규칙, 부속서 제3장 제8규칙, 부속서 제4장 제13규칙, 부속서 제5장 제8규칙, 부속서 제6장 제10규칙이다.

MARPOL 73/78협약 부속서 제1장 제5조 및 제6조에 따라 시행하는 항만국통제는 SOLAS협약과 대동소이하며, 다른 점은 외국선박이 MARPOL 73/78협약의 규정에 적합하지 않다는 것을 이유로 항만당국이 입항을 거부할 수 있고, 당해 선박에 의한 오염행위의 감시와 발견을 위하여 항만국통제를 시행할 수 있다는데 있다. 따라서 오염행위가 발견되는 경우 항만국은 소송절차를 취하는 등 SOLAS협약에 비하여 더욱 엄격한 통제사항을 포함하고 있으며, MARPOL 73/78협약에도 SOLAS협약 부속서 제11-1장 제4규칙과[121] 같이 선장과 선원들의 오염방지업무에 대한 숙지 여부를 통제할 수 있도록 여섯 개 부속서에 각각 관련규정을 신설하였다.

라) 1978 선원의 훈련, 자격증명 및 당직기준에 관한 협약 (STCW 1978협약)

STCW협약 제10조에 의하여 시행하는 항만국통제는 선원들이 유효한 자격 증서를 보유하고 있는지에 대한 점검이며 일반적인 절차는 SOLAS협약의 경우와 대동소이하다.

마) 1969 선박톤수측정협약(TONNAGE 1969협약)

TONNAGE협약 제12조는 협약을 채택한 기국의 선박은 다른 체약국의 항만에서 그 국가의 항만국통제관이 점검하려는 경우에 따라야 한다고 규정하고 있다. 이러한 점검은 선박이 유효한 국제톤수증서를 소지하고 있는지 여부와 선박의 주요제원 등이 증서상의 기재된 내용과 같은지 여부만을 확인하는 것이다.

점검시 국제톤수증서상의 결함이 있는 경우라 할지라도 항만국은 이로 인하여 선박의 지연을 초래할 수 없으며, 또한 선박의 제원 중 다른 증서상의 내용과 상이하여 총톤수

121) Chapter XI-1 Reg. 4(운항요건에 관한 항만국통제)

1. 타 당사국 정부의 항내에 있는 선박은, 선장이나 선원이 그 선박의 안전에 관련된 필수적인 본선절차를 숙지하고 있지 못하다고 간주할 수 있는 분명한 이유가 있을 경우, 선박의 안전과 관련된 운용요건과 관련하여 그 정부에 의하여 정당히 권한을 부여받은 검사관의 운항요건에 관한 통제에 따라야 한다.
2. 이 규칙의 제1항에 정의된 상황에서 통제를 시행하는 당사국 정부는 그 상황이 현 협약의 요건에 따라서 정상적인 상태가 될 때까지 해당 선박이 출항을 하지 못하도록 하는 조치를 취하여야 한다.
3. 제1장 제19규칙에 규정된 항만국통제에 관한 절차는 이 규칙에도 적용되어야 한다.
4. 이 규칙의 어떠한 사항도 규칙들에서 특별히 규정하는 운항요건에 대한 통제를 시행하는 협약 당사국 정부의 권한 및 책임을 제한하는 것으로 해석되어서는 아니 된다.

나 순톤수에 영향을 미치는 경우에는 지체 없이 기국 정부에 통보하여야 한다고 규정하고 있다.

'Tokyo MOU'에서는 결함사항 발견시 시정을 요구하는 경고서한(Letter of Warning)을 선장에게 발급하고 즉시 출항토록 조치하도록 규정하고 있다.

바) 해사노동협약(MLC)

해사노동협약(MLC 2006)은 국제노동기구(ILO) 설립 초기부터 꾸준히 마련하였으나 중복되고 최신화하지 못한 선원 직업소개, 최저연령, 근로시간 등에 관한 39개 협약과 29개의 권고를 단일의 협약으로 통합하여 2006. 2. 23일에 채택하였으며, 2013년 8월 20일에 발효된 협약이다.

그간 항만국통제의 근거가 되었던 ILO협약 제147호 '상선의 최저기준에 관한 협약'은[122] 해사노동협약(MLC)에 통합되었다.[123]

협약에 따른 회원국의 의무는 ① 협약에 의한 책무를 완수하기 위하여 채택한 법령 또는 기타 조치의 이행, ② 협약 요건의 준수를 보장하기 위하여 자국 국기를 게양하는 선박에 대한 효과적인 관할권 행사 및 통제, ③ 자국 국기를 게양하는 선박으로 하여금 협약 요건에 따른 해사노동적합증서[124] 및 해사노동적합선언서의 강제 비치, ④ 자국 항만에 입항하는 외국적 선박에 대한 협약요건 준수 여부 점검, ⑤ 자국 관할영역에 있는 선원 모집 및 직업소개업체에 대한 관할권 행사 및 통제이다.

2) 국내법적 근거

우리나라는 1997. 12. 17일 일부개정된 선박안전법에서 처음으로 항만국통제 시행에 관한 근거가 신설되었다.

122) ILO 협약 제147호 '1976년 상선의 최저기준에 관한 협약'은 동 협약에 부속된 여러 ILO 협약을 근거로 기국에 관계없이 등록된 모든 상선에서 준수되어야 할 안전, 사회보장, 선내 고용 및 주거시설에 관한 최저 기준을 정하고 있다. 따라서 기국이 제147호 협약을 비준했는가에 관계없이 비준국은 자국의 항구에 기항하는 외국선박에 대하여 해당 선박이 협약 기준에 일치하지 않는다는 불평불만이나 증거를 근거로 점검할 수 있었다. 제147호 협약 채택 이전에는 국제규칙이 단지 안전과 외부환경에 위협을 가할 수 있는 선박의 상태에만 관심을 가졌던 것에 비하면 혁신적인 것이었다. 또한 항만국은 안전이나 건강에 명백히 해로운 선내 상태를 시정하기 위하여 그 선박이 협약을 비준하지 않은 국가에 등록된 선박이라 하더라도 출항정지를 포함한 조치를 할 수 있었다.

123) 우리나라는 해사노동협약(MLC) 비준을 위하여 2011. 8. 4일에 선원법을 전부 개정하고 2012. 2. 5일부터 시행하였다. 그리고 2014. 1. 9일 비준서를 ILO에 등록함에 따라 2015. 1. 9일에 해사노동협약(MLC)이 국내에 발효되었다.

124) 해사노동적합증서의 인증검사 : 선원법 제137조에 따라 다음 선박의 어느 하나에 해당하는 선박에 대하여 선원의 근로 및 생활 요건이 해사노동협약과 선원관계법령의 기준에 적합한지 여부를 확인하기 위한 검사

선박안전법 제68조에서 항만국통제를 '외국선박의 구조·설비·화물운송방법 및 선원의 선박운항지식 등이 대통령령으로 정하는 선박안전에 관한 국제협약에 적합한지 여부를 확인하고 그에 필요한 조치'를 하는 것으로 정의하고 있다.125)

점검기준이 되는 선박안전에 관한 국제협약은 「선박안전법 시행령」 제16조에서 ① 해상에서의 인명안전을 위한 국제협약, ② 만재흘수선에 관한 국제협약, ③ 국제 해상충돌 예방규칙 협약, ④ 선박톤수 측정에 관한 국제협약, ⑤ 상선의 최저기준에 관한 국제협약, ⑥ 선박으로부터의 오염방지를 위한 국제협약, ⑦ 선원의 훈련·자격증명 및 당직근무에 관한 국제협약으로 정하고 있다.126)

---

125) 선박안전법 제68조(항만국통제)

① 해양수산부장관은 외국선박의 구조·설비·화물운송방법 및 선원의 선박운항지식 등이 대통령령으로 정하는 선박안전에 관한 국제협약에 적합한지 여부를 확인하고 그에 필요한 조치(이하 "항만국통제"라 한다)를 할 수 있다.

② 해양수산부장관은 제1항의 규정에 따른 항만국통제를 하는 경우 소속 공무원으로 하여금 대한민국의 항만에 입항하거나 입항예정인 외국선박에 직접 승선하여 행하게 할 수 있다. 이 경우 당해 선박의 항해가 부당하게 지체되지 아니하도록 하여야 한다.

③ 해양수산부장관은 제1항에 따른 항만국통제의 결과 외국선박의 구조·설비·화물운송방법 및 선원의 선박운항지식 등이 제1항에 따른 국제협약의 기준에 미달되는 것으로 인정되는 때에는 해당선박에 대하여 수리 등 필요한 시정조치를 명할 수 있다.

④ 해양수산부장관은 제1항에 따른 항만국통제 결과 선박의 구조·설비·화물운송방법 및 선원의 선박운항지식 등과 관련된 결함으로 인하여 해당 선박 및 승선자에게 현저한 위험을 초래할 우려가 있다고 판단되는 때에는 출항정지를 명할 수 있다.

⑤ 외국선박의 소유자는 제3항 및 제4항에 따른 시정조치명령 또는 출항정지명령에 불복하는 경우에는 해당명령을 받은 날부터 90일 이내에 그 불복사유를 기재하여 해양수산부장관에게 이의신청을 할 수 있다.

⑥ 제5항의 규정에 따라 이의신청을 받은 해양수산부장관은 소속 공무원으로 하여금 당해 시정조치명령 또는 출항정지명령의 위법·부당 여부를 직접 조사하게 하고 그 결과를 신청인에게 60일 이내에 통보하여야 한다. 다만, 부득이한 사정이 있는 때에는 30일 이내의 범위에서 통보시한을 연장할 수 있다.

⑦ 시정조치명령 또는 출항정지명령에 대하여 불복이 있는 자는 제5항 및 제6항의 규정에 따른 이의신청의 절차를 거치지 아니하고는 행정소송을 제기할 수 없다. 다만, 「행정소송법」 제18조제2항 및 제3항의 규정에 해당되는 경우에는 그러하지 아니하다.

⑧ 제3항 내지 제7항의 규정에 따른 외국선박에 대한 조치 및 이의신청 등에 관하여 필요한 사항은 대통령령으로 정한다.

126) 선박안전법 시행령 제16조(항만국통제의 시행)

① 법 제68조제1항에서 "대통령령으로 정하는 선박안전에 관한 국제협약"이란 다음 각 호의 협약을 말한다.

1. 「해상에서의 인명안전을 위한 국제협약」
2. 「만재흘수선에 관한 국제협약」
3. 「국제 해상충돌 예방규칙 협약」
4. 「선박톤수 측정에 관한 국제협약」
5. 「상선의 최저기준에 관한 국제협약」
6. 「선박으로부터의 오염방지를 위한 국제협약」
7. 「선원의 훈련·자격증명 및 당직근무에 관한 국제협약」

② 제1항제5호의 「상선의 최저기준에 관한 국제협약」을 적용할 때 1994년 3 월31일 이전에 용골(龍骨)이 거치된 선박에 대하여는 같은 협약의 적용으로 인하여 선박의 구조 또는 거주설비의 변경이 초래되지 아니하는 범위에서 항만국통제를 실시한다.

이외에도 항만국통제와 관련된 근거법령으로는 해상교통안전법[127], 해양환경관리법[128], 선원법[129], 선박직원법[130], 국제항해선박 및 항만시설의 보안에 관한 법률[131] 등이 있다.

127) 해상교통안전법 제57조(항만국통제)

① 해양수산부장관은 대한민국의 영해에 있는 외국선박 중 대한민국의 항만에 입항하였거나 입항할 예정인 선박에 대하여 선박의 안전관리체제, 선박의 구조 · 시설, 선원의 선박운항지식 등이 대통령령으로 정하는 해사안전에 관한 국제협약의 기준에 맞는지를 확인(이하 "항만국통제"라 한다)할 수 있다.

② 해양수산부장관은 항만국통제 결과 외국선박의 안전관리체제, 선박의 구조 · 시설, 선원의 선박운항지식 등이 국제협약의 기준에 미치지 못하는 경우로서, 해당 선박의 크기 · 종류 · 상태 및 항행기간을 고려할 때 항행을 계속하는 것이 인명이나 재산에 위험을 불러일으키거나 해양환경 보전에 장해를 미칠 우려가 있다고 인정되는 경우에는 그 선박에 대하여 항행정지를 명하는 등 필요한 조치를 할 수 있다.

③ 해양수산부장관은 제2항에 따른 위험과 장해가 없어졌다고 인정할 때에는 지체 없이 해당 선박에 대한 조치를 해제하여야 한다.

④ 항만국통제 및 제2항에 따른 조치에 필요한 사항은 해양수산부령으로 정한다.

128) 해양환경관리법 제59조(해양오염방지를 위한 항만국통제)

① 해양수산부장관은 우리나라의 항만 · 항구 또는 연안에 있는 외국선박에 설치된 해양오염방지설비등, 방오시스템 및 선박에너지효율이 해양오염방지에 관한 국제협약에 따른 기술상의 기준에 적합하지 아니하다고 인정되는 경우에는 그 선박의 선장에 대하여 해양오염방지설비등, 방오시스템 및 선박에너지효율 관련 설비 등의 교체 · 개조 · 변경 · 수리 · 개선이나 그 밖에 필요한 조치(이하 "항만국통제"라 한다)를 명령할 수 있다.

② 항만국통제의 시행에 필요한 절차는 「선박안전법」 제68조 내지 제70조의 규정을 준용한다.

129) 선원법 제132조(외국선박에 대한 점검)

① 해양수산부장관은 소속 공무원에게 국내 항(정박지를 포함한다. 이하 같다)에 있는 외국선박에 대하여 다음 각 호의 사항을 점검하게 할 수 있다.

1. 기국에서 발급한 승무정원증명서와 그 증명서에 따른 선원의 승선 여부
2. 선원당직국제협약의 항해당직 기준에 따른 항해당직의 시행 여부
3. 선원당직국제협약에 따른 유효한 선원자격증명서나 그 면제증명서의 소지 여부
4. 해사노동협약에 따른 해사노동적합증서 및 해사노동적합선언서의 소지 여부
5. 해사노동협약에 따른 선원의 근로기준 및 생활기준의 준수 여부

② 해양수산부장관은 제1항에 따라 점검을 할 경우 소속 공무원으로 하여금 그 선박에 출입하여 장부 · 서류 및 그 밖의 물건을 점검하고, 해당 선원에게 질문하거나 선원의 근로기준 및 생활기준 등에 대하여 직접 확인하게 할 수 있다.

③ 제1항제1호부터 제3호까지의 규정에 해당하는 사항에 대한 점검은 「선박안전법」 제68조에 따른다.

130) 선박직원법 제17조(외국선박의 감독)

① 해양수산부장관은 소속 공무원으로 하여금 대한민국 영해 안에 있는 외국선박에 승무하는 선박직원에 대하여 다음 각 호의 사항을 검사하거나 심사하게 할 수 있다.

1. 「선원의 훈련 · 자격증명 및 당직근무의 기준에 관한 국제협약」 또는 「어선 선원의 훈련 · 자격증명 및 당직근무의 기준에 관한 국제협약」에 적합한 면허증 또는 증서를 가지고 있는지 여부
2. 「선원의 훈련 · 자격증명 및 당직근무의 기준에 관한 국제협약」 또는 「어선 선원의 훈련 · 자격증명 및 당직근무의 기준에 관한 국제협약」에서 정한 수준의 지식과 능력을 갖추고 있는지 여부

② 해양수산부장관은 제1항에 따른 검사 또는 심사를 한 결과 그 선박직원이 제1항 각 호의 요건을 충족하지 못한다고 인정할 때에는 그 외국선박의 선장에게 그 요건을 충족하는 선박직원을 승무시키도록 문서로 통보하여야 한다. 이 경우 해양수산부장관은 대한민국에 있는 해당 국가의 영사(해당 선박이 소속된 선적국가의 영사를 말하며, 영사가 없는 경우에는 가장 가까운 곳의 외교관 또는 해운당국을 말한다)에게 그 선장으로 하여금 적합한 선박직원을 승무시키게 하는 데에 필요한 조치를 하도록 문서로 통보하여야 한다.

③ 해양수산부장관은 제2항 전단에 따른 통보를 받은 그 외국선박의 선장이 제1항 각 호의 요건을 충족하는 선박직원을 승무시키지 아니한 경우에 항행을 계속하는 것이 인명 또는 재산에 위험을 초래하거나 해양환경보전에 장해가 될 염려가 있다고 인정할 때에는 그 외국선박에 대하여 항행정지를 명하거나 그 항행을 정지시

해양환경관리법, 선원법, 선박직원법에서는 선박안전법에 따른 점검절차를 준용하여 항만국통제를 시행한다고 규정하고 있다.

그러나 항만국통제 실무에 있어서 포괄적인 국내법령보다는 구체적인 국제적 표준인 'IMO 항만국통제 절차서(Procedures for Port State Control)'를 따라 점검과 통제를

킬 수 있다.

④ 해양수산부장관은 제3항에 따른 위험과 장해가 없어졌다고 인정할 때에는 지체 없이 항행을 하게 하여야 한다.

⑤ 제1항에 따른 검사 및 심사의 방법과 검사 및 심사를 하는 소속 공무원의 자격에 관하여는 「선박안전법」 제68조 및 제76조에 따른다.

131) 국제항해선박 및 항만시설의 보안에 관한 법률 제19조(항만국통제)

① 해양수산부장관은 대한민국의 항만 안에 있거나 대한민국의 항만에 입항하려는 외국 국적의 국제항해선박의 보안관리체제가 협약 등에서 정하는 기준에 적합한지 여부를 확인·점검하고 그에 필요한 조치(이하 "항만국통제"라 한다)를 할 수 있다.

② 항만국통제를 위한 확인·점검의 절차는 유효한 국제선박보안증서등의 비치 여부만을 확인하는데 한정되어야 한다. 다만, 해당 선박이 협약 등에서 정하는 기준에 적합하지 아니하다는 명백한 근거로서 해양수산부령으로 정하는 사유가 있는 때에는 그러하지 아니하다.

③ 해양수산부장관은 제1항에 따른 확인·점검의 결과 제2항 단서에 따른 명백한 근거가 있거나 유효한 국제선박보안증서등을 제시하지 못하는 선박에 대하여는 출항정지·이동제한·시정요구·추방 또는 이에 준하는 조치를 명할 수 있다.

④ 대한민국의 항만에 입항하려는 외국 국적의 국제항해선박은 그 항만에 입항하기 24시간 이전에 해양수산부령으로 정하는 바에 따라 해당 선박의 보안에 관한 정보(이하 "선박보안정보"라 한다)를 해양수산부장관에게 통보하여야 한다. 다만, 기상악화 등 급박한 위험을 피하기 위하여 긴급히 입항하거나 해양수산부령으로 정하는 사유가 있는 경우에는 입항과 동시에 선박보안정보를 통보할 수 있다.

⑤ 해양수산부장관은 제4항에 따라 통보받은 선박보안정보를 해양수산부령으로 정하는 바에 따라 해양경찰청장에게 통보하여야 한다.

⑥ 해양수산부장관은 제4항에 따라 통보받은 선박보안정보를 검토한 결과 제2항 단서에 따른 명백한 근거가 있다고 인정되는 선박에 대하여는 이동제한·시정요구·선박점검 또는 입항거부 등의 조치를 명할 수 있다. 이 경우 해당 선박으로 인하여 그 항만에 정박하고 있는 다른 선박 또는 항만시설에 보안사건이 발생할 수 있다고 인정될 만한 상당한 근거가 있는 때에는 추가적으로 그 사실을 관계 국가보안기관에 통보하여 필요한 조치를 하도록 하여야 한다.

⑦ 해양수산부장관은 제3항 및 제6항의 조치를 취하려는 때에는 사전에 그 취지를 해당 외국 국적의 국제항해선박소유자 또는 선장에게 통지하여야 한다.

⑧ 해양수산부장관은 제3항 및 제6항의 조치를 취한 때에는 해당 선박에 대하여 국제선박보안증서등을 교부한 국가의 정부에 그 사실을 통보하여야 하며, 선박의 입항이 거부되거나 추방된 때에는 해당 선박의 다음 기항지 국가 및 그 연안국의 정부에 해양수산부령으로 정하는 사항을 통보하여야 한다.

⑨ 외국 국적의 국제항해선박소유자 또는 선장은 제3항 및 제6항에 따른 출항정지·이동제한·시정요구·추방·선박점검 또는 입항거부 등의 명령(이하 "시정명령등"이라 한다)이 위법하거나 부당하다고 생각되는 경우에는 해양수산부령으로 정하는 바에 따라 시정명령등을 받은 날부터 90일 이내에 그 불복사유를 기재하여 해양수산부장관에게 이의신청을 할 수 있다.

⑩ 제9항에 따라 이의신청을 받은 해양수산부장관은 소속 공무원으로 하여금 그 시정명령등의 위법·부당 여부를 직접 조사하게 하고 그 결과를 신청자에게 60일 이내에 통보하여야 한다. 다만, 부득이한 사정이 있는 때에는 30일의 범위에서 통보시한을 연장할 수 있다.

⑪ 시정명령등에 대하여 불복하는 자는 제9항 및 제10항에 따른 이의신청의 절차를 거치지 아니하고는 행정소송을 제기할 수 없다. 다만, 「행정소송법」 제18조제2항 및 제3항에 해당되는 경우에는 그러하지 아니하다.

⑫ 제3항 및 제6항에 따른 시정명령등의 세부내용, 제4항에 따른 선박보안정보의 통보절차 및 제9항에 따른 이의신청 등에 관하여 필요한 사항은 해양수산부령으로 정한다.

시행하도록 권장할 수 있다. 이 절차서는 수시로 보완되고 있으므로 되도록 최신판을 확인하여야 한다.

3.3 항만국통제 시행

1) IMO 항만국통제 절차서

항만국통제 절차서는 여러 협약과 IMO협약이행규약(III Code)에서 항만국통제 시행과 관련된 조항을 색인하고, 선박·장비 또는 선원에 대한 점검 및 결함사항 발굴을 일관성 있게 집행하기 위한 사항을 제공하고 있다.

이 절차서는 IMO 총회가 열릴 때마다 지난 총회 이후로 발효되거나 개정된 제도를 반영하기 위해 갱신되고 있다.[132)]

절차서에는 적용대상 협약 14가지를[133)] 나열하고 있지만 기본적으로 발효된 협약 중에 기국이 가입한 협약에 대해서만 항만국통제관이 점검할 수 있다. 그러나 협약에 가입하지 않은 국가의 선박에게 더 우대적인 조치를 제공할 수 없다.[134)]

---

132) IMO A.1155(32) PROCEDURES FOR PORT STATE CONTROL, 2021

133) ① the International Convention for the Safety of Life at Sea, 1974, as amended (SOLAS 1974);
② the Protocol of 1988 relating to the International Convention for the Safety of Life at Sea, 1974 (SOLAS PROT 1988);
③ the International Convention on Load Lines, 1966 (LL1966);
④ the Protocol of 1988 relating to the International Convention on Load Lines, 1966 (LL PROT 1988);
⑤ the International Convention for the Prevention of Pollution from Ships, 1973, as modified by the 1978 and 1997 Protocols, as amended (MARPOL);
⑥ the International Convention on Standards of Training, Certification and Watchkeeping for Seafarers, 1978, as amended (STCW 1978);
⑦ the International Convention on Tonnage Measurement of Ships, 1969 (TONNAGE 1969);
⑧ the International Convention on the Control of Harmful Anti-fouling Systems on Ships, 2001 (AFS 2001);
⑨ the Convention on the International Regulations for Preventing Collisions at Sea, 1972 (COLREG 1972);
⑩ the International Convention on Civil Liability for Oil Pollution Damage, 1969 (CLC 1969);
⑪ the Protocol of 1992 to amend the International Convention on Civil Liability for Oil Pollution Damage, 1969 (CLC PROT 1992);
⑫ the International Convention on Civil Liability for Bunker Oil Pollution Damage, 2001 (BUNKERS 2001);
⑬ the International Convention for the Control and Management of Ships' Ballast Water and Sediments, 2004 (BWM 2004); and
⑭ the Nairobi International Convention on the Removal of Wrecks, 2007 (NAIROBI WRC 2007)

134) 'No more favourable treatment'라는 규정은 ①해상인명안전협약 의정서(SOLAS PROT 1988) 제I(3)조 1.5.1, ②해양오염방지협약(MARPOL 73/78협약) 제5(4)조, ③선원의 훈련, 자격증명 및 당직근무 기준에 관한 협약(STCW협약) 제10(5)조, ④유해방오도료통제협약(AFS 2001) 제3(3)조, ⑤선박평형수관리협약

모든 체약국은 원칙적으로 모든 비체약국 선박에게 더 유리한 처우를 제공할 수 없기 때문에 항만국통제 절차에 따라 모든 선박에게 동일한 기준으로 조사(Survey)가 이루어져야 한다. 점검(Inspection)은 안전과 해양환경 보호를 위한 목적에 상응한 수준에서 시행된다.

o 비체약국 선박 통제(SHIPS OF NON-PARTIES)

항만국통제관은, 비체약국 선박이 SOLAS협약, Load Lines협약, MARPOL 73/78협약, AFS협약 또는 BWM협약과 관련된 증서를 갖고 있지 않고, 선원들도 STCW협약과 관련된 증서를 갖고 있지 않을 때, 해당 비체약국 선박에 대하여 확립된 항만국통제 절차의 원칙에 따라 점검하여 선박이나 선원이 승선원들에게 위험하지 않고 해양환경에 비합리적인 위해를 끼치지 않다고 확신할 수 있어야 한다. 비체약국 선박이나 해당 선박에 승선하고 있는 선원이 협약과 관련된 증서를 갖고 있지 않으나, 어떤 증서를 갖고 있는 경우에는 해당 증서의 내용을 보아 선박을 평가하는데 고려할 수 있다.

이때 해당 비체약국 선박의 상태, 장비 및 선원관련 서류와 기국의 최소승무정원 기준은 관련협약의 제정목적과 조화로워야 한다. 만약 해당 비체약국 선박이 그렇지 않으면, 항만국통제관은 안전과 해양환경 보호에 상응할만한 수준이 되도록 필요한 제한을 가하여야 한다.

o 협약 미적용 선박 통제(SHIPS BELOW CONVENTION SIZE)

항만국통제관은 크기가 작아 협약의 적용 대상이 되지 않는 선박 즉 협약 미적용 선박에 대해서는 기국이나 대행기관이 발행한 증서를 확인하는데 그친다. 협약 미적용 선박이라서 적용할 규정이 없는 경우에 항만국통제관은 선박이 환경이나 안전 측면에서 수용할 정도의 기준을 따르는지 평가해야 하며, 평가요소는 예정된 항해에 비추어 선박의 종류나 크기 및 장비와 화물의 성격을 고려하여 항해하기에 적절한지 검토하는 것이다.

o 항만국통제관의 자격 및 교육
(QUALIFICATION AND TRAINING REQUIREMENTS OF PSCOs)

항만국통제관은 자국의 선박검사관 자격과 경험을 갖추어야 하며 주요 선원들과 영어로 대화할 수 있어야 한다.

항만국통제관에 대한 교육내용은 최신의 IMO 표준교육과정을 고려하여 항만국통제를

(BWM 2004) 제3(3)조에 근거한다.

시행하는데 필요한 관련협약에 대한 지식이어야 한다.

항만국통제관의 자격과 교육요건을 정할 때에 당국은 국제적으로 합의된 제도와 자국 항만에 입항하는 선박의 종류에 부합하도록 하여야 한다.

활동요건(Operational requirements) 점검을 수행하는 항만국통제관은 선장이나 기관장의 자격이 있어야 하며 적절한 선박경험을 갖추어야 한다. 만약 항만국통제관이 이와 같은 자격과 선박경험이 없는 경우에는 해사 관청에서 인정한 기관에서 발행한 자격증을 갖추어야 하며, 적합한 기술이 있다고 인정할 수 있는 특별훈련과정을 수료하거나 활동요건 점검을 수행하는데 필요한 경험과 훈련을 받아 정부가 자격을 부여한 자여야 한다. 항만국통제관에 대해서는 항만국통제와 관련된 제도에 대한 최신 지식을 갖추기 위해 정기적인 교육이 이루어져야 한다.

〈그림 2-6〉 항만국통제관의 소화펌프 작동 점검(좌), 각종 증서 점검(우)

*출처: 목포지방해양수산청

2) 점검실무(PORT STATE INSPECTIONS)

항만국통제와 관련된 협약의 당사국은 협약의 규정에 따라 자국의 항만에서 외국선박에 대한 점검을 시행할 수 있다.

항만국통제의 시행은 ① 체약 당사국 정부가 스스로 결정하여 시행하거나, ② 다른 정부에서 제공한 정보나 요청에 따라 시행하거나, ③ 선원·전문단체·협회·무역기구 또는 선박의 안전, 선원 및 여객 또는 해양환경보호와 이해관계가 있는 개인이 제공한 선박의 정보에 따라 시행한다.

당국은 지정된 검사관이나 대행기관(Recognized Organization, RO)에게 자국 선박에 대한 검사나 점검을 위임할 수 있다. 관련 협약에 따른 항만국통제를 시행하는 자는 정부가 승인한 자만이 승선, 점검, 시정 및 출항정지 조치를 할 수 있다는 것을 알아야 한다.

정부는 일반적으로 항만국통제관을 임명하겠지만 경우에 따라 특별한 경우에만 항만국통제관의 권한을 부여할 수도 있다.

항만국통제관은 선박이 부당하게 지체되거나 출항정지를 당하지 않도록 가능한 모든 노력을 기울여야 한다. 선박은 항만국통제관으로부터 부당한 지체나 출항정지가 있었다면 손실이나 손해에 대해 보상받을 권리가 있다.

가) 초기 점검(INITIAL INSPECTIONS)

선종, 건조연도, 크기에 따라 적용되는 국제협약의 규정을 사전에 확인한다.

승선 전에 선박 부근에서 전체적인 외관을 보아 도장상태, 부식, 점식(点蝕) 및 수리가 되지 않은 손상부위 등을 확인한다.

승선하여 선장이나 책임 있는 사관과 만나 IMO 항만국통제 절차서 부록 12에[135] 나열된 서류 점검을 요청한다.

종이 또는 전자파일 형태의 증서 중에 전자 증서일 경우에는

① 증서나 접속할 곳(Web site)이 전자증서 사용에 관한 지침(FAL.5/Circ.39/Rev.2)과 일치해야 한다.

② 증서의 유효성 확인을 위한 수단이 선박에 있어야 한다.

③ 컴퓨터로 증서를 볼 수 있을 때는 증서가 선내에 있는 것으로 본다.

1969 선박톤수증서를 점검할 때는 IMO 항만국통제 절차서 부록 10에[136] 따라야 한다. 1978 선원의 훈련, 자격증명, 당직기준에 관한 협약(STCW 1978협약)에 따른 증서나 서류 검사를 시행할 때는 IMO 항만국통제 절차서 부록 11에[137] 따라야 한다. 증서나 필요한 서류목록은 STCW협약 Code B의 표 B-I/2에 있다.

관련협약에 따른 증서가 유효하고 선박에 대한 전반적인 인상이 정비가 잘된 것으로

135) IMO A.1155(32) Appendix 12 List of certificates and documents
136) IMO A.1155(32) Appendix 10 Guidelines for port State control under TONNAGE 1969
137) IMO A.1155(32) Appendix 11 Guidelines for port State control officers on certification of seafarers, manning and hours of rest

보이면 항만국통제관은 보고받았거나 관찰한 결함사항에 집중한다.

초기점검을 시행할 때 항만국통제관은 관련협약에 따른 증거의 유효성 여부뿐만 아니라 선박의 전반적인 상태를 살펴야 하는데 장비, 선교, 선수루(Forecastle), 화물창 및 화물구역, 기관실, 도선사 승하선 설비 등을 포함한다.

SOALS협약 제9장 국제안전관리규약(ISM Code)에[138] 따른 절차 시행은 IMO 항만국통제 절차서 부록 8의[139] 지침을 활용한다. 그러나 항만국통제관은 선박에 대한 인상이나 관찰한 바에 따라 선박이나 장비 또는 선원에게 중대한 결함이 있다고 믿을 만한 명백한 증거(Clear ground)가 있다면 세부 점검을 실시하여야 한다.

나) 일반절차지침(General procedural guidelines for PSCOs)

항만국통제관은 IMO 항만국통제 절차서 부록 1과[140] 같이 항만국통제관을 위한 우수사례규약을[141] 준수해야 하며, 모든 의무를 수행함에 있어 전문적 판단을 하여야 하고, 필요하다면 다른 자와 상의하는 것도 고려해야 한다.

항만국통제관은 승선할 때 선장이나 선주의 대표가 항만국통제관 신분증 제시를 요구하면 제시하여야 한다. 이 신분증은 항만국통제관이 정부로부터 권한을 부여받은 업무를 수행하는 증거서류로 인정되어야 한다. 항만국통제관은 더욱 구체적인 점검을 수행해야 할 명백한 증거가 있다면 선장에게 즉시 알려야 하며, 선장은 증서발급을 책임지는 관청이나 대행기관을 접촉하고 그들의 방선을 요청할 수 있다.

항만국통제관은 선원으로부터 보고나 불만사항이 접수되어 점검을 시행한 것이라면 정보 출처를 밝히지 말아야 한다.

통제를 시행하게 되면 선박이 부당하게 지체되거나 출항정지 되지 않도록 가능한 모든 노력을 기울여야 한다. 또한 항만국통제의 목적은 선박이 안전하지 않거나 해양환경에 비합리적인 위해를 가할 수 있는 채로 출항하지 못하게 하는 것이라는 점을 염두에 두어야 한다. 항만국통제관은 선박이 결함을 시정할 때까지 잡아두거나 어떤 결함이 있더라도 예정된 항해의 특별한 여건에 따라 항해를 허락할지 결정할 때 전문적인 판단을 내려야 한다.

138) International Management Code for the Safe Operation of Ships and for Pollution Prevention
139) IMO A.1155(32) Appendix 8 Guidelines for port State control officers on the ISM Code
140) IMO A.1155(32) Appendix 1 Code of good practice for port State control officers conducting inspections within the framework of the regional memoranda of understanding and agreement on port State control
141) MSC-MEPC.4/Circ.2, Code of Good Practice for Port State Control Officers

모든 장비가 고장나고 예비 부속품이나 교체 부품이 준비되지 않을 때도 항만국통제관이 안전한 다른 수단이 있다고 보았다면 부당한 지체가 발생해서는 안 된다.

출항정지를 위한 증거가 선박이 겪은 우발적 손상의 결과라면 아래 경우에는 출항정지를 명령해서는 아니 된다.

① 관련서류 발행책임이 있는 기국정부, 지정된 대행기관에 통지토록 규정한 협약에 대한 응분의 고려
② 선장이나 회사에서 입항 전에 자세한 사고 및 피해 상황과 기국정부에 통지한 정보를 항만당국에 제출
③ 선박측에서 항만당국이 인정하는 수준으로 적절한 시정조치 시행
④ 항만당국이 시정완료 통지를 받고 안전, 건강 또는 환경에 명백한 위협이 되는 결함사항이 해결되었다고 인정

선박 출항정지는 많은 문제를 낳는 심각한 사안이므로 다른 이해관계자와 함께 조치하는 것이 항만국통제관에게 유리한다.

예를 들어 선주의 대리인에게 상황 개선을 위한 제안을 요구할 수 있을 것이다. 항만국통제관은 관련 증서를 발행하는 책임이 있는 기국의 대표나 대행기관과 상의하는 것도 고려해 볼 수 있다. 그리고 선주의 제안이나 그들이 제시하는 추가 요청을 놓고 협의하는 것도 고려해 볼 만하다.

여러 측면에서 항만국통제관의 판단력을 제한하지 않으면서 다른 관계자가 개입을 하도록 한다면 선박을 더 안전하게 하는 결과를 낳을 것이고, 출항정지 상황과 관련된 후속 논쟁을 피할 수 있을 것이며, '부당한 지체'라는 법정 다툼의 경우에도 유리한 증거가 될 것이다.

항만국통제관은, 점검한 항만에서 결함사항이 시정될 수 없을 때, 적절한 조건을 결정하고 선박이 다른 항만으로 항해하도록 허락할 수 있다. 이러한 경우에 항만국통제관은 차항지의 권한 있는 당국과 기국에 통지가 이루어졌는지 확인해야 한다.

기국에 출항정지를 통지할 때 출항정지를 하게 한 결함사항의 심각성에 대한 평가가 충분히 자세하게 다루어져야 한다.

회사나 그 대표는 항만국의 권한에 의해 취해진 출항정지에 대해 재고를 요청할 수 있는 권한이 있다. 그러나 재고요청이 있다 해서 출항정지가 풀려서는 아니 된다. 항만국통제관은 선장에게 재고요청권에 대해 적절히 알려줘야 한다.

항만국통제관은 항만국통제를 일률적으로 실행하기 위해서 '항만국통제관을 위한 일

반적 절차지침(General procedural guidelines for PSCOs)'을 발췌하여 항만국통제를 시행할 때 참조할 수 있도록 하여야 한다.

항만국통제관은 IMO 항만국통제 절차서의 부록에 있는 세부지침에 정통하여야 한다.

다) 명백한 증거(CLEAR GROUNDS)

항만국통제관은 협약적용 대상인 외국선박에 대한 점검을 실시할 때 유효한 증서를 선내에 갖고 있는지 확인하여야 한다. 선박이나 장비의 상태가 증서에 기술된 내용과 다르다고 믿을 만한 '명백한 증거'가 없다면 서류심사와 선박, 장비 및 선원에 대한 전체적인 상태를 점검하는 것에 그쳐야 한다.

명백한 증거란 더욱 자세한 점검을 시행하는 근거가 되는 경우는 다음과 같다.

① 관련 협약에서 요구하는 주요한 장비나 장치가 없을 때
② 선박 서류의 유효기한이 지났을 때
③ 관련협약과 IMO 항만국통제 절차서 부록 12에서[142] 요구하는 문서가 선내 없거나, 불완전하거나, 유지관리가 되어있지 않거나, 되어 있더라도 부실한 때
④ 항만국통제관의 관찰과 전체적인 인상을 통해 선체나 구조물이 심각하게 노후화되었거나 선체구조, 수밀 및 풍우밀 상태가 위험하다고 보이는 결함이 있을 때
⑤ 항만국통제관의 관찰과 전체적인 인상을 통해 안전, 오염방지 또는 항해장비에 중대한 결함이 있다고 보일 때
⑥ 선장이나 선원이 선박의 안전과 오염방지에 관한 선내 필수장비의 작동에 서툴거나 그러한 작동을 수행한 적이 없다는 증거나 정보가 있을 때
⑦ 주요 선원들이 서로 또는 선내 다른 사람들과 대화가 곤란하다는 징조가 있을 때
⑧ 잘못된 조난신호가 발령되었으나 적절한 취소절차가 없었을 때
⑨ 선박이 기준미달선으로 보인다는 정보가 담긴 보고나 불만사항이 접수되었을 때

라) 상세 점검(MORE DETAILED INSPECTIONS)

선박에 유효한 증서가 없거나, 선박에 대한 전체적 인상에서 증서의 기재사항과 선박이나 장비의 상태가 일치하지 않는다거나, 선장이나 선원이 필수적 절차에 숙달되지 않았다고 믿을 만한 명백한 증거가 있다면 자세한 점검이 시행되어야 한다.

142) IMO A.1155(32) Appendix 12 List of certificates and documents

선박의 상태나 선장 및 선원들이 선내 필수 절차에 대한 숙련도가 상세점검이 필요한 경우가 아니라면 모든 장비와 절차에 대해 한 국가에서 모두 점검해야 된다는 것은 아니다. 또한 이러한 상세점검 절차는 STCW협약 당사국인 기국의 선박에 대해 항만국의 선원 자격증명 절차를 따르도록 하거나, 항만국 선박에 부과하고 있는 부가적 조치를 외국선박의 통제절차에 부과하려는 것이 아니다.

〈그림 2-7〉 출항정지 선박의 사례

*출처: Tokyo MOU, Annual report 2021

3) 위반 및 출항정지(CONTRAVENTION AND DETENTION)

선박의 결함사항에 따라 기준미달선으로 분류하고 시정조치를 요구하며 필요할 경우 선박 출항정지에 관한 내용을 설명하고 있다.

가) 기준미달선 확인(IDENTIFICATION OF A SUBSTANDARD SHIP)

일반적으로 선체, 기계류, 장비 및 작동상태가 관련협약에서 요구하는 기준보다 현저히 낮거나 선원들이 안전승무정원서(Safe manning document)와 일치하지 않을 때 등 선박이 다음과 같은 경우에 기준미달선으로 본다.

① 협약이 요구하는 주요한 장비나 장치가 없을 때
② 협약에 따른 장비와 장치의 성능이 기준과 다를 때
③ 정비불량 등으로 장비나 선박이 현저히 노후 되었을 때
④ 선원의 작동능력이 미흡하거나 필수 작동절차에 익숙하지 않을 때
⑤ 선원이나 선원증서의 수가 부족할 때

이러한 증거들이 전체적으로나 개별적으로 선박의 감항성을 없애거나, 선박이나 선내 인명에 위험을 초래하거나, 해양환경에 비합리적인 위해를 가하는데도 출항할 예정이라면 기준미달선으로 분류하여야 한다. 항만국통제관은 IMO 항만국통제 절차서 부록 2에[143] 따른 출항정지 적용을 고려해야 한다.

나) 결함사항에 대한 정보 제출 (SUBMISSION OF INFORMATION CONCERNING DEFICIENCIES)

기준미달선으로 보이는 선박에 대한 정보는 선원이나 전문단체, 협회, 운송연맹 또는 어떤 개인이라도 선박, 선원 및 여객의 안전과 해양한경 보호에 관심이 있다면 어느 누구나 항만국의 권한 있는 관청에 제출할 수 있다.

이런 정보는 사건의 내용을 적절히 기술하거나 결함으로 의심되는 내용을 문서로 제출해야 한다. 구두로만 정보가 전달되면 항만국에서 기록을 남길 목적으로 정보를 제공한 개인이나 단체를 확인하여 서면보고서를 작성해야 한다. 참관하는 항만국통제관은 이러한 정보를 수집하고 신고자가 그리 할 수 없을 때에는 항만국통제관의 보고서 일부로 제출하여야 한다.

조사를 필요로 하는 정보는 선박에 도착한 후에 가능한 한 빨리 당국이 필요한 조치를 취할 수 있는 적절한 시간이 주어지도록 제출되어야 한다.

관련협약에 따라 어느 당국이 기준미달선에 대한 정보를 접수하고 조치를 취해야 하는지 결정해야 한다. 잘못된 당국에 제출된 정보는 즉시 조치할 수 있는 당국으로 바로 이관되어야 한다.

143) IMO A.1155(32 Appendix 2 Guidelines for the detention of ships

다) 기준미달 혐의 선박에 대한 항만국의 조치
(PORT STATE ACTION IN RESPONSE TO ALLEGED SUBSTANDARD SHIPS)

기준미달이나 오염 위험이 있는 것으로 의심되는 선박에 대한 정보는 접수하는 대로 항만당국에서 즉시 그 문제를 조사해야 하며 상황에 맞게 조치해야 한다.

출항정지 대상이 되는 기준미달선 정보를 접수한 항만당국은 기국의 선박분야 해사, 영사 또는 외교 대표에게 즉시 통지하여 점검을 시행토록 하거나 점검에 협조하도록 요청해야 한다. 마찬가지로 기국을 대신하여 관련증서를 발급한 대행기관에도 통지하여야 한다. 그렇다고 관련협약의 체약국으로서 항만국이 관련협약에 따라 주어진 권한을 적절히 행사해야 할 책임이나 항만국통제 권한을 경감시키지는 않는다.

정보를 입수한 항만국은 시간이 충분하지 않거나 출항 전에 파견할 항만국통제관이 없다거나 하여 조치를 취할 수 없을 경우에도 되도록 그 정보를 차항지의 권한 있는 당국과 기국, 적절하다면 그 항만의 대행기관에게도 전달해야 한다.

라) 시정조치에 대한 항만국의 책임
(RESPONSIBILITIES OF PORT STATE TO TAKE REMEDIAL ACTION)

항만국통제관이 IMO 항만국통제 절차서 부록2에[144] 따라 기준미달선이라고 간주하는 선박에 대해 항만당국은 출항허가 이전에 선박, 승객 및 선원의 안전을 지키고 환경에 위해를 제거하기 위한 시정조치가 되었는지 확인해야 한다.

마) 출항정지 지침(GUIDANCE FOR THE DETENTION OF SHIPS)

선박의 적격결함일람표(list of qualifying defects)만을 참조하여 기준미달선이라고 규정하기에는 적절하지 않은 경우에도 IMO 항만국통제 절차서 부록2에 선박 출항정지를 위한 지침을 활용한다.

바) 점검 일시중지(SUSPENSION OF INSPECTION)

선박 및 장비의 전반적인 상태와 선원들의 상태를 고려할 때 선박이 명백히 기준미달이라고 밝혀지더라도 항만국통제관은 예외적으로 점검을 일시 중지할 수 있다. 항만국통제관은 점검을 일시 중지하기 전에 IMO 항만국통제 절차서 부록 2에서 제시된 영역

144) IMO A.1155(32 Appendix 2 Guidelines for the detention of ships

의 출항정지에 해당하는 결함사항을 적절하게 기록해 두어야 한다.

점검의 일시 중지는 선박이 관련 제도의 규정에 적합하다고 책임 있는 당국에서 확인하기 위해 필요한 조치를 수행할 때까지 이어질 수 있다.

항만당국은, 선박이 출항정지 되고 점검이 일시 중지된 경우, 책임 있는 당국에 지체 없이 통지하여야 한다. 통지는 출항정지 정보를 포함하여 선박이 모든 관계규정에 적합하다고 당국에 통지할 때까지 중지되었다는 것도 적시하여야 한다.

사) 출항정지와 해제 확인을 위한 절차 (PROCEDURES FOR RECTIFICATION OF DEFICIENCIES AND RELEASE)

항만국통제관은 확인된 모든 결함사항이 시정되었는지 확인하기 위해 노력해야 한다. 안전이나 환경에 명백히 위험한 결함사항이 아니더라도 특별한 경우가 아니라면 출항허가를 받기 전에 위험이 제거되었는지 확인해야 한다. 확인된 결함사항이 개별적으로나 또는 연계되거나 하여 계속 위험으로 작용하지 못하도록 적절한 조치를 취해 선박의 특정 작업을 공식적으로 중지시키거나 출항정지 시키는 조치도 포함될 수 있다.

선박이 점검한 항만에서 출항정지를 하게 한 결함사항을 수리할 수 없을 경우에는 선장이 그 선박을 수리할 수 있는 가장 적절한 곳을 선택하고 항만국통제 당국이 동의하여 출항을 허가할 수 있다. 이때 선박은 항만국과 기국이 합의한 조건을 준수하여야 한다. 그 조건에는 승객이나 선원의 안전 및 다른 선박에게 위해를 끼치지 않고 해양환경에 비합리적인 위협이 되지 않을 때까지 항해하지 않는다는 보장이 있어야 한다. 또한 문제가 된 선박에 대해 시정조치를 하겠다는 기국정부의 확답이 포함될 수도 있다. 항만당국은 선박의 차항지 항만당국 및 관련기관에 이러한 상황을 통지해야 한다. 통지할 때는 IMO 항만국통제 절차서 부록 14의[145] 양식을 활용한다. 정보를 접수한 항만당국은 통지한 항만당국에게 IMO 항만국통제 절차서 부록 15로[146] 알려주어야 한다.

선박에서 모든 결함의 시정을 위한 노력이 이루어진 상태라면 남은 결함사항 시정이 가능한 항만으로 항해를 허가할 수 있다. 점검한 항만당국과 합의사항을 지키지 않고 출항한 선박이 있으면 항만당국은 즉시 기국, 모든 관련 당국 및 차항지가 알려져 있다면 차항지 항만당국에 경보를 보내야 한다.

145) IMO A.1155(32) Appendix 14 Report of deficiencies not fully rectified or only provisionally rectified
146) IMO A.1155(32) Appendix 15 Report of action taken to the notifying authority

수리 목적으로 차항지로 가기로 한 선박이 지정된 수리장소인 차항지의 항만에 기항하지 않으면 수리장소의 항만당국은 기국과 출항정지를 하였던 항만당국이 적절한 조치를 취할 수 있도록 통지하고 관련 있는 다른 당국에도 통지하여야 한다.

4) 보고 요건(REPORTING REQUIREMENTS)

보고는 항만국으로서 보고, 기국으로서 보고 및 해양오염방지협약 위반 혐의에 대한 보고와 같이 세 종류가 있다.

가) 항만국 보고(PORT STATE REPORTING)

항만당국은 짐검 후 선장에게 점검결과와 항만국통제관이 시행한 상세한 조치, 선장이나 회사가 취한 수정조치 목록을 기술한 서류를 제공해야 한다. 이 보고서는 IMO 항만국통제 절차서 부록 13의[147] 양식을 따라 작성되어야 한다.

항만국통제를 시행할 때 당국이 외국선박이 기준미달선이라는 정보에 따라 입항을 거부하는 관할권을 행사할 때는 즉시 선장과 기국에 입항을 거부하는 이유를 통지해야 한다.

출항정지를 하는 경우에는 가능한 한 빨리 기국정부에 적어도 최초통지는 하여야 한다. 이러한 통지가 구두로 이루어졌으면 뒤이어 문서로 확인해 주어야 한다. 통지에는 최소한 선명, IMO 번호, IMO 항만국통제 절차서 부록 13의 양식 A와 B 사본, 출항정지 시간 및 출항정지서 사본을 포함해야 한다.

마찬가지로 기국을 대신해 관련증서를 발급한 대행기관에도 적절히 통지하여야 한다. 상기 당국에는 출항정지 해제에 대한 것도 문서로 알려주어야 한다. 최소한 선명, IMO 번호, 출항정지 해제 시간 및 IMO 항만국통제 절차서 부록 13의 양식 B 사본을 포함해야 한다.

결함이 있는 채로 출항이 허가된 선박에 대해서 항만당국은 모든 사실을 차항지의 항만당국, 기국 및 대행기관에 적절히 알려야 한다.

체약국으로서 출항정지를 하였다면 해상인명안전협약(SOLAS협약) 부속서 제I장 제19규칙, 해양오염방지협약(MARPOL 73/78협약) 제11조, 만재흘수선협약(LL협약) 제21조 또는 선원의 훈련, 자격증명 및 당직기준에 관한 국제협약(STCW협약) 제10조 제3항에 따라 보고서를 IMO에 제출해야 한다. 결함보고서는 IMO 항만국통제 절차서 부록 13

147) IMO A.1155(32) Appendix 13 Report of inspection in accordance with IMO port State control procedures

이나 16의 양식에 맞추어 작성되어야 한다. 보고서 제출은 항만당국이나 지역별 PSC MOU에서 전자적 수단으로 할 수도 있다.

결함보고서 사본은 IMO에 보내는 것 외에도 관련 당국과 관련 증서를 발급한 대행기관에도 지체 없이 보내야 한다. 보고서를 보낼 기국의 관청, 담당, 전화번호 및 주소, 점검을 시행하는 기국 사무소의 주소를 IMO에 제공하여야 한다.[148] 비체약국 선박이나 크기가 작아 협약의 적용대상이 아닌 선박에 대한 결함사항은 기국과 관련 기관에 보내지만 IMO에 보낼 필요는 없다.

나) 기국 보고(FLAG STATE REPORTING)

선박이 출항정지 되었다는 보고서를 접수한 기국과, 대행기관도 포함되면 대행기관은, 출항정지 내용에 대한 수정조치를 되도록 빨리 IMO에 알려야 한다. 기국은 IMO 항만국통제 절차서 부록 17의[149] 양식을 사용하거나 GISIS를[150] 통해 전자적으로 제출할 수 있다. 항만국통제 사무소, 본부 및 점검기관에 대한 담당 전화번호와 주소를 IMO에 제출하여야 한다.

다) 해양오염방지협약 위반 혐의에 대한 보고 (REPORTING OF ALLEGATIONS UNDER MARPOL)

해양오염방지협약(MARPOL 73/78협약)의 조항 중에서 배출관련 조항을 위반했다거나 결함이 있다는 주장에 대한 보고는 결함이나 위반 혐의를 관찰한 이후 6일 이내에 되도록 빨리 기국에 전달되어야 한다. 보고서 양식은 되도록 IMO 항만국통제 절차서 부록 13이나[151] 16을[152] 따라 작성되어야 한다. 배출조항에 대한 위반이 의심될 때 정보는 최소한의 위반 증거에 더해 IMO 항만국통제 절차서 부록 3과[153] 4에서[154] 특정

148) MSC-MEPC.6/Circ.15 (National contact points for safety and pollution prevention and response), which may be amended, the IMO Internet Home Page and the GISIS module on contact points (출처: http://gisis.imo.org/Public).

149) IMO A.1155(32) Appendix 17 Comments by flag State on detention report

150) (GISIS) Global Integrated Shipping Information System, IMO 운영 정보교환 누리집

151) IMO A.1155(32) Appendix 13 Report of inspection in accordance with IMO port State control procedures

152) IMO A.1155(32) Appendix 16 Format for the Report of contravention of MARPOL (article 6)

153) IMO A.1155(32) Appendix 3 Guidelines for investigations and inspections carried out under MARPOL Annex I

154) IMO A.1155(32) Appendix 4 Guidelines for investigations and inspections carried out under MARPOL Annex II

하고 있는 내용을 포함해야 한다.

결함이나 위반에 대한 혐의 보고서를 받는 대로 기국과, 대행기관도 포함되면 대행기관은, 결함이나 위반 혐의에 관한 즉각적인 조치보고서를 항만당국에 제출토록 통보해야 한다. 항만당국과 IMO는 그러한 조치가 완료되는 대로 자세한 결과를 통보받아야 하며 적절히 IMO연례보고서에 포함되어야 한다.

5) 평가 절차(REVIEW PROCEDURES)

결함사항과 시정조치에 대한 정보 제공이라는 측면에서 IMO는 결함 및 시정사항 요약보고서를 작성하여 관련협약의 당사국에게 배포할 수 있다. 결함사항을 요약할 때는 해당 기국의 특징적인 조치나 의견이 있었다면 표시하여야 한다.
결함사항과 관련된 IMO의 위원회는 정기적으로 결함사항 요약보고서를 평가함으로써 IMO의 여러 제도를 일관성 있고 효과적으로 적용할 수 있도록 조치하여야 한다. 그리고 개발도상국이 적절히 항만국통제를 시행할 수 있도록 역량을 개발하는데 관심을 두어야 한다.

3.4 TOKYO MOU 점검

1) 현황

항만국통제 점검은 각국의 항만에 자발적으로 입항한 선박에 대하여 항만국에서 점검대상 선박을 선정하여 실시한다.

우리나라를 포함하여 아시아·태평양 지역 국가들은 Tokyo MOU를 체결하여 총 22개[155]의 국가로 협의체를 구성하였으며, 선박이 회원국의 항구에 기항하는 경우에는 Tokyo MOU에 따른 통일적인 항만국통제 점검을 받을 수 있다.

155) 2021년 기준 : ①호주 ②캐나다 ③칠레 ④중국 ⑤피지 ⑥홍콩 ⑦인도네시아 ⑧일본 ⑨대한민국 ⑩말레이시아 ⑪마셜제도 ⑫뉴질랜드 ⑬파나마 ⑭파푸아뉴기니 ⑮페루 ⑯필리핀 ⑰러시아 ⑱싱가포르 ⑲솔로몬제도 ⑳태국 ㉑바누아투 ㉒베트남
- 회원수는 21개국이지만 홍콩과 중국을 별도로 표시하여 22개로 나열되었다.

〈그림 2-8〉 PSC 실무 진행절차

*출처: 해양수산부

또한, 각 지역 협의체는 매년 중점점검(Concentrated Inspection Campaign, CIC) 주제를 선정하여 3개월간(9월~11월) 점검을 할 수 있으며, 필요에 따라 Paris MOU 등 다른 지역 협의체와 공동으로 실시하는 경우도 있다.

선박이 여러 차례 입항한다면 선박의 상태에 따라 점검주기가 달라진다. 관리 수준이 매우 낮은 선박(Under-performing ships)은 입항하는 할 때마다 점검 대상이 된다. 이보다 상태가 좋더라도 고위험 선박으로 분류되면 2~4개월 주기, 표준위험 선박은 5~8개월, 저위험 선박은 9~18개월 주기로 점검 대상이 된다.

〈표 2-3〉 Tokyo MOU 집중점검 주제

연도	집중점검 주제
2011	Structural Safety & Load Lines
2012	Fire Safety System
2013	Propulsion and Auxiliary Machinery
2014	STCW Hours or Rest
2015	Crew familiarization for Enclosed space entry
2016	Cargo Securing Arrangements
2017	Safety of Navigation, including ECDIS
2018	MARPOL Annex VI
2019	Emergency systems and procedures
2021	Stability in general
2022	STCW

2) TOKYO MOU 신점검제도(NIR)와 점검선박 선정

항만국통제 점검은 각 회원국 항만에 자발적으로 입항한 선박에 대하여 항만국에서 점검대상 선박으로 선정하여 실시한다. 점검대상 선정을 보다 효율적으로 하기 위하여 현재 TOKYO MOU에서는 기존 TARGET FACTOR제도를 폐지하고 신점검제도(New Inspection Regime, NIR)를 도입하여 운영하고 있다. 신점검제도는 객관적인 지표에 따라 선박의 역량을 평가하여 위험성이 높은 선박을 보다 집중적으로 점검 관리하기 위함이다.

대상선박은 각 항만국에서 신점검제도로 평가된 지표로 분류된 위험성에 따라 우선순위를 정하여 선정한다.

신점검제도의 객관적인 지표는 총 7개로써 ①선령 ②선종 ③기국 ④대행기관(RO) 수행능력 ⑤회사 수행능력 ⑥결함 개수 ⑦출항정지 횟수 가 있다. 이러한 지표를 통해 점수를 부여하며, 점수에 따라 3가지 위험(고위험성, 표준위험성, 저위험성)으로 분류된다.

- 고위험성 선박(HRS, High Risk Ship) : 프로필 기준 4점 이상인 선박
- 표준위험성 선박(SRS, Standard Risk Ship) : 고위험성 또는 저위험성 선박에 해당하지 않는 선박
- 저위험성 선박(LRS, Low Risk Ship) : 프로필 기준 저위험성 선박에 해당하며 이전 36개월간 최소 1회 이상의 점검을 받은 선박

지표를 활용한 평가를 통하여 위험성별로 점검주기를 정하고, 점검주기 도래 여부에 따라 우선순위를 정하게 된다.

- Priority I : 점검 주기가 지난 선박
- Priority II : 점검 주기 안에 있는 선박으로써, 우선순위가 더 높은 선박이 없는 경우 점검 대상에 해당

신점검제도는 항만국통제 점검의 효율과 효과를 제고하기 위하여 참고적으로 사용되고 있으며 항만국에서는 그 외 여러 가지 요소를 고려하여 점검대상을 선정할 수 있다. 여기서 고려할 수 있는 요소로 다른 당국에 의하여 결함선박으로 통보된 선박, 승무원 또는 이해관계인으로부터 보고된 선박, 미시정결함이 있는 선박, 도선사 또는 VTS로부터 보고된 선박, 위험물 운송선박으로 입항정보 등이 누락된 선박, 선박보안정보를 신고하지 아니한 선박 등이다.

〈표 2-4〉 선박 위험성 프로필

조건		프로필: 고위험성 선박 (가중치 합계 4점 이상) 기준	가중치	표준 위험성 선박 기준	저위험성 선박 기준
선종		• Chemical tanker • Gas carrier • Oil tanker • Bulk carrier • Passenger ship • Container ship	2	LRS 또는 HRS가 아닌 경우	-
선령		모든 선종 〉 12년	1		-
국적	BGW 목록 1)	Black	1		White
국적	IMO 감사 2)	-	-		해당됨
RO	Tokyo MOU의 RO 3)	-	-		해당됨
RO	수행능력 4)	• 낮음 • 매우 낮음	1		높음
회사 성과 5)		• 낮음 • 매우 낮음 • 이전 36개월 이내에 점검 받지 않음	2		높음
결함	이전 36개월간 각 점검에서 부여받은 결함 갯수	5개 이상의 결함이 기록된 점검은 얼마나 있었는가?	5개 이상의 결함을 기록한 검사 횟수		모든 점검에서 5개 이하의 결함이 있음(이전 36개월간 최소 1회 이상 점검을 받은 경우)
출항정지	이전 36개월간 출항정지 횟수	3회 이상의 출항정지	1		출항정지 없음

3) 이의신청

항만당국의 부당한 지체나 출항정지로 인해 손실이나 손해가 발생하면 선박은 이에 대해 보상받을 권리가 있다.

일반적으로 선박이 기국이나 정부대행기관에 이의를 신청하며, 신청을 받은 기국이나 정부대행기관이 처분한 항만당국에 재고를 요청한다. 항만당국은 당초 처분을 조사하여 기국이나 정부대행기관에 결과를 통지한다.

만약 항만당국이 당초 처분을 번복하기로 하면 그 사실을 Tokyo MOU 사무국과 공동전산망(APCIS) 관리자에게도 통지하여야 한다. 그러나 항만당국에 대한 이의신청이 받아들여지지 아니하면 처분을 받은 날로부터 120일 이내에 관련 자료를 첨부하여 Tokyo MOU 사무국에 재심(Submission of a case for review)을 요청할 수 있다.

사무국은 가능한 한 기국과 항만국을 제외하고 알파벳 순서로 3개 당국을 선택하여 '출항정지 재심 조사단(Detention Review Panel)'을 구성한다. 사무국은 항만국에 이의신청이 있었음을 알리고 필요하다면 관련 자료의 제출을 요청할 수 있다.

조사단은 기국이나 정부대행기관 및 항만국이 제출한 자료에 기초하여 절차적 · 기술적 측면을 조사한다. 사무국은 조사단의 의견을 최종보고서로 준비하여 기국이나 정부대행기관에게 적절히 통지한다.

조사단의 견해가 기국이나 정부대행기관의 이의신청을 지지하는 경우에 항만국은 취한 결정을 재고하도록 요청받게 된다.

조사단의 결정은 구속력이 없지만 항만국에게 공동전산망(APCIS)에 이미 입력된 항만국통제 점검 데이터를 수정하고, 그 사실을 사무국과 공동전산망(APCIS) 관리자에게 통지하도록 하는데 대한 정당성이 부여된다.

조사단의 권고는 재정적 손해배상을 요청하기 위한 근거로 사용될 수 없다. 사무국은 기국이나 정부대행기관에 항만국이 취하거나 취하지 않은 조치를 통지한다.

법적인 절차를 따를 경우에는 해상교통안전법과 선박안전법에서 규정하고 있는 권리구제를 위한 이의신청 제기절차를 따른다.

4) 조치사항 코드

항만국통제관은 지역별 협의체에서 표준양식으로 제공하는 점검양식(inspection form)을 활용하여 선박을 점검하고 그 결과를 지역별 협의체 공동전산망에 코드로 입력한다.

'코드 30'은 출항정지에 해당하는 결함을 발견하였다는 뜻으로 선박을 출항정지시킨 경우에 사용한다. '코드 17'은 출항 전에 결함사항을 시정토록 선장에게 통지하였다는 뜻으로 선박에서는 결함을 수리하기 전까지는 출항할 수 없게 된다.

유럽지역협의체(Paris MOU)에서 사용하는 조치사항 코드목록은 다른 지역별 협의체에서도 대동소이하게 사용된다.

〈표 2-5〉 Action taken codes of Paris MOU

<table>
<tr><th>Code</th><th>Definition</th><th>Application</th></tr>
<tr><td>10</td><td>Deficiency rectified.</td><td>When a noted deficiency has been confirmed to be rectified and the PSCO has checked and found to be rectified.</td></tr>
<tr><td>12</td><td>All deficiencies rectified.</td><td>When all, and not most, the deficiencies listed in the inspection report are checked and found to be rectified.</td></tr>
<tr><td rowspan="2">15</td><td>Rectify deficiency at next port</td><td>When a deficiency cannot be remedied in the port of inspection.
▸ In such case the maritime authority may allow a ship to proceed to another port, if appropriate under conditions as determined by the port of inspection.</td></tr>
<tr><td colspan="2">Combination of codes:
If PSCO decides to allow rectification of a deficiency at the next port, the next port is informed immediately (code 15 + code 40).
In case the deficiency is a detainable one (code 30 + code 15) and cannot be rectified in the port of detention, the code 45 (next port informed to re-detain) is used at the end of the report.</td></tr>
<tr><td rowspan="2">16</td><td>Rectify deficiency within 14 days.</td><td>Although, in principle, all deficiencies must be rectified before departure, code 16 can be used in case of minor deficiency, which, to the professional judgement of the PSCO, is not hazardous to safety, health or the environment and does not require immediate follow-up.</td></tr>
<tr><td colspan="2">Attention: deficiency remains pending in SIRENAC database.</td></tr>
<tr><td rowspan="2">17</td><td>Master instructed to rectify deficiency before departure</td><td>In case the nature of a deficiency requires rectification before the ship proceeds and the PSCO has informed the master accordingly.
▸ it is up to the professional judgement of PSCO to decide, on a case by case basis, if he has to return to the ship to check personally if the respective deficiency has been rectified.</td></tr>
<tr><td colspan="2">Attention:
▹ Situation 1: code 17 and a second inspection.
During the first inspection the PSCO writes a code 17 in the inspection report. If during a second inspection the deficiency is found to be rectified, this must be noted in the report in the following way:
Draw a strike (/) through code 17 and write behind it code 10 (deficiency rectified).
▹ Situation 2: code 17 without a second inspection.
In the judgement of the PSCO the nature of the deficiency does not</td></tr>
</table>

<table>
<tr><td></td><td colspan="2">justify/require a second inspection. Action taken code 17 shall be a point of attention to the next port of call.</td></tr>
<tr><td rowspan="2">18</td><td>Rectify non-conformity within 3 months</td><td>ISM non-conformities of ISM related deficiencies.
▸ A non-conformity means an observed situation where the objective evidence indicates the non-fulfilment of a specific requirement.</td></tr>
<tr><td colspan="2">Attention: In case of an ISM major non-conformity, action taken code 19 is used.
▹ Non-conformity remains pending in SIRENAC database.</td></tr>
<tr><td>19</td><td>Rectify major non-conformity before departure.</td><td>ISM major non-conformity. Major nonconformities have to be rectified before departure.
▸ A major non-conformity means an identifiable deviation which poses a serious threat to personnel or ship safety or a serious risk to the environment and requires immediate corrective action.
▸ In addition, the lack of effective and systematic implementation of a requirement of the ISM Code is also considered a major nonconformity.</td></tr>
<tr><td rowspan="2">30</td><td>Ground for detention.</td><td>This code is used to indicate the deficiency which is the ground for detention of a ship.</td></tr>
<tr><td colspan="2">Combination of codes:
▹ A code 30 deficiency should in principle be followed by a code 10 (deficiency rectified), to indicate that the deficiency which is ground for detention has been rectified.
▹ If a detainable deficiency has been rectified by a temporary or provisional repair or substitution of equipment: Code 30/80. In such case there should be indication when a full/definitive repair is to be carried out.
▹ SIRENAC database filled in accordingly.</td></tr>
<tr><td>35</td><td>Ship allowed to sail after detention (ship allowed to sail after follow-up detention, see Code 36).</td><td>Used when PSCO decided that the detention can be lifted.</td></tr>
<tr><td rowspan="2">36</td><td>Ship allowed to sail after follow-up detention.</td><td>When a follow-up detention is raised code 36 must be filled in on the inspection form.</td></tr>
<tr><td colspan="2">Attention: when a follow-up detention is lifted, the second port has to use code 36 instead of 35.
▹ The second port cannot use code 35, unless additional detainable</td></tr>
</table>

	deficiencies are found.	
40	Next port informed.	To be rectified. PSCO of the "next port" may carry out an additional inspection.
45	Next port informed to re-detain.	Used in case when a second port is involved in the continuation or follow-up of a detention.
50	Flag State/ Consul informed.	When a ship has been detained, the respective port State authority shall notify the flag State / Consul. ▸Flag State must be notified on every individual detention.
55	Flag State consulted.	Used whenever the flag State is consulted with regard to relevant deficiencies.
70	Classification Society informed	Classification Society contacted or informed about a class related deficiency.
80	Temporary/provisional substitution or repair of equipment or exemption granted.	Self-explanatory
	Attention: If a deficiency has been rectified by a temporary repair or substitution of equipment, limit date for definitive repair must be indicated. ▹SIRENAC database filled in accordingly.	
85	Investigation in contravention of discharge provisions (MARPOL 73/78)	Self-explanatory.
95	Letter of warning issued	Self-explanatory.
96	Letter of warning withdrawn	Self-explanatory.
99	Others	Code 99 is used if it is impossible to code an action taken with the existing codes.

3.5 항만국통제 점검 대응

항만국통제 점검에 대비하기 위하여 입항하는 선박은 입항 전에 충분한 시간을 두고 자체 점검을 실시하고, 식별된 결함은 입항 전에 시정하여야 한다. 또한 선박은 자체 점검에서 중대한 결함이 식별될 경우에는 입항시 항만국에 자발적으로 보고하여 항만국통제 점검시 출항정지 결함으로 분류되지 않도록 대응하여야 한다.

특히 아래에 해당되는 선박의 경우 입항 전 자체 점검을 반드시 실시하도록 권고한다.

- ▸ 해당 항만에 처음 기항하는 경우
- ▸ 선박 위험성에 따른 점검주기가 도래하거나 경과한 경우
- ▸ 항만국통제 집중점검을 실시하는 경우

선박은 항만국통제관이 승선하여 점검이 시작되기 전에 선박의 외관, 도장상태, 철판부식, 수리되지 않은 손상 등으로부터 선박 관리상태 및 대응자세를 통해 첫인상을 판단할 수 있으므로 올바른 관리 · 대응이 요구된다.

항만국통제관(PSCO)이 주로 관심을 갖는 분야는 다음과 같다.

- ▸ 선박이 국제협약의 안전기준에 따른 유효한 안전증서 소지여부
- ▸ 자격을 갖춘 적정 선원의 승무 및 각종 면허 · 교육 증서 소지 여부
- ▸ 해도, 항해용 간행물의 비치 여부 및 선내 각종 기록사항의 유지 여부
- ▸ 선체구조, 갑판 및 기관실의 각종 기기 · 장비 등의 관리 상태
- ▸ 구명설비, 소방설비 및 오염방지 설비 등의 관리 상태
- ▸ 안전관리체제(ISM) 및 선박보안체계(ISPS)의 수립 및 이행 여부
- ▸ 소화 · 퇴선 등 비상대응훈련의 실시여부 및 선원의 비상대응 숙련도
- ▸ 기타 협약에서 규정하고 있는 사항 등

항만국통제관은 상당한 시간을 선박의 각종 서류를 확인하는데 할당하므로 선박에서는 각종 협약증서들의 유효기간을 미리 확인하여야 하며, 서류를 한 곳에 모아 두는 것이 점검시간을 단축하는데 도움이 된다.

항만국통제 점검시 일반적으로 점검하는 협약증서는 다음과 같다.

① International Load Line Certificate

② Cargo Ship Safety Construction Certificate

③ Cargo Ship Safety Equipment Certificate

④ Cargo Ship Safety Radio Certificate

⑤ High Speed Craft Safety Certificate

⑥ INF Certificate of Fitness

⑦ Minimum Safe Manning Document

⑧ Mobile Offshore Drilling Unit Safety Certificate

⑨ Passenger Ship Safety Certificate

⑩ Special Purpose Ship Safety Certificate

⑪ Document of Compliance (DOC)

⑫ Safety Management Certificate (SMC)

⑬ International Ship Security Certificate

⑭ Certificate of Fitness for the Carriage of Liquefied Gases in Bulk

⑮ International Certificate of Fitness for the Carriage of Liquefied Gases in Bulk

⑯ Certificate of Fitness for the Carriage of Dangerous Chemicals in Bulk

⑰ International Certificate of Fitness for the Carriage Dangerous Chemicals in Bulk

⑱ International Air Pollution Prevention Certificate (IAPP)

⑲ International Energy Efficiency Certificate (IEE)

⑳ International Oil Pollution Prevention Certificate (IOPP)

㉑ International Pollution Prevention Certificate for the Carriage of Noxious Liquid Substances in Bulk (NLS)

㉒ International Sewage Pollution Prevention Certificate (ISPP)

㉓ International Anti-Fouling System Certificate (AFS)

㉔ International Tonnage Certificate

㉕ Maritime Labour Certificate (MLC)

㉖ Certificate of Insurance of Civil Liability for Oil Pollution Damage

3.6 기국통제(Flag State Control)

대한민국 선박이 외국의 항만당국으로부터 항만국통제(PSC) 점검을 받고 출항정지 등의 처분을 받지 않도록 사전에 조치하기 위한 제도이다.

대한민국의 선박검사관이 사전에 안전점검을 실시하여 결함사항을 시정하도록 하는 것으로써 항만국통제 절차에 준하여 점검을 실시하고 점검보고서를 교부한다.

결함이 있는 선박에 대해서는 ① 결함선박이 입급한 선급으로부터 적정한 검사를 받았는지 조사, ② 중대결함사항이 식별된 경우에 선급이 입회하여 출항 전 시정여부를 확인하도록 조치, ③ PSC 출항정지 선박에 대한 사후 특별검사와 심사를 실시, ④ 중점관리대상 중 출항 정지된 선박과 연 2회 이상 출항 정지된 선사에 대한 안전관리체제(ISM) 특별 심사를 시행한다.

기국통제의 대상은 외국의 항만국통제의 중점 점검대상이 될 수 있는 국제항해에 종사하는 선박들로서 다음과 같다.

- 선령이 15년을 초과하는 산적화물선 · 위험물운반선
- 최근 3년 이내에 외국 항만당국의 항만국통제로 인하여 출항이 정지된 선박
- 최근 3년간 외국 항만당국의 항만국통제로 인하여 소속 선박의 출항정지율이 대한민국 선박의 평균 출항정지율을 초과하는 선박소유자의 선박
- 그밖에 외국 항만당국의 항만국통제로 인하여 출항정지율이 특별히 높은 선박 등 해양수산부장관이 정하여 고시하는 선박(중점관리선박)

기국통제를 실시하는 법적 근거는 선박안전법 제69조(외국의 항만국통제 등)[156] 및

---

156) 제69조(외국의 항만국통제 등)

① 선박소유자는 외국 항만당국의 항만국통제에 의하여 선박의 결함이 지적되지 아니하도록 관련되는 국제협약 규정을 준수하여야 한다.

② 해양수산부장관은 외국 항만당국의 항만국통제에 의하여 출항정지 처분을 받은 대한민국 선박이 국내에 입항할 경우 해양수산부령으로 정하는 바에 따라 관련되는 선박의 구조 · 설비 등에 대하여 점검(이하 "특별점검"이라 한다)을 할 수 있다. 다만, 외국정부에서 확인을 요청하는 경우 등 필요한 경우에는 외국에서 특별점검을 할 수 있다.

③ 해양수산부장관은 다음 각 호의 대한민국 선박에 대하여 외국항만에 출항정지를 예방하기 위한 조치가 필요하다고 인정되는 경우 해양수산부령으로 정하는 바에 따라 관련되는 선박의 구조 · 설비 등에 대하여 특별점검을 할 수 있다.

1. 선령이 15년을 초과하는 산적화물선 · 위험물운반선
2. 그 밖에 해양수산부령으로 정하는 선박

④ 해양수산부장관은 제2항 및 제3항의 규정에 따른 특별점검의 결과 선박의 안전확보를 위하여 필요하다고 인정되는 경우에는 해당선박의 소유자에 대하여 해양수산부령으로 정하는 바에 따라 항해정지명령 또는 시정 · 보

해상교통안전법 제58조(외국의 항만국통제 등)[157]이다.

기국통제를 시행함으로써 국적선의 원활한 국제항해를 지원하고, 외국의 중점 점검 대상국가[158] 지정을 피해가며, 대한민국이 자국 선박에 대한 철저한 안전관리를 시행하고 있는 우수국가라는 명예로운 지위를 유지할 수 있다. 나아가 국제해사기구 회원국감사(IMSAS)를 수감할 때 자국 선박에 대한 철저한 안전관리를 시행하고 있다는 증거로 활용할 수 있다.

완 명령을 할 수 있다.

157) 제58조(외국의 항만국통제 등)

① 해양수산부장관은 대한민국선박이 외국 정부의 항만국통제에 따라 항행정지 처분을 받은 경우에는 그 선박의 사업장에 대하여 안전관리체제의 적합성 여부를 점검하거나 그 선박이 국내항에 입항할 경우 해양수산부령으로 정하는 바에 따라 관련되는 선박의 안전관리체제, 선박의 구조·시설, 선원의 선박운항지식 등에 대하여 점검을 할 수 있다. 다만, 외국 정부에서 확인을 요청하는 경우 등 필요한 경우에는 외국에서 점검을 할 수 있다.

② 해양수산부장관은 외국 정부의 항만국통제에 따른 항행정지를 예방하기 위한 조치가 필요하다고 인정하는 경우 해양수산부령으로 정하는 바에 따라 관련되는 선박에 대하여 제1항에 따른 점검(이하 "특별점검"이라 한다)을 할 수 있다.

③ 해양수산부장관은 특별점검의 결과 선박의 안전 확보를 위하여 필요하다고 인정하면 그 선박의 소유자 또는 해당 사업장에 대하여 해양수산부령으로 정하는 바에 따라 시정·보완 또는 항행정지를 명할 수 있다.

158) 미국은 미국 항만에서 한 해에 2척 이상이 출항정지가 된 국가를 중점 점검 대상국가로 분류한다. 해당 국가의 선박이 미국에 입항하면 특별관리 대상이 되어 잦은 점검을 받게 된다.

- 유럽지역 항만국통제위원회(Paris MOU)와 아·태지역 항만국통제위원회(Tokyo MOU) 등은 전년도 점검 결과를 기국별로 분석하여 지적된 결함실적에 따라 BLACK-GREY-WHITE LISTS를 운영한다.

4. 국제항해선박 및 항만시설의 보안(ISPS Code)

4.1 국제적 도입

1) 개요

2001년 9월 11일 미국 뉴욕에서 항공기가 테러 수단으로 사용된 비극적인 사건이 발생한 이후에 선박도 테러 수단으로 사용될 수 있다는 우려가 커졌다. 이에 국제적으로 선박 및 항만시설에 대한 보안 강화 필요성이 대두되어 IMO에서 제정된 규약[159]이 ISPS Code (International Ship and Port facility Security Code)이다.

ISPS Code는 선박이나 항만에서 상황에 맞는 보안을 유지하도록 규정하고 있으며, 보안 수준의 설정 등과 관련하여 선박의 기국 및 항만국 정부가 이행하여야 할 사항을 규정하고 있다. 이에 따라 모든 여객선과 총톤수 500톤 이상인 모든 화물선은 선박보안계획서(Ship Security Plan, SSP)를 작성하고 이행하여야 한다. 항만에서도 보안평가를 실시하고 보안계획서(Port Facility Security Plan, PFSP)를 작성하고 이행하여야 한다.

보안계획서는 기국 정부나 기국 정부의 대행기관(Recognized Organization, RO)이 심사하고 증서를 발급한다. 선박은 국제선박보안증서(International Ship Security Certificate, ISSC)를 소지하고 운항하여야 한다.

기국이 선박에게 보안 수준을 알리면 선박은 선박보안계획서(SSP)에 명시된 보안 수준별 조치를 이행해야 한다. 입항하려면 그 항만의 항만시설보안책임자(Port Facility Security Officer, PFSO)와 교신하여 항만의 보안수준 보다 낮지 않은 보안수준을 유지해야 한다.

2) 도입경과

가) 연혁

2002년 12월 런던에서 개최된 해상보안에 관한 외교회의[160] 및 해사안전위원회(MSC) 제76차 회의에서 해상보안을 강화하기 위해 1974년 해상인명안전협약(SOLAS협약)에

---

159) 국내에서는 code를 '규약' 또는 '규칙'으로 번역하고 있다. ISPS Code는 '국제선박 및 항만시설보안 규칙(ISPS Code)'으로, ISM Code는 '국제안전관리규약'으로 번역하였다.

160) 외교회의(Diplomatic Conference) : 국제협약을 제 · 개정하기 위하여 각국의 대표가 참석하는 외교적 회의이다.
 - IMO 회의는 국제협약의 제 · 개정안을 마련하기 위하여 각국의 대표가 참석하는 기술적 회의이다.

보안에 관한 사항을 신설하기로 만장일치로 합의하였다.[161]

채택방식은 기존의 SOLAS협약 부속서 제11장을 부속서 제11-1장으로 개정하고, 부속서 제11-2장을 신설하여 선박보안에 관한 규정과 ISPS Code의 시행근거를 마련하였다.[162] ISPS Code의 A편에는 강제사항을 두고, B편은 권고사항을 두고 있다. 또한 이에 따른 후속조치를 위해 11개의 결의서를 채택하였다. ISPS Code는 2004년 7월 1일 국제적으로 발효되었다.[163]

〈그림 2-9〉 Progress of adopting measures at IMO

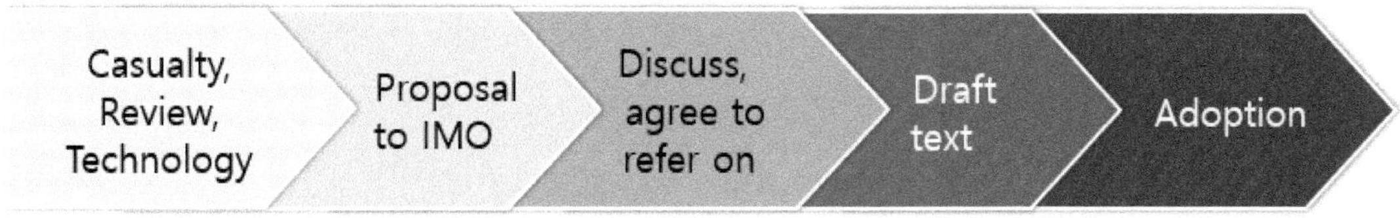

통상적으로 IMO에서 새로운 제도를 채택(adoption)하여 발효(entry into force)하기까지는 빨라도 여러 해가 걸리거나 보통은 십수년이 소요되기도 한다. 어선안전에 관한 토레몰리노스 협약은 1977년에 채택되었으나 아직까지 발효되지 못하고 있다. 이러한 실정을 감안하면 ISPS Code의 채택 및 시행 과정은 초고속으로 진행되어 불과 1년 만에 채택되었고, 준비기간을 감안하여 1년 6개월 후 발효되었다. 이는 미국이 자국에서 발생한 9.11테러 사건을 계기로 국제항해 선박 및 항만시설이 또 다른 테러사건의 수단이 될 수 있다는 절박한 위기감으로 외교적 역량을 총 가동하여 IMO 회원국들을 설득하고 독려하였기 때문이다.

161) 2002년 12월 MSC 제76차 회의에는 총 113개국 정부대표가 참석하였으며, 우리나라도 해양수산부 안전계획담당관 등 총 14명의 대표단을 파견하여 국제적인 해상보안강화 제도도입에 따른 비용보다 선박 및 항만시설에서의 각종 보안사고 예방을 통한 공익의 구현이 더욱 필요하다고 주장하며 제도 채택에 대한 찬성의견을 밝힌 바 있다.

162) 규약(code)은 협약(convention)이나 조약(treaty)과 같은 강제성이 없다. 그러나 협약에서 규약(code)을 준수하라는 규정이 있으면 규약도 협약과 같은 수준의 강제성을 가진다.

163) (상세 연혁) IMO는 2001년 9.11테러사건 이후 그해 11월에 개최된 2001년 제22차 총회에서 선박 및 항만보안에 대한 제도적 강화방안에 대해 논의하기 시작하였다. 이에 따라 제22차 총회에서 '승객, 선원 및 선박의 안전을 위협하는 테러행위 방지대책 및 절차의 검토에 관한 결의서'(Res.A.924(22))를 채택하였다. 2002년 2월에는 해사안전위원회(MSC) 회기간 작업반 1차 회의를 개최하여 미국이 제안한 해상보안 강화 대책방안의 대부분을 해상인명안전협약 제11장의 개정안으로 채택하였다. 이를 바탕으로 같은 해 5월 MSC 제75차 회의에서 MSC 작업반 1차 회의 결과로 발의된 ISPS Code Part A의 초안을 검토하였다. 같은 해 9월에는 MSC 작업반 2차 회의를 개최하여 해상인명안전협약의 개정안 검토 및 ISPS Code Part B 초안을 작성하였다. 같은 해 12월에 해상인명안전협약 당사국 외교회의 개최를 통하여 개정안을 심의 및 채택하였으며, 2004년 7월 1일 발효되었다.

ISPS Code는 반세기 동안 IMO가 해상안전과 환경보호에 관한 규범을 다뤄온 것과 다르게 새로운 분야인 해상보안에 관한 규범으로 기술적 요인이 크게 없어 그간 개정 이력도 단순하여 그간 단 한차례 이루어졌다. 2005년에 Part A 부록에 회사고유식별번호(Company Identification Number)를 추가한 것이 그것이다. 2005년 개정안은 2005년 5월 20일 MSC 제80차 회의에서 채택[164]되었으며 2009년 1월 1일 발효되었다.

나) 묵시적 수락

일반적인 협약은 IMO 회의를 통해 협약안을 마련하면, 외교회의를 개최하여 협약안을 인정하는 채택(adoption) 절차를 거친 후에, 각국이 이에 가입하는 비준(ratification) 절차를 거친다. 그리고 협약에서 몇 개국 이상이 비준하여야 한다거나 비준한 국가의 선박량의 합이 전세계 선박량의 몇 퍼센트가 되는 날로부터 어느 정도 기간이 경과하면 발효(entry into force)한다는 등의 요건을 충족하여야 발효된다.

이와 같이 협약 도입이나 개정의 필요성을 논의하는 단계부터 시작하여 협약에 가입한다는 명시적 의사를 밝히는 절차(explicit acceptance)를 거쳐 협약이 발효되는 데에는 약 20년 이상이 걸리기도 한다.

〈그림 2-10〉 협약의 발효 절차

SOLAS협약은 개정안의 제안에서부터 발효까지 약 6~7년이 소요되었다.[165] 그러나 안전에 관한 기술과 논의가 빠르게 진행되는데 반하여 협약 개정안이 발효되지 못하거나[166] 발효가 늦어짐에 따라 발생하는 괴리와 부작용을 줄이기 위하여 1974년 SOLAS 협약에서는 협약의 개정사항을 신속하게 발효하기 위한 방안으로서 묵시적 수락(tacit

164) 결의서 Res.MSC.196(80)

165) 1914년 SOLAS협약은 채택되었으나 영국 등 5개국만 비준함으로써 발효요건을 충족하지 못하였으며, 이후 1929년 SOLAS협약은 18개국이 비준하여 1933년에 발효됨으로써 해상인명안전에 관한 최초의 통일적 국제협약이 되었다. 이후 1948년 SOLAS협약 30개국이 비준하여 1952년 발효되었고, 1960년 SOLAS협약은 1965년에 발효되었다. 1974년 SOLAS협약은 1980년에 발효되었다.

166) 발효된 협약인 1960 SOLAS협약과 1974 SOLAS협약 사이에 1966년, 1967년, 1971년 및 1973년에도 각각 개정안이 채택되었으나 발효되지 못하였다.

acceptance) 절차를 두었다. 반대한다는 뜻의 문서를 제출하지 않으면 수락한 것으로 본다는 것이다. 이에 따라 1974년 SOLAS협약은 협약의 본문(articles)과 부속서 제1장 (chapter 1)을 제외하고는 묵시적 수락절차가 적용된다.[167]

ISPS Code가 신속하게 SOLAS협약 부속서 제11-2장으로 도입되어 신속히 발효된 데에는 SOLAS협약 제8조 (b) (vi) (2)[168]에서 묵시적 수락(tacit acceptance) 절차를 두어 일정기간이 지나면 자동으로 발효되었기 때문이다.[169]

---

167) 지정된 기간 내에 1/3을 넘는 SOLAS협약 당사국 또는 상선 선박량의 합계가 총톤수로 세계 상선 선박량의 50% 이상 되는 당사국이 반대하지 아니하는 한 발효하도록 규정하였다. 또한 당사국의 1/3이 참가하는 확대 해사안전위원회(Expanded Maritime Safety Committee)를 총회로 간주할 수 있도록 함으로써 2년마다 개최되는 총회를 기다려야 하는 기간을 단축하였다.

168) SOLAS협약 제8조(개정)
(a) 이 협약은 다음 항에 규정하는 어느 하나의 절차에 의하여 개정될 수 있다.
(b) 기구에서 심의한 후의 개정
(i) ~ (v) (생략)
(vi)
(1) 협약의 본문 또는 부속서 제1장의 개정은 당사국정부의 3분의 2에 의하여 수락된 일자에 수락된 것으로 간주한다.
(2) 부속서 제1장 이외의 부속서의 개정은 다음의 경우에 수락된 것으로 간주한다.
(aa) 개정사항이 수락을 위하여 당사국정부에 송부된 날로부터 2년이 경과한 날 ; 또는
(bb) 채택시 확대 해사안전위원회에 출석하여 투표하는 당사국의 3분의 2의 찬성에 의하여 결정된 경우에는 1년 이상의 기간을 경과한 날.
다만, 규정된 기간 내에 3분의 1을 넘는 당사국정부 또는 상선 선복량의 합계가 총톤수로 세계상선 선복량의 50퍼센트 이상이 되는 당사국들로부터 기구의 사무총장에게 개정에 반대하는 요지를 통고한 경우에는 그 개정은 수락되지 아니한 것으로 본다.
(vii)
(1) 협약의 본문 또는 부속서 제1장의 개정은 이미 수락한 당사국정부에 대하여는 개정이 수락되었다고 간주된 날로부터 6개월 후 그리고 그 일자 이후에 개정을 수락하는 각 당사국에 대해서는 그 당사국정부의 수락일로부터 6개월 후에 발효한다.
(2) 부속서 제1장 이외의 부속서의 개정은 동항의 (vi) (2)에 의하여 개정에 반대하고, 그 반대를 철회하지 아니한 당사국정부를 제외한 모든 당사국정부에 대하여 개정이 수락되었다고 간주된 날로부터 6개월 후에 발효한다. 다만, 발효를 위하여 정하여진 일자 이전에는 여하한 당사국정부도 발효일로부터 1년 이하의 기간 또는 개정 채택시에 확대해사안전위원회에 출석하여 투표하는 당사국정부의 3분의 2 이상의 찬성에 의하여 결정되는 더 오랜 기간 중 당해 당사국정부에 대하여는 그 개정에 효력을 부여하지 아니한다는 요지를 기구의 사무총장에게 통고할 수 있다.
(c) 회의에 의한 개정
(i) 기구는 여하한 당사국정부로부터 적어도 당사국정부의 3분의 1이상의 동의를 얻은 요청이 있을 경우에는 이 협약의 개정을 심의하기 위한 당사국의 회의를 소집한다.
(ii) 기구의 사무총장에게 이 회의에 출석하여 투표하는 당사국의 3분의 2이상의 찬성에 의하여 채택된 개정의 수락을 위하여 모든 당사국에 송부한다.
(iii) 개정은 회의에서 별도 결정이 없는 한, 본조 (b) (vi) 및 (b) (vii)에 의거, 확대 해사안전위원를 회의로 간주할 것을 조건으로, 그 개정은 동조의 (b) (vi)와 (b) (vii)에 각각 규정된 절차에 따라 수락되고 또한 발효한 것으로 간주된다.
(d) (생략)

169) SOLAS협약과 관련 코드의 개정 절차는 협약의 많은 양과 복잡성을 고려해 4년 주기 발효 체제를 적용하는 점이 특징이다. 4년 주기 발효 체제에 관한 내용은 MSC.1/Circ.1481 문서를 통해 확인할 수 있다.

안전과 보안은 별개의 사안이지만 보안에 관한 새로운 국제협약을 제정하는 것보다 묵시적 수락절차를 두고 있는 SOLAS협약을 개정하여 보안에 관한 사항을 신설하는 방안이 새로운 협약을 만드는 것보다 빠르게 발효할 수 있었기 때문이었다.

3) 적용대상

SOLAS협약 부속서 제11-2장 신설을 통해 강제화된 ISPS Code는 2004년 7월 1일부터 모든 체약국의 국제항해에 종사하는 아래 선박에 대해 적용된다.

- 고속 여객선을 포함한 모든 여객선
- 고속 화물선을 포함한 총톤수 500톤 이상의 화물선
- 이동식 해상구조물

또한 국제항해에 종사하는 선박이 이용하는 항만시설도 협약의 적용대상이 된다[170].

4) 주요내용

가) SOLAS협약 부속서 제11-1장 해상안전 강화를 위한 특별조치

보안과 관련된 주요내용은 (제3규칙) 총톤수 100톤 이상의 모든 여객선 및 총톤수 300톤 이상의 모든 화물선은 선박식별번호(Ship Identification Number)를 부여받아 사용하도록 의무화하고, 또한 선체 외부에 일정 형식으로 선박식별번호를 영구적으로 표시하도록 하였다. 또한 (제5규칙) 협약 적용 대상 선박들은 주관청으로부터 선박이력기록부(Continuous Synopsis Record)를 발급받아 선내에 비치하도록 의무화하였다.

〈'해상인명안전협약' 개정 절차〉

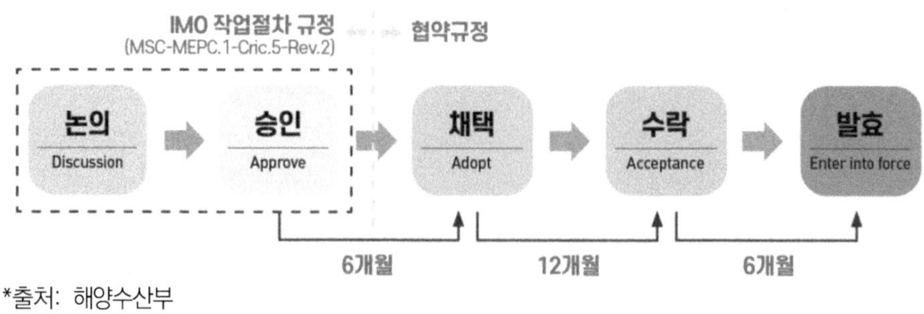

*출처: 해양수산부

170) ISPS Code 시행 당시 2004년 기준으로 우리나라의 적용대상 선박은 여객선 6척, 화물선 376척 등 총 383척이었으며, 항만은 28개 무역항이 적용 대상이 되었다.

나) SOLAS협약 부속서 제11-2장 해상보안 강화를 위한 특별조치

SOLAS협약 부속서 제11-2장에서는 보안과 관련한 당사국 정부의 의무사항(제3규칙), 선박 및 회상의 요건(제4규칙), 회사의 구체적 책임사항(제5규칙), 선박보안경보시스템의 설치의무(제6규칙), 선박의 보안등급(제7규칙), 항만국통제에 관한 사항(제9규칙), 항만시설의 보안요건(제10규칙) 등의 내용을 담고 있다.

〈그림 2-11〉 선박보안경보시스템의 정보 전파

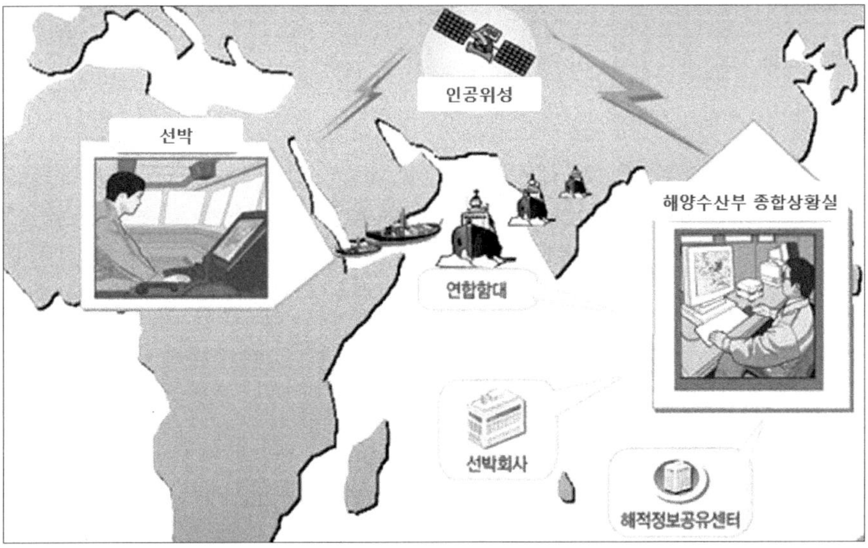

*출처: 해양수산부

다) ISPS Code

이 규약은 선박 및 항만 보안 제도이행을 위한 강행규정인 A편과 A편 규정에 대한 지침서로서 권고규정인 B편으로 구성되어 있다.

A편은 1974 SOLAS협약 부속서 제11-2장의 규정과 관련된 강제요건으로서 주요 내용은 다음과 같다.

- **(A편 목차)** 아래와 같이 19개 조문으로 구성되어 있다.
  - (1) 일반사항(General)
    - 개요(Introduction)
    - 목적(Objectives)
    - 기능적 요건(Functional requirements)

(2) 정의(Definitions)
(3) 적용(Application)
(4) 당사국 정부의 책임(Responsibilities of contracting governments)
(5) 보안합의서(Declaration of security)
(6) 회사의 의무(Obligations of the company)
(7) 선박보안(Ship security)
(8) 선박보안평가(Ship security assessment)
(9) 선박보안계획서(Ship security plan)
(10) 기록(Records)
(11) 총괄보안책임자(Company security officer)
(12) 선박보안책임자(Ship security officer)
(13) 선박보안의 교육, 훈련, 및 연습(Training, drills and exercises on ship security)
(14) 항만시설보안(Port facility security)
(15) 항만시설보안평가(Port facility security assessment)
(16) 항만시설보안계획서(Port facility security plan)
(17) 항만시설보안책임자(Port facility security officer)
(18) 항만시설보안에 관한 교육, 훈련 및 연습
(Training, drills and exercises on Port facility security)
(19) 선박의 심사 및 증서발급(Verification and Certification for ships)

부록 1 국제선박보안증서(International ship security certificate) 서식
부록 2 임시국제선박보안증서(Interim International ship security certificate) 서식

이 규약의 B편은 1974 SOLAS협약 부속서 제11-2장과 국제 선박 및 항만시설 보안규칙(ISPS Code) A편의 규정에 관한 지침서로서 주요 내용은 다음과 같다.

ㅇ **(B편 내용)** A편과 같이 아래 19개 조문으로 구성되어 있다.
(1) 개요(Introduction)
(2) 정의(Definitions)
(3) 적용(Application)
(4) 당사국 정부의 책임(Responsibilities of contracting governments)
(5) 보안합의서(Declaration of security)

(6) 회사의 의무(Obligations of the company)
(7) 선박보안(Ship security)
(8) 선박보안평가(Ship security assessment)
(9) 선박보안계획서(Ship security plan)
(10) 기록(Records)
(11) 총괄보안책임자(Company security officer)
(12) 선박보안책임자(Ship security officer)
(13) 선박보안의 교육, 훈련, 및 연습(Training, drills and exercises on ship security)
(14) 항만시설보안(Port facility security)
(15) 항만시설보안평가(Port facility security assessment)
(16) 항만시설보안계획서(Port facility security plan)
(17) 항만시설보안책임자(Port facility security officer)
(18) 항만시설보안에 관한 교육, 훈련 및 연습
(Training, drills and exercises on Port facility security)
(19) 선박의 심사 및 증서발급(Verification and Certification for ships)

부록 1 선박과 항만시설간 보안합의서
(Declaration of security between a ship and a port facility) 서식
부록 2 항만시설 적합 확인서(Statement of compliance of a port facility) 서식

4.2 국내법 제정과 시행

1) 국내법 제정

ISPS Code 시행에 따라 국제협약을 국내 규범으로 수용하기 위하여 원칙적으로 새로운 법률 제정 또는 기존 법률을 개정·반영하여야 하나, 협약 발효시기('04.7.1)와 사전 준비기간 소요를 감안하여 우선적으로 행정규칙인 「선박 및 항만시설 보안규정」(해양수산부 고시)을 제정하여 2003년 9월 시행하였다. 주요 내용은 SOLAS협약의 개정사항과 ISPS Code의 주요 내용을 담은 것으로 국제기준과 다르지 않다.

이어서 국제해사기구(IMO)에서 2004년 7월 1일부터 국제협약에 따라 시행하고 있는 국제적인 해상보안기준에 맞추어 선박과 항만시설에 대한 보안책임자의 지정·운영, 보안평가의 실시, 보안계획서의 작성·비치 및 보안심사제도 등을 국내법 체계에 맞게 수용함으로써 국제항해와 관련한 보안상의 위협을 효과적으로 예방하여 국민의 생명과 재산을 보호하는데 이바지하려는 목적으로[171] 「국제항해선박 및 항만시설의 보안에 관한 법률」을 2007년 8월 제정하였고, 2008년 2월 4일부터 시행하였다.

이 법률의 주요 내용은 다음과 같다.

가) 국가항만보안계획 및 지역항만보안계획(법 제5조)

(1) 항만시설에 대한 보안상의 위협을 사전에 예방하고 보안사건이 발생하는 경우 필요한 조치를 효율적으로 수행할 수 있도록 종합적이고 장기적인 관점에서 항만보안계획을 수립·시행할 필요성이 있음

(2) 해양수산부장관은 선박 및 항만시설의 보안에 관한 업무를 효율적으로 수행하기 위하여 항만보안의 기본방침 또는 보안사건의 대비·대응조치 등을 주요 내용으로 하는 국가항만보안계획을 10년마다 수립·시행하도록 하고, 지방해양수산청장은 국가항만보안계획에 따라 관할구역의 항만시설에 대한 지역항만보안계획을 수립·시행하도록 함

(3) 국가적인 차원의 국가항만보안계획과 개별 항만시설 단위의 지역항만보안계획을 통하여 항만보안에 대한 중·장기 추진방향을 수립·시행함으로써 항만시설의 보안업무에 대한 효과적인 정책집행이 가능할 것으로 기대됨

나) 보안등급의 설정·조정(법 제6조)

(1) 국제항해선박 및 항만시설에 대하여 보안등급을 설정하고, 설정된 보안등급의 근거가 되는 보안사건의 발생 위험의 정도가 변경되는 때에는 보안등급을 조정하되, 보안등급을 설정하거나 조정하는 경우 국제항해선박 및 항만시설보안위원회의 심의를 거치도록 하고, 설정·조정된 보안등급은 해당 국제항해 선박소유자 또는 항만시설 소유자에게 즉시 통보하도록 함

(2) 보안사건의 발생 및 위험정도에 따라 보안등급을 설정·조정하고 각 보안등급별 보안조치사항을 효과적이고 통일되게 실시하게 함으로써 국제항해선박 및 항만시

171) (출처) 법제처, 제정이유서

〈표 2-6〉 보안등급표

보안등급	내용
1. 평상수준	선박과 항만시설이 일상적으로 운영되는 수준
2. 경계수준	보안사건에 대한 증대된 위험이 있는 동안 적용되는 수준
3. 비상수준	보안사건이 예상되거나 급박한 위험이 있는 기간 동안에 적용되는 수준

설에서의 유기적인 보안업무활동이 기대됨

다) 국제항해선박에 대한 보안체제 수립 · 시행(법 제7조~제10조)

(1) 국제항해선박소유자로 하여금 국제항해선박의 보안업무를 효과적으로 수행하게 하기 위하여 보안책임자의 지정, 선박보안평가의 실시 및 선박보안계획서의 작성 · 비치 등 보안체제에 관한 기본적인 조치사항의 법적 근거를 마련할 필요성이 있음

(2) 국제항해선박소유자는 그가 소유하거나 관리 · 운영하는 전체 국제항해선박의 보안업무를 총괄적으로 수행하는 총괄보안책임자와 개별 국제항해선박의 선박보안책임자를 각각 지정하고, 국제항해선박에서의 보안과 관련한 시설 · 장비 · 인력 등에 대한 선박보안평가를 실시하며, 선박보안평가의 결과를 반영하여 그 개선방안 등을 정한 보안계획서를 작성 · 비치하도록 함

(3) 대한민국 선적의 국제항해선박에 대한 보안체제의 수립 · 시행에 필요한 법적 기반을 마련함으로써 국제항해와 관련한 국제경쟁력을 높이는데 기여할 것으로 기대됨

라) 선박보안심사 등(법 제11조~제14조)

(1) 국제항해선박의 보안체제에 대한 효과적인 관리를 위하여 국제항해선박에 대한 보안심사를 실시한 후 보안증서를 발행하는 등 선박보안심사 및 국제선박보안증서제도를 마련할 필요성이 있음.

(2) 개별 국제항해선박에 대하여 선박보안계획서에 따른 조치 등을 적정하게 시행하고 있는지 여부를 확인하기 위하여 최초보안심사 · 갱신보안심사 및 중간보안심사 등 선박보안심사를 실시하게 하고, 선박보안심사에 합격한 선박에 대하여 국제선박보안증서 등을 교부하며, 동 보안증서 등을 비치하지 아니하거나 보안증서의 효력이 정지된 경우 해당 선박을 항해에 사용하지 못하도록 함

〈그림 2-12〉 선박보안시스템 심사절차

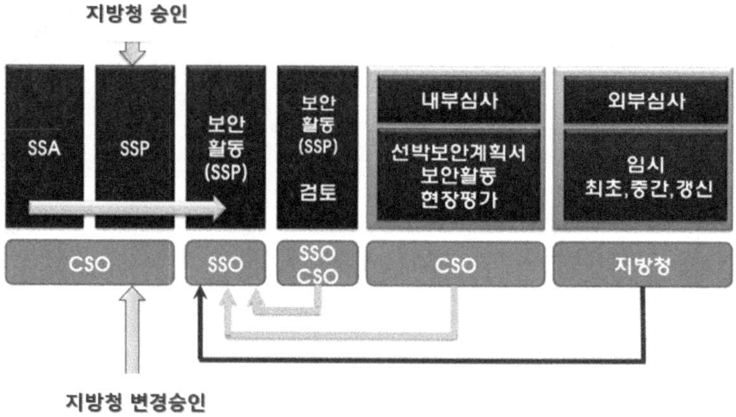

*출처: 부산지방해양수산청

(3) 국제항해선박에 대한 보안체제의 효과적인 관리를 통하여 국제항해에서의 보안상의 위협에 대한 안전성 여부를 객관적으로 보장하는데 기여할 것으로 기대됨

마) 외국의 국제항해선박에 대한 항만국통제(법 제19조)

(1) 외국의 국제항해선박에 대한 보안체제가 국제협약 등에서 요구하는 국제기준에 적합하게 시행되고 있는지의 여부를 확인하고 그에 필요한 조치를 할 수 있는 법적 근거를 마련할 필요성이 있음

(2) 대한민국의 항만 안에 있거나 항만에 입항하고자 하는 외국의 국제항해선박에 대하여 그 보안관리체제가 국제협약 등에서 정하는 기준에 적합한지 여부를 확인·점검하고 필요한 조치를 할 수 있도록 하되, 이와 같은 항만국통제는 유효한 국제선박보안증서 등을 비치하고 있는지 여부를 확인하는데 한정하여 국제선박의 불편을 최소화하도록 함

(3) 외국의 국제항해선박에 대한 항만국통제를 시행함으로써 우리나라의 선박 및 항만시설에 대한 보안위협을 사전에 예방하고 그 안전성을 확보하는데 기여할 것으로 기대됨

바) 항만시설에 대한 보안체제의 수립·시행 등(법 제23조~제33조 및 제42조)

(1) 항만시설의 보안업무를 효과적으로 수행하게 하기 위하여 항만시설의 소유자 등

으로 하여금 국제항해선박에 대응하는 보안체제를 수립·시행하게 하고, 그에 따른 효과적인 관리를 위한 법적 근거를 마련할 필요성이 있음

(2) 항만시설소유자는 그가 소유하거나 관리·운영하는 항만시설의 보안업무를 수행하는 항만시설보안책임자를 지정하고, 항만시설보안평가를 실시하며, 항만시설보안계획서를 작성·비치하도록 하고, 항만시설보안심사를 받도록 하는 한편, 항만시설적합확인서를 비치하지 아니하거나 확인서의 효력이 정지된 경우 해당 항만시설을 운영하지 못하도록 함

(3) 항만시설에 대한 보안체제를 수립·시행하고, 그에 대한 관리체제를 확립함으로써 우리나라 항만의 보안상의 위협과 관련한 국제적인 신뢰성을 높이는데 기여할 것으로 기대됨

2) ISPS Code의 이행

ISPS Code 및 관련 국내법규에 따라 선박은 자체보안계획을 수립하고, 기국정부의 보안심사를 받은 후 국제선박보안증서(유효기간 5년)를 비치하고 운항하여야 한다. 또한 선박마다 고유식별번호(IMO번호)를 부여받아 선체에 영구 표시하여야 한다.

항만은 항만시설보안책임자를 임명하고 항만보안평가를 실시한 후 보안계획을 수립하여 항만 당국의 승인을 받아야 한다. 보안계획을 수립하지 않은 항만에 기항한 선박 및 선적된 화물에 대하여는 외국항에서 별도 보안확인 절차를 실시하여야 하므로 선박의 운항이 지체 되는 등 피해가 발생할 수 있다. 따라서 국제항해 선박을 수용하는 무역항은 반드시 ISPS Code에 따른 항만보안 절차를 수립·시행하여야 한다.

각 체약국 정부는 자국의 선박·항만의 보안계획 승인과 보안심사, 외국선박에 대한 보안점검(항만국통제)을 실시하고, IMO에 자국의 보안관련 사항을 보고하여야 한다.

특히 선박 및 회사가 조치하여야 할 주요 사항은 다음과 같다.

가) 보안책임자 지정

(1) 회사는 보안업무를 수행할 담당직원을 지정하여야 하며, 최소한 다음의 직원이 지정되어야 한다.

- o 육상: 총괄보안책임자(CSO)
- o 선박: 선박보안책임자(SSO), 선박별로 지정되어야 함

(2) 총괄보안책임자는 회사의 선종 또는 선복량에 따라 다수 인원이 지정될 수도 있으나, 이 경우 어떠한 선박의 책임을 맡고 있는지 명확하게 식별되어야 한다.

나) 선박보안평가(Ship Security Assessment) 수행

(1) 총괄보안책임자(CSO)는 선박보안평가 수행의 책임이 있으며, 선박보안평가는 선박별로 수행되어야 한다.

(2) 선박보안평가는 현장조사(On-scene Security Survey)를 반드시 포함하여야 하며, 평가결과는 문서화되어야 한다.

(3) 선박보안평가는 코드에서 요구하는 사항(ISPS Code A 제8.4항)을 포함하여야 하며, 주요 요소들은 다음과 같다.

- o 시행중인 보안조치, 절차 및 활동에 대한 식별
- o 중요하게 보호되어야 하는 주요 선상작업의 식별 및 평가
- o 보안조치의 수립 및 우선순위를 선별하기 위하여, 주요 선상작업에 대해 발생할 수 있는 위협 및 발생 가능성의 식별 및 평가
- o 기반시설, 정책 및 절차에 있어서 인적요소를 포함한 취약점의 식별

(4) 선박보안평가는 새로운 보안위협을 반영할 수 있도록 정기적으로 검토되어야 한다.

다) 선박보안계획서(Ship Security Plan) 작성

(1) 선박보안계획서의 작성 책임은 총괄보안책임자에게 있다.

(2) 선박보안계획서는 선박보안평가를 근거로 작성되어야 한다.

(3) 선박보안계획서는 코드에서 요구하는 18가지의 항목(ISPS Code A 제9.4)을 포함하여야 하며, 주요 요소들은 다음과 같으며, 보안등급 1, 2 및 3에 따른 각각의 보안조치를 수립하여야 한다.

- o 조직 및 선박보안 임무
- o 선박출입통제
- o 선박에서의 제한구역
- o 화물 및 선용품의 취급
- o 미휴대수화물(Unaccompanied baggage)의 취급
- o 선박보안감시
- o 내부 심사절차 등

(4) 선박보안계획서는 영어, 불어 또는 스페인어 중의 하나로 번역되어야 한다.

(5) 선박보안계획서는 정기적으로 검토되어 환경변화를 수용하여야 한다.

라) 선박보안계획서 승인 요청 및 승인

(1) 선박보안계획의 승인을 위한 제출의 책임은 총괄보안책임자에게 있다.
(2) 선박보안계획서의 승인은 각 지방해양수산청(외국선박의 경우 기국 주관청 또는 주관청이 인정한 RSO)에서 시행한다.
(3) SSP의 승인요청을 할 경우에는 선박보안평가서를 첨부하여야 한다.
(4) 선박보안계획를 작성한 때에는 해양수산부 장관의 승인을 받아야 한다. 승인된 선박보안계획서의 내용 중 해양수산부령(국제항해선박 및 항만시설의 보안에 관한 법률 시행규칙 제8조)으로 정하는 중요한 사항을 변경하는 때에도 또한 같다.
(5) 해양수산부장관은 위에 따라 선박보안계획서를 승인함에 있어서 대통령령으로 정하는 선박(국제항해선박 및 항만시설의 보안에 관한 법률 시행령 제5조)에 대하여 선박보안계획서를 승인하는 경우에는 관계 국가보안기관과 미리 협의하여야 한다.

마) SSP에 따라 선박보안시스템 활동 시행

선박보안책임자는 선박보안계획서에 따라 선박에서 보안활동이 시행되도록 하여야 한다.

바) 최초선박보안심사(Verification)

(1) 선박보안심사는 각 지방해양수산청(외국선박의 경우, 기국 주관청 또는 기국이 인정한 RSO)에서 수행한다. 다만, 외국항에서는 RSO에게 수행하도록 할 수 있다.
(2) 선박보안심사는 보안시스템 및 관련 보안장비가 협약 및 코드의 요건에 완전히 적합하며, 만족한 상태에 있음을 확인하는데 있다.
(3) 선박보안심사가 완료된 후에는 주관청의 승인 없이 보안시스템 및 관련 보안장비가 변경 되어서는 아니 된다.
(4) 최초선박보안심사를 신청하기 위해서는 보안시스템 활동을 시행한 객관적 증거가 있어야 하며, 기국에 따라서는 일정기간의 보안시스템 활동실적을 요구하고 있다.

사) 국제선박보안증서 발급(International Ship Security Certificate, ISSC)

(1) 최초보안심사에 합격한 선박에 대하여 선적항 관할 지방해양수산청장(외국선박의 경우, 기국 주관청 또는 주관청이 인정한 RSO)은 국제선박보안증서를 발급한다.
(2) 국제선박보안증서의 유효기간은 5년이다.

시행규칙 [별지 제5호서식] (제1쪽)

증서번호
Certificate No. :

대 한 민 국
Republic of Korea

국제선박보안증서
(INTERNATIONAL SHIP SECURITY CERTIFICATE)

이 증서는 「국제선박 및 항만시설보안 규칙」(ISPS Code)의 규정에 따라 대한민국 정부의 권한으로 지방해양수산청장(대행기관의 장)에 의해 발급되었습니다.
Issued under the provisions of the INTERNATIONAL CODE FOR THE SECURITY OF SHIPS AND OF PORT FACILITIES (ISPS Code) Under the authority of the Government of the Republic of Korea by Director General of Regional Office of Oceans and Fisheries.

선명(Name of ship):
선박번호(Distinctive number or letters):
선적항(Port of registry):
선박의 종류(Type of ship):
총톤수(Gross tonnage):
선박 식별번호(IMO Number):
안전관리회사(Name and address of the Company):
안전관리회사 식별번호(Company Identification Number):

이 증서는 다음 사항을 증명합니다.
this is to certify

1. 이 선박의 보안시스템 및 해당 보안장비가 「국제선박 및 항만시설보안 규칙」(ISPS Code) A편 제19.1절에 따라 심사되었음.
   that the security system and any associated security equipment of the ship has been verified in accordance with section 19.1 of part A of the ISPS Code;
2. 선박보안심사 결과 이 선박의 보안시스템 및 해당 보안장비가 모든 측면에서 만족스러우며 협약 XI-2장 및 「국제선박 및 항만시설보안 규칙」(ISPS Code) A편의 요건에 부합함.
   that the verification showed that the security system and any associated security equipment of the ship is in all respects satisfactory and that the ship complies with the applicable requirements of chapter XI-2 of the Convention and part A of the ISPS Code;
3. 이 선박은 승인된 선박보안계획서를 갖추고 있음.
   that the ship is provided with an approved Ship Security Plan.

이 증서의 발행근거가 된 최초/갱신보안심사 일자:
Date of initial/renewal verification on which this certificate is based

이 증서는 「국제선박 및 항만시설보안 규칙」(ISPS Code) A편 제19.1.1절에 따른 보안심사를 받는 조건으로 ____년 ___월 ___일까지 유효합니다.
This Certificate is valid until ______ subject to verifications in accordance with section 9.1.1 of part A of the ISPS Code.

증서의 발행장소(Issued at):
발행일자(Date of issue): . . .

심사자 서명(signature):

지방해양수산청장 (인)
Director General of________Regional Office of Oceans and Fisheries
(대행기관의 장)

(3) 2004년 7월 1일 이후에는 신조선, 선박의 국적변경 또는 회사의 변경 등이 발생할 경우, 임시국제선박보안증서(Interim International Ship Security Certificate)를 발급할 수 있으며 유효기간은 6월이다.

아) 선박보안시스템 유지

(1) 선박보안계획서에 등재된 주요 활동(ISPS Code Part A, 제10.1 참조)은 기한 매 3개월마다 1회 이상 시행되어야 하며, 항만시설보안책임자, 총괄보안책임자 및 당사국 정부가 참여하는 합동훈련이 최소한 매년 1회 이행되어야 한다.
(2) SSP의 규칙적인 검토 및 내부심사가 수행되어야 한다.

자) 중간보안심사(Intermediate Verification)

국제선박보안증서의 유효기간 이내에 최소 1번의 중간보안심사가 실시되어야 한다. 중간보안심사가 한번만 실시되는 경우에는 두 번째와 세 번째 연차일 사이에 실시되어야 한다.

차) 갱신보안심사(Renewal Verification)

현 증서의 만료일 전 3개월 이전부터 증서의 유효기간 내에 갱신심사를 실시하여야 한다.

3) 주체별 조치사항

가) 주체별 조치사항 주요내용

해당 주체	주요내용
선박 및 회사	◦ 선박보안경보장치(SSAS) 탑재 ◦ 총괄보안책임자 및 선박보안사관 지정 ◦ 총괄보안책임자에 의한 선박보안평가 수행 ◦ 선박보안계획서 수립 및 이행 - 불법무기, 위험물 등의 사용 및 선박운송 방지대책 - 제한구역 식별, 제한구역 및 선박에 대한 불법접근통제 대책 - 선박 및 회사보안사관의 식별, SSAS 위치확인 등 ◦ 보안관련 활동기록, 관계자 교육 및 훈련 실시 ◦ 선박보안시스템 및 관련 장비 심사 수검 ◦ 국제선박보안증서(5년) 비치 운항

해당 주체	주요내용
항만시설	◦ 항만시설보안책임자 지정 ◦ 항만시설보안계획서 수립 및 이행 - 모든 항만설비의 전담자 지정, 보안의무 수행 확인 및 하역작업관련 보안조치 - 항만설비 접근 통제 및 사고비상대책 수립 - 보안사고 보고 및 화물처리 감시 - 정박지(묘박지) 및 선석을 포함한 항만설비 감시 ◦ 보안장비 설치 · 운용
주관청 (체약국 정부)	◦ 선박등록사항 등이 포함된 선박이력기록부 발급 ◦ 항만시설 보안수준 설정 및 입항선박에 대한 보안수준정보 제공 ◦ 항만시설보안계획 수립대상 항만시설 지정 ◦ 항만시설보안 평가에 대한 검토 및 심사 ◦ 선박 및 항만시설보안계획서 승인 ◦ 선박보안심사 및 국제선박보안증서 발급, 외국선박 보안점검 실시 ◦ 보안심사인력 · 총괄보안책임자 등 교육 · 훈련 실시 ◦ 선박 · 항만시설보안 책임기관명 및 연락처 등 IMO 통보 ◦ 인접국가간의 단국제항해 고정항로 운항 선박에 대한 대체 보안협정 체결 등

* (근거규정) 국제해상인명안전협약(SOLAS협약) 부속서 제11-1장 및 제11-2장
국제 선박 및 항만시설 보안규약(ISPS Code)
국제항해선박 및 항만시설의 보안에 관한 법률

나) 요약

해당 주체	주요내용	적용대상
선박 및 회사	◦ 선박 및 총괄보안책임자 지정 훈련 ◦ 선박보안평가서 및 계획서 작성 ◦ 선박보안경보장치(SSAS)[172] 탑재 ◦ 국제선박보안증서 소지 운항	◦ 국제항해 취항 여객선 ◦ 총톤수 500톤 이상 화물선 ◦ 이동식 해상구조물

172) 선박보안경보장치(SSAS: Ship Security Alert System)
- 2001년 미국 9월11일 테러 이후에 해상 테러에 대한 전 세계적 대응방안으로 탄생한 해상 테러 대응 통신 시스템이다. IMO SOLAS협약에서 2004년 7월1일 이후에 건조되는 모든 국제 항행 여객선 및 500톤급 이상의 모든 화물선, 그리고 MODU(Mobile Offshore Drilling Units)에는 반드시 탑재되어야 하고, 또한 현존선의 경우에 여객선, 유조선, 가스 등 화물선은 2004년 7월 1일 이후 첫 검사 시까지 탑재해야 하며, 기타 500톤 이상의 화물선 및 MODU는 2006년 7월 1일 이후 첫 검사 시까지 탑재해야 함으로 규정되었다.
- 「국제항해선박 및 항만시설의 보안에 관한 법률」 제17조에 따라 국제항해에 종사하는 선박에서 보안이 침해되었거나 침해될 위험에 처한 경우 그 위급상황을 해양수산부 종합상황실에 긴급 전파하여 관계기관이 신속히 대처토록 한 시스템입니다.

항만시설	◦ 항만시설보안책임자 지정 ◦ 항만시설보안평가서 및 계획서 작성 ◦ 보안장비 설치 · 운용	◦ 국제항해 선박들이 이용하는 항만
정부	◦ 회사 및 선박보안책임자 교육 훈련 ◦ 선박보안계획서승인, 선박 보안심사 및 선박보안증서 발급 ◦ 선박이력기록부 발급 ◦ 항만시설적합확인서(유효기간 5년) 발급 ◦ 선박 및 항만시설 보안관련사항 IMO 통보 ◦ 외국적선에 대한 보안점검 실시	◦ 지방해양수산청 수행

(1) 대상선박은 항만국통제관의 PSC 점검 시 보안관리체제가 국제기준에 적합한지 여부를 점검받고 필요한 조치가 행해질 수 있음

(2) ISPS Code를 숙지하고 SSP에 따라 지속적인 선내보안활동 및 보안훈련을 실시하여야 함. 최소한 3개월을 초과하지 않도록 훈련을 실시하고 기록 유지해야 함

(3) 선박보안기록부 작성 및 선내 비치하여야 함 (최소 3년간 선내비치)

(4) 선박 대 선박 또는 선박 대 항만시설 등과의 인터페이스, 보안등급이 다른 경우 등, 보안합의서(DoS)를 작성하여 항만시설 등에 필요한 보안 선언을 행하여야 함

(5) 우리나라에 입항하는 외국적선은 입항 24시간 전까지 "선박보안정보"를 입항하고자 하는 항만을 관할하는 항만당국 (지방청)에 통보하여야 함. 미 이행시 입항 지연, 입항 거부, 상세 항만국통제의 대상이 될 수 있음

〈그림 2-13〉 제한구역의 설정

〈그림 2-14〉 선박보안경보장치(SSAS)

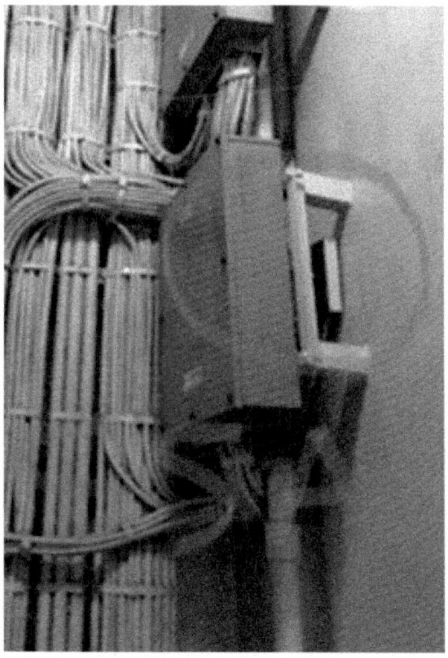

시행규칙 [별지 제11호서식] (제1쪽)

선박이력기록부 Continuous Synopsis Record(CSR) Document Number____for the Ship with IMO Number: IMO ________		
	기재사항(Information)	
1	적용일자 This document applies from (date):	
2	기국 Flag State:	
3	기국등록일 Date of registration with the State indicated in 2:	
4	선박명 Name of ship:	
5	선적항 Port of registration:	
6	선박회사 명칭/주소 Name of current registered owner(s): Registered address(es):	
7	선박회사 식별번호 Registered owner identification number:	
8	나용선인 경우 나용선주 명칭/주소 If applicable, name of current registered bareboat charterer(s): Registered address(es):	
9	안전관리회사 명칭/본사주소/주사업장소 Name of Company (International Safety Management): Registered address(es): Address(es) of its safety management activities:	
10	안전관리회사 식별번호 Company identification number:	
11	선급명 Name of all classification societies with which the ship is classed:	
12	DOC발급기관명/발급기관과 다른 경우 심사기관명 Administration/Government/Recognized Organization which issued Document of Compliance: Body which carried out audit (if different):	
13	SMC발급기관명/발급기관과 다른 경우 심사기관명 Administration/Government/Recognized Organization which issued Safety Management Certificate: Body which carried out audit (if different):	
14	ISSC발급기관명/발급기관과 다른 경우 심사기관명 Administration/Government/Recognized Organization which issued International Ship Security Certificate: Body which carried out audit (if different):	
15	말소등록일 Date on which the ship ceased to be registered with the State indicated in 2:	
16	Remarks(비고) (insert relevant information as appropriate).	
이 증서는 위의 모든 기록이 틀림없음을 증명합니다. THIS IS TO CERTIFY THAT this record is correct in all respects		
발급기관/ Issued by the Administration of:		
발급장소 및 발급일/ Place and date of issue:		
인가자서명/ Signature of authorized person:		
인가자명/ Name of authorized person:		
본선 수령일 및 수령자 서명/ This document was received by the ship and attached to the ship's CSR file on the following date: Signature:		

다) 외국선박 보안정보 통보요령 예시

〈 00지방해양수산청 〉

1. 배경 및 근거

□ ISPS Code(국제선박 및 항만시설 보안규칙)의 발효('04.7.1)

◦ 대상

- 모든 국제여객선 및 500톤 이상의 국제항해 화물선
- 국제항행선박의 입출항이 이루어지는 모든 항만

◦ 요구사항

- Code의 요건에 따른 선박 및 항만의 보안시스템 구축 및 이행
- 선박 및 항만이 Code에 적합함을 당사국이 증명

□ 국제항해선박 및 항만시설의 보안에 관한 법률

◦ 제19조(항만국통제)에 따른 입항선박의 적합여부 확인(선박보안정보 포함)

2. 선박이 갖추어야 하는 증서와 문서

□ 증서 및 문서

◦ ISSC(국제선박보안증서, International Ship Security Certificate)

◦ CSR(선박이력기록부, Continuous Synopsis Record)

◦ SSP(선박보안계획서, Ship Security Plan) 및 기록물

□ ISPS 관련 용어

◦ PFSO : 항만시설보안책임자(Port Facility Security Officer)

⇒ 여수항, 광양항 - 여천, 광양지역 구분

◦ CSO : 총괄보안책임자(Company Security Officer)

⇒ 선박보안에 책임을 지는 선사를 의미함

◦ SSO : 선박보안책임자(Ship Security Officer)

⇒ 선원중 선박의 보안을 책임지는자

◦ DoS : 보안합의서(Declaration of Security)

⇒ 선박의 보안등급이 항만시설보안등급보다 높은 경우(SSO→PFSO)

3. 대리점의 업무 및 역할

□ 24시간 전 선박보안정보 통보

- ◦ 선박/선박대리인이 준수하여야 할 의무사항 임
- ◦ 기존의 Port-MIS로 입력하는 입항예보와 별개 통보
- ◦ 통보대상 선박
  - 코드 적용대상 선박 중 국제톤수(ITC)가 500톤 이상인 모든 외국적 선박. 단, 전 출항지가 국내항인 경우 제외
- ◦ 자국 톤수가 500톤 미만(국제톤수 500톤 이상)이라 코드적용 대상이 아닌 선박의 경우
  - 대리점을 통한 24시간 전 통보는 필수임
  - ITC 앞면/뒷면 사본 제출
- ◦ 통보방법
  - Port-MIS를 이용하여 입항최초보고 후 즉시 입력
  - Port-MIS 장애 발생 등의 경우 팩스 이용가능(사후 Port-MIS입력)
- ◦ 보고시점 : 입항 시간 보다 최소한 24시간 이내
  - 24시간 의미 : 직접 제출된 또는 Fax 수신된 시각 ↔ 입항시각 까지
- ◦ 입항기준점 : 특정해역 보고지점
  S line(위도 34도 35분) 및 E line(경도 128도)

□ 보안정보 파악 및 전달

- ◦ 입항선박의 보안관련 정보를 파악
- ◦ 입항부두의 보안 정보(입항할 선박이 이용할 부두의 PFSO, 항만 보안등급, 보안적합증서상 허용 선종 등)를 파악
- ◦ 선박과 항만의 보안등급이 다를 경우 DoS 발행에 따른 업무 지원
- ◦ 필요시, 또는 요청시 항만이나 선박에 이들 정보를 전달/제공

□ 보안관련 주체의 명확한 구분

- ◦ 선박보안정보 관련 항만국통제의 조치는 선원선박과와 협의
- ◦ 항만(부두)의 보안등급, 보안합의서의 발행/협의,
  항만 내에서의 보안조치(항만, 본선)등 항내에서의 보안활동에 관한 사항은 해당 PFSO와 협의
- ◦ 보안 관련 주체에 대한 정보를 선사 및 선박에게 정확히 제공

4.3 선박보안심사 실무

심사 전에 선박보안계획서를 우선 검토한 후에 선박보안심사를 실시한다. 단계별 시행방법은 다음과 같다.

1) 심사 전 선박보안계획서 검토

가) 일반사항

(1) 선박보안계획서 상 선박보안평가서 첨부 및 작성언어 확인

(2) 작성언어

- 선박업무언어(Working Language)
- 영어, 불어 또는 스페인어 중 하나로의 번역

나) 주요 검토사항

(1) 선박보안평가

- 선박보안평가 및 현장보안검사(On-Scene Security Survey) 시행일
- 선박보안 수행자 식별(총괄보안책임자 및 선박보안책임자인지 여부)
- 회사에서의 검토 수락 여부
- 기초 정보의 수집 여부
  - ▸ 기항 항로
  - ▸ 과거 보안사건에 대한 조사
  - ▸ 당사국 정부의 지침
  - ▸ 선박의 배치
  - ▸ 출입제한 구역의 위치
  - ▸ 조석의 변화(선박보안에 취약성을 줄수 있는 경우)
  - ▸ 잠재적 접근점
  - ▸ 화물구역
  - ▸ 선용품 및 필수관리장비의 저장위치
  - ▸ 비상기기 및 예비기기
  - ▸ 선박 근무자 및 보안임무

- ▸ 현재의 보안장비
- ▸ 탈출로 및 소집장소
- ▸ 사설보안회사와의 계약서
- ▸ 현재의 보안조치

- 기본 구성요소
  - ▸ 시행중인 보안조치 식별
  - ▸ 중요한 선상작업 식별
  - ▸ 발생 가능한 위협 및 발생가능성 식별
  - ▸ 취약점 식별

(2) 선박보안계획서
- 보안등급별 보안조치사항 수립 여부(협약 및 법령 참조)
- 선박보안평가(SSA) 수행시 식별된 결정사항의 SSP 반영여부
- ISPS Code Part A & B에서 요구하는 필수 요구 내용 수용 여부

다) 검토 후 관리

(1) SSP 승인여부 식별 및 통보
- 승인표시(검인 및 천공)
- 중요사항 변경여부 확인 및 해당 시 변경승인 주관청에 신청

(2) SSP 내용에 대한 기밀유지
- 보관장소
- 잠금상태 및 열쇠관리

2) 선박보안심사

가) 심사요청 시 확인사항

(1) 해당 선박의 SSP 승인 여부

(2) 선박보안계획서에 따른 보안시스템 이행실적 및 기록
- 보안시스템 이행기간
- 보안내부심사

나) 선박보안심사

(1) 보안심사는 보안시스템 및 보안장비가 SOLAS협약 부속서 제11-2장 및 ISPS Code 요건에 완전히 따르고 만족한 상태임이 확인되어야 한다.

- 승인된 SSP의 모든 요구사항이 완전하게 이행
- SSP와 관련된 보안장비의 보유 및 사용목적에 적합

(2) 보안심사 후 주관청의 재가없이 보안시스템과 보안장비는 변경 불가

(3) 주요 점검사항

- 문서
  - ▸ SSP 관리
- 보안임무 및 보안관련 지식 숙지
  - ▸ 보안조치
  - ▸ 보안지식
  - ▸ 비상시의 임무 및 조치
- 보안조치의 이행 사항
  - ▸ 6개의 보안조치(현장 확인)
- 교육훈련 상태
- 기록유지(ISPS Code Part A 10.1)
  - ▸ 교육 훈련기록
  - ▸ 보안사건
  - ▸ 보안등급의 변경
  - ▸ 보안합의서 등

(4) 심사 방법

- 면담
- 기록확인
- 현장 확인

〈표 2-7〉 업무처리 흐름도

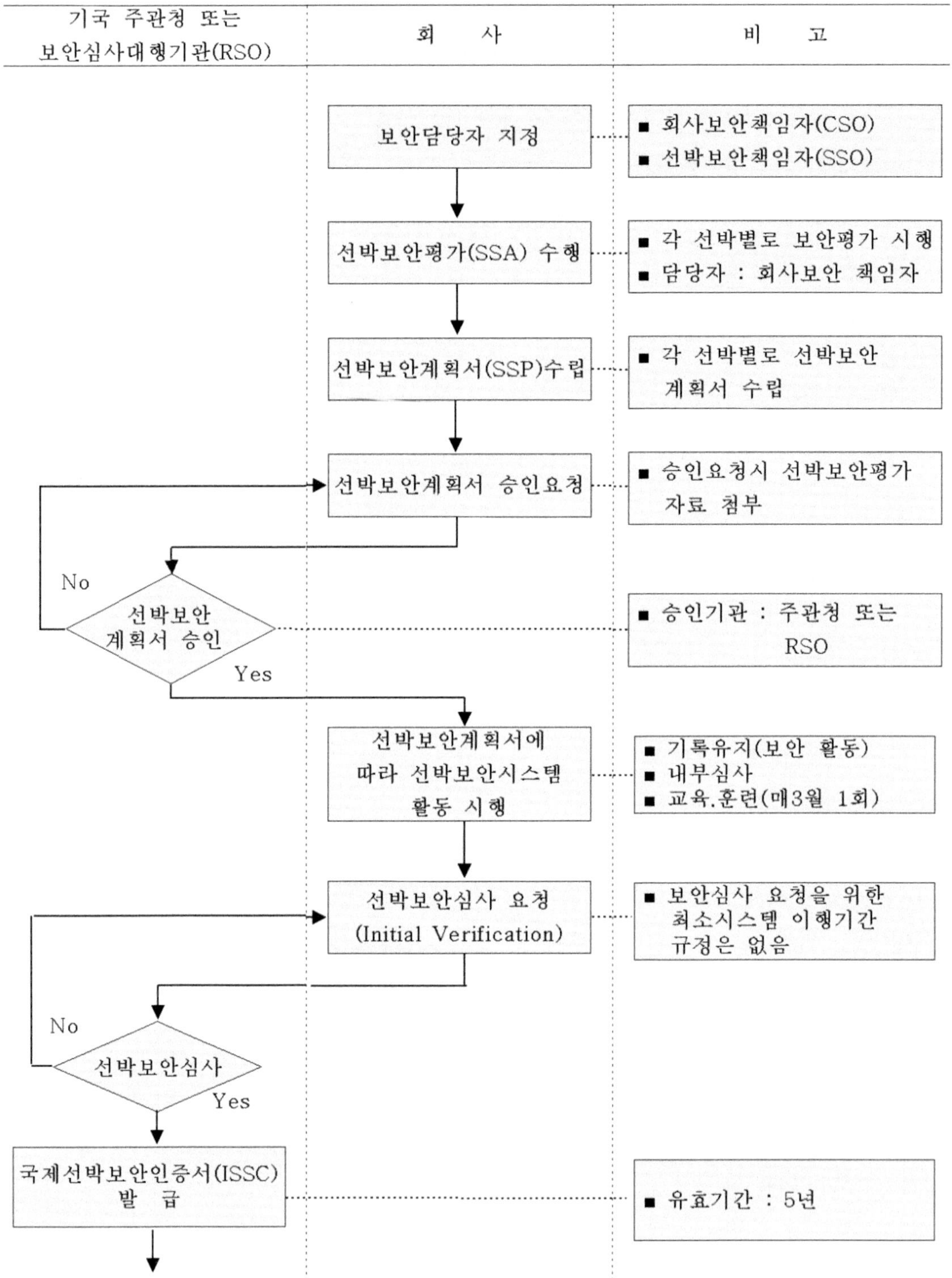
기국 주관청 또는 보안심사대행기관(RSO)
회 사
비 고
보안담당자 지정
■ 회사보안책임자(CSO)
■ 선박보안책임자(SSO)
선박보안평가(SSA) 수행
■ 각 선박별로 보안평가 시행
■ 담당자 : 회사보안 책임자
선박보안계획서(SSP)수립
■ 각 선박별로 선박보안 계획서 수립
선박보안계획서 승인요청
■ 승인요청시 선박보안평가 자료 첨부
No
선박보안 계획서 승인
Yes
■ 승인기관 : 주관청 또는 RSO
선박보안계획서에 따라 선박보안시스템 활동 시행
■ 기록유지(보안 활동)
■ 내부심사
■ 교육.훈련(매3월 1회)
선박보안심사 요청 (Initial Verification)
■ 보안심사 요청을 위한 최소시스템 이행기간 규정은 없음
No
선박보안심사
Yes
국제선박보안인증서(ISSC) 발 급
■ 유효기간 : 5년

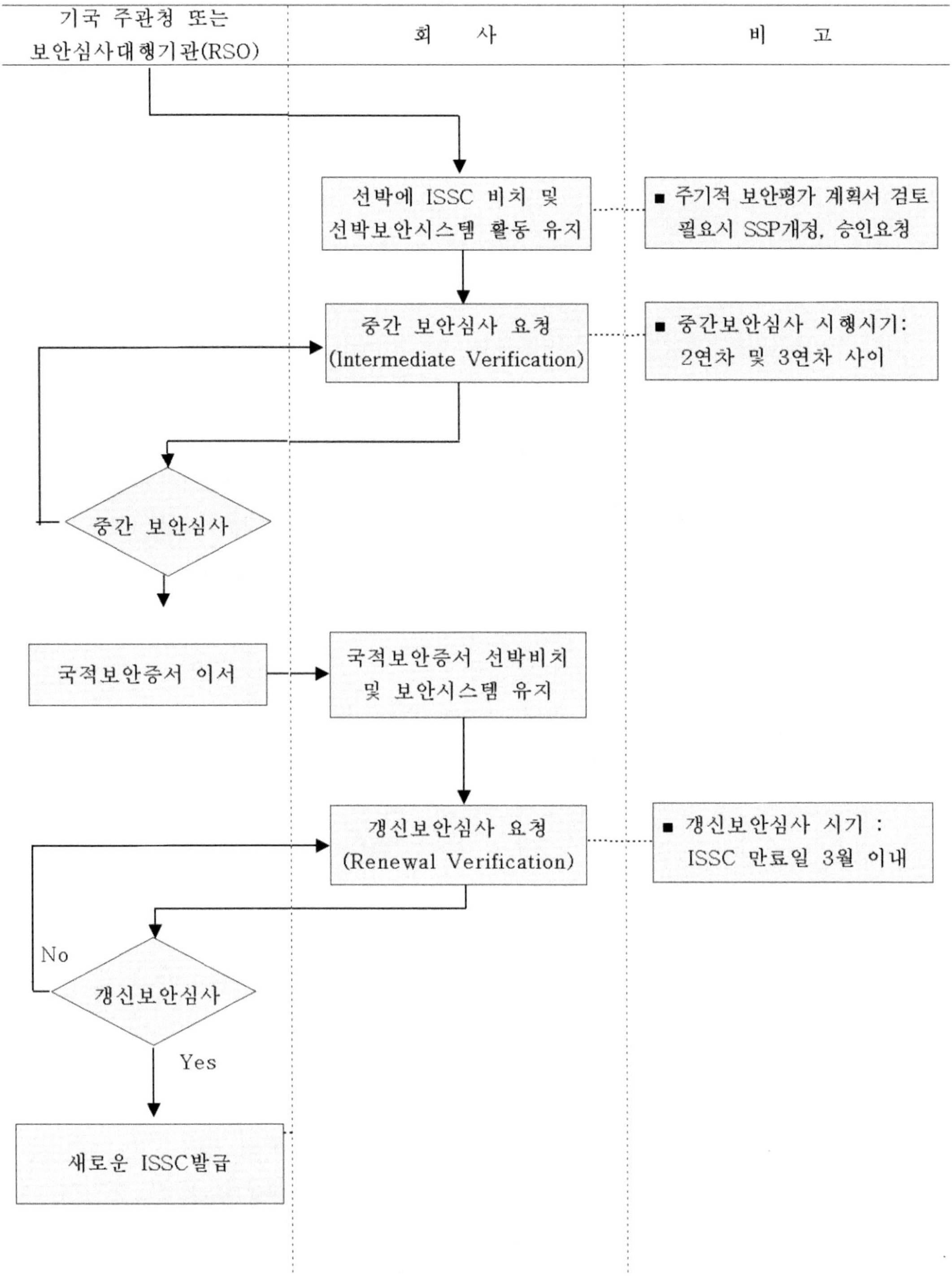
기국 주관청 또는
보안심사대행기관(RSO)
회 사
비 고
선박에 ISSC 비치 및
선박보안시스템 활동 유지
■ 주기적 보안평가 계획서 검토
필요시 SSP개정, 승인요청
중간 보안심사 요청
(Intermediate Verification)
■ 중간보안심사 시행시기:
2연차 및 3연차 사이
중간 보안심사
국적보안증서 이서
국적보안증서 선박비치
및 보안시스템 유지
갱신보안심사 요청
(Renewal Verification)
■ 갱신보안심사 시기 :
ISSC 만료일 3월 이내
No
갱신보안심사
Yes
새로운 ISSC발급

5. IMO 회원국감사(IMSAS)

5.1 감사제도의 의의

IMO는 UN 기구 중에서 가장 강행력이 높은 기구로 평가받고 있다. 이는 선박의 활동이 국제적이며 이러한 활동을 위해 모든 국제항행 선박은 IMO가 정한 각종 안전 및 환경 기준 등을 이행해야 하기 때문으로 볼 수 있다.

선박은 전통적인 국제법상 '기국주의(Flag State Jurisdiction)'에[173] 따라 기국 영토의 일부로 보는 기국관할이 원칙이었다. 그러나 공해에서도 선박이 만나면 IMO에서 정한 항법을 준수해야 하며, 선박이 외국의 영역인 항만에 기항하면 외국정부의 행정적·기술적 간섭을 받을 수 있는데 이 또한 IMO의 항만국통제(PSC) 제도에 따라야 한다.

나아가 IMO는 주권국가의 해사 행정기관의 구성과 작용에 대해 직접 평가하는 제도(IMSAS)[174] 등의 강행적 제도를 시행하고 있는데 향후 더욱 강화될 것으로 예상된다. 이러한 일련의 조치가 IMO의 국제적 위상을 강화하고 있으며 각국의 적극적인 대처를 유인하고 있다.

우리나라는 주요 조선국일 뿐만 아니라 해운수입 또한 10대 외화가득 제조업에 상당하는 정도로 해사산업에 대한 의존도가 높다. 따라서 IMO의 모든 활동에 대한 지속적인 관심과 적극적이고 선제적인 대응을 필요로 한다.

국제민간항공기구(ICAO)가 항공안전 분야에 도입하여 성과를 거두고 있는 항공안전평가제도(USOAP)는 평가내용을 공개함에 따라 그 시행효과가 항공업계에 직접적으로 미치고 있다[175]. IMO의 회원국감사제도(IMSAS) 또한 항공분야의 사례를 따라 도입되었기 때문에 향후 감사결과를 공표하는 방향으로 나아갈 것이라고 합리적으로 추론할 수 있다.

특히 우리나라는 세계 수위의 조선국가이며, 해운산업은 장기간 우리나라 10대 외화가득 산업의[176] 중위권 매출에 해당하는 해운수지를 기록해 오고 있으므로 IMO의 회

173) 영해 바깥은 공해로서 자유의 바다(Mare Liberum)라 하며, 공해에서는 기국주의의 원칙에 따라 선박 관할권은 그 선박의 기국(등록국)만이 행사한다. 다만 제네바 공해협약에 따라 노예수송, 해적행위는 예외이므로 어느 국가든지 관련 선박을 나포·처벌할 수 있다.

174) (IMSAS) IMO Member State Audit Scheme

175) 우리나라 항공안전 분야의 경우에 2000년 ICAO의 평가에서 저등급, 2001년 미국 연방항공청(FAA)의 평가에서 2등급 판정을 받아 여러 사회적·경제적 물의를 야기하였으며 연간 약 2천억 원의 손실이 예견된 바 있다. 1등급 회복을 위해 19종의 법령을 제·개정하였으며 전문인력 49명을 충원하고 항공안전본부를 신설하였다. 그리고 2008년에 ICAO의 평가에서 최고수준으로 재평가되었다.

원국감사에서 문제가 발생할 경우 국가경제에 미치는 영향력이 클 것이다. 따라서 전문 대응조직을 갖추고 지속적으로 내부감사 활동을 펼칠 필요성이 매우 높다.

5.2 IMO 회원국 감사제도

'IMO 회원국 감사제도(IMSAS)'는 IMO가 선박안전과 해양환경 보호 등의 실효성을 확보하기 위해 각 회원국에 대하여 ①국제협약의[177] 국내 수용 및 이행 실태, ②해양안전 관리조직 및 인력의 적정성, ③정부업무 대행기관에 대한 관리·감독체계 등에 대하여 감사하는 제도이다.[178]

따라서 감사 대상기관은 국제협약 시행 주체인 체약국[179] 정부와 정부업무 대행기관이다. 우리나라의 경우 체약국 정부인 해양수산부[180] 및 해양경찰청 업무 일부가 포함된다. 정부대행기관으로는 한국선급(KR), 프랑스선급(BV), 해양교통안전공단 및 해양수산연수원 등이 포함되나 정부권한 대행체제와 지도·감독관계를 파악하는 수준으로 한정된다.

1) 배경

IMO는 설립 목적에 따라 해양안전과 해양환경 보호를 위한 국제협약과 결의서 등을 지속적으로 개발하고 개정함으로써 해양사고를 예방하고 효율적인 해운을 지원해 왔다.

그럼에도 불구하고 해양오염사고 등 대형 해양사고가 지속적으로 발생하자[181] IMO

176) (출처) http://stat.kita.net/stat/world/major/KoreaStats12.screen
http://www.index.go.kr/potal/main/EachDtlPageDetail.do?idx_cd=1261

177) 여기서 국제협약이란 주요 6개 협약(SOLAS협약, MARPOL 73/78협약, STCW협약, LL협약, TONNAGE협약, COLREG협약)과 이와 관련된 의정서 등을 말한다.

178) 국제민간항공기구(ICAO)의 항공안전평가제도(USOAP: Universal Safety Oversight Audit Program)에서 유래하였다.

179) 체약국(Contracting government)은 협약에 가입한 회원국이며, 협약 당사국이라고도 한다. 회원국(Member state)과는 구분되며, IMO 회원국은 비준한 협약에 대해서는 체약국이고 비준하지 않으면 단지 회원국이다.

180) 소속기관인 중앙해양안전심판원, 해양조사원, 지방해양항만청을 포함한다.

181) 1989. 3. 24일 알래스카 연안에서 유조선 Exxon Valdez호 좌초로 약 3만7천 톤의 원유를 유출, 1993년 영국 연안에서 단일선체 유조선 Braer호(89.730 DWT)의 좌초사고로 인하여 약 96,200㎘(84,700톤)의 원유와 1,700㎘(1,500톤)의 연료유가 유출, 1996년 영국 연안에서 단일선체 유조선 Sea Empress호(147,273 DWT)의 좌초사고로 81,800㎘(72,000톤)의 원유와 420㎘(370톤)의 연료유 유출, 1999년 프랑스 브리타니 연안의 비스케이 만에서 유조선 Erika호(19,666 GT)의 침몰사고로 화물인 약 31,000톤의 Bunker-C유 중에서 약 22,500㎘(19,800톤)가 유출되었다. 2002년 스페인 북서해안에서 단일선체 유조선 Prestige호(42,820GT, 81,564 DWT)의 침몰사고로 인하여 화물로 적재되었던 77,000톤의 Bunker-C유 중에서 71,600㎘(63,000

는 주요 원인이 일부 회원국이 국제협약 등 IMO가 제정한 해양안전과 환경보호 관련한 제도(IMO instruments)의 이행 능력과 의지가 부족하여 국제협약 등의 실효성이 확보되지 않는데서 비롯된다고 보았다.

2) 도입

2003년 제23차 IMO 총회에서 협약 당사국의 불성실한 의무 이행을 방지하기 위한 대책으로 '자발적 회원국 감사제도(VIMSAS)에[182] 관한 결의서'를[183] 채택하였으며, 향후 감사절차 등을 마련하여 시행하기로 하였다.[184]

2005년 제24차 IMO 총회에서는 감사 원칙과 절차(Framework and Procedure) 등을[185] 개발하였고, 협약에 따른 회원국의 구체적인 의무사항 등을[186] 제시함에 따라 2006년부터 '자발적 회원국 감사제도(VIMSAS)'를 시행할 수 있었다.[187]

2009년 제26차 IMO 총회에서는 자발적 제도를 강제화하는 결의서가[188] 채택되었으며 향후 추진일정을 결정하였다.[189]

2013년 28차와 2015년 29차 IMO 총회에서는 감사에 실질적으로 활용되는 결의서 세 건이 채택되었다.

제28차 IMO 총회에서는 ①'감사 원칙과 절차(Framework and Procedure)에 관한

톤)가 유출되었고, 2003년 파키스탄 카라치 항 입구에서 유조선 Tasman Spirit호(87,584 DWT)의 좌초·침몰로 약 34,100㎘(30,000톤)의 원유가 유출되었으며, 2007년 한국 서해 태안 앞바다에서 단일선체 유조선 Hebei Spirit호(146,848 GT)의 충돌사고로 인하여 12,547㎘(10,800톤)의 원유가 유출되었다.(출처: 김광수, 2013, 대형 기름유출사고와 방제조치에 관한 연구, 한국환경안전학회지 Vol. 19, No. 2, 129~137쪽)

182) (VIMSAS) Voluntary IMO Member State Audit Scheme

183) IMO A.946(23), VOLUNTARY IMO MEMBER STATE AUDIT SCHEME

184) '채택(Adoption)'이란 결의가 이루어 진 것이며, 시행은 발효요건이 완성되어야 하므로 '발효(Entry into force)'나 시행(Enforcement)과는 구분된다.

185) IMO A.974(24), FRAMEWORK AND PROCEDURES FOR THE VOLUNTARY IMO MEMBER STATE AUDIT SCHEME

186) IMO A.973(24), CODE FOR THE IMPLEMENTATION OF MANDATORY IMO INSTRUMENTS

187) 2006년부터 2007년간 25개 회원국이 VIMSAS에 참여하였으며, 우리나라는 2007년 4월에 8일간 자발적으로 감사를 받았다. 그러나 자발적 신청에 따른 감사였기 때문에 해사행정 시스템에 문제가 있을 것으로 추측되는 국가에서는 수감신청을 하지 아니하였기에 기대한 만큼의 성과를 거두기 곤란하였다.

188) IMO A.1018(26) FURTHER DEVELOPMENT OF THE VOLUNTARY IMO MEMBER STATE AUDIT SCHEME

189) 2012년 IMO 제20차 기국이행 전문위원회(FSI) 회의에서 채택한 추진일정에 따르면 ①총회 28차('13.11)에서 IMO협약이행규약(III Code) 채택, ②MSC 94('14.5) 및 MEPC 66('14.3)에서 관련 협약 개정안 채택, ③회원국 수락 절차, ④2016.1.1. 발효하는 계획에 따라 2016년부터 시행중이다.

- IMO는 2014년부터 기존 9개의 전문위원회를 7개로 개편함에 따라 기국아행 전문위원회(FSI)는 현재 IMO협약이행 전문위원회(III)로 변경되었다.

결의서'와[190] ②체약국이 기국, 연안국, 항만국으로서 준수해야 할 기본적인 사항을 제시한 'IMO협약이행규약(III Code)에 관한 결의서'를[191] 채택하였고, ③제29차 IMO 총회에서는 체약국이 기국, 연안국, 항만국으로서 준수해야 할 구체적 사항을 나열한 '감사대상 의무사항 색인목록(Non-exhaustive list of obligations)에 관한 결의서'를 채택하였다.[192] 이 색인목록은 지난 총회 이후 새로이 발효된 제도를 반영하기 위하여 매 총회마다 개정되고 있다.

5.3 감사 규정

감사에 사용되는 결의서는 아래아 같은 세 종류이다.

① IMO협약이행규약(III Code)에 관한 결의서
② 감사 원칙과 절차(Framework and Procedure)에 관한 결의서
③ 감사대상 의무사항 색인목록(Non-exhaustive list of obligations)에 관한 결의서

1) IMO협약이행규약(III Code)에 관한 결의서

IMO협약이행규약(III Code)은 감사의 기준(Audit standard)을 정하고 있으며, 최신판은 2013. 12. 4일에 채택된 A.1070(28)이다. 이 규약은 네 개의 장으로 구성된다.

- 제1장은 공통사항으로 ①이 규약의 목적, ②목적 달성을 위한 체약국의 전략수립, ③해양안전과 환경보호를 위해 체약국이 수행해야 하는 활동, ④감사대상 협약의 범위와 체약국의 조치, ⑤새로운 감사대상 협약 등이 채택될 때 체약국의 초기조치, ⑥체약국의 전략을 관련기관에 전파, ⑦체약국이 협약 등의 각종 요구사항에 대응한 활동을 전개하고 있다는 기록 관리, ⑧체약국이 협약 등의 효율적인 이행을 위해 개선해야 할 사항이 수록되어 있다.[193]

190) IMO A.1067(28) FRAMEWORK AND PROCEDURES FOR THE IMO MEMBER STATE AUDIT SCHEME
191) IMO A.1070(28) IMO INSTRUMENTS IMPLEMENTATION CODE (III CODE)
192) A. 1157(32) 2021 NON-EXHAUSTIVE LIST OF OBLIGATIONS UNDER INSTRUMENTS RELEVANT TO THE IMO INSTRUMENTS IMPLEMENTATION CODE (III CODE)
193) PART 1 (COMMON AREAS) Objective, Strategy, General, Scope, Initial actions, Communication of information, Records, Improvement

- o 제2장에는 기국이 준비해야 할 사항이며 ①의무와 책임의 효율적 집행에 관한 사항, ②정부업무 대행에 관한 사항, ③협약 등의 준수에 관한 사항, ④안전 및 환경 관련 감독관에 관한 사항, ⑤해양사고 조사관에 관한 사항, ⑥정기적 시행평가에 관한 사항이 수록되어 있다.[194]
- o 제3장은 연안국에 관한 사항으로서 ①권리와 의무를 다하기 위한 정책의 규정화 및 안전조치[195] 시행, ②사고통계 관리 및 분석, 오염방제 조직, 해양사고 조사를 위한 국제적 협력에 관한 사항, ③정기적 시행평가에 관한 사항이 수록되어 있다.[196]
- o 제4장은 항만국에 관한 사항으로서 ①권리와 의무를 다하기 위한 정책의 규정화 및 안전조치[197] 시행, ②항만국통제 시행에 관한 사항, ③정기적 시행평가에 관한 사항이 수록되어 있다.[198]

2) 감사 원칙과 절차에 관한 결의서

감사 원칙과 절차(Framework and Procedure)에 관한 결의서 최신판은 2013. 12. 5일에 채택된 A.1067(28)이다. 이 결의서의 부속서(Annex)는 두 개의 장과 여섯 개의 부록(Appendix)으로 구성된다.

- o 제1장은 회원국감사를 위한 원칙적 사항을 규정하고 있다. 해상안전과 환경보호를 위한 IMO의 제도(IMO instruments)를[199] 여섯 종류로 나누어 감사 대상으로 규정하였다.

① 해상인명안전(Safety of life at sea)

② 선박오염방지(Prevention of pollution from ships)

③ 선원의 훈련, 자격증명 및 당직에 관한 기준
(Standards of training, certification and watchkeeping for seafarers)

194) PART 2 (FLAG STATES) Implementation, Delegation of authority, Enforcement, Flag State surveyors, Flag State investigations, Evaluation and review

195) 해사통신설비, 기상정보 및 경보, 수색구조, 수로서지, 항로, 선위보고제도, VTS, 항로표지에 관한 사항

196) PART 3 (COASTAL STATES) Implementation, Enforcement, Evaluation and review

197) 협약이 정한 쓰레기 수용시설, 항만국통제 시행, 연료공급자에 대한 등록 유지

198) PART 4 (PORT STATES), Implementation, Enforcement, Evaluation and review

199) 협약을 나열하지 않은 것은 협약뿐만 아니라 협약과 관련된 제도들을 포괄하기 위한 것이다. 대표협약은 다음과 같다.

④ 만재흘수선(Load lines)
⑤ 선박톤수측정(Tonnage measurement of ships)
⑥ 해상충돌예방규칙(Regulations for preventing collisions at sea)

o 제2장은 회원국감사를 위한 절차와 여섯 개의 부록으로 구성된다. 감사를 실시하기 위해 또는 감사를 받기 위해 필요한 상세한 절차에 관한 사항으로서 ①감사준비, ②감사전 점검사항, ③감사시행, ④보고서 작성, ⑤회원국의 수정조치계획, ⑥사후감사, ⑦기록관리, ⑧감사흐름도이다.

3) 감사대상 의무사항 색인목록에 관한 결의서

수감 기관에서 감사에 대비하여 준비하여야 할 의무사항들을 도표 형태의 목록으로 정리한 것이다.

색인목록은 2년마다 개최되는 총회에서 최신화되고 있으며[200], 초안은 IMO협약이행 전문위원회(III)에서 검토하고 해사안전위원회(MSC)를 거쳐 총회에 상정되는 과정을 거치므로 IMSAS 대응과 관련된 정부와 유관기관은 초안 작성단계인 'IMO 협약이행 전문위원회(III)' 회의부터 관심을 가져야 한다.

부속서는 다음과 같이 7가지가 있다.

협 약 명 칭	발효	주요내용
해상인명안전협약 (SOLAS 74협약)	'80. 5.	선박 구조 · 설비 기준 및 선박 안전운항제도
해양오염방지협약 (MARPOL 73/78협약)	'83.10.	해양오염방지 구조 · 설비 및 오염물질 배출 허용 기준
해상충돌예방에 관한 국제협약 (COLREG 72)	'77. 7.	선박 충돌예방 항법
선원의 훈련, 자격증명 및 당직에 관한 국제협약 (STCW 78협약)	'84. 4.	선원의 자격 및 훈련 기준
국제만재흘수선협약 (LL 66)	'68. 7.	화물적재허용량 및 복원성 기준
선박톤수측정협약 (TONNAGE 69)	'82. 7.	선박 크기(톤수) 측정 기준

200) 의무사항 색인목록은 총회시 보완된다.
- (개정 연혁) 제28차 총회(A.1077(28)), 제29차 총회(A.1105(29)) 제30차 총회 A.1121(30) → 제31차 총회 A.1141(31) → 제32차 총회 A.1157(32)
- (현행) A.1157(32) 2021 NON-EXHAUSTIVE LIST OF OBLIGATIONS UNDER INSTRUMENTS RELEVANT TO THE IMO INSTRUMENTS IMPLEMENTATION CODE (III CODE)

〈표 2-8〉 감사대상 의무사항 색인목록 부속서

번호	제목	
Annex 1:	Obligations of contracting governments/parties	체약국 정부/당사국의 의무
Annex 2:	Specific flag state obligations	특정 기국의 의무
Annex 3:	Specific coastal state obligations	특정 연안국의 의무
Annex 4:	Specific port state obligations	특정 항만국의 의무
Annex 5:	Instruments made mandatory under IMO conventions	IMO 협약들에 따라 의무화된 제도들
Annex 6:	Summary of amendments to mandatory instruments reflected in the non-exhaustive list of obligations (annexes 1 to 4)	감사대상 의무사항 목록에 반영된 의무화된 제도의 개정사항 요약
Annex 7:	Amendments to IMO instruments expected to be accepted and to enter into force between 1 january 2022 and 1 july 2022	2022.1.1.부터 2022.7.1.사이에 수락되어 발효된 것으로 예상되는 IMO 제도에 대한 개정

〈표 2-9〉 감사대상 의무사항 색인목록 부속서1의 일부

Annex 1

OBLIGATIONS OF CONTRACTING GOVERNMENTS/PARTIES

The following table contains a non-exhaustive list of obligations, including those obligations imposed when a right is exercised.

	OBLIGATIONS OF CONTRACTING GOVERNMENTS/PARTIES	
SOURCE	SUMMARY DESCRIPTION	COMMENTS
TONNAGE 1969		
Article 1	General obligation under the Convention	
Article 5(2)	Force majeure	
Article 8	Issue of a certificate by another Government	
Article 10	Cancellation of certificate	
Article 11	Acceptance of certificates	
Article 15	Communication of information	
ANNEX III Reg.9	Verification of compliance with the provisions of this Convention	
LL 1966 and LL PROT 1988[1]		
Article 1	General obligation under the Convention General obligations	LL PROT 1988 only (Article I)
Article 7(2)	Force majeure	
Article 17	Issue or endorsement of certificates by another Government	amended by LL PROT 1988
Article 20	Acceptance of certificates	
Article 25	Special rules drawn up by agreement	
Article 26	Communication of information	LL PROT 1988 only (Article III)

[1] When the obligation does not derive from the International Convention on Load Lines, 1966, but solely from the Protocol of 1988 relating thereto, this is indicated in the "Comments" column.

5.4 감사 실무

감사의 세부내용은 감사 원칙과 절차(Framework and procedure)에 관한 결의서의 부속서 제2장에 ①감사준비, ②감사전 점검사항, ③감사시행, ④보고서 작성, ⑤회원국의 수정조치계획, ⑥사후감사, ⑦기록관리, ⑧감사 흐름도로 규정되어 있다.

1) 감사준비(PLANNING)

IMO는 회원국 수와 감사기간 및 인력 등을 고려하여 2016년부터 전 회원국에 대한 7년 주기로 감사를 시행하기로 하였다. IMO 사무총장은 최소한 감사 18개월 전에는 대상국을 공표한다. 갑작스런 사유로 감사를 받지 못하는 회원국은 감사 6개월 전에는 문서로 연기신청을 하여야 한다.

- (감사 일정) 감사를 시행하기 위해서 우선 회원국과 IMO 사무총장이 협력양해각서(Memorandum of Cooperation)[201]를 체결하고 감사시기 등을 조정한다. 감사팀장은 회원국과 세부 감사일정을 수립한다.

- (감사관) 감사관은 경영관리시스템[202] 교육과정, 국제안전관리규약(ISM Code) 심사관 교육과정 또는 IMO회원국 감사관 교육과정을 이수한 자로서 관리자급 이상이어야 하며, IMO의 6개 공식 언어[203] 중 하나를 완벽히 구사하여야 한다. 그리고 행정조직의 기능과 IMO의 협약에 관해 충분한 지식을 갖추어야 하며, 컴퓨터로 문서를 작성할 수 있어야 한다.

- (감사팀) 회원국이 제출한 감사관 후보 명단 중에서 IMO 사무총장이 인정하는 자를 감사관으로 지명하며 팀을 구성한다. 회원국은 감사관의 이력을 제출받아 수락여부를 결정할 수 있다. 감사팀은 지리적 또는 국적의 대표성이 있는 자들로 구성되어야 한다.

201) 감사 원칙과 절차에 관한 결의서, A.1067(28) 부록 제1번(Appendix 1) MODEL MEMORANDUM OF COOPERATION
 - 회원국과 IMO의 책임, 감사범위, 면책특권, 분쟁해결절차 등에 관해 합의한 양해각서

202) 주로 ISO 1901 '품질관리시스템(Quality management systems)'을 말한다.

203) 영어, 불어, 스페인어, 러시아어, 중국어, 아랍어

2) 감사전 점검사항(PREPARING FOR THE AUDIT)

감사팀장은 감사에 착수하기 전에 감사 대상국에 사전 감사질의서(Pre-audit questionnaire)를[204] 보내 일반적인 현황을 파악하는데 감사 착수 3달 전에는 회신되어야 한다.

- o (사전질의서) 질의서에는 협약별 관장부서, 전문인력, 등록선박, 항만, 협약의 국내 규정화 절차, 가입협약, 부적합사항 재발방지, 정부업무 위임, 협약 위반선박 조치 방법, 항해안전정보나 수색구조정보 교환을 위한 통신망, 수로조사, 해양사고조사, 항만국통제 체제 등에 관한 내용이 포함된다. 감사팀장은 팀원들과 협의하여 추가 질의서를 송부할 수 있다. 수감국가는 사전회의를 신청할 수 있다.

- o (감사계획 수립) 감사계획에는 감사장소, 감사기간, 착수회의 및 종료회의 일자, 전담 연락관 1인, 필요한 서류, 목록, 잠정감사일정, 사전질의서 요약서, 현지답사계획, 문서목록, 사용언어 등에 관해 규정하여야 한다.

3) 감사 시행(CONDUCTING THE AUDIT)

감사는 협력양해각서에 따라 감사팀과 회원국이 합의한 일정에 따라 진행된다.

감사팀은 감사원칙(Framework)에서 정하고 있는 목적, 전략, 방침을 감사정책으로 따라야 하고, 언론 인터뷰를 하게 되면 회원국의 공무원이 참석해야 하며 감사의 사명과 목적을 설명하는 정도로 한정된다.

- o (착수회의) 현장감사에 착수하기 전에 감사팀과 회원국은 감사계획에 따라 착수회의를 개최한다.
  회의는 감사팀장이 주재하고 회원국의 고위급이 참석하여 감사팀에게 브리핑을 하여야 한다.
  착수회의 내용은 ①참석자 소개, ②감사의 연혁과 목적, ③감사의 범위와 목적을 포함하여 감사계획에 대한 검토 및 확정, ④감사수행시 사용되는 방식과 절차에 대한 간단한 소개, ⑤감사팀과 회원국의 연락관 지정, ⑥시설과 행정지원 사항, ⑦회원국의 지방사무소나 관계기관 방문계획, ⑧종료회의 및 감사팀과 회원국의 관리직 중간회의의 일자·장소, ⑨감사의 부적합사항 및 관찰사항에 대한 서류작업 절차[205] ⑩감사 부

204) 감사 원칙과 절차에 관한 결의서, A.1067(28) 부록 제2번 PRE-AUDIT QUESTIONNAIRE
205) A.1067(28) Appendix 4 참조

적합사항 및 관찰사항에 대한 보안 유지, 예를 들어 감사관과 피감사자는 감사 부적합사항 및 관찰사항을 어떻게 관리하고 어떻게 처리할 지에 관해 합의하여야 한다. ⑪가능한 한 잠정보고서 초안과 요약문서 초안은 종료회의 시에 준비되어야 한다.

수감국가는 감사팀에게 근무장소, 개인용 컴퓨터, 복사기, 팩스를 제공하고 가능한 한 인터넷과 전자메일을 사용할 수 있는 시설을 제공해야 한다. 관련 시설에 출입할 수 있도록 하여야 하며, IMO 제도와 관련된 규정 같은 기록이나 파일을 열람할 수 있도록 하여야 하며, 인터뷰 대상으로 선정된 자를 만날 수 있도록 하여야 한다.

- (감사) 회원국 공무원이 감사관과 동행하여야 하며, 증거물은 직원 인터뷰와 서류심사, 회원국 책임기관의 활동상황을 관찰하여 수집한다. 감사관이 관찰사항이나 부적합사항이 있는 것으로 합리적인 믿음이 생기면 회원국의 책임 있는 공무원과 협의하고 자세히 기록하여야 한다.[206] 감사팀은 종료회의 전에 회원국에게 관찰사항이나 부적합사항을 제공하여 회원국이 조기에 해결책을 찾아내도록 지원해야 한다.

- (종료회의) 감사 종료회의에서는 회원국의 모든 감사 관련자에게 감사팀이 지적한 모든 부적합사항과 관찰사항을 설명하여야 한다. 회원국이 감사사항을 명확히 이해할 수 있고 수정조치를 시작할 수 있도록 하여야 한다. 가장 중요한 문제를 강조하여야 하며 감사팀의 발견사항이나 부적합사항을 자세하게 설명하여야 한다.

  종료회의에서는 잠정보고서와 요약문에 포함될 부적합사항과 관찰사항을 간략히 소개하여야 한다. 감사팀장은 회원국과 회원국이 취해야할 수정조치의 내용과 필요성에 관한 제안을 포함하여 후속조치에 대해 협의하여야 한다. 감사팀장은 회원국에게 수정조치계획과[207] 최종보고서 마감 일자를 알려주어야 여야 한다.

  종료회의 순서는 ①감사의 범위와 목적에 대한 재검토, ②감사절차 요약, ③잠정보고서 초안과 요약서 초안에 포함된 부적합사항과 관찰사항 소개, ④지역사무소 및 관련기관 방문정보, ⑤회원국의 향후 조치사항 순으로 진행한다.

  감사팀장과 회원국이 임의로 감사 종료회의 전이나 후에 감사팀과 회원국의 관계 공무원들이 참석하는 전문가 회의를 개최할 수 있다.

206) ①관찰사항이나 부적합사항 상세(제목, 문서의 번호와 발행일 등을 포함한다), ②정보 획득 장소
207) A.1067(28) Appendix 4 MODEL APPENDIX FORMS FOR AUDIT REPORTS

4) 보고서 작성(REPORTING)

감사보고서를 준비할 때 지켜야 할 원칙으로는 ①감사 종료회의에 브리핑할 부적합사항 및 관찰사항, 잠정보고서와 최종보고서는 모순이 없어야 하며, ②부적합사항과 관찰사항은 객관적 증거에 의한 것이어야 하며, ③부적합사항과 관찰사항은 명확하고 간결하게 작성되어야 하며, ④일반적이고 모호한 표현은 피하여야 하며, ⑤부적합사항과 관찰사항은 객관적으로 제시할 수 있어야 하며, ⑥일반적으로 사용되는 해사용어가 사용되어야 하고 두문자 약어나 특수용어는 피하여야 하며, ⑦개인이나 지위에 대한 비판을 피하여야 한다.

감사팀과 사무총장은 오직 수감국가에서만 보고서를 공개할 수 있는 권한을 갖고 있으므로 감사시에 획득한 자료, 문서, 보고서에 대하여 보안을 유지하여야 한다.

감사를 마치는 대로 감사팀장은 점검표, 관련기록 및 보고서를 사무총장이 재검토하고 이후의 다른 감사자료로 대체될 때까지 안전하게 보존하여야 한다.

- (잠정보고서) 잠정보고서는 회원국에게 부적합사항과 관찰사항을 제시하는 공식보고서의 하나이다. 회원국의 수정조치계획은 잠정보고서에 근거해야 한다. 잠정보고서는 최종보고서를 준비하는 기초가 되며 최종보고서가 완성되면 잠정보고서를 대체한다.

  잠정보고서는 수감국가, 감사팀과 사무총장만 활용할 수 있으며 비밀로 취급되어야 한다.

  잠정보고서에 포함되는 내용은 다음과 같다.

  (1) 개요
    ①배경, ②감사팀원, ③회원국의 관계 공무원, ④협조에 대한 감사
  (2) 감사의 범위, 목적 및 활동사항
  (3) 회원국의 해사분야 활동사항(일반적 서술)
    ①일반사항, ②기국, ③연안국, ④항만국
  (4) 부적합사항
  (5) 관찰사항
  (6) 견해 및 권고할 수 있는 사항
    ①긍정적인 개발 분야, ②추가적 개발 분야

(7) 부록
(8) 부속서

감사팀의 잠정보고서에 대해 부동의 하는 내용은 회원국에서 부속서에 기록할 수 있다. 회원국과 감사팀은 부적합사항이나 관찰사항에 대해 부동의가 발생하지 않도록 모든 노력을 기울여야 하며, 부적합사항이나 관찰사항에 대한 유효성이나 해석의 측면에서 어떠한 우려라도 있을 때는 감사팀에게 알려야 한다. 서로 의견이 엇갈릴 때는 협의하고 가능한 한 해결하여야 한다. 해결이 되지 않는다면 어떤 의견이든지 간에 잠정보고서에 부속서로 붙인 모든 의견은 최종보고서에 부속서로 첨부되어야 한다. 첨부 목적은 그와 같은 불일치를 해결하기 위한 것이다.

- (요약서) 수감국가에 대한 상세한 사항과 감사 관련기관 등이 포함되는 요약서는[208] 감사기준에 회원국이 적합한지와 IMO 협약 등 제도를 적절히 수행하고 있는지에 대한 부적합사항과 관찰사항을 요약하여 제공하는 것이다. 요약서는 감사개시 전에 회원국에서 승인한 바에 따라 감사팀에서 준비하여 사무총장이 발표하기 전에 수감국가의 의견과 최종승인을 받기 위해 제시한다.

- (최종 감사보고서) 최종적인 실제 보고서이다. 양식은 잠정보고서의 구조 및 내용과 유사해야 한다. 여기에는 회원국이 제출한 수정조치, 수감국가에서 식별한 근본원인과 수정조치상황의 이행정보 및 해결되지 않은 문제의 요약이 포함된다. 최종 감사보고서는 감사팀이 준비하며 만약 사무총장이 대중에게 공개하지 않거나 감사전에 피감사 국가에서 회원국에게 승인하지 않았다면 수감국가, 감사팀과 사무총장만이 활용할 수 있다.
  감사팀장이 준비한 최종보고서에 근거하여 사무국은 정기적으로 여러 회원국에 대한 감사에 따른 교훈을 포함하여 국명 표기 없이 감사 종합요약보고서를 발간한다.

- (수정조치계획의 이행현황에 대한 회원국의 의견) 수정조치계획의 이행 현황과 관련된 내용을 수감국가에서 요청하면 수감국가의 의견으로 포함시킨다. 그런 의견은 감사전에 회원국이 승인한 권한에 따라 접수하는 대로 활용하며 사무국이나 감사팀장의 확인이 필요하지는 않다.

208) A.1067(28) Appendix 5 MODEL EXECUTIVE SUMMARY REPORT

o (감사팀장의 활동 보고서) 감사팀장은 별도로 감사수행에 관하여 보고서를 준비한다. 보고서에는 감사에 긍정적인 요소나 어려웠던 점, 감사 계획과 수행을 개선할 수 있는 제안이 포함된다. 감사 전반에 관한 피드백을 제공하는 것으로 감사제도의 품질 확보를 위해 필수적인 부분이며, 사무총장이 감사계획을 개선할 용도로 사용된다.
모든 피드백과 권고사항 및 관심을 요청하는 조치들은 사무총장이 관리하며 필요하다면 감사관이 사용할 수 있도록 하여야 한다.

o (회원국의 피드백) 회원국은 감사수행에 관한 보고서를 준비할 수 있다. 보고서에는 감사에 긍정적인 요소나 어려웠던 점, 감사 계획과 수행을 개선할 수 있는 제안이 포함된다. 감사 전반에 관한 피드백을 제공하는 것은 감사제도의 품질확보를 위해 필수적인 부분으로 사무총장이 감사계획을 개선하는 용도로 사용된다.

5) 회원국의 수정조치계획(MEMBER STATE'S CORRECTIVE ACTION PLAN)

회원국의 수정조치계획은 감사에서 회원국이 감사기준에 적합하도록 조치하도록 제안된 사항에 관한 것이다. 여기에는 회원국의 대응이 포함될 수 있다. 수정조치는 적절한 시간 내에 감사원칙을 고려하여 각 감사결과에 대하여 수립하는 것이다. 회원국의 조치계획에는 감사에 대응하는 정보를 포함하여 각 감사사항이나 관찰한 바에 관한 대응을 포함한다. 구체적인 조치계획 정보를 포함하여야 하며 각 조치의 개시와 완료 일시를 포함하여 회원국이 날인한 것이어야 하다.

회원국의 조치계획은 감사팀장과 사무총장에게 합의된 잠정보고서를 수령한 날로부터 90일 이내에 제출하여야 하며, 예외적인 경우에는 회원국에게 기한을 연장해 줄 수 있다.

부록 제4번에[209] 명시된 형태로 준비한 잠정보고서 및 요약서에 대해 회원국의 수정조치계획은 관련된 회원국의 사전 승인에 따라 사무총장이 모든 회원국과 대중에게 공개되어야 한다.

감사 최종보고서에는 회원국이 제안한 가능한 수정조치계획에 대한 정보를 포함하여야 한다. 만약 회원국이 수정조치계획을 제출하지 않아도 된다면 최종보고서는 수정조치계획을 포함하지 않고 작성된다.

209) A.1067(28) Appendix 4 MODEL APPENDIX FORMS FOR AUDIT REPORTS

6) 사후감사(AUDIT FOLLOW-UP)

사후감사는 가능한 한 회원국이 수정조치를 완료한 이후에 수정조치 계획의 이행 현황을 살펴보기 위해 이루어 져야 한다. 그러나 감사 이후 3~4년이 지나서는 아니 된다.

사후감사는 보통 서류심사 형태로 진행된다. 회원국이 제출한 서류만으로는 수정조치가 충분히 이행되었다고 검증할 수 없을 때는 사무총장이 사후 현장감사를 고려하여야 한다.

현장감사가 필요한 경우에 일반감사규정에 따른 감사절차가 적용된다. 다만 차이점은 감사 대상이며, 사후감사는 추가관찰이나 개선이 필요한 것으로 초기 감사 중에 식별된 문제로 한정된다.

사후감사팀은 감사의 범위에 따라 필요한 감사관과 감사팀장으로 구성한다. 가능한 한 당초 감사에 참여한 감사관이 사후감사에 적어도 한 명은 포함되어야 한다.

7) 기록관리(RECORDS)

모든 기록은 사무총장이 관리한다. 기록에는 ①잠정보고서 및 최종보고서, ②요약서, ③수정조치, ④감사팀장의 활동보고서 및 ⑤사후감사보고서이다.

8) 감사 흐름도

감사 흐름도는 부록 제6번에[210] 수록되어 있다.

210) A.1067(28) Appendix 6 AUDIT PROCESS

〈그림 2-15〉 감사 절차도

Appendix 6

AUDIT PROCESS

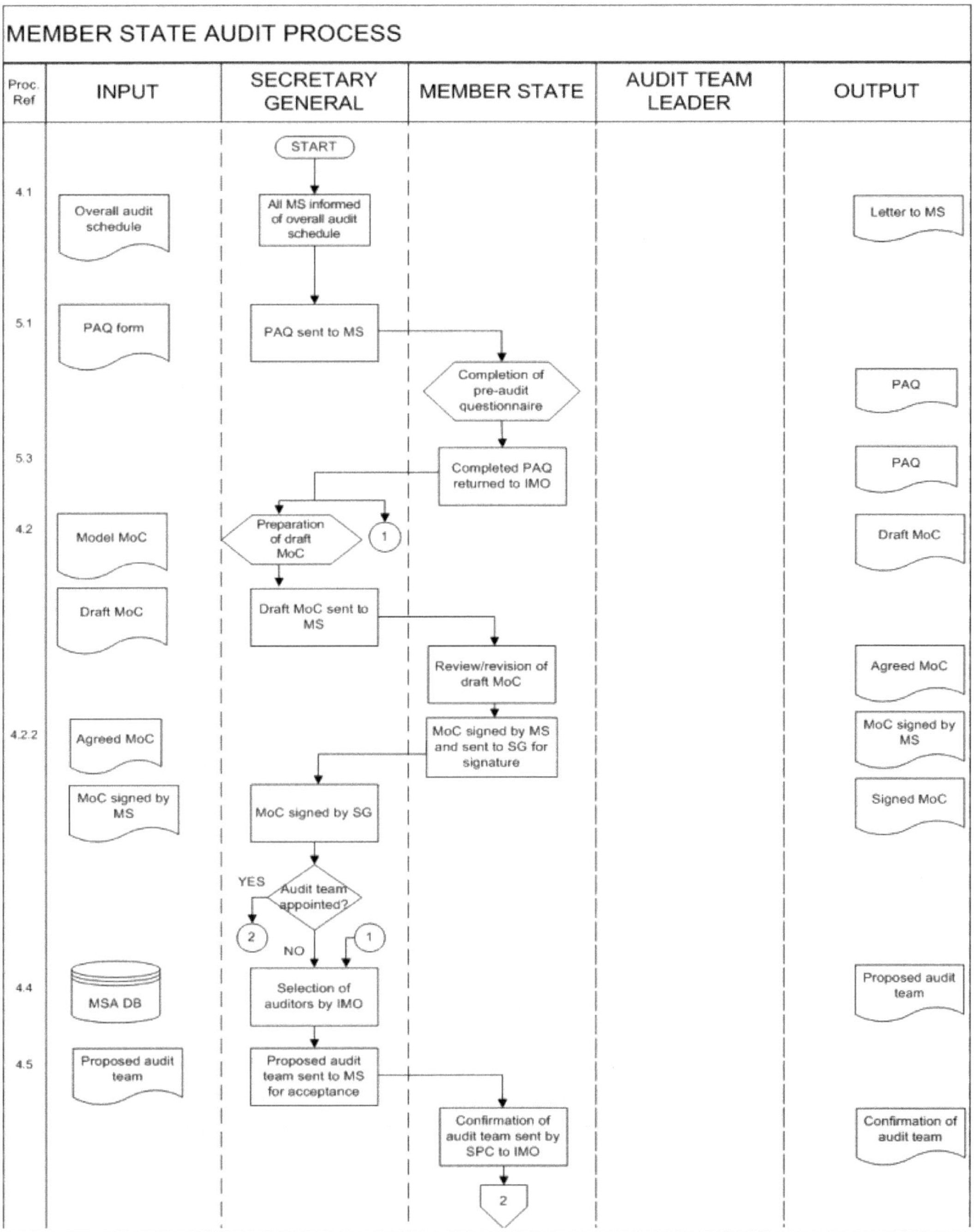

(이하 생략)

제 3 장

해사안전 및 위험성

1. 안전
2. 위험성
3. 사고의 발생

제3장 해사안전 및 위험성

1. 안전

1.1 해사안전의 개념

해사안전 정책과 제도에 관한 기본적 사항을 규정하고 있는 해사안전기본법에서는 '해사안전'에 대한 정의가 없다. 국가의 안전관리에 관한 기본법인 「재난 및 안전관리 기본법」[211]에서도 '안전'에 관한 정의가 없다.

안전과 관련된 다른 여러 법률에서도 '안전'에 대한 정의는 찾아보기 어렵다. 대신에 '안전관리' 또는 '해사안전관리'라는 정의를 두고 있다.

〈표 3-1〉 안전관리의 정의 비교

법령	정의
해사안전기본법 제3조 제1호	"해사안전관리"란 선원·선박소유자 등 인적 요인, 선박·화물 등 물적 요인, 해상교통체계·교통시설 등 환경적 요인, 국제협약·안전제도 등 제도적 요인을 종합적·체계적으로 관리함으로써 선박의 운용과 관련된 모든 일에서 발생할 수 있는 사고로부터 사람의 생명·신체 및 재산의 안전을 확보하기 위한 모든 활동을 말한다.
재난안전법 제3조 제4호	"안전관리"란 재난이나 그 밖의 각종 사고로부터 사람의 생명·신체 및 재산의 안전을 확보하기 위하여 하는 모든 활동을 말한다.

211) 법령 명칭이 긴 경우에는 약칭을 둔다. 「재난 및 안전관리 기본법」의 약칭은 '재난안전법'이다.

두 법률에서 뜻하는 '안전관리'는 안전을 확보하기 위한 활동이며, 안전을 확보한다는 것은 사고를 예방하는 것으로 표현되어 있다.

그리고 '해사안전관리'에서 사고 예방은 어느 특정한 사고의 위험요소를 제거함으로써 확보되는 것이라기보다는 인적, 물적, 환경적 및 제도적 요인 등으로 구성된 시스템을 관리함으로써 확보된다는 개념을 보여주고 있다.

여기서 어느 하나의 시스템으로 묶일 수 있는 범위는 전체가 일정한 기능을 지니는 것이며, 일반적으로 인과관계, 논리관계, 자연법칙 등의 상호관계를 지닌 요소로 구성된다.[212)]

해양사고를 예방함으로써 해사안전이 확보된다면 해사안전관리 대상 중의 하나는 선박운항시스템이라고 할 수 있다.

1.2 국제기구의 정의

안전이라는 용어는 오래 전부터 사용되어 왔지만 하인리히(H. W. Heinrich)[213)] 이래로 개념이 정립되어 '재해 발생의 위험요소로부터 해방된 자유로운 상태(Freedom from hazards)'라는 의미로 사용되어 왔다.

---

212) 김홍태 외 5명, 해사인간공학개론, 해양연구원, 2012, 31~55쪽

213) 하인리히는 산업안전에 관한 선구적인 연구자이다. 여행자 보험회사에 근무하면서 12,000 건의 보험 기록과 공장 관리자들로부터 63,000 건의 사고를 수집하고 분석하여 1931년에 '산업계 사고 예방에 관한 과학적 접근(Industrial Accident Prevention: A Scientific Approach)'이라는 저술을 발표하였다. 하인리히는 88%의 사고가 사람들의 불안전한 행동(unsafe acts of persons) 때문에 일어난다고 보았으며, 10%는 불안전한 기계(unsafe machines) 때문이며, 2%는 피할 수 없는 사고로 보았기 때문에 대부분의 사고를 예방할 수 있다고 보았다. 하인리히가 주장한 사고원인 5단계 도미노 모델(Five domino model of accident causation)에서 사고는 일련의 일들이 연쇄적으로 영향을 미쳐 발생하는 선형적 결과라고 보았다. 따라서 도미노의 블록 하나를 제거하면 연속된 과정이 중단된다고 하였으며, 세 번째 단계인 '불안전한 행동' 상태를 제거 대상, 즉 안전관리 대상으로 보았다.

〈도미노 이론〉

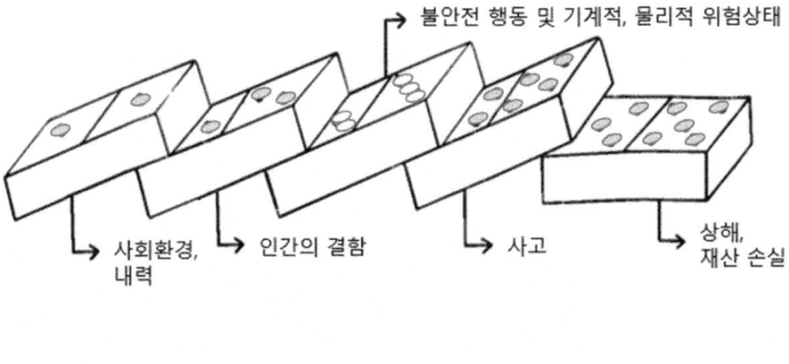

1) 국제해사기구

국제해사기구(IMO)는 안전을 '의도하지 않은 일에 따른 인명, 신체 및 건강에 대한 수용할 수 없는 수준의 위험성이 존재하지 않는 상태'로 보고 있다.[214]

안전은 수용할 수 없는 수준의 위험성에 따른 종속변수로 정의되어 있기 때문에 위험성에 대한 판단을 필요로 하며, 위험성(Risk) 계산은 바람직하지 않은 사건이 일어날 가능성과 일어난 경우의 결과를 조합한 값으로 본다.[215]

2) 국제표준화기구

국제표준화기구(ISO)[216]는 안전을 '수용 불가능한 위험성이 없는 것(Freedom from risk which is not tolerable)'이라고 정의한다. 이는 2014년판 지침서[217]에 수록된 것으로서, 1999년판 지침서[218]에 수록되어 이전까지 사용되던 '수용할 수 없는 위해의 위험성으로부터 자유로운 상태(Freedom from unacceptable risk of harm)'라는 개념을 더욱 확장한 것으로 평가된다.

---

214) Safety is the absence of unacceptable levels of risk to life, limb and health (from non-wilful acts).
(출처: IMO, 2013, MSC.1/Circ.1455)

215) Risk is "a measure of the likelihood that an undesirable event will occur together with a measure of the resulting consequence within a specified time i.e. the combination of the frequency and the severity of the consequence."(출처: MSC 76/Inf. 3), (MSC/Circ.1023, MEPC/Circ.392) (FSA BASIC GLOSSARY OF TERMS)

216) ISO: International Organization for Standardization

217) ISO/IEC Guide 51: 2014 (Safety aspects — Guidelines for their inclusion in standards)
- 3.14 safety: freedom from risk (3.9) which is not tolerable
- 3.9 risk: combination of the probability of occurrence of harm (3.1) and the severity of that harm
  Note 1 to entry: The probability of occurrence includes the exposure to a hazardous situation (3.4), the occurrence of a hazardous event (3.3) and the possibility to avoid or limit the harm.
- 3.1 harm: injury or damage to the health of people, or damage to property or the environment
- 3.4 hazardous situation: circumstance in which people, property or the environment is/are exposed to one or more hazards (3.2)
- 3.3 hazardous event: event that can cause harm (3.1)
- 3.2 hazard: potential source of harm (3.1)

218) ISO/IEC Guide 51: 1999 (Safety aspects — Guidelines for their inclusion in standards)
- 3.1 safety: Freedom from unacceptable risk of harm.
- 3.2 risk: The probable rate of occurrence of a hazard causing harm and the degree of severity of the harm.
- 3.3 hazard: A potential source of harm.
- 3.4 harm: Physical injury and/or damage to health or property.
- 3.5 level of safety: A level of how far safety is to be pursued in a given context, assessed by reference to an acceptable risk, based on the current values of society.

ISO는 1986년에 국제전기기술위원회(IEC)와 공동 발행한 용어집[219]에서 처음으로 안전에 대한 정의를 두었으며, 1999년판 지침서까지 같은 내용을 사용하였다.

ISO는 안전을 위험도 또는 위험성(Risk)의 크기가 허용 가능한 상태를 안전이라고 부르고 있다.[220] 그러므로 안전하다고 하더라도 잔류 위험성(Residual risk)은 남아 있으므로 결코 위험성(Risk)이 제로인 것을 의미하지 않는 점에 주의할 필요가 있다.

3) 기타 국제기구

국제기구는 기구별 설립 목적에 따라 안전을 바라보는 시각을 달리하고 있으나 본질적으로는 위험성을 관리할 수 있는 수준까지 낮추려는 취지를 갖고 있다고 볼 수 있다.

참고로 세계보건기구(WHO)는 1984년에 '안전이란 개인과 지역공동체의 건강과 복지를 위하여 육체적, 정신적 또는 물질적인 위해(해로움)를 초래하는 위험요소와 조건들이 조절되는 상태[221]'로 정의한 바 있다.

---

219) ISO/ IEC Guide 2: 1986 (Standardization and related activities, General vocabulary)
 - 2.5 safety: freedom from unacceptable risk of harm
 NOTE In standardization, the safety of products, processes and services is generally considered with a view to achieving the optimum balance of a number of factors, including non-technical factors such as human behaviour, that will eliminate avoidable risks of harm to persons and goods to an acceptable degree.

220) 이 책에서는 Risk를 위험도 또는 위험성이라고 번역하였으며, 위험도와 위험성은 같은 의미이다.

221) Safety is a state in which hazards and conditions leading to physical, psychological or material harm are controlled in order to preserve the health and well-being of individuals and the community.

2. 위험성

2.1 안전과 위험성

안전(安全, Safety)이란 일반적으로는 '위험하지 않은 것이며, 마음이 편하고 몸이 온전한 상태'를 말한다. 이를 학술적으로 표현하면 인명 피해 또는 위험한 상태에 대한 인식을 유발할 수 있는 모든 인적·물적·사회적 위험요소가 통제된 상태'를 의미한다. 따라서 안전이란 안전한 상태에 있는 것을 의미한다.

안전한 상태란 사고가 없는 상태라고도 할 수 있기 때문에[222] 사고가 발생하였다면 안전하지 않은 상태였다고 볼 수 있다.[223] 그러나 사고가 발생하지 않은 상태에서도 사고가 발생할 가능성이 상존할 수 있는데 이 때 내재된 위험요소의 정도를 위험도 또는 위험성(Risk)이라고 한다. 따라서 안전 관리는 위험성 관리와 같다.

현실에서는 위험이 전혀 없는 절대적으로 안전한 상태, 즉 위험성이 '0'인 상태에 도달할 수 없다. 그렇다면 어느 정도까지 위험성을 낮추어야 안전한 상태인가에 관해서는 위험요소(Hazard)의 특성이나 사회적 기대 등에 따라 허용 범위가 달라진다. 어떤 사회가 보유한 인적, 물적 자원의 총량 중에 안전을 위해 어느 정도를 투입할 것인지 결정하는데 있어서 허용 위험성[224]은 판단의 기준이 될 수 있다.

실무적으로 채택할 수 있는 위험성에 대해서 국제해사기구(IMO)는 합리적으로 실행 가능한 수준에서 가장 작은 값(As Low As Reasonably Practicable, ALARP)으로[225] 정의하고 있다.

222) 사전적으로는 '위험이 생기거나 사고가 날 염려가 없는 상태'이다.
- Safety is the condition of being safe from undergoing or causing hurt, injury, or loss. (Merriam-Webster dictionary)
- 편안할 안(安)은 집안에 여자가 있어 편안함을, 온전할 전(全)의 入자 아래 王자는 본래 구슬 옥(玉)인데 구슬이 흠집 없이 보관된 상태를 뜻한다. 이를 집에 여자가 있으면 가족들이 편안하다는 뜻과 잘 싸인 구슬을 상자에 넣어 두어 온전하다는 뜻을 더한 것으로 풀이하기도 한다.

223) 하인리히는 안전은 사고예방(accident prevention)이라 하였으며, 사고예방은 물리적 환경과 인간의 관계를 통제하는 과학인 동시에 기술이라고 하였다.

224) 선박이 있으면 선박사고도 있을 수 있다. 그러나 선박 운항에 따른 편익을 고려할 때 사고를 막고자 선박건조를 금지할 수는 없을 것이다. 다만 선박사고의 빈도나 영향력을 줄이기 위한 기준을 설정할 수는 있을 것이다.

225) ALARP (As Low As Reasonably Practicable) refers to a level of risk for which further investment of resources for risk reduction is not justified. When risk is reduced to ALARP, it is acceptable.
(출처: IMO, 2013, MSC.1/Circ.1455)

ALARP는 〈그림 3-1〉 중앙의 캐럿 다이어그램을 상하로 나누는 하나의 선으로 표현하여 수용 불가능한(Unacceptable) 영역과 수용 가능한(Acceptable) 영역으로 나누는 경계선이 될 수도 있고, 대역으로 표현하여 ALARP 영역을 부여할 수도 있다.

산업계에서는 위험성 저감을 위한 투자대비 효과(Cost-benefit evaluations)를 기준으로 허용 가능한 위험성의 범위(ALARP region)를 설정하기도 한다.[226]

〈그림 3-1〉 ALARP 영역도

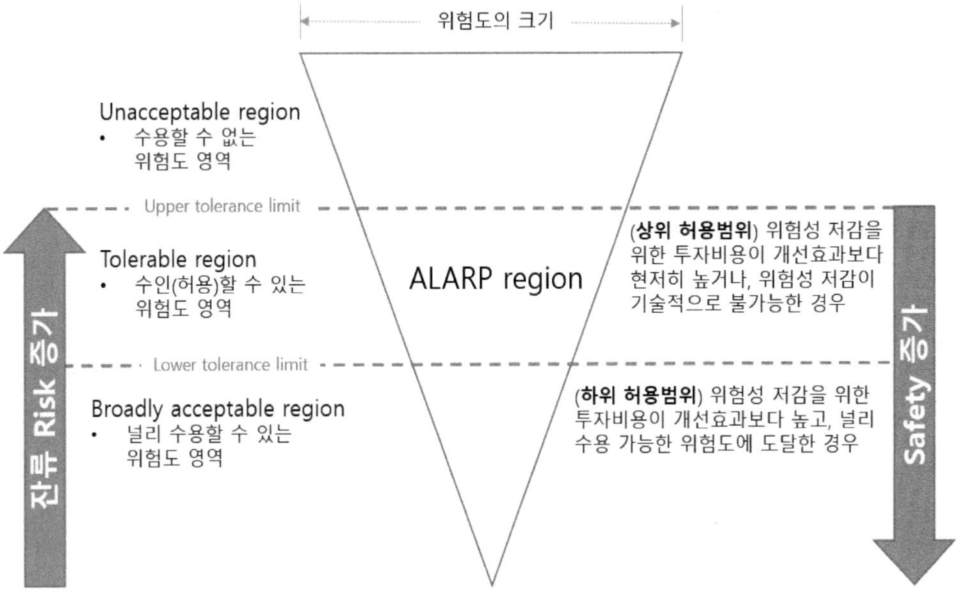

2.2 위험성 계산

국제표준화기구(ISO)는 위험성(Risk) 측정을 위해(危害, Harm)가 일어날 가능성과 그 위해의 심각성의 조합으로 정의한다.[227] 여기서 '일어날 가능성'이란 위험한 상황에 노출되거나 위험한 일이 발생하거나, 위해를 피하거나 제한할 수 있는 가능성을 포함한다.

226) (출처) Hans P., Risk Analysis and Control for Industrial Processes - Gas, Oil and Chemicals, Butterworth -Heinemann, 2015, pp. 431~454 / Yong B. & W. L. Jin, Marine Structural Design 2nd Ed., Elsevier, 2016, pp. 709~723

227) (Risk) combination of the probability of occurrence of harm and the severity of that harm.
- The probability of occurrence includes the exposure to a hazardous situation, the occurrence of a hazardous event and the possibility to avoid or limit the harm.(출처: ISO/IEC GUIDE 51:2014)

IMO는 위험성(Risk)을 사고의 빈도(Frequency)와 강도(Severity)의 조합으로 표현하고 있다.[228] 사고 빈도(Frequency)는 사고 확률이나 가능성(Probability, Likelihood, Feasibility)으로 바꿔 쓸 수 있으며, 단위 시간당 바람직하지 않은 사건이 일어나는 수이다.[229] 사고 강도(Severity)란 사람 · 재산 · 환경 등에 대해 부정적 영향을 끼치는 바람직하지 않은 사건의 규모를 말한다.

IMO가 채택한 '공식 안전성 평가 기법(Formal Safety Assessment, FSA)'에서[230] 사용하는 위험성 공식은 아래 식(1)과 같다.

$$Risk = Probability \times Consequence \quad \text{식(1)}$$

식(1)은 사고의 발생 가능성(Probability)과 사고의 영향(Consequence)을 곱하여 나타낸 값이다. 위험성을 낮추기 위한 여러 방안 중에서 어느 하나를 선택해야 하는 경우에 위험성이 낮은 쪽을 확인할 때 유용하다.[231]

세 가지 위험요소가 있는 경우에는 식(2)과 같이 표현하며, 여러 위험요소를 모두 표현할 때는 식(3)과 같다.

$$Risk = (P_1 \times C_1) + (P_2 \times C_2) + (P_3 \times C_3) \quad \text{식(2)}$$

$$Risk = \sum_{i=1}^{n} P_i \cdot C_i \quad \text{식(3)}$$

228) Risk is the combination of the frequency and the severity of the consequence.(출처: IMO, 2002, MSC/Circ.1023, MEPC/Circ392)

229) 일정기간 발생한 사고의 수를 선박의 수로 나눈 과거의 값을 활용하는 경우에는 주로 사고 빈도(Frequency)라는 용어가 적합하며, 미래 요소를 고려하는 경우에는 사고 가능성(Probability)이 적절하다. 위험도(Risk)에 대한 정의에는 실종이나 부상의 실현 가능성(Possibility of loss or injury) 또는 실종이나 부상에 노출 가능성(Exposure to the chance of injury or loss; a hazard or dangerous chance)을 포함하고 있기 때문에 위험성은 실제로 발생한 위험(actual danger)보다 폭 넓은 의미이다. 그러나 실무에서는 혼재되어 사용되는 경우도 빈번하다.

230) FSA is a structured and systematic methodology, aimed at enhancing maritime safety, including protection of life, health, the marine environment and property, by using risk analysis and cost benefit assessment.(출처: IMO, 2002, MSC/Circ.1023, MEPC/Circ392, p. 3)

231) 이런 산식은 전통적으로 보험업계나 투자기업에서 사용해온 방식으로 두 가지 이상의 조건이 있을 때 위험성이 낮은 경우를 선택하기 위한 것이다. 아래의 경우에는 첫 번째 조건이 위험성이 낮다.

- 첫 번째는 투자에 실패할 확률이 0.01이고 관련된 예상 피해가 10,000 단위일 때 위험성은 Risk (option 1) = 0.01 × 10,000 = 100
- 두 번째는 실패 확률이 두 배로 높으나 관련된 피해가 7,000 단위라 할 때 계산식은 Risk (option 2) = 0.02 × 7,000 = 140이다.

위험성이 수치로 표현하기 어려운 비정량적 요소로 구성된 경우에는 이를 정량화하기 위하여 지수를 활용할 수 있다. 상용로그[232]를 사용하여 식(1)을 지수(Index)로 나타내면 아래 식(4), 식(5)와 같이 표현할 수 있다.

$$log(Risk) = log(Probability) + log(Consequence) \quad \text{식(4)}$$

$$RI(Risk\ Index) = PI(Probability\ Index) + CI(Consequence\ Index) \quad \text{식(5)}$$

〈표 3-2〉 Example of Risk Matrix

Probability (Frequency)				
Frequent				*High Risk*
Reasonably Probable				
Remote				
Extremely Remote	*Low Risk*			
	Minor	Significant	Severe	Catastrophic

Consequences (Severity)

232) 10 × 100 = 1,000이다. 이때 10을 A, 100을 B라고 하자. A x B는 A · B라고도 표현한다. A · B라는 곱하기 공식에 log를 취하면 logA · B이며, 이를 더하기로 바꾸면 logA + logB로 표현할 수 있다.

2.3 위험성 분석 및 평가 도구

공학시스템의 설계 과정에서 위험성 분석 및 평가에 사용되는 대표적인 기법으로는 HAZOP (Hazard and Operability Studies), FTA (Fault Tree Analysis), ETA (Event Tree Analysis), FMEA (Failure Modes and Effects Analysis) 등이 있다.

- HAZOP은 새로운 시스템을 설계할 때 잠재적인 위험요소와 운영상의 문제점을 파악하기 위한 방법으로 주로 위험요소 식별(Hazard identification) 단계에서 사용되는 정성적인 분석 방법이다. 설계상의 정상적인 상황을 벗어나는 경우(Deviation)를 가정하여 그 원인과 영향을 파악하는 방법으로 화학 공장 설비 등과 같이 연속적인 시스템에 많이 사용된다.
- FTA는 시스템에 내재되어 있는 위험 인자를 파악하고 위험성을 계산하기 위한 하향식(Top-down) 방식의 분석법이다. 분석 방법이 간단하고 비교적 쉽게 위험성을 파악할 수 있기 때문에 위험성 분석 시 가장 많이 사용되는 기법 중 하나이다. FTA는 시스템을 구성하고 있는 부품의 고장과 인적 과실, 그리고 외부 사건이 논리적으로 조합되어 특정한 사고를 불러일으키는지를 가시적으로 모델링하여 분석하는 방법이다.
- ETA는 FTA와는 반대로 상향식(Bottom-up) 방식을 이용해서 시작 사건으로부터 나올 수 있는 결과를 의사결정 나무(Decision tree)를 이용하여 분석하는 방법이다. 특히 여러 개의 안전장치가 마련되어 있는 시스템의 위험성을 파악하기 위해 많이 사용된다. ETA의 장점으로는 여러 사건이 복잡하게 얽혀 있거나 도미노 현상에 의해 발생하는 결과를 파악할 수 있다는 것이며, 안전성 평가기법으로서 위험요소의 식별 단계에서 시나리오를 구성하는 기법으로도 널리 사용되고 있다.
- FMEA는 부품의 고장이 어떻게 전체 시스템에 영향을 미치는지를 분석하여 고장에 대응하는 적절한 안전장치가 마련되어 있는지를 분석하는 방법이다. 주로 정성적인 분석을 할 때 사용되며 물리적인 부품으로 구성되어 있는 시스템의 위험성 분석에 적절한 기법으로서 기계 또는 전기장치 시스템을 검토하고 장비의 유지보수를 최적화하는데 자주 사용된다. 또한 시스템에 문제가 생겼을 때 이를 해결하기 위한 정보를 얻기 위해서도 많이 사용된다.

그 밖에 브레인스토밍(Brainstorming) 기법을 기반으로 한 조건 분석(What-if analysis), 위험성 통제 방안(Risk Control Option: RCO)을 만들 때 어디에 중점을 두어야 하는지를 파악하기 위한 위험성 기여수목(Risk Contribution Tree: RCT), 위험성과 관련한 영향도를 파악하고 민감도를 분석하는데 사용되는 영향도 다이아그램 (Influence diagram) 등이 있다. 이러한 기법들은 문제의 복잡도, 가용정보의 성숙도, 가용자원에 따라 달리 사용된다.

주요한 위험성 분석 및 평가 기법은 아래 표와 같이 요약할 수 있다.[233)]

〈표 3-3〉 위험성 분석 및 평가 기법

No	위험성분석기법	개요	용도
1	브레인스토밍 (Brainstorming)	잠재적 고장모드(potential failure modes), 위험요소, 위험요소 결정을 위한 기준, 위험요소의 처리 대안에 관한 것들을 식별하기 위해 전문가들로부터 자유로운 대화를 이끌어 냄	다른 위험성 평가방법과 함께 사용 가능하고 특별한 데이터가 없거나, 참신한 해결책이 필요한 새로운 기술에 대한 위험요소를 식별하는데 유용함
		-장점 : 상상력을 자극하여 새로운 위험요소의 식별과 참신한 해결책 제시를 도우며, 상대적으로 빠르고 구성하기 쉬움 -단점 : 참석자의 기술과 지식이 부족할 수 있으며 상대적으로 비체계적임	
2	구조적 혹은 반-구조적 인터뷰 (Structured or semi-structured interviews)	여러 사람의 관점에서 위험요소를 식별하기 위해 준비된 설문지의 질문에 답하는 방법	참가자들 간의 브레인스토밍이나 자유로운 논의가 어려운 경우, 프로세스의 어떤 단계에서도 사용 가능
3	델파이법 (Delphi technique)	브레인스토밍의 한 형태로, 전문가의 그룹으로부터 의견 일치를 얻는 과정	위험관리 프로세스 혹은 시스템 수명주기에서 전문가의 의견 일치가 필요한 단계에서 적용 가능
4	체크리스트 (Check-lists)	기존의 위험 평가 혹은 과거의 고장의 결과 및 경험에 의해 발전되어 온 위험 혹은 통제 실패의 목록임	제품의 시스템 수명주기, 시스템 절차의 어느 단계에서나 적용이 가능하며, 위험요소를 식별하거나 통제의 효과를 평가하기 위해 사용됨
5	예비위험요소 분석	PHA는 주어진 활동이나 설비 혹은	프로젝트 개발의 초기단계에서 설계

233) 각 기법 및 이들의 적용에 대한 상세한 내용은 IEC/ISO 31010을 참고하기 바란다.

6	(Preliminary Hazard Analysis(PHA))	시스템에서 위험요소와 위험한 상태, 사건을 식별하는 것이 목적인 간단한 귀납적 해석방법	의 세부적인 내용 혹은 조작 절차에 대한 정보가 부족할 경우에 사용되고, 일반적으로 더욱 향상된 연구를 위한 경우나 시스템의 설계에 대한 제원을 제공하기 위해 사용됨
6	HAZOP	관련된 여러 분야의 전문가들이 모여서 공정에 관련된 자료를 토대로 공정이 원래 설계된 운영 목적으로부터 이탈(deviation)하는 원인과 그 결과를 찾아보며, 그로 인한 위험요소와 운용에 야기될 수 있는 문제에 대해 조사하고 연구하는 방법	주로 세부설계 단계에서 연구되지만 설계변경은 가능하며, 기계, 전기시스템, 소프트웨어 시스템 등 다양하게 사용
7	Hazard Analysis and Critical Control Points (HACCP)	제품을 조사하는 것보다 프로세스 전체를 조절하여 위험요소를 최소화하는 것이 목표이며, 위험으로부터 보호, 제품의 품질과 안전을 위해 위험요소를 식별하고, 통제요소들을 프로세스의 관련된 곳에 두기 위한 구조를 제공	NASA 우주 프로그램의 음식의 품질을 보장하기 위해 개발되어 현재는 먹이사슬 내에서 음식의 물리적, 화학적 혹은 생물학적 오염으로부터의 위험을 조절하기 위해 사용
8	유독성 평가 (Toxicity assessment)	환경의 위험원에 노출된 사람, 동물, 식물에 대한 위험성을 평가하기 위해 사용되는 환경적 위험성 평가이다. 또한 위험의 원인, 방법, 그리고 어떤 경로로 해당 집단의 개체 수에 영향을 미치는지 등을 분석하는 방법	화학, 미생물 등과 같은 위험에 노출되어 있는 식물, 동물, 사람의 건강, 환경과 같은 매우 넓은 범위에서의 사용이 가능하며, 위험요소를 감소시키기 위한 방법을 찾는데 유용함
9	구조화된 조건 분석 기법 (Structured “What-if” Technique (SWIFT))	원래 HAZOP에 대한 더 간단한 대안으로서 개발된 것으로써 진행자가 자극하는(prompt) 단어 및 문장들을 사용하여 참가자들을 자극해, 위험요소를 식별하는 체계적인 팀 위주의 기법	화학과 정유공장에서의 위험 연구를 위해 개발되었으나, 현재는 공정, 절차 등의 넓은 범위에 적용하고 특히, 위험에 따른 변화나 생성된 것에 대한 조사에 사용됨
10	시나리오 분석 (Scenario analysis)	미래가 어떻게 바뀔지 기술하는 것에서부터 개발되어, 가능한 미래 상황을 고려하고 예측함으로써, 위험 식별에 이용	위협과 기회가 어떻게 변하는가를 예상하는데 이용될 수 있으며, 모든 종류의 위험에 대한 단기적, 장기적인 예측이 가능

11	사업 영향 분석 (Business Impact Analysis (BIA))	주요 사업 프로세스의 위험한 상태, 기능과 관련된 자원과 조직을 위한 주요 상호의존적인 것들의 식별	목표의 지속적인 성공을 보장하기 위해 프로세스와 관련된 자원(사람, 장비, 정보기술)들의 과정의 정상화 시간 결정
12	Root Cause Analysis (RCA)	다양한 종류의 고장을 다루기 위해 자산 손실에 초점을 맞춘 분석 기법으로, 즉각적이고 명확한 징후만을 다루는 것이 아니라 근본적인 원인을 식별하려 함	사고조사와 직업상의 건강과 안전에 사용되고, 산업상의 제조를 위해 품질관리에 작용되며, 신뢰도와 유지보수와 관련된 기술적 시스템에 사용됨
13	Failure Modes and Effects Analysis (FMEA)	각 부품, 시스템 혹은 프로세스가 계획된 설계를 만족하는데 실패(failure)할 수 있는 경우를 식별하기 위한 기법	절차와 프로세스의 개선, 높은 신뢰성을 가지는 대안을 선택하는데 도움을 주기 위해 사용
14	Fault Tree Analysis (FTA)	시스템이 내재하고 있는 위험요소를 파악하고 그 영향을 계산하기 위한 하향식 기법으로, 수형도와 같은 그림형태로 표현됨	잠재적 원인과 경로를 정성적으로 식별
15	Event Tree Analysis (ETA)	시작 사건으로부터 나올 수 있는 결과를 의사결정나무(decision tree)를 이용하여 그림으로 분석하고, 그 사건의 영향을 완화시키는 기법으로 정량적, 정성적인 해석 모두 가능함	시작하는 사건으로부터 다른 사고 시나리오의 순위, 모델링, 계산을 위해 사용되며, 제품 혹은 프로세스의 수명주기 어느 단계에서도 사용이 가능
16	원인-결과 분석 (Cause-consequence analysis)	중요사건(critical event)으로부터 시작하고 YES/NO 논리게이트의 조합으로 결과를 분석	완벽한 시스템의 고장에 대한 이해를 위해, 주요 안전 시스템의 신뢰성 도구로 개발되어, FTA와 비슷하게 표현되지만, 시간 순차적인 고장을 분석하는 기능을 추가
17	인과관계분석 (Cause and effect analysis)	원치 않는 사건이나 문제의 원인 식별을 위해 구조화한 방법으로, 넓은 영역에 적용 가능한 요소를 조직하여 가능한 모든 가정들이 고려될 수 있도록 함	특정 영향의 원인목록을 그림형태로 조직화하여 제공하며, 가능한 원인에 대해 넓게 생각하는 것과 고려될 수 있는 잠재적 가정을 세우는 것이 가장 중요

3. 사고의 발생

시스템이란 인과관계, 논리관계, 자연법칙 등의 상호관계를 지닌 요소들로 구성된 집합이 일정한 기능을 수행하는 것이며, 일반적으로는 특정한 목적을 달성하기 위하여 여러 관련된 구성요소들이 상호작용하는 유기적 집합체라고 한다. 구성요소란 전체 시스템의 일부분인 하위 시스템이나 성분을 나타낸다.234)

사고는 특정 시스템을 구성하는 여러 요소 중에서 안전과 관련된 구성요소들의 결함이나 손상에 따라 발생하기 때문에 안전 시스템의 붕괴(System Failure)에 따른 결과이다.

3.1 안전 시스템의 붕괴

사고는 어떠한 위험이 현실화된 것으로서 그 과정에는 사고 방지를 위한 여러 단계의 시스템 구성요소(이하 '방어막')에 결함이 발생한 결과로 아래 〈그림 3-2〉와 같이 표현된다.235)

〈그림 3-2〉 Accident Provoking Mechanism

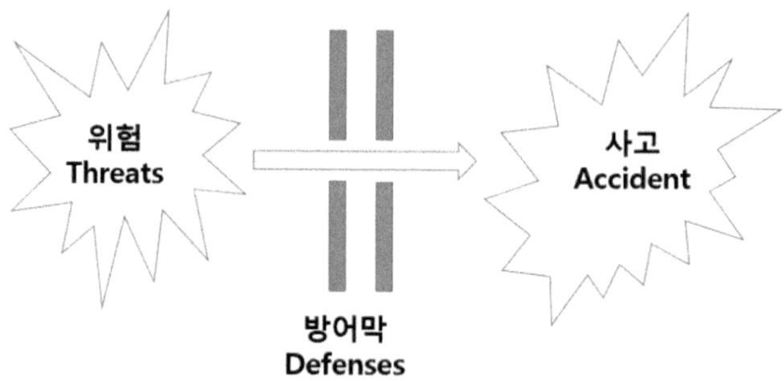

그러나 여러 겹으로 구성된 방어막들(Defences) 즉 안전 시스템은 일부 방어막(Defence)에 결함이나 손상이 있더라도 다른 방어막(Defence)의 작용에 따라 사고가 발생하지 않을 수 있다. 따라서 방어막을 다중화 할수록 사고의 발생위험은 줄어든다고 볼 수 있다.

234) 김홍태 외 5명(2012), 해사인간공학개론, 해양연구원, 31~55쪽

235) United States Coast Guard(USCG), 2008. 4, MARINE SAFETY MANUAL Volume V, pp. B4-2~B4-23

일부 안전 요소의 결함이 있더라고 사고와 연결되지 않도록 다중화 된 방어막을 구성할 때 이를 안전망(Safety net)이라고 한다.236)

〈그림 3-3〉 Accident Preventing Mechanism

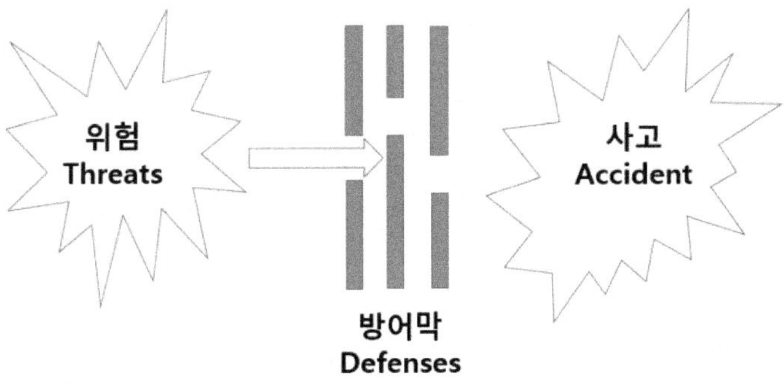

3.2 사고발생 이론

1) 인간과실

인간과실(Human Error)237)이란 개인이나 집단의 측면에서 볼 때 수용할 수 있거나 바람직한 관행으로부터 이탈하여, 수용할 수 없거나 바람직하지 못한 결과를 초래하는 행위를 말한다.238)

통계적으로 볼 때 해양사고를 포함한 교통사고의 대부분은 인간과실에 기인한다고 밝혀져 있다. 따라서 교통안전을 향상시키기 위해 인간과실을 줄이는 다양한 방법이 연구

236) 안전망이란 용어가 사용된 대표적인 경우로 '사회 안전망'은 브레튼우즈협정 기관들(세계은행, 국제통화기금)에 의해 사용된 용어이다. 기존 사회보장제도하에서는 적절한 보호를 받지 못한 채 여전히 위험에 노출된 사람들을 보호하기 위한 대책을 의미한다.

- 우리나라는 크게 1, 2, 3차로 사회 안전망을 구축하고 있다. 1차 안전망은 일반 국민들을 대상으로 하는 4대 사회보험(공적연금, 의료보험, 산재보험, 고용보험)으로 구성된다. 1차 안전망에 의해 보호받지 못하는 저소득층을 위한 2차 안전망으로 공공부조인 기초생활보장제도와 보완적 장치인 공공근로사업을 운용하고 있다. 마지막 3차 안전망으로는 재난을 당한 사람에게 최소한 생계와 건강을 지원해주는 각종 긴급구호제도가 있다.

237) '인적과실'이란 용어도 흔히 사용되고 있으나 '인적'이란 사람에 관한 것이란 뜻이므로 '인적'보다는 사람이 저지른 과오라는 의미로 '인간과실'이 적절한 표현으로 보아 이를 사용한다.

238) IMO MSC Circular 829, 1997, Interim guidelines for the application of formal safety assessment to the IMO rule-making process, p. 5

- Human error: A departure from acceptable or desirable practice on the part of an individual or a group of individuals that can result in unacceptable or undesirable results

되고 있다.

인간이 부주의하거나 능력 밖의 일로 사고가 발생하는 경우를 방지하기 위해 미리 위험을 알려주는 사전 경보 시스템이 대표적이다. 일례로 현재 선박에 사용되고 있는 통합선교시스템(Integrated Navigation System, INS)은 여러 개별적인 장비의 신호를 종합적으로 평가하여 잠재적인 위험이나 구성 시스템의 성능저하 정보를 적시에 당직 항해사에게 경보함으로써 당직 항해사의 능력 안에서 당직이 이루어지도록 지원하는 것이다.[239]

또한 사람이 기계나 장비를 다룰 때 발생할 수 있는 인간요인에 의한 사고를 줄이기 위한 방안으로 인간중심설계(Human Centered Design)[240]에 대한 다양한 연구도 진행되고 있다.

궁극적으로 인간과실을 없애는 유일한 방법은 인간이 교통수단을 조종하지 못하도록 하는 것이다. 일부 해운선진국을 중심으로 자율운항선박 기술개발이 활발히 이루어지고 있음에도 불구하고 인간이 배제된 믿을 만한 시스템은 차세대의 몫일 것이므로 국제사회는 인간이 어떻게 잘하지 못하였는지 파악하여 교육·훈련 방안을 마련하고, 인간과실이 불가피하게 발생하더라도 사고로 이어지지 않도록 대응책을 마련하기 위한 다양한 실험과 연구를 진행하고 있다.

2) 인간과실 모델링 시스템

국제해사기구(IMO)는 국제해양사고조사코드[241]에서 사고를 일으키게 하는 인간과실을 다음 그림과 같이 네 가지로 분류하고 그러한 행동을 하게 된 심리적 배경을 세 가지로 분류한다.[242]

사람은 해야 할 일을 깜빡 잊고 못하거나(Slip), 착오를 일으킬 수 있으며(Lapse), 아는데도 실수하거나(Mistake), 의도적으로 규정을 위반할 수도 있다(Violation).[243] 의도

239) IMO MSC.86(70), 1998, Annex 3: RECOMMENDATION ON PERFORMANCE STANDARDS FOR AN INTEGRATED NAVIGATION SYSTEM (INS)

240) ISO 9241-210, 2019, Ergonomics of human-system interaction - Part 210: Human-centred design for interactive systems

241) (Casualty Investigation Code) Code of the international standards and recommended practices for a safety investigation into a marine casualty or marine incident (MSC.255(84))

242) IMO, 1999, Amendments to the Code for the Investigation of Marine Casualties and Incidents, Appendix 2: Guidelines for the Investigation of Human Elements in Marine Casualties and Incidents. IMO A.884(21)), pp. 11~20

243) 'Slip'과 'Lapse'는 절차를 바르게 실행하지 못한 것이다(Failure to correctly execute a procedure).
- 'Slip'은 실행실패(failure of execution)이므로 '망각'이라고 할 수 있고, 'Lapse'는 기억실패(failure of memory)

적인 위반을 제외하고 다른 세 가지 경우가 기본적인 인간과실의 유형이며 주요 관리대상이다.

〈그림 3-4〉 Framework of Generic Error Modeling System (GEMS)

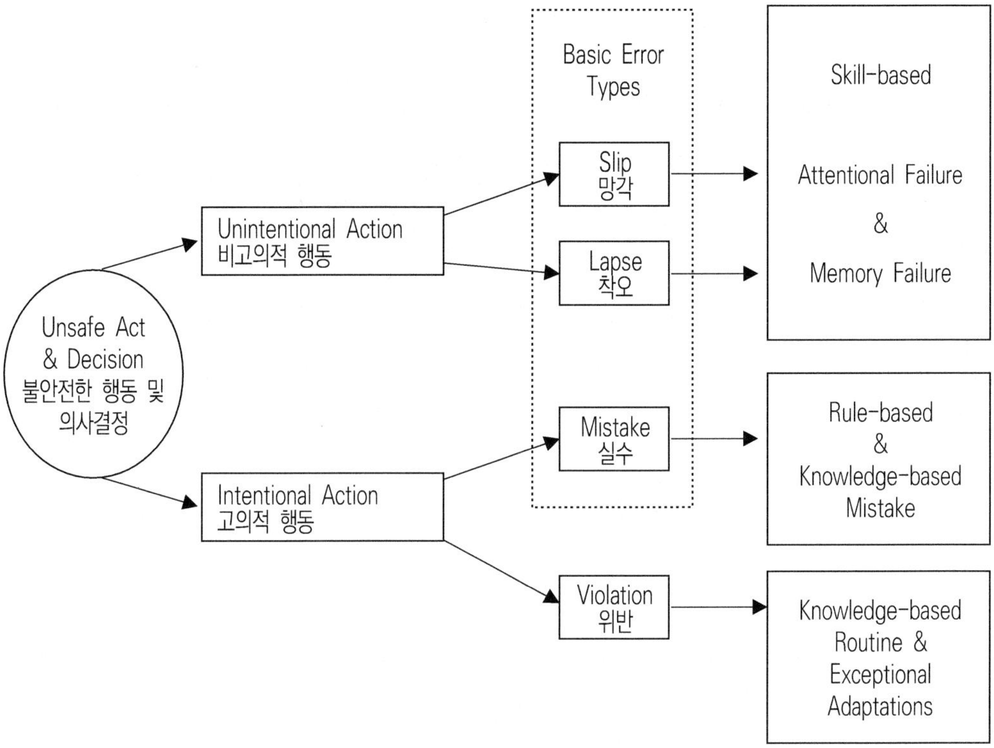

리즌(James Reason) 박사는 자신의 스승인 라스무센 박사의 작업에 기초하여 아래 그림과 같은 '포괄적 과실 모델링 시스템(GEMS)'을 제시하였다.[244)]

로서 '착오'라고 할 수 있다. 일반적으로 기술기반(SB)의 행동에서 나타난다.

- 'Mistake'는 목적에 맞지 않는 잘못된 절차를 이행한 것이며(Using wrong procedure for the goal) '실수'라고 할 수 있으며, 전형적으로 규정기반(RB)의 행동이며 문제를 해결하려는 과정에서 나타난다.

244) 리즌 박사는 1990년 저서인 인간과실(Human Error)에서 인간과실에 대한 두 가지 학설을 하나의 프레임으로 묶어 GEMS를 제시했다. GEMS는 이전의 과실분석기법과는 달랐는데, 모든 행위수준에서 일어나는 과실을 집약하였고, IMO의 해양사고조사코드에 부속서로 첨부되어 사람의 행동을 조사하는 우선적 기법으로 도입되었다.

3) 행동심리

'사람들은 어떻게 문제를 해결하는가?'라는 심리학적 문제에 대하여 1981년에 라우즈(Rouse) 박사는 '사람은 적극적으로 패턴에 따라 행동한다.'고 간명하게 요약하였다. 사람은 각각의 상황을 분석하고 최적의 해답을 계산해 내기보다는 이미 준비되어 있는 패턴(pre-packaged patterns) 중에서 답을 고르려 한다는 것이다.

1986년에 라스무센(Rasmussen) 박사는 이러한 관찰로부터 인간의 행위를 ① 기술기반 행동(SB: skill-based performance), ② 규정기반 행동(RB: rule-based performance)과, ③ 지식기반 행동(KB: knowledge-based performance)으로 구분하였다.

〈그림 3-5〉 Rasmussen's Pyramid

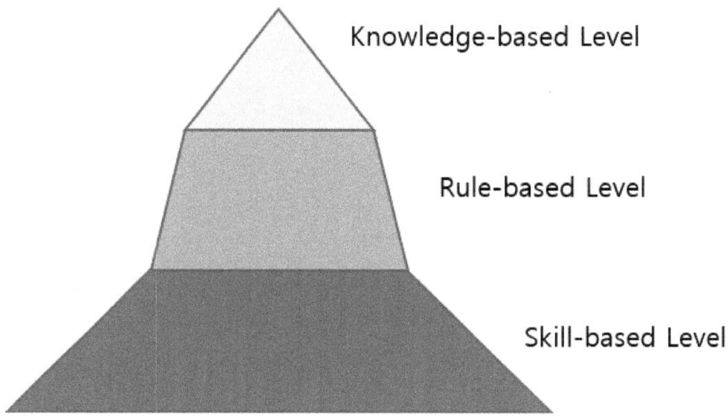

가) 기술기반 단계

가장 낮은 단계인 기술기반 단계(SB)에서 사람은 자신을 둘러싸고 있는 환경에 익숙하기 때문에 어떻게 해야 하는지 생각할 필요도 없이 자동적으로 행동한다. 의식적인 관찰 없이도 일을 해내는 단계이므로 자신의 행동이 얼마나 잘 진척되는지에 대한 주의를 필요로 한다. 즉 제 때 행동하거나, 지나치게 행동하지 않도록 주의하여야 한다.

복잡한 상황에서는 자동적인 행동만으로 문제를 해결할 수 없다. 사람은 대개 기술기반 단계(SB)에서 문제를 해결하기 시작하더라도 이미 준비된 패턴이 없는 상황이면 다음 단계로 전환한다. 어긋난 상황이 경미하고 대안이 쉽게 발견되면 보통 사람은 다시 기술기반 단계(SB)로 돌아온다. 우리 일상의 대부분이 기술기반 단계(SB)에서 이루어지며 간헐적으로 다음 단계인 규정기반 단계(RB)를 오간다.

나) 규정기반 단계

대다수의 사람들은 인식하지 못하지만 자신이 생활하면서 필요한 문제를 해결하기 위한 거대한 규정집을 갖추고 있다. 대다수 규정은 말로 설명하기 어렵더라도 방대한 도서관과 같이 자리 잡고 있다. 이러한 규정은 정규 교육과정을 통해 얻기도 하지만 대다수는 경험을 통해서 얻는다.

사람이 기술기반 단계(SB)에서는 답을 찾을 수 없다고 파악하면 문제해결을 위한 표식이나 지표 같은 것을 찾게 된다. 이 상태가 규정기반 단계(RB)이다.

규정기반 단계(RB)는 두 부분으로 나뉜다. 첫째는 인식규정으로서 'X'라는 표식을 보게 되면 'Y'라는 세계를 인식하는 것과 같은 규정에 대한 인식이다. 둘째는 행동규정으로서 'Y'라는 세계를 인식하면 'Z'라는 행동이 적절하다고 파악하는 것이다. 바른 규정을 선택하고 문제를 해결하기 위하여 사람은 규정기반 단계(RB)에서 바른 인식규정과 행동규정을 선택하고 사용해야 한다.

사람이 적극적으로 패턴에 따라 행동한다는 것은 어떤 표식을 보면 미리 준비되어 있는 규정 중에 적합한 규정을 찾아낸다는 것이다. 상황이 복잡하거나 약간 다른 상황이라면 그에 맞는 다른 해답을 찾아내야 한다.

문제 해결과정은 전형적으로 적합한 규정이 무엇인지 대입해 보는 것이다. 그리고 그 적용된 규정이 어떻게 작동하는지 살펴본다. 어떤 규정을 적용했으나 문제가 해결되지 않아 보이면 가장 연관 있는 다른 규정을 찾게 된다. 상황이 복잡하고 상황에 대한 규정이 약간 다르면 이에 맞춰 다른 해답을 찾아가게 된다. 규정이 적합하면 이미 준비된 그 규정을 답으로 활용한다. 즉 'X'라는 표식을 보면 'Y'라는 세계를 인식한다. 'Y'라는 세계를 인식하면 'Z'라는 행동을 하는 것이다. 행동 'Z'는 종종 단순한 기술이다.

예를 들어 욕조의 온도를 조절하려 할 때 받아 놓은 물에 김이 올라오면 뜨거울 것 같다는 표식 'X'를 무의식적으로 느낀다. 이 표식 'X'에 따라 물은 매우 뜨겁다는 인식 'Y'를 갖게 된다. 그러면 인식 'Y'에 따라 수도꼭지를 돌려 찬물을 트는 'Z'라는 행동을 하게 된다. 이러한 행동 자체는 기술기반의 행동이다.

사람들은 대부분의 시간을 기술기반 단계(SB)에서 보내지만 그러한 행동에 대한 인식은 거의 하지 못한다. 규정기반 단계(RB)에서는 행동을 인식하고 있지만, 많은 실습과 경험이 쌓이게 되면 규정기반 단계(RB) 또한 의식의 경계를 넘어 무의식적인 기술기반 단계(SB)로 전환된다.

다) 지식기반 단계

문제를 해결하기 위해 미리 준비된 패턴을 찾아 무수한 규정을 대입하여도 해결되지 않는 매우 복잡한 상황과 맞닥트릴 수 있다. 이렇게 미리 준비된 규정이 없다면 지식기반 단계(KB)에서 답을 찾게 된다. 최적의 행동을 계산해 내야 하는데 이런 활동은 최대한으로 주의를 기울이고 의식을 동원해야 한다.

어떤 새로운 상황이 경험한 바 없는 경우라면 사람은 적극적으로 미래와 현실의 관계를 이해하기 위해 분석하고 계산하여 최적의 답을 찾으려 한다. 새로운 문제와 알고 있는 어떤 다른 문제 사이에 감춰진 유사성을 발견해 내면 사람들의 의식은 규정기반 단계(RB)나 기술기반 단계(SB)로 전환될 수 있다. 기술기반 단계(SB)와 규정기반 단계(RB) 사이에 전환이 일어나는 것처럼 사람들은 잠시 지식기반 단계(KB)에 있다가 바로 규정기반 단계(RB)로 돌아가기도 한다.

라스무센의 이론에 따르면 사람은 대부분 시간을 기술기반 단계(SB)에서 활동하며, 규정기반 단계(RB)의 업무와 결정을 수행하기 위해 약간의 시간을 사용하며, 지식기반 단계(KB)에 사용하는 시간은 거의 없다고 한다.

개략적인 경험에 따르면 사람들은 기술기반 단계(SB)에서 가장 잘 행동하며, 규정기반 단계(RB)에서도 매우 잘 행동한다. 그러나 지식기반 단계(KB)에서는 제대로 행동하지 못한다. 따라서 초보자나 전문가를 불문하고 전혀 새로운 문제에 부딪히면 공히 해결책을 제대로 찾아 내지 못하는 것을 이상하게 볼 일이 아니다. 어떤 업무에 새로이 투입된 사람이라면 모든 상황이 새로울 수 있다. 그래서 '좋은 판단은 경험에서 나오고, 경험은 나쁜 판단에서 나온다.'는 속담이 적용될 수 있다.[245]

4) SHEL 모델

인간의 업무는 조직문화의 영향을 받기 때문에 사고를 야기한 인간을 비난하는 것만으로는 유사한 사고의 재발을 막을 수 없다. 따라서 사고를 일으킨 인간에게 미치는 조직의 영향을 확인하고 구분하기 위한 여러 시도가 있었다.

SHEL 모델은 항공업계에서 먼저 도입한 인적요인 조사기법이며 국제해사기구(IMO)에서도 해양사고의 원인 조사를 위해 도입하였다.[246]

245) Good judgment comes from experience. Experience comes from bad judgment.

246) 1972년 미국의 심리학 교수인 에드워드(Elwyn Edward)는 승무원과 항공기 기기(器機) 사이에 상호작용 관계를 종합적이고 체계적으로 표시하는 도표인 SHEL (Software, Hardware, Environment, Liveware) 모델

<그림 3-6> Examples of SHEL Model

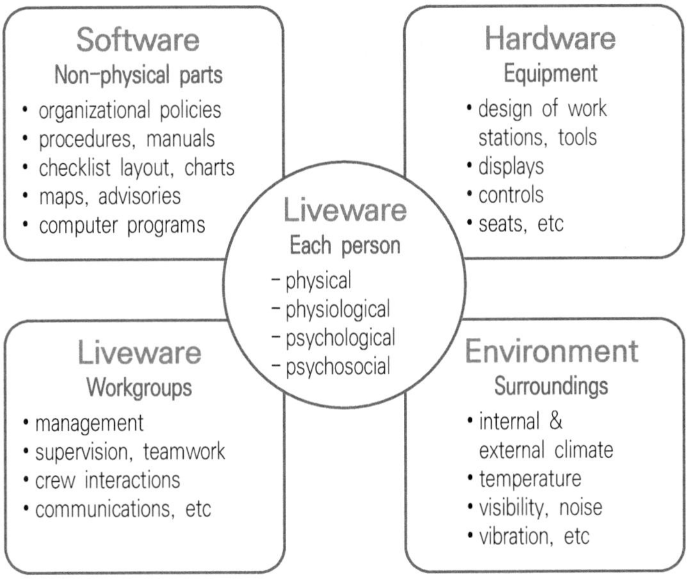

사고를 일으킨 인간은 작업자라는 요소로서 다른 여러 요소들과 상호 연관을 갖는다. 작업자에게 영향을 미치는 요소를 크게 구분하면 ① 작업자 자신(Liveware), ② 관리담당이나 감독, 팀원과 같은 다른 작업자(Liveware), ③ 사용하는 장비나 장치뿐만 아니라 장비의 디자인이나 작동 방식 등을 포함한 기계·장비류(Hardware), ④작업 절차서와 규정(Software), ⑤ 온도, 습도, 가시거리와 같은 작업환경(Environment)이 있다.247)

하나의 시스템 안에서 여러 사람이 연계되거나, 작업자가 속한 시스템이 다른 시스템의 일부라면 아래 그림과 같이 다른 작업자와도 상호작용이 이루어져 서로 영향을 미친다.

을 고안하였는데 인간의 인체기관 능력 및 한계에 대한 인식과 함께 인간과 기기 및 주변 환경과의 부조화를 해소하는 것이 필수적이라는 점을 주장하였으나 주목받지 못했다.
1975년 네덜란드 KLM 항공의 기장 출신인 Frank H. Hawkins 박사는 Elwyn Edward가 고안한 SHEL 모델을 수정하여 'Building Block' 모형인 새로운 SHEL모델을 사용하였는데 이는 항공기 승무원의 업무와 관련하여 적용해보면 중앙에 있는 "L"은 인간 즉 운항승무원을 뜻하고(관제부문에서는 항공관제사, 정비부문에서는 항공정비사 등 각 부문에서 업무를 주도적으로 수행하는 사람을 의미함) 주변의 "L"도 인간을 의미하는데 업무에 직접 관여하면서 업무를 주도적으로 수행하는 인간과 관계된 자를 나타낸다.
또한 "H"는 항공기운항과 관련하여 승무원이 조작하는 모든 장비 장치류를 나타내는 것이며 "S"는 항공기운항과 관련한 법규나 비행절차, 점검표(checklist), 기호, 최근 점차 늘어나는 컴퓨터 프로그램 등이 해당된다. "E"는 주변 환경과 조종실 안의 조명, 습도, 온도, 기압, 산소농도, 소음, 시차 등을 나타낸다. 이러한 각각의 요소는 직무 수행과정에서 제 기능과 역할을 발휘할 수 있도록 항시 최적의 상태와 조화가 이루어져야 한다고 보았다.(출처: http://www.airportal.go.kr/life/history/acc/LkPerLe001.html)

247) (출처) Kim I. C., 2012, A study on ship's routeing and port zoning audit scheme for eradicating or reducing circumstantial factors of marine casualties and incidents, World Maritime University, Msc Dissertations, p. 25

〈그림 3-7〉 SHEL models in a system

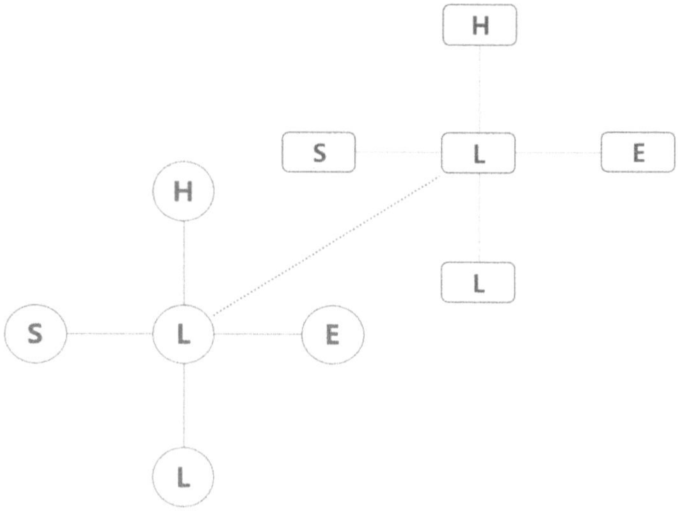

5) 스위스 치즈 모델

국제해사기구(IMO)는 인간과실(Human error)에 의한 해양사고의 발생과정을 스위스 치즈 모델로 설명하고 있으며,[248] 다른 산업계에서도 널리 쓰이고 있는 모델이다.

스위스의 대표적인 치즈인 에멘탈 치즈와 같이 크고 작은 불규칙한 구멍이 뚫린 치즈 조각을 여러 장 겹쳐 놓았을 때 각 조각의 구멍을 일렬로 관통하는 경우는 사고가 일어나고, 어느 한 조각에서라도 막히면 사고가 일어나지 않는다는 사고의 발생에 관한 이론이 스위스 치즈 모델이다. 각 치즈 조각을 작업방법이라 할 때 치즈 구멍은 위험요소이며, 구멍의 수는 위험요소의 수, 구멍의 크기는 발생 가능성 또는 발생 빈도의 크기라고 할 수 있다.

사고의 직접적인 원인으로는 사고를 일으킨 당사자의 불안전한 행위(Unsafe Acts)를 꼽을 수 있으나 사고를 일으킨 자를 징계하거나 비난하는 것만으로는 사고 재발을 막을 수 없다고 보아 그 이면을 조사하여 잠재적 조건이 어떻게 인간과실과 결합되어 사고가 발현되었는지를 조사해야 한다.

248) IMO A.884(21), 1999, Amendments to the Code for the Investigation of Marine Casualties and Incidents, Appendix 2: Guidelines for the Investigation of Human Elements in Marine Casualties and Incidents, pp. 11~20

〈그림 3-8〉 Swiss Cheese Model

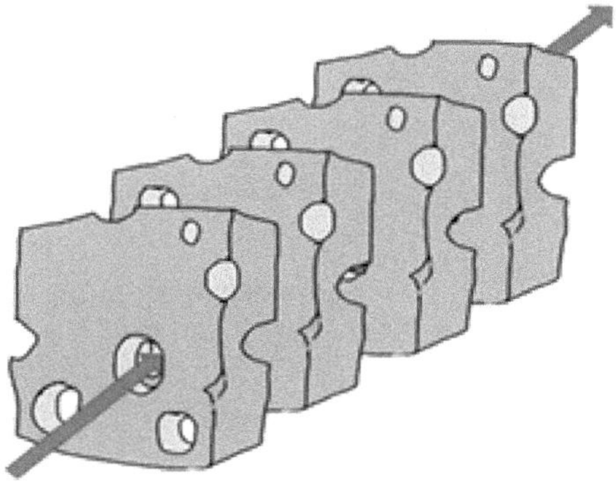

조사대상이 되는 대표적인 잠재 요인으로는 불안전한 행위를 유발한 선행조건(Preconditions for Unsafe Acts), 불안전한 관리감독(Unsafe Supervision), 그리고 잘못된 조직문화의 영향(Organization Influences) 등을 들 수 있다.

스위스 치즈 모델에 따른 사고조사에서는 잠재적인 요인이 어떻게 실제 사고로 구현되어 해를 끼치는지를 밝혀낸다. 이 모델에 따르면 사고가 어느 요인 하나로 발생하는 것이 아니라 여러 요소로 구성된 시스템에서 연속된 결함에 따라 발생하는 것으로 파악해야 한다는 것과, 비록 사고로 이어지지 않았어도 각각의 요소인 방어막에는 결함이 포함되어 있을 수 있다는 것을 보여준다.

또한 방어막의 수를 많게 하거나 각 방어막의 결함을 줄일수록 사고발생을 억제할 수 있다는 이론적 근거가 된다.

6) 사고발생 절차와 하이브리드 모델

국제해사기구(IMO)는 스위스 치즈의 각 슬라이스를 다섯 단계의 인적 조건 방어막으로 설명하고 있다. 시간 순서에 따라 사고의 간접적 원인으로서 1, 2, 3단계에서 잠재적으로 불안전한 상태(Latent Unsafe Conditions)가 이어지는데, 1단계에서 오류가 있는 의사결정, 2단계에서 작업관리 결함, 3단계에서 불안전한 행동을 할 수 있는 심리적 전조가 이어진다. 제4단계에서 사고의 직접적 원인이라 할 수 있는 즉발적 실수(Active Failures)가 작용하여 제5단계에서는 방어막이 훼손되어 사고가 발생한다. 잘못된 의사결정(Decision-Makers)에서부터 비롯되어 이를 수행 작업관리단계(Line Management)에서 바로잡지 못한 결함들(Deficiencies)이 치유되지 못하고, 작업자의 과실을 유발할 수 있는 선행조건(Preconditions)이 만들어진다. 그리고 생산과정에서 실행으로 이어지는 경우에 결국 사고가 발생하는 과정을 아래와 같이 도식화 하고 있다.

〈그림 3-9〉 Reason's Accident Realization Process

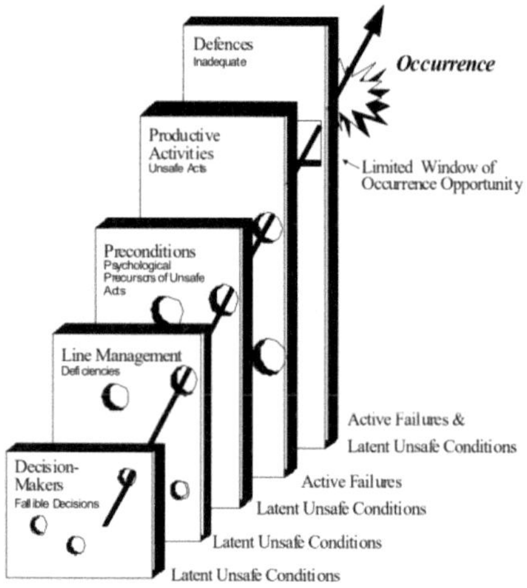

〈그림 3-10〉 SHEL and Reason Hybrid Model

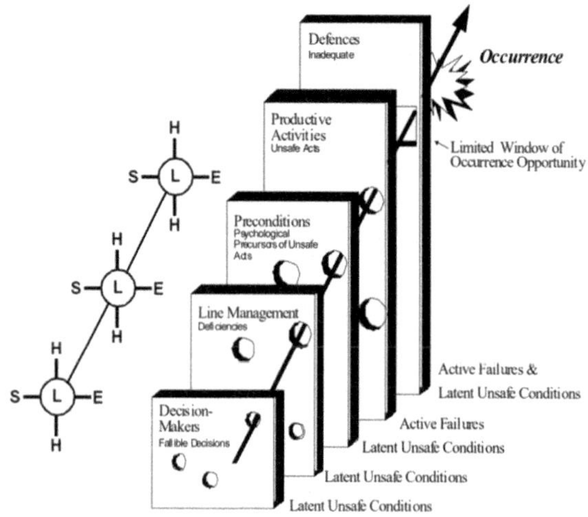

리즌 모델의 사고발생 절차와 에드워드의 모델의 인간을 연결한 도식을 하이브리드 모델이라고 하며, 각 단계별로 뚫린 방어막에서 사고발생에 개입한 인간과실을 식별하기 위하여 사용된다.

제 4 장

비상대응 및 응급처치

1. 비상대응 개요
2. 해양사고 관련법률 및 관계기관
3. 주요사고별 대응실무
4. 해상생존 및 응급처치

제4장 비상대응 및 응급처치

1. 비상대응 개요

대부분의 해양사고는 인재(人災)에 의한 것이기 때문에 사고를 유발하지 않도록 꾸준한 교육을 실시하여야 한다. 또한 사고가 발생하였거나 발생이 임박한 비상상황에 대한 지속적인 훈련 및 선내 실습을 통해 효율적인 대처가 가능해진다.

그러나 적절한 훈련에도 불구하고 사고에 직면하여 사람들은 공황 발작을 일으켜 결국 비상상황에서 해야 할 일을 하지 못하는 경우가 발생하기도 한다. 따라서 평소에 비상상황별 사고처리절차를 마련하고 꾸준히 반복적인 교육과 훈련을 실시함으로써 사고 관련자들이 빠른 시간 내에 평상심을 찾고 해결방안을 생각해 낼 수 있어야 한다.

해양사고가 발생한 선박에서 선장과 해원은 침착하고 자신감 있게 규정된 사고처리 절차[249]를 따라야 한다.

사고처리의 첫 번째 단계는 상황을 판단하는 것이다. 성급한 결정은 상황을 악화시키고 적절한 대응을 그르칠 수 있다. 선장과 해원은 무엇보다 선내에서 발생할 수 있는 다양한 유형의 비상상황에 대하여 평소에 알고 있어야 한다. 모든 상황에서 인명 구조가 최우선적 과제임을 명심하여야 하며, 그 후에 선박이나 적재화물의 피해를 줄이기 위해서도 노력해야 한다.

선장과 해원은 승선하고 있는 선박에서 해양사고가 발생한 경우에 해당 선박의 인명, 선체 및 화물의 구조에 만전을 기하는 것이 당연하지만, 자선이 다른 선박과 충돌한 경우에는 자선에 급박한 위험이 없는 한 상대선의 인명 및 선체를 구조할 의무가 있다.[250]

249) 국제안전관리규약(ISM Code)을 적용받는 선박은 안전관리시스템(SMS)에 비상상황별 조치사항이 규정되어 있으므로 이를 따라야 한다. 근거 규정은 ISM Code, Part A, 8(Emergency preparedness)에 있다.
- 8.1 회사는 선박에서 발생할 수 있는 잠재적인 비상상황을 식별하고, 이에 대응하기 위한 절차를 수립하여야 한다.
- 8.2 회사는 비상대응을 위한 훈련 및 연습 프로그램을 수립하여야 한다.
- 8.3 안전경영시스템(SMS)은 회사의 조직이 선박과 관련된 위험, 사고 및 비상상황에 항상 대응할 수 있도록 보장하는 수단을 제공하여야 한다.

250) SOLAS협약 부속서 제5장 제33규칙(조난상황 : 의무와 절차)

또한 다른 선박의 조난을 인지한 경우에도 자선에 급박한 위험이 없는 한 다른 선박의 인명 구조에 필요한 수단을 강구할 의무가 있다. 다만 이 경우에 다른 선박의 선체나 화물에 대한 구조 의무는 없다.251)

항해일지와 공문서에는 사고 관련 사실을 상세히 기술해야 한다. 이러한 서류에 기재할 때에는 충분히 사실을 확인한 후에 기재하고 가능한 한 고치지 말아야 한다. 서류에 기재한 후 고치는 경우에는 다른 기재가 사실이더라도 증빙으로서 가치는 반감한다.

선장은 해양사고가 발생한 경우 직접 진두지휘하여 초기대응을 하고, 본사, 지사, 대리

---

1. 해상에서 구조를 제공해 줄 수 있는 위치에 있는 선박의 선장은, 사람이 해상에서 조난 중에 있다는 정보를 어떤 발신원으로부터 받았을 때에는, 그들을 구조하기 위하여 전속력으로 항해하여야 하며, 가능하다면 본선이 구조에 종사하고 있는 것을 본선이 신호를 받은 발신원 또는 수색 구조단체에 연락하여야 한다. 이 구조 임무는 조난자의 국적이나 상태 또는 그들이 처해있는 상황에 관계없이 적용된다. 조난신호를 수신한 선박이 구조에 임하는 것이 불가능하거나 특수한 사정이 있어서 그것이 불합리 또는 불필요하다고 인정할 때에는, 선장은, 기구의 권고 사항을 고려하여, 그에 따른 적절한 수색 및 구조업무를 통보하기 위하여 조난자의 구조에 임하지 아니한 이유를 반드시 항해일지에 기재하여야 한다.

1-1. 당사국 정부는 해상에서 조난된 사람들을 구조하기 위한 도움을 제공하는 선박의 경우, 그 선박의 선장이 예정항로 최소이탈 의무로부터 해제될 수 있도록 조정 및 협조하여야 한다. 다만, 현행 규칙 하의 선장의 의무 해제는 해상에서 인명의 안전에 더 이상의 위험이 없는 것을 조건으로 한다. 도움이 제공되는 수색 및 구조 범위에 대하여 책임이 있는 당사국 정부는 조정 및 협조가 이루어질 수 있도록 하여 구조받은 생존자들이, 특수한 상황들 및 기구가 개발한 가이드라인을 고려하여, 구조선으로부터 하선되어 안전한 장소로 후송될 수 있도록 해야 할 근본적인 책임이 있다. 이 경우 해당 당사국 정부는 합리적으로 실행 가능한 한 그와 같은 후송이 효과적으로 이루어질 수 있도록 하여야 한다.

2. 조난 선박의 선장 또는 관련된 수색 구조단체는, 가능한 한 조난신호에 응한 선박의 선장들과 협의를 한 후, 그 선박들 중 조난선박의 선장 또는 수색 구조단체가 구조를 하는데 가장 적당하다고 생각되는 1척 이상의 선박을 소집할 권리를 가지며 소집된 선박의 선장은 조난자의 구조를 위하여 전속력으로 항해를 계속해서 소집에 응할 의무를 가진다.

3. 조난신호에 응한 선박의 선장이 자기 선박은 소집되지 아니하고 1척 이상의 타선이 소집되어서 소집에 응하고 있다는 것을 안 때에는 이 규정 제1항에 의하여 부과된 의무로부터 면제된다. 가능하다면 이러한 결정은 다른 소집된 선박과 수색 구조단체에 통지되어야 한다.

4. 조난신호에 응한 선박의 선장은 조난자로부터 또는 수색 구조단체 또는 조난자가 있는 곳에 도달한 다른 선박의 선장으로부터 구조가 더 이상 필요하지 아니하다는 것을 통보받은 경우에는 이 규정의 제1항에 의하여 부과된 의무로부터, 그리고 그 선박이 소집되었다면 이 규정의 제2항에 의하여 부과된 의무로부터 해제된다.

5. 이 규칙의 규정은 1910년 9월 23일 브뤼셀에서 서명된 해상에서 구원과 구조에 관한 규정의 통일에 관한 국제협약* 특히 동 협약의 제11조 규정에 의해서 부과되는 구조 의무에 영향을 미치지 아니한다.
   *1989.4.28일 런던에서 채택되어 1996.7.14일 발효한 1989 해난구조에 관한 국제협약

6. 해상에서 조난자가 승선한 선박의 선장은 선박의 능력과 한도 내에서 인도적으로 그들을 대우하여야 한다.

251) UNCLOS 제98조(지원제공의무) 1. 모든 국가는 자국 국기를 게양한 선박의 선장에 대하여 선박, 선원 또는 승객에 대한 중대한 위험이 없는 한 다음 사항을 시행하도록 요구한다.
(a) 바다에서 발견된 실종위험이 있는 사람에 대한 지원제공
(b) 지원 요청을 통보받은 경우에 선장이 그러한 행동을 하리라고 합리적으로 기대되는 한도 내에서 조난자를 구조하기 위하여 가능한 전속력으로 항진
(c) 충돌 후 상대 선박, 선원, 승객에 대한 지원제공 및 가능한 한 상대 선박에게 자기 선박의 명칭, 등록항 그리고 가장 가까운 기항 예정지를 통보
2. 모든 연안국은 해상안전에 관한 적절하고도 실효적인 수색 및 구조기관의 설치, 운영 및 유지를 촉진하고, 필요한 경우에는 이를 위하여 상호간의 지역협정에 의하여 인접국과 협력하여야 한다.

점 등에 지체 없이[252] 사고 내용을 보고해야 한다. 이러한 보고는 이어지는 구조·구난대책[253], 수리·운항계획 등의 기초가 되기 때문에 요령 있게 사고보고서를 정리해야 한다.

사고대응은 선장의 전문적 식견이나 경험, 회사의 지침에 따라 처리되지만 관련 법률에 의한 사항은 필수적으로 준수해야 한다. 관련 법률로서 공법인 선원법과 사법인 상법은 해상에서 사고 발생시 인명과 재산 관리에 대한 기본적 내용을 다루고 있다. 국제해사기구(IMO)는 조난을 당한 선박이 구조를 요청하는 신호를 정해두고 있어 구조신호를 수신하였거나 조난 선박을 발견한 선박은 구조에 나서야 한다.

252) '지체 없이'와 '즉시'는 비슷한 용어이지만 법률에서는 합리적인 이유로 늦어지는 것을 인정할 때는 '지체 없이'라는 표현을 주로 사용한다.

253) 구조(Rescue)는 조난에 처한 사람을 구출하여 응급조치 또는 그 밖의 필요한 것을 제공하고 안전한 장소로 인도하기 위한 활동을 말하며, 구난(Salvage)은 위험에 처한 선박이나 재산을 구하려는 활동을 말한다.

2. 해양사고 관련법률 및 관계기관

2.1 선원법의 공법상 의무

선원법은 선원의 근로관계를 규정하는 사법적 사항과 구분하여 인명, 선박, 화물의 구조의무를 규정하고 있으며 이는 공법상의 의무에 속한다.254)

1) 인명, 선박, 화물의 구조의무(선원법 제11조, 13조)

o 선박 위험시의 조치(선원법 제11조)

① 선장은 선박에 급박한 위험이 있을 때에는 인명, 선박 및 화물을 구조하는 데 필요한 조치를 다하여야 한다.

② 선장은 제1항에 따른 인명구조 조치를 다하기 전에 선박을 떠나서는 아니 된다.

③ 제1항 및 제2항은 해원에게도 준용한다.

o 조난 선박 등의 구조(선원법 제13조) 선장은 다른 선박 또는 항공기의 조난을 알았을 때에는 인명을 구조하는 데 필요한 조치를 다하여야 한다.

2) 선박 충돌시 상대선에 자선의 선명 등 통보의무(선원법 제12조)

선박이 서로 충돌하였을 때에는 각 선박의 선장은 서로 인명과 선박을 구조하는 데 필요한 조치를 다하여야 하며, 선박의 명칭·소유자·선적항·출항항 및 도착항을 상대방에게 통보하여야 한다. 다만, 자기가 지휘하는 선박에 급박한 위험이 있을 때에는 그러하지 아니하다.

3) 서류기재의 의무(선원법 제20조)

선장은 선박국적증서, 선원명부, 항해일지 및 화물에 관한 서류 등을 선내에 갖추어 두고 기록·보관하여야 한다.255)

254) 선원법 제2장(선장의 직무와 권한), 제3장(선내질서의 유지)은 선박의 안전 항행과 선내질서 유지를 위한 공법상의 목적을 달성하기 위한 것이다.(출처: 해양수산부, 2018, 선원분야 법률 체계 개편방안 연구, 37쪽)

255) 제20조(서류의 비치) ① 선장은 다음 각 호의 서류를 선내에 갖추어 두어야 한다.
1. 선박국적증서, 2. 선원명부, 3. 항해일지, 4. 화물에 관한 서류, 5. 그 밖에 해양수산부령으로 정하는 서류
② 선장은 해양수산부령으로 정하는 서식에 따라 선원명부 및 항해일지 등을 기록·보관하여야 한다.

4) 선박 운항에 관한 해양항만관청에 보고의무(선원법 제21조)

선장은 다음 각 호의 어느 하나에 해당하는 경우에는 해양수산부령으로[256] 정하는 바에 따라 지체 없이 그 사실을 해양항만관청에 보고하여야 한다.

(1) 선박의 충돌·침몰·멸실·화재·좌초, 기관의 손상 및 그 밖의 해양사고가 발생한 경우

(2) 항해 중 다른 선박의 조난을 안 경우(무선통신으로 알게 된 경우는 제외한다)

(3) 인명이나 선박의 구조에 종사한 경우

(4) 선박에 있는 사람이 사망하거나 행방불명된 경우

(5) 미리 정하여진 항로를 변경한 경우

(6) 선박이 억류되거나 포획된 경우

(7) 그밖에 선박에서 중대한 사고가 일어난 경우

이외에도 사망자 발생 시 인도의무[257]와 유류품 처리[258]에 관한 규정 등이 있다.

---

256) 선원법 시행규칙 제15조(선박운항에 관한 보고 및 조사) ① 법 제21조의 규정에 의한 보고는 별지 제5호 서식에 의하되, 긴급한 때에는 구두로 보고할 수 있다. 이 경우 법 제21조제4호에 해당하는 경우에는 선장을 포함한 3인 이상의 관련자가 서명날인한 사건의 경위서를 제출하여야 한다.
② 선장은 부득이한 사유가 있는 경우에는 대리인으로 하여금 제1항의 보고를 하게 할 수 있으며, 선장 또는 그 대리인이 보고할 수 없는 경우에는 선박소유자가 보고하여야 한다.
③ 법 제21조에 따른 보고를 하는 때에는 지방해양항만관청에 항해일지를 제시하여야 한다. 다만, 해양사고 기타의 사유로 항해일지가 멸실된 때에는 그러하지 아니하다.

257) 선원법 제17조(사망자 발생 시 인도의무 등)
① 선장은 항해 중 선박에 있는 사람이 사망한 경우에는 다음 기항 예정 항만 또는 가까운 항만으로 이동하여 시신이 유가족 등에게 인도될 수 있도록 조치하여야 한다. 다만, 다음 기항 예정 항만 또는 가까운 항만이 시신의 반입을 금지하는 경우 시신을 반입할 수 있는 항만으로 이동하여야 한다.
② 제1항에도 불구하고 선박에 있는 사람이 전염병으로 사망하여 선내 감염이 우려되거나, 기항 예정 항만에서 시신 인도가 지속적으로 거부되는 등 해양수산부령으로 정하는 사유가 있는 때에는 해양수산부령으로 정하는 바에 따라 시신에 대한 조치를 할 수 있다.

258) 선원법 제18조(유류품의 처리) 선장은 선박에 있는 사람이 사망하거나 행방불명된 경우에는 법령에 특별한 규정이 있는 경우를 제외하고는 해양수산부령으로 정하는 바에 따라 선박에 있는 유류품(遺留品)에 대하여 보관이나 그 밖에 필요한 조치를 하여야 한다.

2.2 상법의 사법상 의무

상법에서는 자선과 화물을 관리하는데 있어 선장의 과실이 없어야 함을 규정하고 있다.

1) 직무상 주의의무

선장은 선박소유자의 사용인이며 선박소유자의 이익을 대표하는 지위에 있고, 선박의 지휘권을 가지고 있기 때문에 이해관계인에게 주어진 손해에 대해 자선의 운항 및 처리에 과실이 없었다는 것을 입증하지 못하면 그 책임을 면하는 것이 불가하다. 또한, 선장은 자선 및 화물에 대한 손해에 대해서도 책임을 지지 않으면 아니 된다.[259)]

2) 선박소유자에게 보고의무(상법 제755조)

선장은 항상 선박, 화물 등 관련 재산에 대해 이해관계인의 이익에 가장 적합한 방법으로 관리할 책임이 있다. 따라서 선장은 해양사고가 발생했을 때 지체 없이 상세한 내용을 선박소유자에게 보고해야 한다.

3) 공동해손(상법 제865조, 866조)

선박과 적화의 공동위험을 면하기 위한 선장의 선박 또는 적화에 대한 처분으로 인하여 생긴 손해 또는 비용은 공동해손으로 한다. 공동해손은 그 위험을 면한 선박 또는 적화의 가액과 운임의 반액과 공동해손의 액과의 비율에 따라 각 이해관계인이 이를 분담한다.

4) 기타 조치

사고의 진상을 선박소유자에게 보고한 후에라도 선장은 선박소유자의 지시를 받아 후속조치에 위해 노력해야 한다. 즉, 보험관계, 공동해손 관계 사무처리를 위해 선체 및

259) 상법 제795조(운송물에 관한 주의의무)
① 운송인은 자기 또는 선원이나 그 밖의 선박사용인이 운송물의 수령 · 선적 · 적부(積付) · 운송 · 보관 · 양륙과 인도에 관하여 주의를 해태하지 아니하였음을 증명하지 아니하면 운송물의 멸실 · 훼손 또는 연착으로 인한 손해를 배상할 책임이 있다.
② 운송인은 선장 · 해원 · 도선사, 그 밖의 선박사용인의 항해 또는 선박의 관리에 관한 행위 또는 화재로 인하여 생긴 운송물에 관한 손해를 배상할 책임을 면한다. 다만, 운송인의 고의 또는 과실로 인한 화재의 경우에는 그러하지 아니하다.

화물의 손상에 대해 해사검정인의 수검을 받으며, 소송관계에 필요한 증명서류를 준비해야만 한다.

2.3 해양사고 신고 관련법률

해양사고의 대응과 관련된 법률은 대표적으로 해상교통안전법, 선박의 입항 및 출항 등에 관한 법률[260], 해양환경관리법이 있다. 이 법률에는 사고와 관련된 선장이나 선박소유자가 사고를 국가기관에 신고하고 처리하는 역할이 주어져 있으며, 사고 신고를 접수한 국가기관의 역할도 함께 규정되어 있다.

이외에도 해양사고심판법에서는 준해양사고 통보[261], 수상에서의 수색·구조 등에 관한 법률[262]에서는 조난사고 신고[263], 재난 및 안전관리 기본법[264]에는 재난을 신고하도록 규정하고 있으나[265] 기본적으로 국가기관이 사고를 처리하고자 사고를 인지하기

260) (약칭) 선박입출항법

261) 해양사고심판법 제31조의2(준해양사고의 통보)

① 선박소유자 또는 선박운항자는 해양사고를 방지하기 위하여 선박(「어선법」제2조제1호에 따른 어선은 제외한다. 이하 이 조에서 같다)의 운용과 관련하여 발생한 준해양사고를 해양수산부령으로 정하는 바에 따라 중앙수석조사관에게 통보하여야 한다.

② 중앙수석조사관은 제1항에 따라 통보받은 내용을 분석하여 선박과 사람의 안전 및 해양환경 등에 위해를 끼칠 수 있는 사항이 포함되어 있는 경우에는 선박소유자 등 관계인에게 그 내용을 알려야 한다.

③ 중앙수석조사관은 제1항에 따라 준해양사고를 통보한 자의 의사에 반하여 통보자의 신분을 공개하여서는 아니 된다.

262) (약칭) 수상구조법

263) 수상구조법 제15조(조난사실의 신고 등)

① 수상에서 조난사고가 발생한 때에는 다음 각 호의 어느 하나에 해당하는 자는 즉시 가까운 구조본부의 장이나 소방관서의 장에게 조난사실을 신고하여야 한다.

1. 조난된 선박 등의 선장·기장 또는 소유자
2. 수상에서 조난사실을 발견한 자
3. 조난된 선박 등으로부터 조난신호나 조난통신을 수신한 자
4. 조난사고 원인을 제공한 선박의 선장 및 승무원

② 선박 등의 소재가 불명하고 통신이 두절되어 실종의 위험이 있다고 인정되는 경우에는 그 선박 등의 소유자·운항자 또는 관리자는 지체 없이 그 사실을 구조본부의 장이나 소방관서의 장에게 신고하여야 한다.

③ 제1항 및 제2항에 따라 조난사실을 신고받거나 인지한 구조본부의 장 또는 소방관서의 장은 그 사실을 지체 없이 조난지역을 관할하는 구조본부의 장이나 소방관서의 장에게 통보하여야 한다.

264) (약칭) 재난안전법

265) 재난안전법 19조(재난 신고 등)

① 누구든지 재난의 발생이나 재난이 발생할 징후를 발견하였을 때에는 즉시 그 사실을 시장·군수·구청장·긴급구조기관, 그 밖의 관계 행정기관에 신고하여야 한다.

② 제1항에 따른 신고를 받은 시장·군수·구청장과 그 밖의 관계 행정기관의 장은 관할 긴급구조기관의 장에게, 긴급구조기관의 장은 그 소재지 관할 시장·군수·구청장 및 재난관리주관기관의 장에게 통보하여 응급대처방안을 마련할 수 있도록 조치하여야 한다.

위한 규정이다. 따라서 사고를 겪거나 인지한 자에게 관계 관청에 통보 또는 신고하는 역할만 부여하고 있다.[266)]

해상교통안전법, 선박입출항법 및 해양환경관리법에 따라 사고와 관련된 선장 또는 선박소유자는 사고 사실을 신고하는 것 외에도 사고확대 방지를 위한 역할을 부여받고 있다.

사고가 발생하면 기본적으로는 사고 당사자가 처리하되 직접 처리하기 어려운 경우에는 권한 있는 국가기관이 개입하여 사고 수습을 위한 역할을 수행한다.

1) 해상교통안전법

해상교통안전법 제43조[267)]에 따라 사고를 당한 자는 ① 자선에 발생한 위험이나 다른 선박의 항행안전에 미치는 위험을 방지하기 위해 필요한 조치를 신속하게 취하여야 하고, ② 해양경찰서장이나 지방해양수산청장에게 사고 사실과 조치한 내용을 신고하여야 한다.

③ 신고를 받은 자가 지방해양수산청장인 경우에는 해양경찰서장에게 지체 없이 통보하여야 하는데 해양경찰서장이 수색구조업무를 담당하고 있기 때문이다.

해양경찰서장은 ① 사고 선박의 선장이나 선박소유자에게 연락하여 사고 사실과 조치한 내용을 확인하고, ② 조치내용이 미흡한 경우에는 필요한 조치를 명한다. ③ 필요하

266) 수상구조법 제15조(조난사실의 신고 등)
① 수상에서 조난사고가 발생한 때에는 다음 각 호의 어느 하나에 해당하는 자는 즉시 가까운 구조본부의 장이나 소방관서의 장에게 조난사실을 신고하여야 한다.
1. 조난된 선박 등의 선장 · 기장 또는 소유자
2. 수상에서 조난사실을 발견한 자
3. 조난된 선박 등으로부터 조난신호나 조난통신을 수신한 자
4. 조난사고 원인을 제공한 선박의 선장 및 승무원
② 선박 등의 소재가 불명하고 통신이 두절되어 실종의 위험이 있다고 인정되는 경우에는 그 선박 등의 소유자 · 운항자 또는 관리자는 지체 없이 그 사실을 구조본부의 장이나 소방관서의 장에게 신고하여야 한다.
③ 제1항 및 제2항에 따라 조난사실을 신고받거나 인지한 구조본부의 장 또는 소방관서의 장은 그 사실을 지체 없이 조난지역을 관할하는 구조본부의 장이나 소방관서의 장에게 통보하여야 한다.

267) 해상교통안전법 제43조(해양사고가 일어난 경우의 조치)
① 선장이나 선박소유자는 해양사고가 일어나 선박이 위험하게 되거나 다른 선박의 항행안전에 위험을 줄 우려가 있는 경우에는 위험을 방지하기 위하여 신속하게 필요한 조치를 취하고, 해양사고의 발생 사실과 조치 사실을 지체 없이 해양경찰서장이나 지방해양수산청장에게 신고하여야 한다.
② 지방해양수산청장은 제1항에 따른 신고를 받으면 지체 없이 그 사실을 해양경찰서장에게 통보하여야 한다.
③ 해양경찰서장은 선장이나 선박소유자가 제1항에 따라 신고한 조치 사실을 적절한 수단을 사용하여 확인하고, 조치를 취하지 아니하였거나 취한 조치가 적당하지 아니하다고 인정하는 경우에는 그 선박의 선장이나 선박소유자에게 해양사고를 신속하게 수습하고 해상교통의 안전을 확보하기 위하여 필요한 조치를 취할 것을 명하여야 한다.
④ 해양경찰서장은 해양사고가 일어나 선박이 위험하게 되거나 다른 선박의 항행안전에 위험을 줄 우려가 있는 경우 필요하면 구역을 정하여 다른 선박에 대하여 선박의 이동 · 항행 제한 또는 조업중지를 명할 수 있다.

다면 구역을 정하여 그 구역에 대한 다른 선박의 사용을 금지시킬 수 있다.

안전하고 원활한 사고 처리를 위하여 해상교통안전법에서는 해양경찰서장에게 사고 선박 이외의 선박에 대해 이동·항행 제한 또는 조업중지 명령권을 부여하고 있으며, 수상구조법에서도 이와 유사하게 선박의 이동 및 대피 명령을 두고 있다.[268]

2) 선박의 입항 및 출항 등에 관한 법률

선박입출항법 제39조에서는 해양사고 등을 당한 자가 ① 다른 선박의 항행이나 무역항의 안전을 위해 항로표지법 제2조 제1호에[269] 따른 항로표지를 설치하는 등 필요한 조치를 해야 하며, ② 직접 하기 곤란한 상황이면 지방해양수산청장 또는 시·도지사에게 항로표지 등의 설치를 요청할 수 있도록 하고 있다.[270]

268) 수상구조법 제10조(선박의 이동 및 대피 명령) 구조본부의 장은 다음 각 호의 어느 하나에 해당하는 선박의 경우에는 해양수산부령으로 정하는 바에 따라 해당 선박의 이동 및 대피를 명할 수 있다. 다만, 외국선박에 대한 이동 및 대피명령은 「영해 및 접속수역법」 제1조 및 제3조에 따른 영해 및 내수(「내수면어업법」 제2조 제1호에 따른 내수면은 제외한다)에서만 실시한다.

1. 태풍, 풍랑 등 해상기상의 악화로 조난이 우려되는 선박
2. 선박구난현장에서 구난작업에 방해가 되는 선박

269) 항로표지법 제2조(정의) 1. "항로표지"란 항행하는 선박에 대하여 등광(燈光)·형상(形象)·색채·음향·전파 등을 수단으로 선박의 위치·방향 및 장애물의 위치 등을 알려주는 항행보조시설로서 광파(光波)표지, 형상표지, 음파표지, 전파표지 및 특수신호표지 등 해양수산부령으로 정하는 것을 말한다.

- 항로표지법 시행규칙 제2조(항로표지의 종류)

① 「항로표지법」(이하 "법"이라 한다) 제2조제1호에 따른 항로표지의 종류는 다음 각 호와 같다.

1. 광파(光波)표지: 유인등대, 무인등대, 등표(燈標), 도등(導燈), 조사등(照射燈), 지향등(指向燈), 등주, 교량등, 통항신호등, 등부표(燈浮標), 고정부표(spar buoy), 대형 등부표(LANBY) 및 등선(燈船)
2. 형상표지: 입표(立標), 도표(導標), 교량표, 통항신호표 및 부표
3. 음파표지: 전기 혼(electric horn), 에어 사이렌(air siren), 모터 사이렌(motor siren) 및 다이아폰(diaphone)
4. 전파표지: 레이더 비콘(radar beacon), 위성항법보정시스템(DGNSS) 및 지상파항법시스템(LORAN)
5. 특수신호표지: 해양기상신호표지, 조류신호표지 및 자동위치식별신호표지(AIS AtoN)

② 제1항제1호부터 제4호까지의 항로표지는 그 기능 및 목적에 따라 다음 각 호의 특수항로표지로 구분할 수 있다.

1. 공사용 표지
2. 침몰하거나 좌초한 선박을 표시하기 위한 항로표지(이하 "침선표지"라 한다)
3. 교량표지
4. 계선표지
5. 해저케이블표지
6. 해저송유관표지
7. 해양자료수집용 표지
8. 해양자원탐사용 표지
9. 해양자원시추용 표지
10. 해양자원채굴용 표지
11. 양식장표지
12. 해양풍력발전단지표지
13. 해양조력(潮力)발전단지표지
14. 해양파력(波力)발전단지표지

선박입출항법은 무역항의 수상구역등에 적용되며,[271] 해상교통안전법은 대한민국의 영해, 내수에 있는 선박에 적용되므로[272] 무역항의 수상구역등에 있는 선박에도 해사교통안전법이 적용된다. 따라서 선박입출항법에 사고 신고에 관한 규정이 없더라도 해상교통안전법에 따라 신고하여야 한다. 이는 특별법에서 규정하고 있지 않은 사항에 대하여 일반법에서 보충하여 적용하는 경우이다.

해상교통과 관련하여 선박입출항법은 해상교통안전법에 대한 특별법 관계로[273] 본다. 해사법규에서 이와 같은 법률이 선원법과 근로기준법의 관계가 있다.

특별법 관계에서 서로 상충되는 규정이 있을 경우에는 특별법 우선의 원칙에 따라 특별법을 먼저 적용한다. 일례로 두 척의 동력선이 서로 시계 안에서 야간에 충돌의 위험성을 가지고 횡단하는 상태(Crossing situation)에 있을 때 상대선의 좌현 등화를 보고 항행 중인 선박은 피항선이므로 상대선을 피하도록 해상교통안전법에서 규정하고 있다.[274] 이 경우 상대선의 우현 등화를 보고 있는 다른 선박은 유지선이므로 침로와 속

270) 선박입출항법 제39조(해양사고 등이 발생한 경우의 조치)
① 무역항의 수상구역등이나 무역항의 수상구역 부근에서 해양사고 · 화재 등의 재난으로 인하여 다른 선박의 항행이나 무역항의 안전을 해칠 우려가 있는 조난선(遭難船)의 선장은 즉시 「항로표지법」 제2조제1호에 따른 항로표지를 설치하는 등 필요한 조치를 하여야 한다.
② 제1항에 따른 조난선의 선장이 같은 항에 따른 조치를 할 수 없을 때에는 해양수산부령으로 정하는 바에 따라 해양수산부장관에게 필요한 조치를 요청할 수 있다.
③ 해양수산부장관이 제2항에 따른 조치를 하였을 때에는 그 선박의 소유자 또는 임차인은 그 조치에 들어간 비용을 해양수산부장관에게 납부하여야 한다.
④ 해양수산부장관은 선박의 소유자 또는 임차인이 제3항에 따른 조치 비용을 납부하지 아니할 경우 국세 체납처분의 예에 따라 이를 징수할 수 있다.
⑤ 제3항에 따른 비용의 산정방법 및 납부절차는 해양수산부령으로 정한다.

271) 선박입출항법 제3조(다른 법률과의 관계) 무역항의 수상구역등에서의 선박 입항 · 출항에 관하여는 다른 법률에 특별한 규정이 있는 경우를 제외하고는 이 법에 따른다.

272) 해상교통안전법 제3조(적용범위) ① 이 법은 다음 각 호의 어느 하나에 해당하는 선박과 해양시설에 대하여 적용한다.
1. 대한민국의 영해, 내수(해상항행선박이 항행을 계속할 수 없는 하천 · 호수 · 늪 등은 제외한다. 이하 같다)에 있는 선박이나 해양시설. 다만, 대한민국선박이 아닌 선박(이하 "외국선박"이라 한다) 중 다음 각 목에 해당하는 외국선박에 대하여 제46조부터 제52조까지를 적용할 때에는 대통령령으로 정하는 바에 따라 이 법의 일부를 적용한다.
가. 대한민국의 항(港)과 항 사이만을 항행하는 선박
나. 국적의 취득을 조건으로 하여 선체용선(船體傭船)으로 차용한 선박
2. 대한민국의 영해 및 내수를 제외한 해역에 있는 대한민국선박
3. 대한민국의 배타적경제수역에서 항행장애물을 발생시킨 선박
4. 대한민국의 배타적경제수역 또는 대륙붕에 있는 해양시설
②, ③ (생략)

273) 동등한 법 형식 사이에서 법령간의 모순이 있거나 저촉되는 내용이 있을 경우, 일반적인 사항과 다른 특정의 경우를 한정하거나 특정의 사람 또는 지역을 한정하여 적용하는 법령이 있는 경우에 이 두개의 법령은 상대적으로 일반법과 특별법의 관계에 있다고 하고, 이 경우에는 특별법이 일반법에 우선한다는 것으로서 신법우선의 원칙의 예외가 된다.(출처) 김수익, 법령해석실무 및 사례, 법제처, 2007, 46~47쪽

274) 해사안전법 제73조(횡단하는 상태) 2척의 동력선이 상대의 진로를 횡단하는 경우로서 충돌의 위험이 있을 때

력을 유지하여야 한다.[275] 그러나 선박입출항법이 적용되는 무역항의 수상구역에 위치한 방파제 부근에서는 출항하는 선박이 입항하려는 선박의 좌현 등화를 보고 있더라도 입항하려는 선박이 방파제 밖에서 출항하려는 선박을 피하여야 한다.[276] 이는 무역항의 수상구역에 위치한 방파제 부근에서는 해상교통안전법에 대하여 특별법적 지위에 있는 선박입출항법이 우선 적용되기 때문이다. 이러한 규정은 선박 통항이 잦고 복잡한 수역에서 빠져 나오려는 선박에게 방파제 사이와 같은 좁은 수로를 우선적으로 지날 수 있도록 함으로써 해양사고를 방지하기 위한 조치로 이해할 수 있다.

해양사고를 피하기 위해 법규를 위반하는 경우에 긴급피난을[277] 주장할 수 있지만 다수의 해사법규에서 해양사고를 피하기 위한 경우에는 일반적으로 금지된 행위가 예외적으로 허용되도록 미리 규정을 두어 적극적인 안전조치를 보장하고 있다.

선박입출항법에서는 무역항의 수상구역등에서 일반적으로 금지되지만 해양사고를 피하기 위해 특별히 허용하는 경우가 있는데 ①지정된 정박지에 정박하지 않을 수 있으며,[278] ②정박이 금지된 구역에 정박할 수 있으며,[279] ③지정된 항로를 떠나 항해할 수 있다.[280]

에는 다른 선박을 우현 쪽에 두고 있는 선박이 그 다른 선박의 진로를 피하여야 한다. 이 경우 다른 선박의 진로를 피하여야 하는 선박은 부득이한 경우 외에는 그 다른 선박의 선수 방향을 횡단하여서는 아니 된다.

275) 해상교통안전법 제82조(유지선의 동작)

① 2척의 선박 중 1척의 선박이 다른 선박의 진로를 피하여야 할 경우 다른 선박은 그 침로와 속력을 유지하여야 한다.

② 제1항에 따라 침로와 속력을 유지하여야 하는 선박[이하 "유지선"(維持船)이라 한다]은 피항선이 이 법에 따른 적절한 조치를 취하고 있지 아니하다고 판단하면 제1항에도 불구하고 스스로의 조종만으로 피항선과 충돌하지 아니하도록 조치를 취할 수 있다. 이 경우 유지선은 부득이하다고 판단하는 경우 외에는 자기 선박의 좌현 쪽에 있는 선박을 향하여 침로를 왼쪽으로 변경하여서는 아니 된다.

③ 유지선은 피항선과 매우 가깝게 접근하여 해당 피항선의 동작만으로는 충돌을 피할 수 없다고 판단하는 경우에는 제1항에도 불구하고 충돌을 피하기 위하여 충분한 협력을 하여야 한다.

④ 제2항 및 제3항은 피항선에게 진로를 피하여야 할 의무를 면제하지 아니한다.

276) 선박입출항법 제13조(방파제 부근에서의 항법) 무역항의 수상구역등에 입항하는 선박이 방파제 입구 등에서 출항하는 선박과 마주칠 우려가 있는 경우에는 방파제 밖에서 출항하는 선박의 진로를 피하여야 한다.

277) 형법 제22조(긴급피난)

① 자기 또는 타인의 법익에 대한 현재의 위난을 피하기 위한 행위는 상당한 이유가 있는 때에는 벌하지 아니한다.

② 위난을 피하지 못할 책임이 있는 자에 대하여는 전항의 규정을 적용하지 아니한다.

③ 전조 제2항과 제3항의 규정은 본조에 준용한다.

278) 선박입출항법 제5조(정박지의 사용 등)

① 해양수산부장관은 무역항의 수상구역등에 정박하는 선박의 종류 · 톤수 · 흘수(吃水) 또는 적재물의 종류에 따른 정박구역 또는 정박지를 지정 · 고시할 수 있다.

② 무역항의 수상구역등에 정박하려는 선박(우선피항선은 제외한다)은 제1항에 따른 정박구역 또는 정박지에 정박하여야 한다. 다만, 해양사고를 피하기 위한 경우 등 해양수산부령으로 정하는 사유가 있는 경우에는 그러하지 아니하다.

③ 우선피항선은 다른 선박의 항행에 방해가 될 우려가 있는 장소에 정박하거나 정류하여서는 아니 된다.

④ 제2항 단서에 따라 정박구역 또는 정박지가 아닌 곳에 정박한 선박의 선장은 즉시 그 사실을 해양수산부장관에게 신고하여야 한다.

3) 해양환경관리법

선박의 운용과 관련하여 해양오염사고가 발생한 경우에는 해양사고의 한 종류이므로 해상교통안전법에 따라 자선에 발생한 위험이나 다른 선박의 항행안전에 미치는 위험을 방지하기 위해 필요한 조치를 신속하게 취해야 한다. 사고해역이 무역항의 수상구역등이라면 선박입출항법에 따라 항로표지를 설치하는 등 필요한 조치를 해야 한다.

우리나라의 영해 및 내수와 배타적경제수역에서 발생한 오염사고 처리에 관해서는 해양환경관리법에 따른다. 해양환경관리법 제63조에 따라 일정량 이상의 오염물질을 배출되거나 배출될 우려가 있다면 해양경찰청에 신고하여야 한다. 오염사고 신고는 사고 선박의 선장이나 사고 해양시설의 관리자뿐만 아니라 사고를 일으킨 자 또는 발견한 자에게도 부여된 의무이다.[281] 신고를 받은 관청이 해양경찰청이 아닌 경우에는 해양경찰청에 이를 알려야 한다.

---

279) 제6조(정박의 제한 및 방법 등)

① 선박은 무역항의 수상구역등에서 다음 각 호의 장소에는 정박하거나 정류하지 못한다.

1. 부두 · 잔교(棧橋) · 안벽(岸壁) · 계선부표 · 돌핀 및 선거(船渠)의 부근 수역
2. 하천, 운하 및 그 밖의 좁은 수로와 계류장(繫留場) 입구의 부근 수역

② 제1항에도 불구하고 다음 각 호의 경우에는 제1항 각 호의 장소에 정박하거나 정류할 수 있다.

1. 「해양사고의 조사 및 심판에 관한 법률」 제2조제1호에 따른 해양사고를 피하기 위한 경우
2. 선박의 고장이나 그 밖의 사유로 선박을 조종할 수 없는 경우
3. 인명을 구조하거나 급박한 위험이 있는 선박을 구조하는 경우
4. 제41조에 따른 허가를 받은 공사 또는 작업에 사용하는 경우

③ 제1항에 따른 선박의 정박 또는 정류의 제한 외에 무역항별 무역항의 수상구역등에서의 정박 또는 정류 제한에 관한 구체적인 내용은 해양수산부장관이 정하여 고시한다.

④ 무역항의 수상구역등에 정박하는 선박은 지체 없이 예비용 닻을 내릴 수 있도록 닻 고정장치를 해제하고, 동력선은 즉시 운항할 수 있도록 기관의 상태를 유지하는 등 안전에 필요한 조치를 하여야 한다.

⑤ 해양수산부장관은 정박하는 선박의 안전을 위하여 필요하다고 인정하는 경우에는 무역항의 수상구역등에 정박하는 선박에 대하여 정박 장소 또는 방법을 변경할 것을 명할 수 있다.

280) 선박입출항법 제10조(항로 지정 및 준수)

① 해양수산부장관은 무역항의 수상구역등에서 선박교통의 안전을 위하여 필요한 경우에는 무역항과 무역항의 수상구역 밖의 수로를 항로로 지정 · 고시할 수 있다.

② 우선피항선 외의 선박은 무역항의 수상구역등에 출입하는 경우 또는 무역항의 수상구역등을 통과하는 경우에는 제1항에 따라 지정 · 고시된 항로를 따라 항행하여야 한다. 다만, 해양사고를 피하기 위한 경우 등 해양수산부령으로 정하는 사유가 있는 경우에는 그러하지 아니하다.

281) 제63조(오염물질이 배출되는 경우의 신고의무)

① 대통령령이 정하는 배출기준을 초과하는 오염물질이 해양에 배출되거나 배출될 우려가 있다고 예상되는 경우 다음 각 호의 어느 하나에 해당하는 자는 지체 없이 해양경찰청장 또는 해양경찰서장에게 이를 신고하여야 한다.

1. 배출되거나 배출될 우려가 있는 오염물질이 적재된 선박의 선장 또는 해양시설의 관리자. 이 경우 당해 선박 또는 해양시설에서 오염물질의 배출원인이 되는 행위를 한 자가 신고하는 경우에는 그러하지 아니하다.
2. 오염물질의 배출원인이 되는 행위를 한 자.
3. 배출된 오염물질을 발견한 자

② 제1항의 규정에 따른 신고절차 및 신고사항 등에 관하여 필요한 사항은 해양수산부령으로 정한다.

신고를 하는 때는 ①해양오염사고의 발생일시·장소 및 원인, ②배출된 오염물질의 종류, 추정량 및 확산상황과 응급조치상황, ③사고선박 또는 시설의 명칭, 종류 및 규모, ④해면상태 및 기상상태를 알려야 한다.[282)]

사고 선박의 선장이나 사고를 일으킨 자를 '방제의무자'라고 하며 방제의무자는 필요한 조치를 해야 하는데 ①오염물질의 배출방지, ②배출된 오염물질의 확산방지 및 제거, ③배출된 오염물질의 수거 및 처리를 해야 한다. 신고를 받은 해양경찰청장은 ①방제의무자가 자발적으로 방제조치를 행하지 아니하는 때에는 그 자에게 시한을 정하여 방제조치를 하도록 명령할 수 있으며, ②방제의무자가 방제조치명령에 따르지 아니하는 경우에는 직접 방제조치를 할 수 있다.[283)]

선박 및 해양시설의 좌초·충돌·침몰·화재 등의 사고로 인하여 선박 또는 해양시설로부터 오염물질이 배출될 우려가 있는 경우에는 방제의무자는 해양수산부령이 정하는

282) 해양환경관리법 시행규칙 제29조(해양시설로부터의 오염물질 배출신고)

① 법 제63조에 따라 해양시설로부터의 오염물질 배출을 신고하려는 자는 서면·구술·전화 또는 무선통신 등을 이용하여 신속하게 하여야 하며, 그 신고사항은 다음 각 호와 같다.

1. 해양오염사고의 발생일시·장소 및 원인
2. 배출된 오염물질의 종류, 추정량 및 확산상황과 응급조치상황
3. 사고선박 또는 시설의 명칭, 종류 및 규모
4. 해면상태 및 기상상태

② 해양경찰청장 또는 해양경찰서장 외의 자는 제1항에 따른 신고를 받은 경우에는 지체 없이 그 내용을 해양경찰청장 또는 해양경찰서장에게 알려야 한다.

283) 해양환경관리법 제64조(오염물질이 배출된 경우의 방제조치)

① 제63조제1항제1호 및 제2호에 해당하는 자(이하 "방제의무자"라 한다)는 배출된 오염물질에 대하여 대통령령이 정하는 바에 따라 다음 각 호에 해당하는 조치(이하 "방제조치"라 한다)를 하여야 한다.

1. 오염물질의 배출방지
2. 배출된 오염물질의 확산방지 및 제거
3. 배출된 오염물질의 수거 및 처리

② 오염물질이 항만의 안 또는 항만의 부근 해역에 있는 선박으로부터 배출되는 경우 다음 각 호의 어느 하나에 해당하는 자는 방제의무자가 방제조치를 취하는데 적극 협조하여야 한다.

1. 당해 항만이 배출된 오염물질을 싣는 항만인 경우에는 당해 오염물질을 보내는 자
2. 당해 항만이 배출된 오염물질을 내리는 항만인 경우에는 당해 오염물질을 받는 자
3. 오염물질의 배출이 선박의 계류 중에 발생한 경우에는 당해 계류시설의 관리자
4. 그 밖에 오염물질의 배출원인과 관련되는 행위를 한 자

③ 해양경찰청장은 방제의무자가 자발적으로 방제조치를 행하지 아니하는 때에는 그 자에게 시한을 정하여 방제조치를 하도록 명령할 수 있다.

④ 해양경찰청장은 방제의무자가 제3항의 규정에 따른 방제조치명령에 따르지 아니하는 경우에는 직접 방제조치를 할 수 있다. 이 경우 방제조치에 소요된 비용은 대통령령이 정하는 바에 따라 방제의무자가 부담한다.

⑤ 제4항의 규정에 따라 직접 방제조치에 소요된 비용의 징수에 관하여는 「행정대집행법」 제5조 및 제6조의 규정을 준용한다.

⑥ 제1항부터 제4항까지의 규정에 따라 오염물질의 방제조치에 사용되는 자재 및 약제는 제110조제4항·제6항 및 제7항에 따라 형식승인·검정 및 인정을 받거나 제110조의2제3항에 따른 검정을 받은 것이어야 한다. 다만, 오염물질의 방제조치에 사용되는 자재로서 긴급방제조치에 필요하고 해양환경에 영향을 미치지 아니한다고 해양경찰청장이 인정하는 경우에는 그러하지 아니한다.

바에 따라 오염물질의 배출방지를 위한 조치를 하여야 한다.[284)]

구체적으로는 ①파손·화재 등의 사고인 경우에는 오염물질을 다른 선박이나 해양시설로 옮겨 싣는 조치 또는 손상부위의 긴급수리, 침수 또는 배출방지를 위하여 필요한 조치, ②침몰이 예상되는 경우에는 오염물질의 배출 우려가 있는 모든 부위를 막는 조치, ③불을 끄는 중에 생긴 오염물질의 경우에는 다른 선박이나 해양시설로 옮겨 싣는 조치 또는 배출방지를 위하여 필요한 조치를 취하고, ④그래도 오염물질이 배출될 우려가 있는 경우 배출 또는 확산방지를 위하여 필요한 조치를 취하여야 한다.[285)]

해양환경관리법은 두 개의 시행규칙을 갖고 있는데 상기에서 언급한 내용이 해양환경관리법 시행규칙과 「선박에서의 오염방지에 관한 규칙」에 모두 규정되어 있다.[286)]

284) 해양환경관리법 제65조(오염물질이 배출될 우려가 있는 경우의 조치 등)
① 선박의 소유자 또는 선장, 해양시설의 소유자는 선박 또는 해양시설의 좌초·충돌·침몰·화재 등의 사고로 인하여 선박 또는 해양시설로부터 오염물질이 배출될 우려가 있는 경우에는 해양수산부령이 정하는 바에 따라 오염물질의 배출방지를 위한 조치를 하여야 한다.
② 제64조제3항 및 제4항의 규정은 제1항의 규정에 따른 오염물질의 배출방지를 위한 조치에 관하여 준용한다. 이 경우 "방제의무자"는 "선박의 소유자 또는 선장, 해양시설의 소유자"로 본다.

285) 해양환경관리법 시행규칙 제31조(오염물질의 배출방지를 위한 조치) 해양시설의 소유자는 법 제65조제1항에 따라 오염물질의 배출방지를 위한 다음 각 호의 조치를 취하여야 한다.
1. 파손·화재 등의 사고인 경우에는 오염물질을 다른 선박이나 해양시설로 옮겨 싣는 조치 또는 손상부위의 긴급수리, 침수 또는 배출방지를 위하여 필요한 조치
2. 침몰이 예상되는 경우에는 오염물질의 배출 우려가 있는 모든 부위를 막는 조치
3. 불을 끄는 중에 생긴 오염물질의 경우에는 다른 선박이나 해양시설로 옮겨 싣는 조치 또는 배출방지를 위하여 필요한 조치
4. 제1호부터 제3호까지의 규정에 따른 조치에도 불구하고 오염물질이 배출될 우려가 있는 경우 배출 또는 확산방지를 위하여 필요한 조치

286) 선박에서의 오염방지에 관한 규칙 제52조(선박으로부터 오염물질의 배출방지를 위한 조치) 선박의 소유자 또는 선장은 법 제65조제1항에 따라 오염물질의 배출방지를 위하여 다음 각 호의 조치를 취하여야 한다.
1. 좌초, 충돌, 파손, 침몰, 화재 등의 사고로 오염물질을 다른 선박이나 해양시설로 옮겨 싣는 조치가 필요하다고 인정되는 경우에 옮겨 싣는 조치
2. 제1호의 사고에 따른 선체 손상부위의 긴급수리, 선체의 예인·인양조치, 침수 또는 배출방지를 위하여 필요한 조치
3. 침몰이 예상되는 경우에는 침몰된 후에 오염물질의 배출 우려가 있는 모든 부위를 막는 조치
4. 화재의 경우에는 진화작업으로 기관실 또는 화물창 등에 고인 폐수 등의 오염물질을 다른 선박이나 해양시설로 옮겨 싣는 조치 또는 배출방지를 위하여 필요한 조치
5. 제1호부터 제4호까지의 규정에 따른 조치에도 불구하고 오염물질이 배출될 우려가 있는 경우 배출감소 또는 확산방지를 위하여 필요한 조치
6. 그 밖에 오염물질의 배출방지를 위하여 필요한 조치

■ 해양환경관리법 시행령 [별표6]

오염물질 배출시 신고기준

종류		양·농도	확산범위
폐기물	수은 및 그 화합물, 폴리염화비페닐, 카드뮴 및 그 화합물, 6가크롬화합물, 유기할로겐화합물	10 ㎏ 이상	
폐기물	시안화합물, 유기인화합물, 납 및 그 화합물, 비소 및 그 화합물, 구리 및 그 화합물, 크롬 및 그 화합물, 아연 및 그 화합물, 불화물, 페놀류, 트리클로로에틸렌, 테트라클로로에틸렌	100 ㎏ 이상	
폐기물	유기실리콘 화합물, 폐합성수지, 폐합성고분자화합물, 폐산, 폐알칼리	200 ㎏ 이상	
폐기물	동·식물성 고형물, 분뇨, 오니류	200 ㎏ 이상	
폐기물	그 밖의 폐기물	1,000 ㎏ 이상	
기름		배출된 기름 중 유분이 100만분의 1,000 이상이고 유분총량이 100 ℓ 이상	배출된 기름이 1만 ㎡ 이상으로 확산되어 있거나 확산될 우려가 있는 경우
유해액체물질	알라클로르, 알칸, 그 밖에 해양수산부령으로 정하는 X류 물질	10 ℓ 이상	
유해액체물질	아세톤 시아노히드린, 아크릴산, 그 밖에 해양수산부령으로 정하는 Y류 물질	100 ℓ 이상	
유해액체물질	아세트산, 아세트산 무수물, 그 밖에 해양수산부령으로 정하는 Z류 물질	200 ℓ 이상	
유해액체물질	평가는 되었으나 유해액체물질목록에 등록되지 아니한 잠정평가물질	10 ℓ 이상	

2.4 사고처리 주관기관

1) 법령상 사고처리 주관기관

해양사고는 주로 해양수산부나 해양경찰청과 같은 해양수산관서에서 처리한다. 하지만 선박의 운항과 관련된 사고가 내수면에서 발생한 경우에는 수상구조법에 따라 소방관서에서 처리한다.[287]

287) 수상구조법 제13조(수난구호의 관할) 해수면에서의 수난구호는 구조본부의 장이 수행하고, 내수면에서의 수난구호는 소방관서의 장이 수행한다. 다만, 국제항행에 종사하는 내수면 운항선박에 대한 수난구호는 구조본부의

해적이나 해상강도에게[288] 우리 국민이 피랍되는 등 해외에서 발생한 사건 · 사고와 관련해서는 정부조직법에 따라 외교부의 업무이며,[289] 「재외국민보호를 위한 영사조력법」에 따라 외교부장관이 재외공관을 활용하여 사건 · 사고로부터 재외국민의 생명 · 신체 및 재산을 보호하기 위한 영사조력을 시행한다.[290]

선내에서 사고처리는 선장이 주관하므로 어떤 사고이든지 선장에게 즉시 보고되어야 하며 사고처리를 위해 선장이 직접 지휘해야 한다.

대규모 재난[291]에 속하는 해양사고가 발생하면 재난안전법에 따라 행정안전부에 '중앙재난안전대책본부'가 설치되어 대응업무를 담당한다.[292]

장과 소방관서의 장이 상호 협조하여 수행하여야 한다.

288) "해상강도행위"란 외국의 관할권이 미치는 곳에서 발생한 때, "해적행위"는 공해상 또는 어느 국가 관할권에도 속하지 아니하는 곳에서 발생한 경우로 구분한다.(국제항해선박 등에 대한 해적행위 피해예방에 관한 법률 제2조 제5호, 제6호)

289) 정부조직법 제30조(외교부)
① 외교부장관은 외교, 경제외교 및 국제경제협력외교, 국제관계 업무에 관한 조정, 조약 기타 국제협정, 재외국민의 보호 · 지원, 재외동포정책의 수립, 국제정세의 조사 · 분석에 관한 사무를 관장한다.
② 외교부에 차관보 1명을 둘 수 있다.

290) 영사조력법 제5조(다른 법률과의 관계)
① 이 법은 영사조력에 관하여 다른 법률에 우선하여 적용한다.
② 해외위난상황에 관하여 이 법에서 규정한 것을 제외하고는 「재난 및 안전관리 기본법」 및 「국민보호와 공공안전을 위한 테러방지법」을 적용한다.

291) 재난안전법 시행령 제13조(대규모 재난의 범위) 법 제14조제1항에서 "대통령령으로 정하는 대규모 재난"이란 다음 각 호의 어느 하나에 해당하는 재난을 말한다.
1. 재난 중 인명 또는 재산의 피해 정도가 매우 크거나 재난의 영향이 사회적 · 경제적으로 광범위하여 주무부처의 장 또는 법 제16조제2항에 따른 지역재난안전대책본부(이하 "지역대책본부"라 한다)의 본부장(이하 "지역대책본부장"이라 한다)의 건의를 받아 법 제14조제2항에 따른 중앙재난안전대책본부의 본부장(이하 "중앙대책본부장"이라 한다)이 인정하는 재난
2. 제1호에 따른 재난에 준하는 것으로서 중앙대책본부장이 재난관리를 위하여 법 제14조제1항에 따른 중앙재난안전대책본부(이하 "중앙대책본부"라 한다)의 설치가 필요하다고 판단하는 재난

292) 재난안전법 제14조(중앙재난안전대책본부 등)
① 대통령령으로 정하는 대규모 재난(이하 "대규모재난"이라 한다)의 대응 · 복구(이하 "수습"이라 한다) 등에 관한 사항을 총괄 · 조정하고 필요한 조치를 하기 위하여 행정안전부에 중앙재난안전대책본부(이하 "중앙대책본부"라 한다)를 둔다.
② 중앙대책본부에 본부장과 차장을 둔다.
③ 중앙대책본부의 본부장(이하 "중앙대책본부장"이라 한다)은 행정안전부장관이 되며, 중앙대책본부장은 중앙대책본부의 업무를 총괄하고 필요하다고 인정하면 중앙재난안전대책본부회의를 소집할 수 있다. 다만, 해외재난의 경우에는 외교부장관이, 「원자력시설 등의 방호 및 방사능 방재 대책법」 제2조제1항제8호에 따른 방사능재난의 경우에는 같은 법 제25조에 따른 중앙방사능방재대책본부의 장이 각각 중앙대책본부장의 권한을 행사한다.
④ 제3항에도 불구하고 재난의 효과적인 수습을 위하여 다음 각 호의 어느 하나에 해당하는 경우에는 국무총리가 중앙대책본부장의 권한을 행사할 수 있다. 이 경우 행정안전부장관, 외교부장관(해외재난의 경우에 한정한다) 또는 원자력안전위원회 위원장(방사능 재난의 경우에 한정한다)이 차장이 된다.
1. 국무총리가 범정부적 차원의 통합 대응이 필요하다고 인정하는 경우
2. 행정안전부장관이 국무총리에게 건의하거나 제15조의2제2항에 따른 수습본부장의 요청을 받아 행정안전부장관이 국무총리에게 건의하는 경우
⑤ 중앙대책본부장은 대규모재난이 발생하거나 발생할 우려가 있는 경우에는 대통령령으로 정하는 바에 따라 실

2) 국가 재난안전 관리체제

가) 재난관리 책임기관과 주관기관

- ‘책임기관’은 관리 대상이 되는 중요시설을 운영하는 중앙행정기관 및 지방자치단체, 지방행정기관·공공기관·공공단체 등 모든 기관이다. 평소에 시설의 관리를 담당하는 기관이라 볼 수 있다.
- ‘주관기관’이란 재난이나 그 밖의 각종 사고에 대하여 그 유형별로 예방, 대비, 대응 및 복구 등의 업무를 주관하여 수행하도록 대통령령으로 정하는 관계 중앙행정기관을 말한다.

「재난 및 안전관리 기본법 시행령」 별표 1의3에서는 ‘재난 및 사고유형별 재난관리주관기관’을 지정하고 있다.

■ 재난 및 안전관리 기본법 시행령 [별표 1의3]

재난 및 사고유형별 재난관리주관기관(제3조의2 관련)

재난관리주관기관	재난 및 사고의 유형
교육부	학교 및 학교시설에서 발생한 사고
과학기술정보통신부	1. 우주전파 재난 2. 정보통신 사고 3. 위성항법장치(GPS) 전파혼신 4. 자연우주물체의 추락·충돌
외교부	해외에서 발생한 재난
법무부	법무시설에서 발생한 사고
국방부	국방시설에서 발생한 사고
행정안전부	1. 정부중요시설 사고 2. 공동구 재난(국토교통부가 관장하는 공동구는 제외한다) 3. 내륙에서 발생한 유도선 등의 수난 사고 4. 풍수해(조수는 제외한다)·지진·화산·낙뢰·가뭄·한파·폭염으로 인한 재난 및 사고로서 다른 재난관리주관기관에 속하지 아니하는 재난 및 사고
문화체육관광부	경기장 및 공연장에서 발생한 사고
농림축산식품부	1. 가축 질병 2. 저수지 사고

무반을 편성하고, 중앙재난안전대책본부상황실을 설치하는 등 해당 대규모재난에 대하여 효율적으로 대응하기 위한 체계를 갖추어야 한다. 이 경우 제18조제1항제1호에 따른 중앙재난안전상황실과 인력, 장비, 시설 등을 통합·운영할 수 있다.

⑥ 제1항에 따른 중앙대책본부, 제3항에 따른 중앙재난안전대책본부회의의 구성과 운영에 필요한 사항은 대통령령으로 정한다.

산업통상자원부	1. 가스 수급 및 누출 사고 2. 원유수급 사고 3. 원자력안전 사고(파업에 따른 가동중단으로 한정한다) 4. 전력 사고 5. 전력생산용 댐의 사고
보건복지부	보건의료 사고
보건복지부 질병관리청	감염병 재난
환경부	1. 수질분야 대규모 환경오염 사고 2. 식용수 사고
	3. 유해화학물질 유출 사고 4. 조류(藻類) 대발생(녹조에 한정한다) 5. 황사 6. 환경부가 관장하는 댐의 사고 7. 미세먼지
고용노동부	사업장에서 발생한 대규모 인적 사고
국토교통부	1. 국토교통부가 관장하는 공동구 재난 2. 고속철도 사고 3. 삭제 〈2019. 8. 27.〉 4. 도로터널 사고 5. 삭제 〈2019. 8. 27.〉 6. 육상화물운송 사고 7. 도시철도 사고 8. 항공기 사고 9. 항공운송 마비 및 항행안전시설 장애 10. 다중밀집건축물 붕괴 대형사고로서 다른 재난관리주관기관에 속하지 아니하는 재난 및 사고
해양수산부	1. 조류 대발생(적조에 한정한다) 2. 조수(潮水) 3. 해양 분야 환경오염 사고 4. 해양 선박 사고
금융위원회	금융 전산 및 시설 사고
원자력안전위원회	1. 원자력안전 사고(파업에 따른 가동중단은 제외한다) 2. 인접국가 방사능 누출 사고
소방청	1. 화재 · 위험물 사고 2. 다중 밀집시설 대형화재
문화재청	문화재 시설 사고
산림청	1. 산불 2. 산사태
해양경찰청	해양에서 발생한 유도선 등의 수난 사고

〈그림 4-1〉 우리나라의 국가재난관리체계

나) 중앙안전관리위원회와 중앙재난안전대책본부

사고예방이나 완화에 관한 사항은 주로 '중앙안전관리위원회'에서 시행하며, 사고수습에 관해서는 '중앙재난안전대책본부'에서 시행한다.

- o 국가안전관리기본계획과 같이 재난 및 안전관리에 관한 중요 정책에 관한 사항을 다루는 조직은 '중앙안전관리위원회'이다.
  - 각 부처의 재난 및 안전관리 사업 관련 중기사업계획서, 투자우선순위 의견 및 예산요구서, 중앙행정기관의 장이 수립·시행하는 계획, 점검·검사, 교육·훈련, 평가 등 재난 및 안전관리업무의 조정에 관한 사항 등을 다루어야 하므로 국무총리가 위원장이 된다.
  - 재난 예방과 관련된 업무를 주로 다루는 '중앙안전관리위원회'는 사고 수급과 관련하여 재난사태와 특별재난지역의 선포에 관한 사항도 담당한다.
- o 재난이 발생하면 재난의 종류에 따라 지정된 주관기관인 정부 부처에서 수습에 나선다. 그러나 대규모 재난이 발생하여 인명 또는 재산의 피해 정도가 매우 크거나 재난의 영향이 사회적·경제적으로 광범위하면 '중앙재난안전대책본부'에서 사고수습에 관한 사항을 총괄·조정하고 필요한 조치를 하게 된다.
  - 중앙재난안전대책본부의 장은 행정안전부장관이 본부장이 되지만 필요시에 국무총리로 격상할 수 있다.

다) 중앙사고수습본부와 지역별 재난안전대책본부

우리나라의 재난관리체계의 특징은 범정부가 함께 참여하여 협력하는 것이다. 대규모 재난이 발생하면 재난의 대응·복구를 총괄·조정하는 '중앙재난안전대책본부'를 설치하고, 각 부처에서 소관 재난유형을 관리하는 '중앙사고수습본부', 지자체는 지역 차원의 재난 대응을 총괄·조정하는 '지역재난안전대책본부'를 설치한다.

- o 정부 부처별 전문성과 재난 및 사고의 유형에 따라 재난관리 주관기관이 지정되어 있다(법 제15조의2). 재난관리 주관기관으로서 중앙행정기관은 담당하는 재난이 발생하거나 발생할 우려가 있는 경우에는 '중앙사고수습본부'를 설치·운영한다.
- o 지방자치단체는 관할 구역에서 재난의 수습 등을 총괄·조정하고 필요한 조치를 하기 위하여 지역별 '재난안전대책본부'를 둔다.

〈표 4-1〉 재난관리 국가조직의 기능비교

중앙안전관리위원회	중앙재난안전대책본부
▸ 위원장 : 국무총리 ▸ 간사 : 행정안전부장관 ▸ 기능 : 재난안전 사업예산 심의 등 안전관리에 관한 중요정책 심의 및 총괄 · 조정, 관계부처 협의 · 조정	▸ 본부장 : 행정안전부장관 *필요시 국무총리로 격상 ▸ 차장 : 행정안전부차관 ▸ 기능 : 대규모 재난의 대응 · 복구 등에 관한 사항 총괄 · 조정, 중대본회의 개최 등
안전정책조정위원회	**중앙사고수습본부**
▸ 위원장 : 행정안전부장관 ▸ 간사 : 행정안전부차관 ▸ 기능 : 중앙위원회 부의안건 검토, 재난 · 안전관리를 위한 부처 협의 · 조정	▸ 본부장 : 재난관리 주관기관의 장 ▸ 기능 : 재난의 발생 또는 발생 우려시 재난상황의 효율적 관리 및 수습과정 총괄

3. 주요 사고별 대응실무

국제안전관리규약(ISM Code)에 따라 해운회사와 선박은 안전관리시스템(SMS)을 수립하고 이를 증명하는 서류를 갖추어야 한다.[293] 안전관리시스템에는 비상상황시 대처 요령과 절차가 포함되어 있어야 한다.

화재, 폭발, 충돌, 좌초, 침수, 인명 구조, 오염, 타기 고장, 주기관 전원 상실, 인명 손상, 퇴선 등[294] 상황별 비상대응 방식은 선박 종류별로 또는 회사별로 다를 수 있기 때문에 실무적 관점에서 일반적 대응방법을 설명한다.

3.1 충돌

선박이 다른 선박과 충돌(collision)[295]하거나 해상부유물 등에 접촉(contact)하는 원인은 다양하지만, 대부분은 해상교통안전법, 선박입출항법 등을 따르지 않은 항법 위반, 승무원의 운항과실 및 조선 미숙 등 대부분 인간과실(human error)에 기인한다.

이러한 사고 방지를 위해 선원은 선원으로서 일상적인 업무(ordinary practice of seamen)를 수행할 때나, 특수한 사정이 있어 이에 대한 조치(special circumstances of the case)를 수행할 때나 그 상황에 맞는 적절한 주의(due regard)를 태만히 하여서는(neglect of any precaution) 아니 된다.[296]

선장은 충돌사고가 발생한 경우에 그 상황을 냉정하게 판단해 그간의 경험과 전문성

293) 선사는 안전관리적합증서(DOC: Document of Compliance), 선박은 선박안전관리증서(SMC: Safety Management Certificate)를 정부 또는 정부대행기관으로부터 발급받아야 한다.

294) 한국선급(KR) 안전경영시스템 인증규칙의 제2편 안전경영시스템 요건 K8.4에서 다음과 같이 회사가 식별하는 비상사태의 종류를 언급하고 있다.
- K8.4 회사가 식별하는 비상사태의 종류에는 해당되는 경우 적어도 다음 사항이 포함되어야 한다.
1. 화재 / 2. 폭발 / 3. 충돌 / 4. 좌초 / 5. 침수 / 6. 인명구조 / 7. 오염 / 8. 타기고장 / 9. 추진력 상실 / 10. 인명손상 / 11. 퇴선

295) 충돌은 Collision이며, 미국에서는 부두나 부표 같이 멈춰있는 물체나 정박 중인 선박에 충돌하는 경우를 구분하여 'Allision'이라 한다. 'Contact'은 부두 등 고정된 물체에 접촉하는 것을 말한다.

296) COLREG Rule 2 (Responsibility)
(a) Nothing in these Rules shall exonerate any vessel, or the owner, master or crew thereof, from the consequences of any neglect to comply with these Rules or of the neglect of any precaution which may be required by the ordinary practice of seamen, or by the special circumstances of the case.
(b) In construing and complying with these Rules due regard shall be had to all dangers of navigation and collision and to any special circumstances, including the limitations of the vessels involved, which may make a departure from these Rules necessary to avoid immediate danger.

및 법적 권한에 따라 최선의 조치를 취해야 한다. 선장은 지휘체계를 유지하고 직면한 상황에 따라 우선 조치할 사항을 파악해야 한다. 최우선 과제는 인명에 위험이 발생했는지 확인하고 필요한 조치를 하는 것이다.

충돌사고와 관련된 조치는 사고 유형별로 달라지겠지만 주요한 사항을 예시하면 다음과 같다.

1) 법적 조치

① (해양항만관청 및 선박소유자 등에 보고) 선장은 선박의 충돌 · 침몰 · 멸실 · 화재 · 좌초, 기관의 손상 및 그 밖의 해양사고가 발생한 경우 선원법 제21조 및 상법 제755조에 따라 해양항만관청 및 선박소유자 등에게 지체 없이[297] 그 사실을 보고해야 한다.

② (인명구조 및 상대선박에 통보) 선원법 제12조 및 제13조에 따라 양 선박의 선장은 서로 인명과 선박을 구조하는 데 필요한 조치를 다하여야 하며, 선박의 명칭 · 소유자 · 선적항 · 출항항 및 도착항을 상대선박에게 통보하여야 한다.

③ (조난신호) 선박 충돌 등에 따라 양 선박 모두 위험한 상태가 되면 해상교통안전법 제102조에 따라 국제해사기구가 정한 조난신호를 발신하여 부근을 항행하는 선박에게 구조를 요청해야 한다.

2) 초기대응 실무

① 당직 항해사는 항해당직 중 충돌사고가 발생하면 기관을 정지하고, 비상경보를 울린 후 선장에게 즉시 보고해야 한다.

② 선장은 선교로 올라가서 선박을 직접 지휘해야 한다.

③ 선장은 상대선과 교신을 유지하며 충돌 상태를 확인한다.

- 필요시 최소 속력으로 두 척의 손상부위가 연결되어 있도록 하여 침수와 화물 유출을 줄인다.[298]

---

297) '지체 없이'는 '즉시'와 달리 필요에 따른 합리적 지체는 허용된다고 본다.

298) 두 선박이 충돌로 서로 박혀 있는 경우에는 분리되면서 침수가 늘어 침몰할 수 있고, 위험화물운반선의 경우 화물창에서 유류 화물의 유증기가 방출되어 화재 및 폭발의 원인이 될 수 있다. 필요할 경우 가능한 범위 내에서 거품(포말) 등을 방사하여 산소 접촉을 차단한다.
탱커선 켄오스아테나호(총톤수 4,699톤)는 2010. 5. 4. 16:21경 부산광역시에 위치한 대변항등대로부터 128도 방향, 약 4.3마일 떨어진 해상에서 자선의 정선수부와 화물선 핑양1(총톤수 1,477톤)호의 우현 쪽 거주구역 · 기관구역과 양 선박의 선수미선 교각 약 080도를 이루며 충돌하였다. 사고 당시 해상 및 기상상태는 잔

④ 선장은 모든 승선원의 인원을 파악하고, 개인별 주요 대응업무를 확인한다.
- 선박이 조종불능상태인 경우에는 야간이면 마스트등을 끄고 상하 수직으로 홍등 두 개를 켜서 조종불능선(NUC)[299]임을 표시하며, 필요하다면 갑판에 조명을 켠다. 주간에는 형상물로 상하 수직으로 구형 2개를 게양한다.
- 선박이 조종불능상태는 아니나, 인명구조 및 비상대응을 위해 적절한 조치를 취하여야 하는 상황일 경우에는 야간이면 상하 수직으로 홍등-백등-홍등을 켜서 조종제한선임을 표시하며, 필요하다면 갑판에 조명을 켠다. 주간에는 형상물로 상하 수직으로 구형-마름모형-구형을 게양한다.
- 기관부는 언제든지 기관을 사용할 수 있도록 준비하고 비상발전기, 배수펌프를 점검하는 등 비상태세를 갖춘다.
- 갑판부는 일등항해사 지휘에 따라 손상 상태를 점검한다. 선박이 경사되면 경사 반대방향으로 선박평형수를 이송한다.
- 이등항해사는 수시로 선박의 위치와 풍향·조석·조류 등 기상정보를 파악하며, 삼등항해사는 통신을 담당한다.
- 필요시 구조정·구명정 하강을 위해 갑판부원을 배치한다.

⑤ 침수나 화재에 대비하여 모든 수밀문, 방화문을 폐쇄한다.

⑥ 필요시 조난신호를 보낸다.
- 사망으로 이어질 만큼 심각한 부상자가 있을 경우 MAYDAY 신호를 보낸다.
- 여객선의 경우 최대한 빨리 구조를 요청한다.

3) 추가조치 실무

① 자선의 선체 손상 정도 확인을 위해 모든 탱크를 측심(Sounding)하는 등 초기 손상평가를[300] 실시한다.
- 자체 대응이 가능한 손상일 경우에는 대응반을 구성하여 배수, 방수 등의 응급처리를 시행한다.

은 안개로 시정이 100m 이하이었고, 남서풍이 초속 6~8m로 불었으며, 파고 1.5~2.5m의 물결이 일었다. 핑양1호의 선원들은 충돌로 기관실이 침수되면서 선체가 점점 침몰되자 누가 지시하지 아니하였으나 켄오스아테나호로 옮겨 탔으며, 켄오스아테나호 선장은 선수의 사고 현장으로부터 연락을 받고 후진기관을 사용하여 양 선박을 분리하였다. 그 결과 핑양1호는 파공부로 다량의 해수가 유입되면서 선원이 옮겨 탄 후 17분이 경과한 시점에 침몰하였다(부산해심 재결 제2010-043호 참조바람).

299) (Not Under Command) '조종부자유선'이라고도 한다.

300) 초기 손상평가에는 ①선체의 수밀성, ②기관구역의 상황 및 상태, ③부상자, ④해양오염 징후 확인이 포함되어야 한다.

- 충돌사고에 대비하여 마련된 선체손상 점검표(Checklist)가 있다면 적극적으로 활용해야 한다.[301)]

② 상대선과 교신을 유지하여 지원 필요성, 위험화물 상태 등을 확인하여 충돌에 따른 2차 사고를 예방한다.

- 상대선의 승무원과 여객 구조를 지원할 때는 더 이상 지원이 필요하지 않다는 확신이 들 때까지 도와야 한다.

③ 선박을 임의 좌주(Beaching) 시키거나, 피난항으로 자력 이동 또는 예인 가능성[302)] 등을 검토한다.

④ 선장은 자선의 침몰을 피할 수 없다고 판단한 때에는 선원 및 승객을 비상소집하고 총원 단정부서로 배치한다.

⑤ 충돌 전후의 전말이나 본선의 사후처리에 관한 보고서, 당시 사용중인 항해일지, 기관일지 등 기록물 및 항해기록장치(VDR)가[303)] 있을 경우 저장된 기록을 확보한다.

⑥ 인명구조 완료 후 침몰까지 시간적 여유가 있는 경우에는 중요서류, 귀중품 등 중요 물건을 상대선, 구조선 또는 구조정 등으로 이동하여 보관한다.

3.2 좌초

좌초(Grounding)는 선박이 해저, 암초, 수면 아래의 난파선 또는 간출암에 부딪치거나 해안가 등에 얹히는 사고이다.[304)]

좌초사고의 원인은 기상에 의한 불가항력적인 상황을 제외하면 대부분이 경계(lookout)[305)] 소홀, 선위확인 미흡 또는 기관이나 타기 고장에 의한 조종불능 상황에서 비롯된다.

선박의 좌초가 선체의 전복·침몰 등으로 급격히 전개되는 경우는 드물지만 좌초 시

301) 선원들이 충돌환경에 당황하여 수행해야 할 우선적인 임무 파악이 늦어질 수 있으므로 상황별 체크리스트가 있다면 활용도가 높다.

302) 예인선을 사용하는 경우 구조비가 청구된다.

303) (Voyage Data Recorder) 사고에 이르는 기간 동안 그리고 사고 후속 기간 동안 선박의 위치, 운동, 물리적인 상태, 명령과 제어상태에 관한 정보를 확실하고 복구 가능한 양식으로 저장하기 위한 장치이다.
- VDR은 30일간(720시간)의 기록을 유지하지만(MSC.333(90), 2012), 구형 VDR인 경우에 모든 기록이 유지되는 시간이 최소 12시간이므로(MSC.861(20), 1997) 이 시간보다 오래된 자료항목은 새로운 자료로 덮어쓰게 되어 지워질 수 있어 주의하여야 한다.

304) 좌초는 'Grounding'이라 하지만 '토래캐년호' 사고처럼 암초 등에 접촉해 움직이지 못하면 'Stranding'으로 구분하기도 한다. 또한 일시적으로 바닥에 닿았어도 바로 벗어날 수 있을 때는 촉초(Touch-and-Go)라고 한다.

305) '견시' 또는 '파수'라고도 한다.

선체에 미치는 충격 등에 따라서는 선체 파공이나 균열로 침수가 진행되면서 선박의 횡경사 유발 또는 침몰 등으로 악화될 수 있다.

선장은 선체의 대각도 횡경사가 발생하면 승선원의 실내 이동이 어려워져 대피가 곤란하거나 불가능할 수가 있다는 것을 염두에 두어야 한다. 특히 여객선이 대각도 횡경사하거나 침수 발생시 여객들의 생명에 큰 위협이 된다는 것을 명심해야 하고,[306] 공황상태에 빠지기 쉬운 여객이 적절히 통제되지 않으면 다수의 인명피해가 발생할 수 있음을 유념해 조치를 하여야 한다.

1) 예방 조치

좌초는 수심이 낮은 연안에 이르러 주로 발생한다. 선박운항자 입장에서 좌초사고의 예방을 위한 조치는 다음과 같다.

① (육지에 접근시 선박위치 자주 확인) 선박이 항구에 접근할 때는 선박의 위치를 자주 확인해야 한다. 해도 및 '전자해도 표시 및 정보 시스템(ECDIS)'을 적극 활용하고, 연안에 인접한 경우에는 직접 육안으로 확인해야 한다.

② (수동조타로 전환) 자동조타는 수동조타 보다 졸음운항을 유발하므로 선박이 항만 인근에 다다르면 수동조타로 전환하고 입항준비를 한다.[307]

③ (야간 항해시 선내 소등) 통항이 빈번한 연안에서 야간 항해를 할 때에 선내 작업등화로 인하여 전방경계에 지장을 초래하지 않도록 항해등 외의 등화는 모두 소등한다.

2) 일반적 조치사항

좌초 사고가 발생한 경우에 일반적인 조치사항은 다음과 같다.

① 다른 사고와 마찬가지로 선장은 선교에서 직접 지휘한다.

② 모든 선원에게 좌초 상황을 알린다.

306) 1994년 스웨덴과 에스토니아를 오가는 여객선 '에스토니아호' 사고는 발틱해에서 황천항해중 선수문 탈락으로 침수되자 선체가 40도 가량 경사됨에 따라 탈출이 어려워 989명중 852명의 인명피해가 발생하였다. 2012년 이탈리아 연안에서 여객선 '코스타 콩코디아호'가 좌초되었을 때 선박이 우현으로 약 80도 경사되어 대부분의 승객이 갑판 하부에 갇혀 있다 구조되었다.

307) 조타중인 조타수는 경계요원으로 보지 않으므로 필요시 별도의 경계요원을 배치해야 한다.

③ 손상부위를 파악하는 등 초기 손상평가를[308] 수행하고 가능한 범위에서 방수작업에 최선을 다한다.

④ 인근 선박과 해양관서 등 관련기관에 신속히 좌초 사실을 알리고 필요할 경우 구조를 요청한다.

⑤ 좌초 위치로부터 선박을 자력으로 이초시키기 위해서 부력 확보에 필요한 방수 및 배수 조치를 시행한다.

⑥ 이초 후 자력 이동하려는 경우에는 선급검사가 필요할 수 있다는 것을 염두에 둔다.

3) 사고 대응 실무

좌초 후에 선체손상 평가 없이 이초(離礁)를 시도하는 것은 선체 절단이나 대량의 침수를 유발하여 선체의 전복·침몰 등 더 큰 사고로 이어질 수 있으므로 주의해야 한다.

가) 좌초 직후의 기관의 조작

사고 직후 기관을 정지해야 하지만 반사적으로 후진을 하는 것은 아래의 이유로 위험하다.

① 좌초된 선저손상 부분이 확대되어 이초 작업을 했을 때 침몰 위험을 초래한다.

② 파공 확대에 의해 선체 경사가 증대되어 화물의 이동에 의한 침수피해의 증가뿐 아니라 전복 위험이 발생한다.

③ 프로펠러나 타의 손상이 발생하기 쉬워 그 이후의 조선에 지장을 초래한다.

④ 기관을 전속후진으로 사용하여 이초한 경우 다른 암초에 한 번 더 좌초될 가능성이 있다.

나) 좌초상황의 조사

선박이 좌초한 경우 선장은 즉시 선체의 접촉 범위나 아래 사항을 조사하여 자력으로 이동이 가능할지, 다른 선박에게 구조를 요청할지 아니면 그 자리에 선체를 고정할지 판단하여야 한다.

① 손상정도 파악

308) 충돌 손상평가서 항목과 동일하며 ①선체의 수밀성, ②기관구역의 상황 및 상태, ③부상자, ④해양오염 징후 확인이 포함되어야 한다.

- 선저 각 탱크, 빌지를 측심해 침수 유무 파악, 손상이 있다면 손상 정도 파악
- 타와 프로펠러, 주기관과 보조기관, 배수펌프와 보조펌프의 이상 유무 파악
- 승조원 및 화물의 상황 파악
- 흘수(Draft), 트림(Trim)의 변화나 선체의 경사 파악
- 연료, 화물류의 유출 유무 파악과 필요시 오일펜스 설치 여부 검토

② 해면의 상황 파악
- 선체 주변의 수심, 저질, 해저상황과 선체 좌초 자세 파악
- 만조시각, 조차, 파랑 및 조류가 선체에 미치는 영향 및 기상상황 파악
- 선체 고정을 위해 부근 육지의 지형과 육상의 일반상황, 지원체제의 유무 파악

- 선박소유자, 해운항만관청에 좌초 상황 등 보고 자료가 되는 기타사항 파악

③ 해저로부터 받는 반력의 산정
- 좌초시 흘수와 좌초 전의 흘수 차로부터 구한 해저의 반력(Reaction) 계산
- 좌초 후 조위가 낮아져 흘수가 감소하면 이에 상당하는 부력이 감소해 해저로부터 받는 반력은 증가
- 만조·간조시를 고려

3.3 침수

침수(flooding)는 선내에 물이 유입되어 선박이 손상된 사고이며, 침수로 선체가 전복(capsizing)이나 침몰(sinking)이 이어진 것은 제외하고 설명한다.[309]

선체가 손상되어 본선 자체의 부상(浮上)이나 운항을 위태롭게 만드는 원인은 여러 가지가 있겠으나 일반적으로 ① 충돌, 좌초, 화재 등에 따른 2차 사고, ② 황천(荒天) 항해로 인한 비정상적인 응력(stress)에 따른 외판 손상, ③ 선체의 부식, 마모 등에 의한 손상, ④ 수밀장치나 개구부, 파이프, 빌지관(bilge pipe) 등의 밀폐 불완전 등으로 발생한다.

침수가 발생하면 급선무는 침수의 원인을 찾아 추가 침수를 차단하고 배수펌프를 작동하여 선내로 유입되는 물을 배출하는 것이다.[310] 필요시 수밀문을 작동시켜 다른 구

309) 침수는 flooding이며, 침몰은 sinking이다. 침수되어 침몰하거나 전복되는 경우는 foundering이라 한다.
310) 본선에서 사용가능한 펌프류는 General service pump, Ballast pump, Fire pump, Emergency fire pump,

획의 침수를 막거나 선박에 비치된 방수자재를 이용하여 파공부를 수리한다.

침수에 대한 사전 또는 사후에 적절한 대책을 마련하지 못하면 침수량은 증가하고 부력이나 선체의 안정성을 잃어 침몰할 위험성이 커진다. 특히 침수가 확대되어 선체가 경사되면 침수의 자유표면 효과가311) 커져 급격한 선박 전복이 수반될 수 있으므로 침수 상황을 과소평가하여서는 아니 된다.

필요하다면 자선의 모든 배수펌프를 사용했을 경우 배수 가능한지 파악하기 위하여 침수량312)을 구해야 하며, 침수에 대응할 수 있는 시간 여력을 파악하기 위해서는 침수 소요시간313)을 구해야 한다.

1) 예방 조치

침수사고의 예방을 위한 선박운항자 입장에서 취해야 할 조치는 다음과 같다.

① (기상정보 파악) 항구에서 출항하기 전에 기상특보 등 기상정보를 파악한다.
② (개구부의 밀폐) 화물창 덮개, 기관실 출입문 등 선체의 각 개구부를 닫고 밀폐한다.
③ (이동 가능 물건의 고박) 움직일 수 있는 무거운 물건은 모두 고박(lashing)한다.
④ (갑판 배수구 확인) 갑판 위로 올라온 해수가 원활히 배수될 수 있도록 갑판의 배수구가 막혀 있어서는 아니 된다.
⑤ (정횡파와 대각도 변침 회피) 기상악화 시 높은 파도를 정횡으로 받고 항행할 경우 전복될 우려가 높아지므로 가급적 정횡파와 대각도 변침은 피해야 한다.

2) 사고 대응 실무

침수사고 발생시 일반적인 조치사항은 다음과 같다.

Bilge pump, Portable pump, Bilge eductor, Ballast eductor 등이 있다.

311) (Free Surface Effect) 탱크 내에 액체가 가득 차 있지 않아 유동하면 선체의 무게중심이 상승한 것과 같은 효과가 발생하여 복원력이 감소한다.

- 자유표면상 제2회전력(I) 계산식 : $I = L \times \frac{B^3}{12}$
- L: 길이, B: 폭

312) 침수량 근사식: $Q = CApt\sqrt{2gh}$

- Q: 침수량(ton), C: 유량계수(약 0.6~0.98), A: 파공면적(m²), p: 해수비중, t: 해수 유입시간(sec), g: 중력가속도(9.8 m/sec), h: 파공부로부터 수면까지 높이(m)

313) 침수 소요시간 계산 근사식 : $t = \frac{\upsilon + 2ah}{CA\sqrt{gh}}$

- t: 침수소요시간(sec), υ: 파공부 이하 구획용적(㎥), a: 침수구획의 수선면적(㎡), h: 파공부에서 수면까지 높이(m), C: 유량계수(약 0.6~0.98), A: 파공면적(㎡), g: 중력가속도(9.8 m/sec)

① (모든 선원에게 통지) 선내 전 선원에게 침수 사실을 알려 방수부서를 배치한다.
② (방수 및 배수 작업) 침수 개소 및 범위를 탐지하고 원인을 파악해 초기 방수 및 배수 작업에 최선을 다한다. 항해중이면 사정이 허락하는 한 기관을 정지하던지 미속으로 항해하면서 파공부를 풍하(Leeway) 측에 두도록 한다.
③ (구조 요청) 인근 선박과 해양항만관청 등에 본선의 위치와 침수 사실을 알리고 도움을 요청한다.
④ (최후의 조치) 자력으로 방수 및 배수 작업을 할 수 없다고 판단되면 구명동의를 착용하고 퇴선준비를 한다.

3.4 화재(Fire)

1) 화재의 정의

화재(火災)란 가연물질이 산소와 반응하여 열과 빛을 발생하면서 연소하는 현상으로 인하여 인간에게 물질적·신체적인 손해를 주는 재해이다.

관습적으로 화재를 '불'이라고도 하지만 국내외의 정의에 따르면 화재(火災)는 소화할 필요성이 있는 것이어야 하므로 일반적으로 '불'이라고 하며 '화재'가 아니며, 불로 인하여 인간생활에 발생하는 재해를 의미한다.[314)]

2) 연소 현상

연소(燃燒)란 산화반응의 한 형태로서 반응속도가 매우 커서 열과 빛을 발하는 현상이다.[315)] 따라서 철이 녹스는 산화현상은 반응속도가 늦어 철의 연소라고 하지 않는다.[316)]

314) "화재"란 사람의 의도에 반하거나 고의에 의해 발생하는 연소 현상으로서 소화시설 등을 사용하여 소화할 필요가 있거나 또는 화학적인 폭발현상을 말한다. (소방청 '화재조사 및 보고규정' 제2조 제1호)
- "화재"란 파괴적이고 통제되지 않는(destructive and uncontrolled) 가연성 고체·액체·기체의 연소(burning)를 말하며 폭발을 포함한다. (미국 USFA, National Fire Incident Reporting System 실무서)
- (일본 화재보고취급요령) "화재"란 인간의 의도에 반하여 발생 혹은 확대되거나 방화에 의하여 발생되어 소화의 필요가 있는 연소현상으로서 이것을 소화하기 위하여 소화시설 또는 이것과 같은 정도의 효과가 있는 것의 이용을 필요로 하는 것, 또는 인간의 의도에 반하여 발생 또는 확대된 폭발현상을 말한다.
- (ISO) "화재"란 시간적·공간적으로 제어되지 않고 확대되는 급격한 연소현상이다.

315) (연소의 정의) 빛과 열의 발생을 수반하는 급격한 산화반응, 또는 가연성물질이 공기 중의 산소와 반응하여 열과 빛을 발하면서 산화하는 현상

연소가 성립되려면 ①가연물인 연료, ②산화제인 산소, ③활성화 에너지인 열을 필요로 한다. 이 세 가지를 화재의 3요소라고 하며 어느 하나라도 빠지면 화재가 발생하지 않는다. ①가연물, ②산소 공급원, ③점화원, 또는 ①최초 착화물, ②산소, ③발화 열원 등으로도 불린다. 화재의 4요소는 화재의 3요소에 화학적 연쇄반응이 더해진 것이다.

지구의 대기 중에는 질소 78%와 산소 21%가 대부분이며 소량의 다른 기체로 구성되어 있다. 일반적으로 공기 중에 산소가 16% 이상일 때 산화반응이 일어나며, 15% 이하에서는 산화반응이 중지된다.[317] 유조선에서는 화물창 내에 불활성 기체(Inert gas)를 투입하여 산소 농도를 5%~8%로 낮춰 화재를 방지하고 있다.

소화 방법은 연소이론에 따라 네 가지 대표적인 방법이 있으며 ①타고 있는 물질을 식히거나, ②산소를 차단하거나, ③타는 물질을 제거하거나, ④연쇄반응을 차단하는 것이다.

〈표 4-2〉 공기의 조성비

조성 \ 성분	N_2	O_2	Ar	CO_2	H_2	희기체
체적비 (v%)	78.03	20.99	0.93	0.03	0.01	0.01
중량비 (w%)	75.47	23.20	1.28	0.046	0.001	0.003

〈그림 4-2〉 화재의 3요소

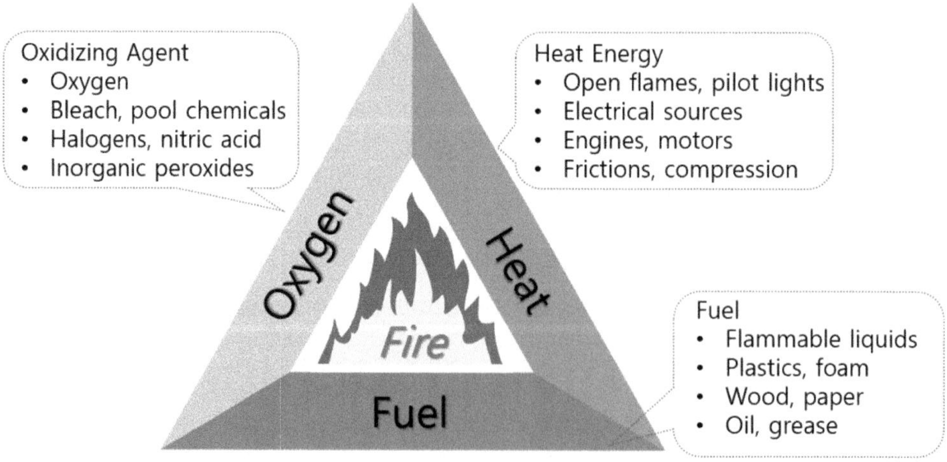

316) 산화란 물질이 산화제와 화학적으로 반응하는 현상으로 발열성 산화반응과 흡열성 산화반응으로 구분되나 발열성 산화반응만을 연소라고 한다.
317) 가연물의 종류와 연소조건에 따라 차이가 있어서 산소농도 16% 미만에서도 연소가 가능한 가연물도 있다.

〈그림 4-3〉 화재의 4요소

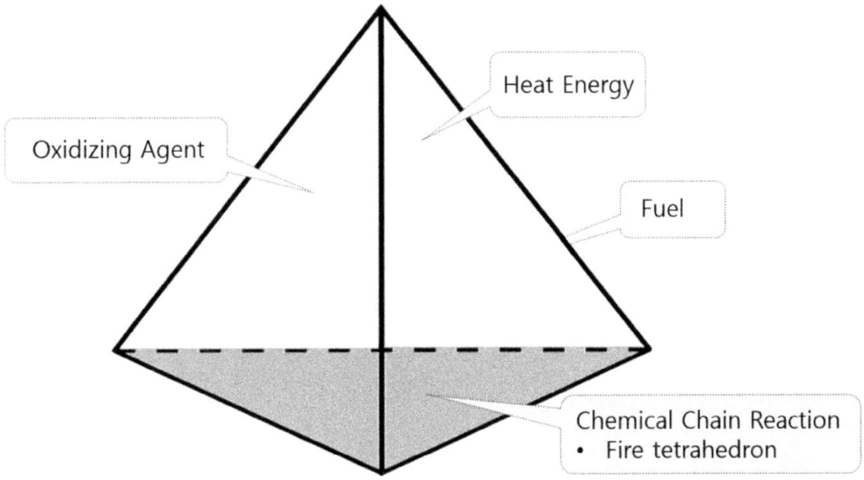

3) 폭발

폭발과 연소의 화학적인 과정은 차이가 없다. 즉, 폭발현상은 어떤 물질에서 발생하든지 연소가 일어날 수 있는 조건이 만족되어야 한다.

폭발과 연소의 차이점은 착화된 이후의 경과가 다르다는 점에 있다. 연소는 착화된 후에 정상적인 속도로 산화반응이 진행되지만 폭발은 화염이 급속히 전파되어 강력한 압력이 생겨 폭음이 일어난다.[318] 따라서 가스폭발과 가스화재의 차이는 에너지 방출속도가 다르다는 데에 있다.

폭발은 압력과 관계가 있기 때문에 폭발할 때 연료는 고압기체이며, 폭발의 기본개념 또한 고압기체의 갑작스런 방출에 의한 충격파 형태의 에너지 소산이다.

압력은 음속에서 평형을 이루며 에너지가 충격파로 소산되기 위해서는 방출속도가 음속이거나 초음속이 되어야 한다. 충격파의 초기 강도는 방출 순간의 기체 압력에 의해 결정된다. 충격파의 전체 에너지는 방출가스의 전체량과 방출 순간의 압력 및 온도에 의존한다.[319] 초기 방출에 이어 고압가스가 발생되는 경우에 방출되는 전체 에너지는 증가한다. 그러나 충격파의 강도는 증가되지 않으며 추진 기간은 길어진다.

318) 폭발의 정의 ① 압력의 급격한 개방 또는 발생으로 격렬한 폭음을 동반하며 팽창 또는 파열하는 현상, 또는 ② 순간적으로 물리적 또는 화학적 에너지가 기계에너지 또는 열에너지로 변환되어 사방으로 전달되는 거대한 에너지의 순간적인 발산 현상

319) 폭발은 폭연(deflagration), 폭굉(detonation), 파열(blowing out)의 3종류의 형태로 나타난다.
- 폭연은 폭발적인 현상이지만 연소파의 전파속도가 음속이하인 것을 말한다.
- 폭굉은 물질내에 충격파가 발생하게 되는데 이때 시간이 지남에 따라 감소하는 충격파가 화학반응에 의해 계속적으로 발생하는 연소열에 의하여 안정되게 유지되는 현상으로 전파속도가 음속보다 큰 경우를 말한다.

4) 화재의 분류

국제표준화기구(ISO)는 화재를 ①A급 화재, ②B급 화재, ③C급 화재, ④D급, ⑤F급 화재로 구분하고 있다.[320] 그러나 분류기준은 국가별로 다르다.

우리나라에서는 화재를 ①A급 화재, ②B급 화재, ③C급 화재, ④D급 화재, ⑤K급 화재로 분류한다.

미국의 국립화재예방협회(NFPA)는[321] ①A급 화재, ②B급 화재, ③C급 화재, ④D급 화재와 ⑤K급 화재로 분류하고 있다.[322] 국제표준화기구(ISO)에서 F급 화재로 분류하고 있는 식용유 화재를 미국에서는 K급 화재로 분류하고 있으며, A, B, C, D급에 대한 화재의 정의도 약간 차이가 있다.

우리나라는 소방청의 '소화기구 및 자동소화장치의 화재안전기준'에서 연소 특성에 따라 A급 화재, B급 화재, C급 화재, K급 화재로 기술하고 있다.[323] 이외에 한국산업표

320) ISO 7202: 2018 Fire protection - Fire extinguishing media - Powder,
ISO 7165: 2017 Fire fighting - Portable fire extinguishers - Performance and construction
- class A: involving solid materials, usually of an organic nature, in which combustion normally takes place with the formation of glowing embers
- class B: involving liquids or liquefiable solids
- class C: involving gases
- class D: involving metals
- class F: involving cooking media (vegetable or animal oils and fats) in cooking appliances

321) National Fire Protection Association

322) NFPA Code, Classifying fire
- Class A: Ordinary combustible materials, such as wood, cloth, paper, rubber and many plastics. They burn with an ember and leave an ash. Extinguish by cooling the fuel to a temperature that is below the ignition temp. Water and other extinguishing agents are effective.
- Class B: Flammable liquids (burn at room temperature) and combustible liquids (require heat to ignite). Petroleum greases, tars, oils, oil-based paints, solvents, lacquers, alcohols, and flammable gases. High fire hazard; water may not extinguish. Extinguish by creating a barrier between the fuel and the oxygen, such as layer of foam.
- Class C: Fuels that would be A or B except that they involve energized electrical equipment. Special techniques and agents required to extinguish, most commonly carbon dioxide or dry chemical agents. Use of water is very dangerous because water conducts electricity.
- Class D: Combustible metals, such as magnesium, titanium, zirconium, sodium, lithium and potassium. Most cars contain numerous such metals. Because of extremely high flame temperatures, water can break down into hydrogen and oxygen, enhancing burning or exploding. Extinguish with special powders based on sodium chloride or other salts; also clean dry sand.
- Class K: Fires in cooking appliances that involve combustible cooking media (vegetable or animal oils and fats).
(출처: https://www.nfpa.org/News-and-Research/Publications-and-media/Press-Room/Reporters-Guide-to-Fire-and-NFPA/All-about-fire)

준(KS)에서 금속화재를 D급으로 추가하고 있다.[324]

화재를 분류하는 이유는 가연물의 종류에 따라 연소 특성이 달라지고, 연소 특성에 따라 소화 방법이 달라지며, 소화의 방법에 따라 써야하는 소화기의 종류가 달라지기 때문이다.[325]

〈표 4-3〉 화재 분류 기준

화재 분류	국내		미국 (NFPA)	국제규격 (ISO)	색상 (한국)
	소방청기준	KS기준			
일반 화재	A급	A급	A급	A급	백색
유류 및 가스화재	B급	B급	B급	B급(유류)	황색
				C급(가스)	
전기 화재	C급	C급	C급	-	청색
금속 화재		D급	D급	D급	무색
식용유 화재	K급		K급	F급	

소화기에 표시하는 방법도 우리나라는 A급 흰색, B급 황색, C급은 청색으로 표시하지만 국가별로 표시방법의 차이가 있다.

323) 소화기구 및 자동소화장치의 화재안전기준 (소방청고시 제2018-14호) 제3조(정의)

7. "일반화재(A급 화재)"란 나무, 섬유, 종이, 고무, 플라스틱류와 같은 일반 가연물이 타고 나서 재가 남는 화재를 말한다. 일반화재에 대한 소화기의 적응 화재별 표시는 'A'로 표시한다.
8. "유류화재(B급 화재)"란 인화성 액체, 가연성 액체, 석유 그리스, 타르, 오일, 유성도료, 솔벤트, 래커, 알코올 및 인화성 가스와 같은 유류가 타고 나서 재가 남지 않는 화재를 말한다. 유류화재에 대한 소화기의 적응 화재별 표시는 'B'로 표시한다.
9. "전기화재(C급 화재)"란 전류가 흐르고 있는 전기기기, 배선과 관련된 화재를 말한다. 전기화재에 대한 소화기의 적응 화재별 표시는 'C'로 표시한다.
10. "주방화재(K급 화재)"란 주방에서 동식물유를 취급하는 조리기구에서 일어나는 화재를 말한다. 주방화재에 대한 소화기의 적응 화재별 표시는 'K'로 표시한다.

324) KS B 6259 : 2007(화재 분류)

용어	정의
A급	보통 잔재의 작열에 의해 발생하는 연소에서 유기성질의 고체물질을 포함한 화재
B급	액체 또는 액화할 수 있는 고체를 포함한 화재 및 가연성 가스 화재
C급	통전 중인 전기설비를 포함한 화재
D급	금속을 포함한 화재

325) 소화기에는 끌 수 있는 화재의 종류가 A, B, C 등으로 표시되어 있다. A는 Ash, B는 Barrel, C는 Current, D는 Dynamite, K는 Kitchen에서 유래한다.

〈그림 4-4〉 미국의 휴대용 소화기 표시방법

가) A급 화재

A급 화재는 일반 화재이며 연소 후 재가 남는 화재이다.

우리 주변에서 흔히 볼 수 있는 종이, 섬유, 플라스틱, 목재 등이 타는 일반적인 화재이다. 주로 물에 의한 냉각소화를 이용하며[326] 분말 소화약제를 사용할 수도 있다. 실내에서 거품(foam) 약재를 사용하면 소화후 처리가 쉽지 않다.

나) B급 화재

B급 화재는 유류 화재로 부르지만 인화성 가스가 포함되며 연소 후 아무 것도 남기지 않는 종류의 화재이다.

연료는 휘발유, 경유, 등유 등 인화성 액체이며, 가스 화재도 B급 화재에 포함된다.[327] 소화방법은 공기를 차단시키는 질식소화 방법으로 거품(泡沫) 소화약제를 이용하거나, 분말, 이산화탄소(CO_2), 할로겐화합물[328] 소화약제 등을 사용한다.

다) C급 화재

C급 화재는 전기 화재이며 전기 기계나 기구 등에 전기가 공급되는 상태에서 발생한 화재이다.

326) 물을 1분에 1리터 정도 쏟으면 일반가연물 0.7㎥에 붙은 불을 끌 수 있다

327) 일본 등 일부 국가는 LNG, LPG 등 압축 액화가스 화재를 E급 화재로 별도 구분하기도 한다. E급 화재는 분말, CO_2, 할론 소화기를 사용한다.

328) 할로겐화합물 소화약제는 지방족 탄화수소인 메탄, 에탄 등에서 분자 내의 수소 일부 또는 전부가 할로겐족 원소(F, Cl, Br, I)로 치환된 화합물을 말하며 일명 Halon (Halogenated Hydrocarbon)이라 부른다.
- 할론(Halon)은 가장 강력한 소화약제이며 연소과정에서 발생하는 활성 유리기(Free radical, 화학반응 시 분해되지 않는 하나의 분자에서 다른 분자로 이동할 수 있는 원자의 집단)에 반응하여 이를 비활성화시켜 소화한다.

전기 절연성을 가진 소화약제로 소화해야 하며, 전기가 통하지 않은 상태에서 전기기계 등의 화재는 A급 화재로 분류한다. 소화방법으로 물을 뿌리면 감전의 위험이 있으므로 절대 사용해서는 안 되며, 이산화탄소(CO_2), 할로겐화합물, 분말 소화약제(Dry powder)를 사용한다. 분말 약재 소화기는 1천 볼트까지 사용하는 전기기구에는 안전하게 사용할 수 있으며, 이산화탄소 소화기는 전압에 상관없이 안전한 것으로 알려져 있다.

라) D급 화재

D급 화재는 금속 화재이다. 나트륨(Sodium), 칼륨(Potassium), 탄화칼슘, 인화칼슘 등은 물과 반응하여 수소(H_2) 가스를 발생시키는 금수성 물질이라 수(水)계 소화약제를 사용할 수 없다. D급 화재는 수분이 탈수되면 팽창하는 성질이 있는 팽창 진주암(Perlite),[329] 팽창 질석(Vermiculite)[330] 또는 마른 모래 등을 사용하여 소화한다.

마) K급 화재

K급 화재는 주방 화재 또는 식용유 화재라고도 한다. 유럽에서는 ISO 기준에 따라 F급 화재라고 한다.

식용유 화재도 B급 유류화재로 분류된 적이 있으나 가열된 식용유나 지방은 A, B, C급 화재를 위한 일반적인 소화기로는 잠시 진화된 것처럼 보이지만 기름 속의 온도가 높아 다시 불이 붙는 현상이 있어서 별도로 분류하고 있다.

식용유 화재가 발생했을 때 물을 뿌리면 액체인 물이 기체로 급격히 팽창하는 과정에서 기름이 튀어 올라 화재가 확대되거나 화상을 입을 우려가 있기 때문에 절대 물을 부어서는 안 된다.

일반적으로 분말 소화약제를 사용하지만 소화 후에 청소하기가 번거롭기 때문에 불연성 재질의 소방담요(fire blanket)가 없으면 젖은 수건이나 세탁물 등 물 때문에 불이 붙지 않는 것으로 덮어 산소 공급을 차단하거나 주방화재 전용 소화기를[331] 사용해야 한다.

329) 천연유리를 분쇄한 팽창진주암 조각에 형성된 얇은 공기 막에서 반사된 빛이 진주와 같아서 붙여진 명칭이다. 평상시는 백색가루로 보인다. 팽창진주암은 3~4%의 수분을 함유하고 있으며, 화재 시에 820~1100℃의 온도에 노출되면 체적이 약 15~20배 정도 팽창하는 특성이 있다.

330) 운모가 풍화 또는 변질되어 생성된 팽창질석은 금색, 은색, 갈색 등이 있으며 내화온도는 1,400℃ 정도이다.

331) 주방화재 전용 소화기는 젖은 화학물질을 약재로 하며 강화액 소화기라고도 한다. 알칼리금속염류 등을 주성분으로 한 액체에 압축공기 또는 질소가스를 축압하여 만들어진다. 강화액은 연소의 연쇄반응을 단절하거나 제어하는 효과를 통해 화재를 차단하고 재연을 저지하는 작용을 한다.

5) 소화 원리

소화원리는 연소의 반대 개념으로 화재의 4요소를 적정하게 통제하거나 차단하는 것이다.

물리적 소화방법으로 ①냉각소화, ②질식소화, ③제거소화가 있으며, 화학적 소화방법으로는 연쇄반응을 차단하는 ④억제소화가 있다. 실제 상황에서는 하나 또는 둘 이상의 소화원리가 작용하여 소화가 이루어진다.

소화약재는 화재의 종류에 따라 사용할 수 있는 것과 없는 것으로 구분된다. 예를 들어 물은 전기화재에는 사용하지 못하며, 재가 남는 일반화재에서만 사용한다. 가장 범용으로 사용되는 약재는 분말(dry powder)이며, 소형의 이동식 소화기부터 대형인 선박의 고정식 분말 소화장치(Fixed dry powder fire extinguishing system)에도 사용된다.332)

〈표 4-4〉 약재별 사용가능한 화재의 종류

화재 \ 약제		물 (Water)	거품 (Foam)	마른 분말 (Dry powder)	이산화탄소 (CO_2)	젖은 화학물질 (Wet chemical)
A급		✔	✔	✔		✔
B급	액체		✔	✔	✔	
	기체			✔		
C급				✔	✔	
D급				✔		
K급						✔
주의		전기화재 사용금지	실내 사용 부적합	1,000 볼트까지 안전	모든 전압에 안전	초고온에서만 사용

332) 고정식 분말 소화장치(Fixed dry powder fire extinguishing system)에 사용되는 약재는 칼륨(potassium) 계열의 화합물이다.(MSC.1/Circ.1315)

- 3.4 Only chemicals based on the salts of potassium should be used. Dry chemical storage containers should be designed to pressure codes of practice acceptable to the Administration, for the maximum system pressure developed at 55오C.

〈표 4-5〉 소화 원리와 방식

방식	소화 원리
냉각소화	◦ (원리) 열이 계속적으로 발생하지 못하도록 차단하여 온도를 낮춤으로서 점화 에너지를 제거 ◦ (소화) 비열이나 증발잠열이 큰 물질을 이용하여 열을 흡수하거나 증발하면서 열을 빼앗기 위해(기화열) CO_2나 물을 이용
질식소화 (희석소화)	◦ (원리) 공기 중의 산소를 차단하여 산소농도가 15% 이하로 낮아지면 연소가 지속되지 않음 ◦ (소화) 불타는 가연물을 감싸거나 불연성 기체를 화재공간에 불어넣어 산소비율을 낮추기 위해 마른 모래를 뿌리거나 물에 젖은 담요로 연소물을 덮거나 거품(포말) 소화설비 또는 CO_2 설비를 이용
제거소화	◦ (원리) 가연물을 제거함으로서 연소를 차단 ◦ (소화) 화재장소에서 가연물을 다른 안전한 장소로 이동 - 고체 가연물 : 가연물을 화재 현장으로부터 즉시 제거함(산림화재 시 연소저지선 앞쪽에서 벌목하여 진화) - 액체 및 기체 : 가연성 물질을 누출시키는 용기의 밸브를 폐쇄, 공급중단, 다른 장소로 신속히 이송 - 전기화재 : 전원을 차단하여 전기의 공급을 단절시킴 - 수용성 액체 : 다량의 물을 주입하여 농도를 연소범위 이하로 낮춤
억제소화 (부촉매 효과)	◦ (원리) 연소과정은 활성유리기(free radical)가 지속적으로 발생되는 화학적 과정이며, 연쇄전달체(chain carrier)로서 활성유리기가 원인계 → 생성계 → 원인계로 이동하면서 연쇄반응이 발생. 즉, 억제소화는 연쇄반응의 원인물질인 활성유리기(O^+, OH^+, H^+)를 불활성화시켜 연쇄반응을 단절하는 것임 ◦ (소화) 고체 가연물의 열분해 가스, 액체가연물의 증발된 가스 또는 기체 가연물을 할로겐화합물(Halon) 및 분말 소화약제와 반응시켜 더 이상 연쇄적 화학반응이 일어나지 못하도록 함

6) 화재발생시 대처 요령

가) 일반적 대처 방법

- ㅇ 불을 발견하면 '불이야'하고 큰소리로 외쳐서 다른 사람에게 알린다.
- ㅇ 화재경보 비상벨을 누른다.
- ㅇ 엘리베이터는 절대 이용하지 않도록 하며 계단을 이용한다.
- ㅇ 아래층으로 대피가 불가능한 때에는 옥상으로 대피한다.
- ㅇ 낮은 자세로 안내원의 안내를 따라 대피한다.
- ㅇ 불길 속을 통과할 때에는 물에 적신 담요나 수건 등으로 몸과 얼굴을 감싸준다.
- ㅇ 방문을 열기 전에 문손잡이를 만져본다.
  - 손잡이가 뜨겁지 않으면 문을 조심스럽게 열고 밖으로 나간다.
  - 손잡이가 뜨거우면 문을 열지 말고 다른 길을 찾는다.
- ㅇ 어린이는 화재 등 사고가 발생할 경우 공포에 질려 옷장, 침대 밑에 피신하는 경우가 많으므로 안전한 대피를 위해 어린이의 위치를 항상 확인한다.
- ㅇ 대피한 경우에는 바람이 불어오는 쪽에서 구조를 기다린다.
- ㅇ 밖으로 나온 뒤에는 절대 안으로 들어가지 않는다.
  - 다른 출구가 없으면 구조대원이 구해줄 때까지 기다린다.
  - 연기가 방안에 들어오지 못하도록 문틈을 옷이나 이불로 막는다.(물을 적시면 더욱 좋다.)
- ㅇ 건물에 갇혔을 때에는 침착하게 자신의 위치를 알리고 구조요청을 하여야 하며 창밖으로 뛰어 내리지 않는다.
- ㅇ 다량의 연기가 발생할 때에는 한 손으로는 코와 입을 젖은 수건 등으로 막아 연기가 폐에 들어가지 않도록 한다.
  - 연기층 아래에는 맑은 공기층이 있다.
  - 연기가 많은 곳에서는 팔과 무릎으로 기어서 이동하되 배를 바닥에 대고 가지 않도록 한다.
  - 낮은 자세로 한손은 벽면을 짚어 피난방향을 설정하여 대피하여야 같은 장소를 맴돌지 않는다.
- ㅇ 옷에 불이 붙었을 때는 두 손으로 눈과 입을 가리고, 멈추고(Stop)[333], 엎드려서(Drop), 바닥에 뒹굴어 준다(Roll).[334]

333) 불이 붙었을 때 달리면 불길이 더 커질 수 있다.

〈그림 4-5〉 'Stop - Drop - Roll'

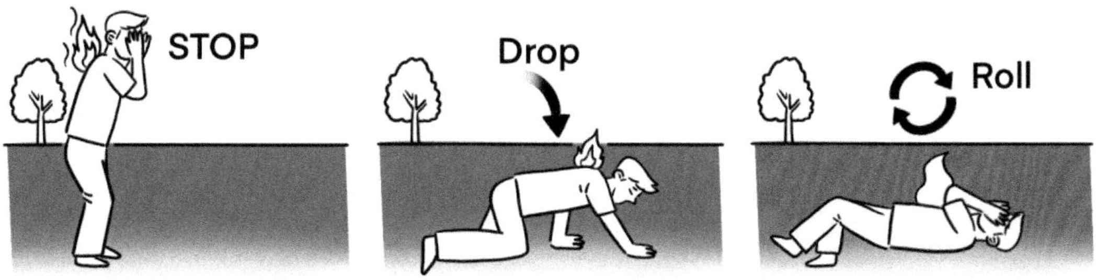

나) 국민행동요령

상황	대처
불을 발견했을 때	1. 연기가 발생하거나 불이 난 것을 보았을 때 ▹ 불이 난 것을 발견하면 "불이야!"라고 소리치거나 비상벨을 눌러 주변에 알리도록 한다. 2. 불을 끌 것인지 대피할 것인지 판단한다. ▹ 불길이 천장까지 닿지 않은 작은 불이라면 소화기나 물양동이 등을 활용하여 신속히 끄도록 한다. ▹ 불길이 커져서 대피해야 할 경우 젖은 수건 또는 담요를 활용하여 계단을 통해 밖으로 대피한다. ▹ 세대 밖으로 대피가 어려운 경우 경량 칸막이[335]를 이용하여 이웃집으로 대피하거나, 완강기를 이용하여 창문으로 나가는 방법, 실내대피 공간으로 대피하였다가 불이 꺼진 후 나오는 방법 등을 활용한다. (비상구, 완강기, 경량칸막이, 실내대피공간 활용)
화재신호가 울릴 때	1. 비상소집을 한다. ▹ 자고 있을 때 화재 경보가 울리면 불이 났는지 확인하려 하기보다는 소리를 질러 모든 사람들을 깨우고 모이게 한 후 대처방안에 따라 밖으로 대피한다. ▹ 대피방법을 결정한다. ▹ 손등으로 출입문 손잡이를 만져보아 손잡이가 따뜻하거나 뜨거우면 문 반대쪽에 불이 난 것이므로 문을 열지 않는다. ▹ 연기 들어오는 방향과 출입문 손잡이를 만져보아 계단으로 나갈지 창문으로 구조를 요청할지 결정한다.

334) (Stop, Drop, and Roll) 멈춰(Stop immediately) 엎드린 후에(Drop to the ground) 두 손으로 눈과 입을 가리고(Cover) 구른다(Roll).

	2. 신속히 대피한다. ▹ 대피할 때는 엘리베이터를 절대 이용하지 않고 계단을 통하여 지상으로 안전하게 대피한다. ▹ 대피가 어려운 경우에는 창문으로 구조요청을 하거나 대피공간 또는 경량칸막이를 이용하여 대피한다. 3. 119로 신고한다. ▹ 안전하게 대피한 후 119에 신고한다. ▹ 휴대폰이 있어서 신고가 가능하다면 속히 해주시고 신고하느라 대피시간을 놓치지 않도록 한다. 4. 대피 후 인원을 확인한다. ▹ 놀이터 등 사전에 약속한 안전한 곳으로 대피한 후 인원을 확인한다. ▹ 주변에 안 보이는 사람이 있다면 출동한 소방관에게 알려준다.

7) 선내 소화

선내에는 들고 다닐 수 있는 휴대식 소화기, 바퀴가 달려서 움직일 수 있는 이동식 소화기, 소화전(Hydrant)이나 주방소화장치와 같은 고정식 소화기가 있고 소방도끼, '국제 육상시설 연결구(International Shore Connection)'[336] 등 각종 소화 장비와 설비가 배치되어 있다.

화재 발생시 초동진압이 가장 중요하므로 부근에 있는 휴대식 분말 소화기를 우선 사용하게 되는데 일반적인 휴대식 분말 소화기는 약재의 분출시간이 30초 이내로 짧다. 따라서 휴대식 소화기를 작동시킨 후에 불쪽으로 접근하면 가는 동안 소화약재가 모두 소모될 수도 있다.

335) (경량 칸막이) 아파트에서 불이 났을 때 출입구나 계단으로 대피하기 어려운 상황에서 베란다를 통해 옆집으로 대피할 수 있도록 만들어진 두께 1cm 미만의 합판이나 석고보드이다.
- 1992년 10월 이전에는 경량 칸막이 설치 의무가 없었으며, 2005년 12월 이후에는 경량 칸막이나 대피공간을 선택적으로 설치할 수 있도록 했고, 2010년 10월에는 대피공간 대신 가구 간 하향식 피난구를 설치할 수도 있도록 했다.

336) 총톤수 500톤 이상의 선박은 선박의 양측에서 육상의 소화전과 선박의 소화전을 연결하기 위한 기구(커플링)를 갖추고 있어야 한다.(SOLAS Chapter II-2, regulation 10.2.1.7)
- 선박소방설비기준[해양수산부고시 제2020-218호] 제45조(국제육상시설연결구의 비치) 총톤수 500톤 이상의 제1종선 및 제2종선에는 1개의 국제육상시설연결구를 비치하여야 하며 선박의 양측에서 이를 사용할 수 있어야 한다.

〈그림 4-6〉 International shore connection

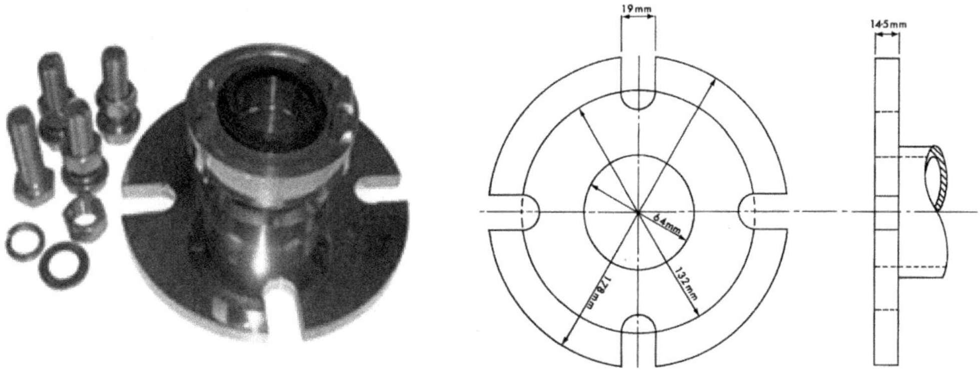

일반적인 사용 절차는 ① 소화기를 들고 불이 난 곳에 접근한다. ② 손잡이 부분의 안전핀을 뽑는다. ③ 바람을 등지고 서서 노즐을 빼서 집고 불쪽으로 향한다. ④ 가까이 접근하여 손잡이를 움켜쥐고 빗자루로 쓸듯이 분말을 쏜다.337)

소화전을 사용해야 하는 경우에 호스와 관창(Nozzle)을 연결하여 바닥에 둔 채 작동시켜서는 안 된다. 수압이 발생하면 바닥에 놓인 관창이 튀어 올라 인명피해가 발생할 수 있기 때문에 반드시 다른 선원이 관창을 단단히 들고 있거나 고정물체에 묶어 놓은 상태에서 수압을 작동시켜야 한다.

〈그림 4-7〉 소화기 사용법

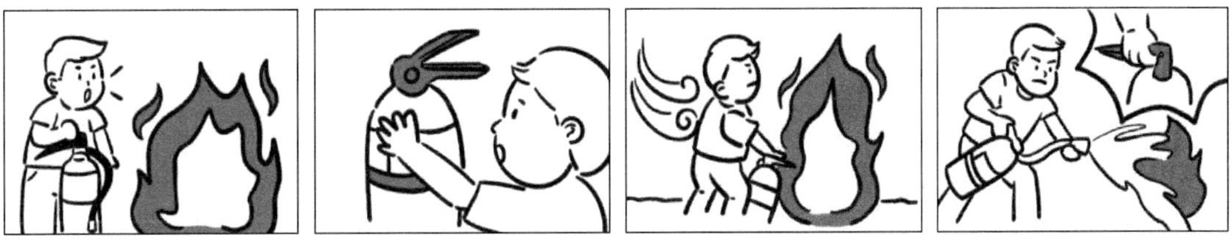

1. 소화기를 불이 난 곳으로 옮깁시다.
2. 손잡이 부분의 안전핀을 뽑아 주세요.
3. 바람을 등지고 서서 호스를 불쪽으로 향하게 합시다.
4. 손잡이를 힘껏, 움켜쥐고 빗자루로 쓸듯이 뿌립시다.

337) (출처) 행정안전부, https://www.mois.go.kr/chd/sub/a06/fire_2/screen.do
- 소화기를 불이 난 곳으로 옮긴 후 PASS 순서로 작동시킨다.
1. 안전핀을 뽑는다. (Pull pin)
2. 노즐을 잡고 불쪽을 향한다. (Aim at base of fire)
3. 손잡이를 움켜쥔다. (Squeeze handle)
4. 분말을 골고루 쏜다. (Sweep side to side)

8) 화재 발견 시 대응 요령

가) 현장 목격자 조치사항

- ㅇ 비상경보(Alarm) 장치를 작동하고 화재 장소와 규모를 당직사관에게 보고한다.
- ㅇ 소화 팀이 도착할 때까지 부근에 있는 소화기로 초기진화를 위하여 침착하게 전력을 다한다.

나) 당직사관 조치사항

- ㅇ 선내방송 후에 선장에게 보고하고 당직자에게 휴대용 VHF (Walkie-talkie)로 화재현장을 확인 · 보고토록 한다.
- ㅇ 화재상황을 확인하는 즉시 화재 발생장소와 성질을 방송하고 소화부서 배치를 발령한다.
- ㅇ 경보 오작동으로 판명되었을 경우에는 경보 발생내용을 방송하고 지체 없이 고장개소를 수리하도록 한다.

다) 모든 승무원

- ㅇ 주변의 현창(Scuttle), 출입구(Door) 등의 통풍구를 폐쇄하고 소화복장을[338] 갖추어 소화부서 배치장소에 집결한다.
- ㅇ 화재구역을 밀폐할 때는 반드시 잔류자 유무를 확인한다.
- ㅇ 고정식 소화장치의 조작은 선장의 지시에 따라야 한다.
- ㅇ 화재의 진화를 위하여 침착하게 전력을 다한다.

9) 선내 화재 예방요령

가) 흡연(Smoking)

- ㅇ 지정된 장소에서만 흡연
- ㅇ 침대에서 흡연은 절대 금지
- ㅇ 화재의 위험이 있는 지역에는 필히 금연 경고표시를 게시
- ㅇ 불연성 소재의 재떨이를 사용하고 모래, 물 등을 비치하여 담배꽁초 발화 예방

338) 소화복장 : 노출을 최소화하고 방연을 위한 수건 등을 지참

나) 전기 및 관련 설비

- o 전기설비는 허가된 자만이 취급
- o 비표준의 부적합한 전기설비는 사용 불가
- o 모든 휴대용 전기기기, 전등은 사용 후 전원을 차단
- o 개인용 전기기기는 필히 안전관리자의 허락 하에 사용
- o 고장이나 결함이 있는 설비, 기기, 전선을 발견하면 즉시 안전관리자에게 통보
- o 모든 전기기기는 결박해야 하며, 가능한 한 고정된 리셉터클(Receptacle)[339]에 연결하여 사용
- o 벽면 콘센트에 연결하여 사용하는 유연한 전기줄(flexible lead)은 가능한 짧게 사용하여야 하며, 사용 중 절단되지 않도록 배열

다) 열 작업(Hot work)

- o 작업장 부근의 가연성 물질은 반드시 제거하고, 불가능하면 충분한 보호조치 필요
- o 기름이나 먼지 등은 미리 소제
- o 작업장소는 통풍이 잘 되도록 함
- o 적합한 휴대용 소화기와 소방호스를 준비
- o 작업 전후 담당사관은 작업준비 상태 및 정리정돈상태를 점검표(check list)에 의해 점검하고, 작업 중에도 계속 주의 깊게 감시

라) 정전기(Static electricity)

- o 탱크 안의 증기와 금속기구의 대전을 주의
- o 정전기용 작업복, 정전 구두 사용
- o 접지 시설의 시공

마) 자연발화(Self-ignition)

- o 기름 걸레나 페인트 걸레 등은 뚜껑이 있는 금속제 통에 보관후 소각 할 것
- o 증기파이프(Steam pipe)나 배기관 주위에는 어떤 가연성 물질도 두지 말 것
- o 작업 중 자리를 비울 때나, 작업 종료후 정리정돈을 철저히 할 것
- o 모든 물체는 움직이지 않도록 항상 결박시켜 둘 것

---

339) 스위치가 있는 것은 (키)소켓, 스위치가 없는 것은 리셉터클이라 한다.

10) 화재 다발구역과 예방

가) 기관실(Engine room)

- ㅇ 기관실내 청결유지, 누유방지 및 연소 가능한 물질을 화재 취약위치로 부터 제거
- ㅇ 청소용 걸레 또는 이와 유사한 물질은 사용 후 적합한 불연성 용기에 보관 후 소각
- ㅇ 보일러 주위, 청정기 실내 등 항상 고온인 장소는 특히 화재위험성이 높으므로 가연물질을 보관하거나 방치 금지
- ㅇ 정기적인 기관실 순찰을 실시

나) 취사장(Galley)

- ㅇ 항상 청결하게 유지하고 정리정돈을 하며, 쓰레기는 불연성 통에 보관했다가 처리
- ㅇ 임시로 전기 콘센트를 설치하거나, 전선의 용량보다 높은 과부하 사용 금지
- ㅇ 취사작업 도중에 무단으로 자리를 이탈하지 말 것
- ㅇ 전기배선, 전원계통에 이상이 없는지 수시로 점검하고, 조리 후 관련된 모든 전원은 차단
- ㅇ 열을 이용하는 조리기구(hot plate) 부근에는 가연물을 방치하지 말고, 작동에 이상이 있으면 즉시 안전조치를 시행

다) 거주구역(Living quarters)

- ㅇ 전기장치에 정격 퓨즈 사용으로 과전류 방지
- ㅇ 거주구역이나 인접한 장소에서 열 작업을 동반한 보수작업 시에는 적합한 휴대용 소화기와 소방호스를 준비
- ㅇ 침실이나 휴게실 등에서 흡연 시 담뱃불의 꽁초를 종이와 같은 가연성 물질이 들어 있는 쓰레기통에 버리지 말 것

라) 화물창(Cargo hold)

- ㅇ 화물 고유의 성질에 의한 화재발생 가능성 대비
- ㅇ 석탄과 같은 화물은 특수한 경우에 자연발화되므로 주기적인 온도 점검
- ㅇ 자동차운반선에서 자동차 화재로 초기진압 실패시 화물구역을 폐쇄하고 대용량 고정식 소화장치(CO_2 등) 사용이 가능하도록 준비하고 평소에 훈련 실시

3.5 비상대응 교육 및 훈련

SOLAS협약 부속서 제3장 제19규칙은 선박에서 비상상황에 대응하기 위한 훈련 및 연습(Emergency training and drills)에 관해 규정하고 있으며, 다음과 같다.

훈련의 종류 및 주기	SOLAS협약 부속서 제3장 제19규칙
ㅇ 여객선 승객 소집훈련 ▸ 출항 직전 또는 출항 직후에 시행하며, 구명동의 사용법, 비상시 조치법 교육을 시행	2.2 승객들이 24시간 이상 승선하기로 계획된 항행에 종사하는 선박은, 새로이 승선한 여객들에 대한 소집훈련이 출항 직전 또는 출항 직후에 행하여져야 한다. 여객들은 구명동의 사용법과 비상시의 조치에 대하여 교육받아야 한다.
ㅇ 퇴선 및 소화훈련 ▸ 매월 퇴선훈련 및 소화훈련 시행 ▸ 총 선원의 25%를 초과하는 인원이 전월에 퇴선 및 소화 훈련에 참석하지 않은 경우 출항 후 24시간 이내에 시행	3.2 모든 선원은 매달 1회의 퇴선훈련과 1회의 소화훈련에 참가하여야 한다. 총 선원의 25%를 초과하는 선원이 그 전월에 당해 선박에서 선상퇴선과 소화훈련에 참가하지 아니하였다면 선원의 훈련은 출항후 24시간 이내에 행해져야 한다. 선박이 처음으로 운항을 개시할 경우, 주요개조가 이루어진 후 또는 새 선원이 승선한 경우 이러한 훈련을 항해전에 실시하여야 한다. 주관청은 이러한 훈련을 시행할 수 없는 종류의 선박에 있어서는 다른 훈련방법을 허용할 수 있다.
ㅇ 퇴선훈련 방법 ▸ 선내방송 및 다른 통신수단을 이용한 여객 및 선원 소집 및 퇴선명령 숙지여부 확인 ▸ 소집위치 집합 및 비상배치표에 따른 개인별 임무 수행 준비 ▸ 여객과 선원의 적절한 의복 착용상태 점검 ▸ 구명동의를 정확히 착용했는지 점검 ▸ 필요한 진수 준비를 한 후에 적어도 하나의 구명정 강하 ▸ 구명정 엔진 시동 및 작동 시험 ▸ 구명뗏목 진수용 대빗 작동 시험 ▸ 객실에 갇힌 승객에 대한 모의 수색 및 구조 ▸ 무선통신구명설비 사용법 교육	3.4 퇴선훈련 3.4.1 매 퇴선훈련은 다음을 포함하여야 한다. 1. 선내방송 및 다른 통신수단에 의한 훈련 방송에 이어 제6.4.2규칙에 의하여 요구되는 경보에 의하여 여객 및 선원을 소집장소에 소집하고 퇴선 절차를 숙지하고 있는지를 확인한다. 2. 지휘소에 보고하고 비상배치표에 명기된 바에 따라 소집위치에 집합하여 맡은 바 임무를 준비토록 한다. 3. 여객과 선원이 적절한 복장을 취하고 있는 지를 점검한다. 4. 구명동의를 정확히 착용하고 있는가를 점검한다. 5. 필요한 진수 준비 후에 적어도 하나의 구명정을 강하해 보아야 한다. 6. 구명정 엔진을 시동하고 작동시켜야 한다. 7. 구명뗏목 진수용 데비트를 작동하여야 한다. 8. 전용실에 갇힌 여객에 대한 모의수색 및 구조를 시행한다. 9. 무선통신구명설비의 사용법을 교육한다.

	3.4.2 계속되는 훈련시에는 가능한 제3.4.1.5항의 규정에 적합하기 위하여 전회 훈련시 내렸던 구명정이 아닌 다른 구명정을 내려야 한다.
ㅇ 구명정 진수훈련 및 방법 ▸ (자유낙하식 이외의 구명정) 매월 퇴선훈련 중 3개월에 한 번은 진수훈련 병행, 수면 위에서 지정된 작동요원에 의한 조종 실시 ▸ (자유낙하식 구명정) 매월 퇴선훈련 중 3개월마다 적어도 한번은 선원이 구명정에 승정하여 각자 좌석에 착석후 실제 구명정의 이탈 없이 진수절차 모의 시행 ▸ 그리고 작동인원만을 태우고 자유낙하 진수하거나, 작동 인원을 태우지 않고 2차 진수수단에 의해 수면상으로 강하후 수면 위에서 조종 실시 ▸ 6개월을 넘지 않은 간격으로 지정된 작동요원만을 태우고 자유낙하 진수, 또는 모의 진수 시행 ▸ (구명정겸 구조정이 아닌 구조정) 매월 지정된 선원이 승선하고 1회 진수하여 수면 위에서 조종	3.4.3 제3.4.4항과 제3.4.5항에 규정한 것을 제외하고, 각 구명정은 적어도 3개월에 한번 퇴선훈련 시행중 진수되어 수면위에서 지정된 작동요원에 의해 조종되어야 한다. 3.4.4 자유낙하 진수하도록 배치된 구명정의 경우, 퇴선훈련 중 3개월마다 적어도 한번은 선원들이 구명정에 승정하여 각자 좌석에서 적절하게 고정하고 실제 구명정의 이탈 없이(이탈 혹이 이탈되어서는 아니 됨) 진수절차를 시작한다. 그 후 구명정에 요구되는 작동인원만을 태우고 자유낙하 진수하거나, 또는 작동인원을 태우거나 작동인원 없이 2차 진수수단에 의해 수면 상으로 강하시켜야 한다. 상기의 모든 경우 이후에 구명정은 수면 위에서 지정된 작동요원에 의해 조종되어야 한다. 6개월을 넘지 않는 간격으로, 지정된 작동요원만을 태우고 자유낙하 진수하거나, 기구가 개발한 지침에 따라 모의진수가 시행되어야 한다. 3.4.5 주관청은 단국제항해에 종사하는 선박이 만일 기항하는 항구에서의 접안방법과 운항형태가 어느 한쪽으로의 구명정 진수를 불가능하게 하는 경우 당해 현으로의 진수를 요구하지 아니할 수 있다. 그러나 구명정이 모두 그러하다 할지라도 적어도 매 3개월에 1회는 강하되고 매년 1회는 진수되어야 한다. 3.4.6 합리적이고 실행 가능한 한, 구명정겸 구조정인 것을 제외한 구조정은 지정된 선원을 태우고 매월 1회 진수되고 물위에서 조종되어야 한다. 어떠한 경우라 할지라도 적어도 3개월에 1회는 이 규정에 적합하여야 한다. 3.4.7 만일 구명정과 구조정 진수 훈련이 선박이 항진하면서 행하여진다면, 그러한 훈련은 그 위험성을 고려하여 보호된 수역에서만 행하고 또한 그러한 훈련은 경험이 많은 사관의 감독하에 행하여져야 한다.
ㅇ 소화훈련 및 방법 ▸ 비상배치표 소집위치 집합 및 맡은 바 임무 확인 ▸ 소화장치의 정상작동 상태 확인(소화펌프 작동시켜 최소 2개의 소화호스 사용) ▸ 소방원 장구 및 개인 구조장비 점검 ▸ 관련 통신장비 점검	3.5 소화훈련 3.5.1 소화훈련은 선박과 그 선박에 적재하는 화물의 형태에 따라 발생할 수 있는 다양한 비상사태에 대한 정기적인 훈련에 충분한 고려를 하여 계획하여야 한다. 3.5.2 각 소화훈련에는 아래 사항이 포함되어야 한다. 1. 제8규칙에서 규정한 비상배치표에 명기된 바에 따라 소집위치에 집합하고 맡은 바 임무를 준비하도록 한다.

▸ 수밀문, 방화문, 방화댐퍼, 연습구역 내의 주요통풍장치의 흡입구 및 배기구 점검 ▸ 퇴선에 필요한 장치 점검	2. 소화장치가 정상작동 상태에 있는 지를 확인하기 위하여 소화펌프를 시동하여 규칙에서 요구하는 적어도 2개의 물분사기를 사용하여 본다. 3. 소방원 장구 및 개인 구조장비를 점검한다. 4. 관련 통신장비를 점검한다. 5. 수밀문, 방화문, 방화 댐퍼와 훈련구역내의 주요통풍장치의 흡입구와 배기구를 점검한다. 6. 퇴선에 필요한 장치를 점검한다. 3.5.3 훈련에 사용된 장비는 즉시 원래의 정상 작동 상태로 복귀되어야 하며 훈련중 발견된 결함은 가능한 조속히 시정되어야 한다.
ㅇ 밀폐구역 진입 및 구조훈련 ▸ 매 2개월마다 밀폐구역의 진입 및 구조훈련 시행	3.3 밀폐구역의 진입 또는 구조 임무를 담당한 선원들은 선상에서 최소한 매 2개월에 한 번 개최되는 밀폐구역의 진입 및 구조 훈련에 참여하여야 한다.
ㅇ 밀폐구역 진입 및 구조훈련 방법 ▸ 진입을 위해 요구되는 개인보호장구의 점검 및 사용 ▸ 통신장비 및 통신절차의 점검 및 사용 ▸ 밀폐구역 내 공기 상태를 측정할 수 있는 장비의 점검 및 사용 ▸ 구조장비 및 절차의 점검 및 사용 ▸ 응급조치 및 소생기술 등에 대한 지침	3.6 밀폐구역 진입 및 구조 훈련 3.6.1 기구가 개발한 권고 에 제공된 지침을 적절히 고려하여 밀폐구역 진입 및 구조 훈련을 계획하고 안전한 방식으로 실행하여야 한다. 3.6.2 각 밀폐구역 진입 및 구조 훈련은 다음 사항들을 포함하여야 한다. 1. 진입을 위하여 요구되는 개인보호장구의 점검 및 사용; 2. 통신장비 및 통신절차의 점검 및 사용; 3. 밀폐구역내의 분위기를 계측하기 위한 장비의 점검 및 사용; 4. 구조 장비 및 절차의 점검 및 사용; 그리고 5. 응급조치 및 소생 기술 등에 대한 지침
ㅇ 선내교육 ▸ 2개월 주기로 모든 구명설비 및 소화설비에 대한 교육 시행 ▸ 생존정 의장품을 포함한 구명설비 및 소화설비 교육은 승선후 가능한 빨리 시행, 늦어도 2주 이내 시행 ▸ 교육내용 -팽창식 구명뗏목의 작동과 사용방법 -체온저하의 문제와 이를 위한 구급처치법(Survival at sea) -황천 및 황천항해시 선박의 구명설비를 사용하는데 필요한 특별교육 -소화설비의 작동과 사용방법	4. 선내 교육 4.1 생존정 의장품을 포함하여 선박의 구명 및 소화설비의 사용에 관한 선내교육은 가능한 빨리 이루어져야 하며, 늦어도 선원이 승선 후 2주 이내에 시행되어야 한다. 그러나 선원이 규칙적인 교대, 배치계획에 따라 배선되는 경우 이러한 교육은 그 선박에 최초로 승선한 때부터 2주 이내에 시행되어야 한다. 선박의 소화 및 구명설비의 사용, 해상에서의 생존에 관한 교육은 훈련(drill)과 같은 간격으로 시행되어야 한다. 개별적인 교육은 선박의 구명 및 소화설비의 일부분만 시행할 수 있으나, 선박의 모든 구명 및 소화설비에 대한 교육은 2개월 이내에 시행되어야 한다. 4.2 모든 선원은 최소한 아래사항을 포함한 교육을 받아야 한다.

-밀폐구역 진입에 연관된 위험요소와 안전하게 진입하기 위한 선내절차 ▸ 대비트 진수식 구명뗏목을 갖춘 선박은 4개월 이내의 간격으로 사용법 교육 시행 -팽창 및 하강 교육용 구명뗏목은 별도 구비	1. 팽창식 구명뗏목의 작동과 사용방법 2. 체온저하의 문제와 이를 위한 구급 처치법 및 기타 적절한 구급절차 3. 황천 및 황천 항해시 선박의 구명설비를 사용하는데 필요한 특별교육 4. 소화설비의 작동과 사용방법 5. 기구가 개발한 권고에 제공된 지침을 적절히 고려하여 밀폐구역 진입에 연관된 위험요소와 그러한 구역에 안전하게 진입하기 위한 선내 절차 4.3 대비트 진수식 구명뗏목의 사용에 관한 선내교육은 그러한 설비를 갖추고 있는 모든 선박에서 4개월 이내의 간격으로 행하여져야 한다. 실행 가능한 한 모든 경우 이 교육에는 구명뗏목의 팽창과 하강이 포함되어야 한다. 이 구명뗏목은 교육용으로 설계된 특수한 구명뗏목일 수 있으나 본선의 구명설비의 일부이어서는 아니되며 그러한 특수 구명뗏목은 눈에 잘 띄도록 표시되어야 한다.
ㅇ 기록유지 ▸ 소집일, 퇴선훈련, 소화훈련, 밀폐구역 진입 및 구조훈련의 상세, 선내교육에 대하여 항해일지(Logbook)에 기록해야 함 ▸ 예정된 교육이 일부만 시행한 경우에는 그 내용과 사유를 기록	5. 기록 소집을 한 일자, 퇴선훈련과 소화훈련, 밀폐구역 진입 및 구조훈련의 상세, 다른 구명설비의 훈련과 선내교육이 주관청이 규정하는 바와 같은 항해일지에 기록되어야 한다. 만일 소집, 훈련 또는 교육시간이 지정된 때에 충분히 행하여지지 아니한다면 실행된 소집, 훈련 또는 교육시간의 정도와 당시의 주위환경을 항해일지에 기록하여야 한다.
ㅇ 기타 훈련 ▸ 비상조타훈련 (매 3개월마다 시행)	 **SOLAS협약 부속서 제5장 제26규칙** 4. 제1항 및 2항에 규정하는 통상 점검 및 시험에 추가하여, 비상시의 조타장치의 조작을 위하여 3개월마다 1회 이상 비상 조타훈련을 하여야 한다. 이 훈련의 대상에는 타기실내의 직접제어, 선교와 조타실과의 연락 절차 및 가능한 경우에는 대체 동력원의 조작을 포함하여야 한다.
▸ 여객선 수밀문 등 폐쇄장치 조작훈련 (매주 시행)	**SOLAS협약 부속서 제2-1장 제21규칙** 1. 수밀문, 현창, 밸브와 배수구, 재받이통 및 쓰레기통의 폐쇄장치의 조작훈련을 매주 행하여야 한다. 계속하여 1주일을 초과하여 항해하는 선박에서는 당해 훈련을 출항 전에 완전히 행하고 그 이후는 적어도 항해중 주1회 행하여야 한다.

「선원법 시행규칙」에서는 아래와 같은 교육훈련을 지정하고 있다. 이 규정은 선원법의 적용범위에 따라 대한민국 선박, 대한민국 국적을 취득할 것을 조건으로 용선(傭船)한 외국선박, 국내 항과 국내 항 사이만을 항해하는 외국선박에 승무하는 선원과 그 선박의 선박소유자에게 적용된다.

■ 선원법 시행규칙 [별표 4] 〈개정 2021. 2. 19.〉

선내교육훈련 및 평가계획의 수립기준(제40조의2제1항 관련)

<table>
<tr><th colspan="3">구분</th><th>주기</th><th>대상자</th></tr>
<tr><td colspan="3">선내숙지훈련</td><td>수시</td><td>모든 선원</td></tr>
<tr><td rowspan="4">해상인명
안전훈련</td><td colspan="2">소화훈련</td><td>매월(여객선은 10일,
국제항해여객선은 7일)</td><td>모든 선원</td></tr>
<tr><td rowspan="3">단정훈련</td><td>퇴선훈련</td><td>매월(국제항해여객선은 출항 후
24시간 이내)</td><td>모든 선원</td></tr>
<tr><td>구명정 강하</td><td>3개월</td><td>모든 선원</td></tr>
<tr><td>진수훈련</td><td>1년</td><td>모든 선원</td></tr>
<tr><td rowspan="4">해난사고
대응훈련</td><td colspan="2">선체손상 대처훈련
- 충돌 및 좌초
- 추진기관 고장
- 악천후대비 등</td><td>3개월
(국제안전관리규약을 따르는
경우에는 그에 의함)</td><td>모든 선원</td></tr>
<tr><td rowspan="2">인명사고시
행동요령</td><td>해상추락</td><td>6개월
(국제안전관리규약을 따르는
경우에는 그에 의함)</td><td>모든 선원</td></tr>
<tr><td>밀폐공간에서의
구조</td><td>6개월
(국제안전관리규약을 따르는
경우에는 그에 의함)</td><td>모든 선원</td></tr>
<tr><td colspan="2">비상조타훈련</td><td>3개월</td><td>모든 선원</td></tr>
<tr><td colspan="3">기름유출 대처훈련</td><td>매월
(국제안전관리규약을 따르는
경우에는 그에 의함)</td><td>모든 선원</td></tr>
<tr><td colspan="3">선박보안 숙지교육</td><td>선상직무 수행전 및 필요시</td><td>국제항해에
종사하는 선박의
모든 선원</td></tr>
</table>

4. 해상생존 및 응급처치

4.1 퇴선(Abandon ship)

해상에서 사고가 발생한 경우에 신속한 상황판단 및 대처방법에 따라 피해 규모가 달라지기 때문에 신속한 상황판단과 적절한 대처방법을 찾는데 필요한 지식과 기술을 지니고 있어야 하며, 사고에 대비하여 지속적으로 훈련하여야 한다.

급속히 침수되거나 계속 경사되는 상황 등에서 선내 인력만으로는 상황을 호전시킬 수 없을 뿐만 아니라 계속 위험성이 높아진다면 선박과 화물을 포기하고 인명 피해를 줄이기 위하여 퇴선을 고려하여야 한다.

퇴선의 최종결정권자는 선장이다.[340] 해양수산부 중앙해양안전심판원은 해양사고 발생시 선장이 비상상황의 심각성과 급박성을 정확히 평가하고 신속히 그리고 적시에 상황에 맞는 대처를 할 수 있도록 지원함으로써 승객 및 선원들의 소중한 생명을 보호할 목적으로 선장용 비상대응매뉴얼을 발간하였으며 그 내용은 다음과 같다.

1) 퇴선시 고려사항

퇴선은 전적으로 선장이 현장 상황판단에 기초하여 결정하며, 그 결정은 존중되어야 한다. 필요시 선장은 보다 냉정을 유지하고 있다고 볼 수 있는 육상의 선박 안전·운항관리담당자의 조언을 참조할 수 있다. 다만 현장 상황을 가장 정확히 판단할 수 있는 자는 선장이라는 것을 반드시 인식하고 있어야 한다.

퇴선결정은 시기를 놓쳐서는 안 된다. 선장은 심각한 상황에서 망설이다가 퇴선시기가 지연될 경우 인명피해가 커질 수 있음을 고려하여야 한다. 퇴선이 필요할 것 같지만 확신이 서지 않는 경우에는 가능한 한 퇴선을 하는 것이 바람직하다.

여객선의 퇴선에는 많은 시간이 걸리므로 평소 선장은 승객의 탈출에 소요되는 시간을 파악하고 있어야 하며, 퇴선을 결정할 때에는 여객의 탈출 소요시간을 감안하여야 한다.

퇴선은 탈출완료 요구시간 이내에 완료되어야 한다. 퇴선이 결정되면 선사의 비상대응절차서에 따라 신속히 퇴선을 시행한다.[341] 다만 상황이 긴박하여 여유가 없다고 판

340) 해상교통안전법 제45조(선장의 권한 등) ① 누구든지 선박의 안전을 위한 선장의 전문적인 판단을 방해하거나 간섭하여서는 아니 된다.
- 제118조(과태료) ④ 제45조제1항을 위반하여 선장의 전문적 판단을 방해하거나 간섭한 자에게는 200만원 이하의 과태료를 부과한다.

단되면 시간이 지체될 수 있는 절차는 생략하여야 한다.

2) 퇴선결정의 일반 원칙

가) 침몰·전복 등에 소요되는 시간

- 침몰·전복까지 걸리는 시간은 사고 당시 선내 수밀문 등의 폐쇄여부, 선박의 구조, 적재화물의 종류 및 고박 상태 등에 따라 달라지므로 선장은 이를 감안하여야 한다.
- 비정상적 선체경사가 발생하더라도 수밀문, 통풍구, 램프 등 침수가 발생할 수 있는 부분이 잘 관리되고 있다면 침몰을 상당히 지연시키거나 방지할 수도 있다. 그러나 예상치 못한 부분으로 침수가 발생하여 빠르게 침몰되는 사례가 다수 있다는 것도 감안하여야 한다.
- 상황이 급박함에도 퇴선에 상당한 시간이 걸려 모든 승객들이 탈출하기 전에 선박이 급격하게 경사 또는 침몰되어 탈출이 불가능할 수도 있다는 것을 감안하여야 한다.

나) 구명설비 작동 조건

- 비상소집 또는 퇴선을 고려할 때에는 구명정·구명뗏목 등 구명설비 작동준비 시간 등을 감안하여야 하고 선체 기울기에 따라서 구명설비 작동이 어렵거나 접근할 수 없다는 사실을 인식하여야 한다.[342]
- 선체가 침수되어 기울어지고 있어 퇴선준비를 하였지만 퇴선시점을 결정하지 못하고 머뭇거리다가 선체가 급격히 기울어져 구명정 또는 구명뗏목을 이용할 수 없어 인명피해가 발생하는 경우도 있음을 감안하여야 한다.
- 해상 날씨가 거칠고 파도가 높을 경우에는 구명정이나 구명뗏목이 견디지 못할 수 있으므로 이를 고려하여야 한다.
- 일반적으로 구명정이 구명뗏목보다 해상에서 생존확률을 높일 수 있으나 선체경사 등으로 구명정을 진수하기 어려울 것으로 예상되는 경우는 신속히 구명뗏목을 활용한다.

341) 일반적인 선내 비상신호는 ①비상배치신호(단음 7회후 장음 1회), ②비상해제신호(장음 1회 단음 1회 3회 연속반복), ③항계내 화재신호(장음 5회 반복), ④퇴선신호(연속음 약30초), ⑤기타 비상신호(장음 3회후 비상배치 방송 : OO구역 OO발생 전원 비상배치)가 있다.

342) 여객선에서 구명정은 탑승명령 후 10분 이내 탑승할 수 있어야 하며, 신속한 하선도 가능도록 배치되어야 한다. 화물선에서 구명정은 탑승명령 후 3분 이내에 탑승할 수 있도록 준비되어야 하며, 신속한 하선도 가능도 가능도록 배치되어야 한다.(LSA Code, Chapter IV, Regulation 4.4.3)

- 구명정을 진수하여 퇴선하는 경우에도 만약의 경우를 대비하여 구명뗏목을 해상에 투하해 둔다.

다) 해상 날씨 등 기상여건

- 퇴선 후 탈출 승객 및 선원들의 안전과 관련된 기온, 파도 등의 기상상황을 고려하여야 한다.
- 겨울과 같이 해수온도가 낮은 바닷물 속에서 구명조끼로 견디어야 한다면 짧은 시간 내에 저체온증(Hypothermia)으로343) 사망할 수 있음을 고려하여야 한다.
- 저체온증에 노출되지 않는 가장 바람직한 방법은 물에 젖지 않고서 구명정 또는 구명뗏목에 탑승하는 것이다.
- 불가피하게 구명조끼를 착용하고 겨울철에 바다로 탈출해야 한다면 구조될 수 있는 시간을 감안하여야 하고 되도록 마지막까지 선박에 머무르는 것이 필요하다. 이 경우에도 유사시 즉각 탈출할 수 있는 장소에서 방수복을 입거나 옷을 여러 겹 입고 대기하여야 한다.
- 황천시에는 사용하는 구명설비가 퇴선 후 선원과 승객들을 안전하게 보호할 수 있는지 여부를 고려하여야 한다.
- 어두운 야간에 퇴선을 해야 하는 경우에는 퇴선과정에서 인명피해가 발생할 수 있으므로 주의하여야 한다.

라) 구조가능 시간 및 당해 선박의 위치

- 인근에 구조에 도움이 될 수 있는 선박 유무와 구조선박이 도착하는데 걸리는 시간 등을 고려하여야 한다.
- 인근에 항해중인 선박 또는 어로작업중인 선박 등이 있을 경우에 상황의 급박성을 감안하여 보다 적극적으로 퇴선을 실시하는 것도 인명피해를 줄일 수 있는 방법이다.
- 태풍, 높은 파도 등 해상 날씨가 구조선박이 운항할 수 없는 악조건인 경우에는 수 시간내에 구조선박이 도착할 수 없는 상황이라는 것을 감안하여야 한다.

343) 생존 예상시간(출처: IAMSAR manual)

수온	생존 예상 시간
2℃ 미만	45분 미만
2~4℃	1시간 30분
4~10℃	3시간 미만

수온	생존 예상 시간
10~15℃	6시간 미만
15~20℃	12시간 미만
20℃이상	피로에 좌우

- 연안인 경우에는 주변에 선박이 없더라도 폭풍 등으로 구조선박이 운항할 수 없는 악조건이 아니라면 육지에서 신속히 구조선이 도착할 수 있으므로 상황이 급박함에도 구조선박을 기다린다고 퇴선을 미룰 필요는 없다.
- 일반적으로 구조선박보다는 구조헬기가 먼저 현장에 도착하나 헬기로는 구조할 수 있는 인원에 한정이 있으므로 육상과의 거리 등 현장여건을 감안하여, 필요하다면 헬기로 구조한 승객 및 선원들을 인근 선박으로 이송하여 최대한 많은 인원이 구조될 수 있도록 하여야 한다.[344]

3) 퇴선시 조치사항

선박은 그 자체가 최고의 구명정이라 한다. 따라서 성급하게 퇴선하는 것보다 머무는 것이 이상적이지만 퇴선 결정에 대한 확신이 서지 않는다면 퇴선하는 것이 바람직하다.

퇴선 명령(Abandon ship!)은 선장이 구두로 선내 전체방송 시스템(Public address, PA)에 의해 내리는 지시이며, 듣는 즉시 아래 절차에 따라 실행에 옮겨야 한다.

① 선장이 선내 전체방송 시스템(PA)으로 퇴선 명령

② 선내전화로 기관실 당직자에게 퇴선사항을 통보

③ MAYDAY 등 조난신호 전송

④ GMDSS[345] 장비 중에 EPIRB를[346] 활성화하고 SART를[347] 구명정으로 이동

⑤ 시간이 허락되는 경우에는 항해일지 등 선교의 모든 관련문서와 사고조사에 사용될 수 있는 선내 서류 및 기록 등을 수집

---

344) 구조 헬기에서 내린 줄을 선체에 고정시키면 헬기의 안전을 위협할 수 있으므로 어떠한 것도 선체에 묶어서는 아니 된다.

345) 국제항해에 취항하는 모든 여객선과 총톤수 300톤 이상의 모든 선박에 조난경보와 안전정보 통신을 위해 1992. 2. 1일 이후 건조선부터 적용하여 7년간에 단계적 이행시기를 거쳐 1999. 2. 1일 전면 실시하였다.

346) EPIRB(Emergency Position Indicating Radio Beacon) COSPAS-SARSAT 위성을 사용하여 연안에서부터 전세계 모든 해역까지 사용가능하고 48시간 이상 신호를 지속한다. 주로 윙브리지나 톱브리지의 개방된 곳에 수심 4미터 이하에서 자동으로 부양시키는 수압풀림장치와 함께 1대가 장치되어 있다.
- A1 구역용인 VHF EPIRB는 수신거리가 30해리 정도이며 위치정보를 찾아내지 못해 선박에 별로 설치되어 있지 않다. A3 구역용인 Inmarsat EPIRB는 위치측정 기능이 없어 별도로 위치정보를 입력해야하며 A4구역인 극지방에서 사용할 수 없기 때문에 해상구조물 외에는 주로 사용하지 않는다.

347) SART(Search and Rescue Radar Transponder) 신호 도달범위는 8~10해리이며 수신대기 시 96시간, 신호 연속발송 시 8시간 사용이 가능하다. 9GHz를 사용하는 X-밴드 레이더에만 12개의 점선 신호가 나타난다. 주로 선교 양면에 각각 한 대씩 2대가 장착되어 있다.

4) 퇴선시 생존원칙

조난을 당한 위협적인 상황에서 살아남는 일은 생존에 필요한 기술을 얼마나 알고 있고 어떻게 활용하느냐에 따라 크게 달라진다.

해수면에서 생존을 위한 우선순위 네 가지는 ①방호(Protection), ②조난 위치표시, ③식수관리, ④식량관리의 순이다.

선박에는 적정 수의 구명정이나 구명뗏목이 갖추어져 있으며,[348] 구명정이나 구명뗏목에는 최소한의 방호(Protection) 장비, 조난 위치표시 장비, 식수 및 식량 등이 실려 있다.

가) 개인 방호(Protection)

퇴선 후 생존을 위해서는 방호조치를 취해야 하며, 특히 저체온증(Hypothermia)과 일사병 · 열사병(Sunstroke, Heatstroke) 등 체온변화에 따른 증상에 주의해야 한다.

물에서는 같은 온도의 공기에서보다 20~30배 빨리 체온을 잃는 것으로 알려져 있기 때문에 피부와 해수가 닿는 면적을 줄여야 한다.[349] 따라서 저체온증(Hypothermia)과 한랭쇼크(Cold shock)를 예방하기 위해 적당한 의복을 착용하고[350], 불필요하게 수영

---

348) 해상인명안전협약(SOLAS협약) 부속서 제3장에 따른 탑재기준
- [여객선] 제21규칙 (생존정 및 구조정) 단국제항해가 아닌 국제항해에 종사하는 여객선은 각 현에 총 승선인원의 50% 이상을 수용할 수 있는 구명정을 탑재하여야 하며, 주관청은 각 현에 총 승선인원의 37.5%를 수용할 있는 충분한 수의 구명정을 설비하는 조건으로 구명정 대신에 동등한 정원을 수용할 수 있는 구명뗏목을 비치하게 할 수 있다. 이에 추가하여 총 승선인원의 적어도 25%를 수용할 수 있는 능력을 가진 팽창식 또는 고체식 구명뗏목을 비치하여야 한다.
- [화물선] 제31규칙 (생존정 및 구조정) 화물선은 선박의 각 현에 총 승선인원을 수용할 수 있는 1개 이상의 전폐형 구명정을 비치하여야 한다. 이에 추가하여 단일 노천갑판상에서 어느 한 현측에서 그 반대 현측으로 쉽게 이동할 수 있는 위치에 탑재되어 있고 총 승선인원을 수용할 수 있는 185kg 미만 크기인 하나 이상의 팽창식 또는 고체식 구명뗏목을 비치하여야 한다. 만일 그 구명뗏목들이 185kg 이상 크기이고 단일 노천갑판상에서 어느 한 현측에서 그 반대 현측으로 쉽게 이동될 수 있는 위치에 탑재되어 있지 아니하는 경우에는 각 현에서의 수용능력의 합계가 총 승선인원을 수용할 수 있는 것이어야 한다.
- ・화물선은 위에 기술한 요건을 따르는 대신에, 총 승선인원을 수용할 수 있으며 선박의 선미쪽으로 자유낙하 진수할 수 있는 하나 이상의 자유낙하 구명정을 설비할 수 있다. 이에 부가하여, 그 선박의 각 현에 총 승선인원을 수용할 수 있는 팽창식 또는 고체식 구명뗏목을 설비하여야 한다. 선박의 적어도 한 쪽 현에 비치된 구명뗏목 들은 진수설비에 의하여 진수될 수 있도록 하여야 한다.

349) 1기압, 293K(=20°C) 조건에서 공기의 열전도율은 0.025 W/(m · K)이며, 물의 열전도율은 대략 0.592 W/(m · K)이다.

350) 기본적으로 구명동의 · 신발 · 장갑을 착용하고 목에 수건을 두른다.
- 여벌의 두꺼운 옷보다는 얇은 것이라도 많이 껴입는 것이 좋다. 여러 겹일 때 안쪽은 양모 계통의 따뜻한 옷, 바깥쪽은 방수가 잘 되는 옷이 좋다.
- 가능한 한 피부가 직접 노출되지 않도록 최대한 가리기 위하여 모자, 장갑, 양말, 신발을 착용한다.
- 옷의 끝 부분을 잘 여며서 물과 공기의 출입이 용이하지 않게 한다. 옷소매는 장갑 속에, 상의는 허리띠 속에,

하지 말아야 하며[351], 음주해서는 안 된다.[352]

저체온증 환자는 자제할 수 없는 오한, 느리고 불분명한 의사표현, 심한 무기력, 걷지 못하고 넘어짐, 반의식이나 무의식 증세 등을 보인다. 저체온증 환자를 구하기 위해 너무 빠르게 체온을 높이려 하지 말고, 바람을 피해서 건조한 장소로 이동한다. 젖은 옷을 벗기고 마른 담요로 감싸준다. 특히 노출된 머리, 손발 등을 감싸준다.[353] 환자를 눕힌 다음에는 이불을 같이 덮고 구조자의 체온을 전해줄 수 있다. 뜨겁지 않은 따뜻한 국이나 스프를 제공하되 의식이 없는 경우는 절대 불가하다. 알코올을 섭취해서는 안 된다.

심장마비를 일으키면 심폐소생술(Cardiopulmonary resuscitation, CPR)을 시행한다. 기도를 확보하고 인공호흡을 2회 시행한 후에,[354] 가슴압박 30회와 2회의 인공호흡을 반복한다.[355] 가슴압박과 인공호흡을 반복하던 중에 환자가 소리를 내거나 움직이면 호흡도 회복되었는지 확인한다.[356]

구명정이나 구명뗏목 없이 물에 떠 있을 경우에는 아래와 같은 사항을 준수해야 한다.

바지 끝은 양말 속에 넣도록 한다.

- 준비되어 있다면 옷의 제일 바깥쪽에 유막처리 코트(Oilskin coat) 또는 방수복(Immersion suit)을 착용한다.

351) 수영을 하면 혈액 순환을 촉진시켜 체온이 빨리 저하되고, 사지를 펴 해수와 닿는 면적이 커지며, 옷과 피부 사이의 공기와 따뜻한 물을 쉽게 방출시킨다.
- 다만 시설물로부터 안전한 거리까지 이탈하기 위한 경우, 구명뗏목이나 구명부기에 접근하기 위한 경우, 부상자를 구조하는 경우, 서로 모이기 위한 경우에는 수영이 필요하다.

352) 알코올을 마시는 것은 몸을 따뜻하게 하는 것과는 무관하다. 오히려 혈액순환을 촉진시켜 체열 발산을 증가시키고, 그로 인하여 체온이 급격히 상실된다. 주의력을 감퇴시켜 퇴선 직후의 행동에 여러 문제를 야기할 수도 있고 갈증을 심하게 하므로 음주는 절대 피해야 한다.

353) 머리로 체열의 40-45%가 손실된다는 것은 1970년대 미군의 생존지침에 수록되면서 일반화되었으나 1950년대에 방한복을 입고 머리를 노출한 채 실험한 결과를 바탕으로 하고 있으므로 저체온증 해결에 도움이 되지 못한다.
(출처: https://www.theguardian.com/science/2008/dec/17/medicalresearch-humanbehaviour)

354) 인공호흡을 시행하기 위해서는 먼저 환자의 머리를 젖히고, 턱을 들어 올려서 환자의 기도를 개방시킨다.
- 머리를 젖혔던 손의 엄지와 검지로 환자의 코를 잡아서 막고, 입을 크게 벌려 환자의 입을 완전히 막은 뒤에 가슴이 올라올 정도로 1초 동안 숨을 불어넣는다.
- 숨을 불어넣을 때에는 환자의 가슴이 부풀어 오르는지 눈으로 확인한다.
- 숨을 불어넣은 후에 입을 떼고 코도 놓아주어서 공기가 배출되도록 한다.
- 인공호흡 방법을 모르거나 꺼려지는 경우에는 인공호흡을 제외하고 지속적으로 가슴압박만을 시행한다.

355) 다른 구조자가 있는 경우에는 한 구조자는 가슴압박을 시행하고 다른 구조자는 인공호흡을 맡아서 시행하며, 심폐소생술 5주기(30:2 가슴압박과 인공호흡 5회)를 시행한 뒤에 서로 역할을 교대한다.

356) 호흡이 회복되었으면 환자를 옆으로 돌려 눕혀 기도가 막히는 것을 예방한다. 그 후 계속 움직이고 호흡을 하는지 관찰한다. 심정지가 재발하면 가슴압박과 인공호흡을 즉시 다시 시작한다.

- 최선의 개인방호는 가능한 한 물위에 떠서 그대로 머물러 있는 것이다. 물에 잠기게 되면 열손실을 가져와 저체온증이 일어날 가능성이 증가되기 때문이다.
- 건조한 상태로 물 위에 떠 있을 수 없는 조건에서는 방수복(immersion suits), 노출보호복(anti-exposure suits) 또는 보온구(thermal protective aids) 등을 착용하면 급격한 열 손실을 줄여 생존시간을 늘릴 수 있다.
- 구명조끼는 적절히 팽창되어 있어야 하며 몸에 밀착되도록 고정해야 한다. 생존자는 불편하다고 해서 절대 벗어서는 안 된다.
- 단열되지 않은 머리와 목이 물에 잠기면 열 손실이 빨라지므로 항상 물 위에 떠 있도록 하여야 한다. 체온을 보존할 수 있도록 모자 등으로 노출을 최대한 줄여야 한다.
- 여러 명의 생존자가 가까이 둥글게 모여 있으면(Huddling-up) 열 손실이 줄어들고 생존 의지 또한 증가한다.
- 한 명의 생존자인 경우에는 열손실 방지자세(Heat Escape Lessening Posture, H.E.L.P.)로 그 자리에 가만히 있는 것이 수영을 하는 것보다 열손실을 줄이고 생존시간을 늘린다.
- 몸은 수평으로나 수직으로나 떠 있는 상태를 유지하며 휴식을 취해야 한다. 아무리 어려운 환경에서도 생존 의지를 가지고 휴식과 태연한 마음을 유지할 수 있다면 생존 가능성은 높아진다.

나) 위치표시(Position indication)

조난되었을 때 위치표시를 위해서 ①조난위치에 머물 것[357], ②목표물을 크게 할 것[358], ③위치표시를 위한 신호를 적절히 사용할 것을 꼽을 수 있다.

평소 구명정 의장품 중에 신호장치 사용법을 알고 있어야 하며[359], 모를 때에는 구명정에 비치된 생존매뉴얼 책자를 참고한다.

357) 조난위치를 구조자가 알고 있을 때는 그 부근에 머무는 것은 간접적으로 자기의 위치를 알려 주는 것이 된다. 따라서 조난 후 일단 안전한 곳에 나오면 최대한 조난위치에 머물러서 구조를 기다려야 한다.

358) 해수면에서 표류할 때는 주위의 구조물을 밧줄 등으로 묶어 연결하거나 조난자가 함께 모여있어서 육안으로 쉽게 보이게 한다.

359) 신호 홍염(Hand flare) 6개, 낙하산부 신호(Rocket parachute flare) 4개, 신호 거울(Signal mirror) 1개, 호각(Whistle) 1개, 방수 전등(Waterproof electric torch) 1개가 비치되어 있다.

〈그림 4-8〉 생존 자세

H.E.L.P. ⇧
(Heat Escape Lessening Posture)

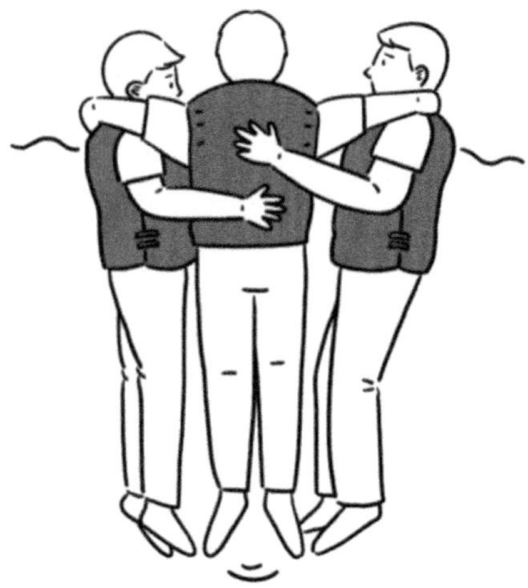

HUDDLE ⇨
(to maintain body heat)

다) 식수 및 식량 관리(Water and Food)

바다에서 생존 가능성은 탈수증 예방과 영양 공급 여하에 따라 크게 좌우된다. 구조될 때까지 식수와 식량이 충분할 때에는 배부르게 먹을 수 있다. 그러나 언제 구조될지 불명확하다면 식수·식량의 소모량을 최소한으로 줄이고 계획적으로 섭취해야 한다.[360] 특히 식수의 소모에 더욱 주의해야 한다.

식수는 구명정에 1인당 3리터, 구명뗏목에는 1인당 1.5리터가 실려 있다. 식수는 조난 후 첫 24시간 이내에는 지급하지 않는다. 24시간 경과 후에는 급수담당자를 지정하여[361] 하루 3번 균등하게 분배하며 1일 적정량은 0.5리터이다.[362] 물을 마실 때는 한

360) 식수가 없는 경우 평균 대기온도에 따른 예상 생존시간

평균 대기온도	37℃	32℃	26℃	21℃	15℃
예상 생존시간	2일	3일	4일	8일	10일

361) 급수 분배량에 대한 사소한 오해가 지휘명령 계통을 와해시키거나 비협조 등의 중대 문제로 발전될 수 있으므로 급수담당자가 배급하도록 한다.

362) 탑승인원이 많거나 물이 적거나 구조가 지연될 때는 하루 160미리리터까지 줄일 수 있다. 물을 배급할 때 유의해야 할 사항은 다음과 같다.

① 우리 몸의 생존과 균형을 유지하기 위한 최소량의 물은 1 리터로 알려져 있다. 위기 상황에서 소량의 신선한 물을 마시는 것은 생존을 늘리는데 도움이 된다. 다만, 시간이 지남에 따라 근육과 조직이 약해지는 것은 어쩔 수 없다.

② 사람은 물보다 음식 없이 더 오래 살 수 있다. 따라서 식수가 확보되지 않았다면 음식을 먹지 않는 편이 낫다. 음식을 소화하려면 많은 양의 물이 필요하기 때문에 최소한의 음식을 섭취하는 것이 유일한 해결책이다.

③ 생선과 같은 단백질이나 비스킷과 같은 건조식품도 소화에 많은 물을 필요로 하므로 섭취를 피해야 한다. 그

꺼번에 마시지 말고 입술을 축이듯이 여러 번 나눠 마신다. 염분기 있는 생선, 바닷물, 오줌 등을 마시지 않는다.[363)]

구명식량은 구명정과 구명뗏목에 1인당 10,000 kJ이 비치되어 있다. 식수와 마찬가지로 조난 후 첫 24시간 이내에는 보급하지 않는다. 식량은 하루 3번 나눠 먹고 천천히 씹는다. 구명식량은 탄수화물 위주로 만들어 졌는데 단백질은 갈증을 유발하기 때문이다. 따라서 식수가 충분하지 않으면 단백질이 많은 생선이나 새를 잡거나 해초 등을 채취하여 대용식은 먹는 것은 되도록 피하는 것이 좋다.

4.2 구명기구 및 조난신호

1) 국제구명장비규약(LSA Code)

선박이 항해 중에 가장 중요하게 다루어야 하는 문제는 선박에 탑승한 승무원과 승객의 안전이다. 따라서 사고가 발생한 선박으로부터 퇴선 해야 하는 비상 상황에서 승무원과 승객이 생명을 보호하기 위하여 적절히 사용할 수 있도록 선박에는 구명정(lifieboats), 구명뗏목(liferafts), 구명부표(lifebuoys), 구명조끼(lifejackets) 등 구명장비(life-saving appliances)를 탑재하고 있어야 한다.

선박에 인명구조장비(이하 '구명장비'라 한다) 탑재의무를 부여하고 있는 규정은 SOLAS협약이며, SOLAS협약 부속서 제3장 '구명설비 및 장치'에서 여객선[364)]과 화물선이 선종별로 갖추어야 할 구명설비의 종류와 수량 등을 규정하고 있다. 또한 구명장비의 제조, 시험, 관리 및 기록유지에 대한 보다 구체적인 기술적 요구사항은 국제구명장비규약(LSA Code)에서 정하고 있다.

러나 물고기의 뼈와 눈알의 수분은 염분이 없어 안구액이나 뼈를 빨아 수분을 보충할 수 있다.

④ 자연 상태의 바닷물은 절대 마시지 말아야 한다. 바닷물이 더욱 갈증을 유발한다는 것은 과학적인 사실이다. 바닷물과 마찬가지로 소변을 마시는 것도 절대 피해야 한다.

⑤ 날이 더울 때는 땀의 형태로 수분이 손실된다. 가능한 한 신체의 수분 손실을 피하기 위해 그늘에 있거나 해수를 사용하여 체온을 식히는 것이 좋다.

⑤ 안개가 낀 상태의 이슬, 열대 지역의 빗물, 극지방의 얼음은 생존을 위한 좋은 음용수로 쓸 수 있다. 안개가 자욱한 날에 스펀지나 천 조각을 사용하여 선체에서 이슬을 모을 수 있다. 빗물은 매우 안전하기 때문에 가능한 한 많은 양의 빗물을 모으는 것이 좋다. 비닐 봉지 또는 기타 임시 용기로 빗물을 받을 수 있으므로 버리지 않는다. 염분이 없는 얼음은 청회색을 띄므로 극지방에 갇히면 청회색 얼음을 녹여 식수로 섭취할 수 있다.

363) 염도 0.9% 미만은 음용 가능 : 어류즙, 거북이 혈액 · 뇌척수액 · 안구액

364) SOLAS협약 부속서 제1장 제2규칙 (f) "여객선"이라 함은 12인을 초과하는 여객을 운송하는 선박을 말한다.

〈그림 4-9〉 구명뗏목 의장품의 형상

SOLAS협약에는 구명장비의 수, 용량 및 유형은 선박의 크기, 화물 및 항해의 종류에 따라 달리 규정하고 있으며, LSA Code는 구명장비에 관한 최소 요구사항을 규정함으로써 승무원과 승객의 안전을 확보하기 위하여 준수해야 할 내용으로 구성되어 있다.

개인용 구명장비로는 구명부표(lifebuoys), 구명조끼(life-jackets)[365], 방수복(immersion suits), 노출보호복(anti-exposure suits) 및 보온구(thermal protective aids)와 같은 것이 있으며, 불꽃이나 연기를 일으켜 다른 선박이나 항공기에 발견되기 위하여 사용하는 시각 보조장비로는 낙하산신호(parachute flares), 신호홍염(hand flares), 발연부신호(buoyant smoke signals) 등이 있으며, 생존정(survival craft)으로는 구명정(lifeboats), 구명뗏목(liferafts), 구조정(rescue boats)이 있다. 그리고 생존정에 탑승하기 위한 장비로는 탑승장치(embarkation appliances)와 강하식탑승장치(marine evacuation systems) 등이 있으며, 구명줄발사기(line throwing appliances), 경보장치와 선내방송장치(general alarm and public address systems) 등이 선박에 갖추어져 있어야 한다.

SOLAS협약은 국내의 여러 법에 그 내용이 분산되어 수용되었지만 구명설비에 관한 사항은 주로 선박안전법에서 다루고 있으며, LSA Code는 선박안전법에 근거하여 해양수산부 고시인 '선박구명설비기준'으로 수용하였다.

'선박구명설비기준' 제3조에서는 구명설비의 종류를 다음과 같이 분류한다.

365) Life-jackets, Lifejackts : 두 가지 모두 올바른 표현이다.

〈표 4-6〉 구명설비의 종류

분류	구명설비	종류
1. 구명기구	가. 구명정	(1) 부분폐형구명정 (2) 전폐형구명정(자유강하식구명정을 포함한다) (3) 공기자급식구명정(자유강하식구명정을 포함한다) (4) 내화구명정(자유강하식구명정을 포함한다)
	나. 구명뗏목	(1) 팽창식구명뗏목 (가) 제1종팽창식구명뗏목(자동복원팽창식구명뗏목, 양면팽창식구명뗏목 및 진수장치용팽창식구명뗏목을 포함한다) (나) 제2종팽창식구명뗏목 (2) 고체식구명뗏목(자동복원고체식구명뗏목, 양면고체식구명뗏목 및 진수장치용고체식구명뗏목을 포함한다)
	다. 구명부기	(Life buoys)
	라. 구조정	(1) 일반구조정 (가) 팽창식일반구조정 (나) 고체식일반구조정 (다) 복합식일반구조정 (2) 고속구조정 (가) 팽창식고속구조정 (나) 고체식고속구조정 (다) 복합식고속구조정
	마. 구명부환	(Ring-lifebuoys)
	바. 구명조끼	(Life jackets)
	사. 방수복	(Immersion suits)
	아. 노출보호복	(Anti-exposure suits)
	자. 보온구	(Thermal protective aids)
	차. 작업용구명의	(Personal Flotation Device, PFD)
	카. 구명줄발사기	(Life-throwing appliances)
	타. 구명뗏목지원정	(Rescue boats for marshaling of liferafts)
2. 신호장치	가. 자기점화등	(Self-igniting lights)
	나. 자기발연신호	(Self-activating smoke signals)
	다. 구명조끼등	(Life-jacket lights)
	라. 로켓낙하산신호	(Rocket parachute flares)
	마. 신호홍염	(Hand flares)
	바. 발연부신호	(Buoyant smoke signals)
	사. 수밀전기등	(Waterproof electric torch)
	아. 일광신호용거울	(Daylight signalling mirror)
	자. 탐조등	(Searchlight)

	차. 역반사재	(Retro-reflective material)
	카. 선상통신장치	(Communication systems)
	타. 경보장치	(General alarm system)
	파. 선내방송장치	(Public address system)
3. 진수장치 등	가. 진수장치	(1) 구명정진수장치 (2) 구명뗏목진수장치 (3) 구명부기진수장치 (4) 구조정진수장치 (5) 구명뗏목지원정진수장치
	나. 탑승장치	(1) 탑승용사다리 (2) 강하식탑승장치 (3) 그물사다리

2) 구명정 및 구명뗏목 의장품

선박안전법 제26조[366]에 따른 고시인 '선박구명설비기준'에는 선박을 네 종류로 구분하고[367] 구명정과 구명뗏목에 비치하는 의장품을 아래와 같이 정하고 있다.[368]

〈표 4-7〉 구명정에 비치하는 의장품의 종류와 수

의장품의 명 칭	의장품의 수		요건
	제1종선, 제3종선 대상	제2종선, 제4종선 대상	
구난식량	정원1인당 1만킬로줄	-	해양수산부장관이 적절하다고 인정하는 것으로서 기밀 포장되어 수밀용기에 격납된 것일 것
음료수	정원1인당 3리터	정원1인당 1리터	1. 수밀용기에 넣은 청수일 것. 2. 정원 1인당 최대 2리터의 음료수는 해양수산부장관이 적절하다고 인정하는 해수탈염장치로 대체할 수 있다.

366) 선박안전법 제26조(선박시설의 기준) 선박시설은 해양수산부장관이 정하여 고시하는 선박시설기준에 적합하여야 한다.

367) 선박구명설비기준 제2조(정의) 이 기준에서 사용하는 용어의 정의는 다음과 같다.
1. "제1종선"이라 함은 국제항해에 종사하는 여객선을 말한다.
2. "제2종선"이라 함은 국제항해에 종사하지 아니하는 여객선을 말한다.
3. "제3종선"이라 함은 여객선 이외의 선박으로서 국제항해에 종사하는 총톤수 500톤 이상의 선박을 말한다.
4. "제4종선"이라 함은 여객선 이외의 선박으로서 제3종선이외의 선박을 말한다.

368) 기본적으로 국제항해에 종사하는 여객선과 국제항해에 종사하는 총톤수 500톤 이상의 선박은 같은 규정을 적용받으며, 국내항행 선박은 그 외의 선박은 일부 완화된 규정을 적용받는다.

국자 및 컵	각 1개	각 1개	1. 국자는 녹슬지 아니하는 끈이 달린 것일 것 2. 컵은 녹슬지 아니하며 눈금 있는 것일 것
응급 의료구	1식	1식	해양수산부장관이 적절하다고 인정하는 것으로서 수밀용기에 넣은 것일 것
배멀미용 주머니	정원1인당 1개	정원1인당 1개	-
배멀미 방지약	정원1인당 48시간 배멀미를 방지하기에 충분한 양	정원1인당 48시간 배멀미를 방지하기에 충분한 양	-
단조식 오르	1조	1조	부양성의 것으로서 비고 1의 기준에 적합한 것일 것
쏠핀 또는 크러치	1조	1조	재료는 아연도금단강 또는 이와 동등이상의 재료의 것이고, 줄 또는 쇠사슬로서 구명정에 부착되어 있을 것
보트훅	2개	2개	부양성의 것으로서 양질의 질긴 재료로 제작되고 길이 2.4미터이상, 중앙부지름 5센티미터이상의 것을 표준으로 한다.
베일러	1개	1개	부양성의 것일 것
양동이	2개	1개	-
손도끼	2개	1개	1. 전장 35센티미터 정도 크기의 것을 표준으로 하고 날은 한쪽 날이 잘 자를 수 있는 것일 것 2. 손잡이에는 길이 약1.8미터의 줄이 부착되어 이것을 언제든지 사용할 수 있도록 설치되어 있을 것 3. 2개인 경우에는 구명정의 양단에 1개씩 배치되어 있을 것
컴퍼스	1개	1개	야광의 것 또는 적절한 조명장치를 붙인 것으로서 효과적인 것일 것
시앵커	1개	1개	적절한 크기의 것일 것
페인터	2줄	2줄	1. 충분한 강도 및 길이를 가지고 즉시 사용할 수 있도록 1줄은 구명정의 전단에 이탈장치로서 풀 수 있도록 묶고 다른 1줄은 전단부근에 고착되어 있는 것일 것(자유강하식구명정에 있어서는 2줄 모두 구명정의 전단부근에 고착되어 있을 것)

페인터	2줄	2줄	2. 지름 22밀리미터 이상의 마닐라로프 또는 이와 동등 이상의 것을 표준으로 하고 그 길이는 구명정의 탑재장소와 최소항해흘수 사이의 높이의 2배이상 또는 15미터중 큰 값일 것
보온구	2개 또는 정원의 10퍼센트를 수용하기에 충분한 수중 큰 것	2개 또는 정원의 10퍼센트를 수용하기에 충분한 수 중 큰 것	제38조의 규정에 적합한 것일 것
재크 나이프	1개	-	줄로서 구명정에 부착되어 있는 것일 것
깡통따개	3개	-	-
부륜	2개	-	물에 담겨 있는 경우 24시간이상 가라앉지 아니하는 길이 30미터이상의 부양성 있는 줄로 매여져 있는 것일 것
호각 또는 이와 동등한 음향신호	1개	1개	-
낚시도구	1식	-	비고 2의 기준에 적합한 것일 것
행동지침서	1권	1권	구명정에 승정후 즉시 행동할 요령을 적은 것으로서 비고 3의 기준에 적합한 것일 것
생존지침서	1권	1권	구명정에서 생존하는 방법을 적은 것일 것
구명신호 설명표	1부	1부	구명시설과 조난선박과의 통신에 필요한 신호의 방법 및 그 의미를 설명한 것일 것
로켓낙하 산신호	4개	2개	제47조의 규정에 적합한 것일 것
신호홍염	6개	6개	제48조의 규정에 적합한 것일 것
발연부신호	2개	2개	제49조의 규정에 적합한 것일 것
수밀전기등	1개	-	1. 제50조의 규정에 적합한 것일 것 2. 예비전지 1조 및 예비전구 1개를 수밀용기에 넣어둔 것일 것
일광신호용 거울	1개	1개	제51조의 규정에 적합한 것일 것

레이다 반사기	1개	1개	효과적인 것일 것. 다만, 수색구조위치확인장치가 비치된 경우에는 이를 비치하지 아니할 수 있다.
기관용공구	1식	1식	구명정의 기관 및 부속품을 간단히 조정하기에 충분한 것일 것
휴대식 소화기	1개	1개	포말 기타 기름화재를 소화하기에 적절한 물질을 방출하는 것으로서 해양수산부장관이 적절하다고 인정하는 형식의 것일 것
수동펌프	1개	1개	-
탐조등	1개	1개	제52조의 규정에 적합한 것일 것

〈표 4-8〉 구명뗏목에 비치하는 의장품

의장품의 명 칭	의 장 품 의 수			요건
	제1종팽창식 구명뗏목	제2종팽창식 구명뗏목	고 체 식 구명뗏목	
구난식량	정원1인당 1만킬로줄	정원1인당 1만킬로줄	정원1인당 1만킬로줄	해양수산부장관이 적절하다고 인정하는 것으로서 기밀 포장되어 수밀용기에 격납된 것일 것
음료수	정원1인당1.5 리터	정원1인당 1리터	정원1인당 1.5리터	1. 수밀용기에 넣은 청수일 것. 2. 정원 1인당 최대 1.0리터의 음료수는 해양수산부장관이 적절하다고 인정하는 해수탈염장치로 대체할 수 있다.
컵	1개	1개	1개	녹슬지 아니하며 눈금이 있는 것일 것
응급의료구	1식	1식	1식	해양수산부장관이 적절하다고 인정하는 것으로서 수밀용기에 넣은 것일 것
배멀미용 주머니	정원 1인당1개	정원 1인당1개	정원 1인당1개	-
배멀미 방지약	정원 1인당 48시간 배멀미를 방지하기에 충분한 양	정원 1인당 48시간 배멀미를 방지하기에 충분한 양	정원 1인당 48시간 배멀미를 방지하기에 충분한 양	-
부륜	1개	1개	1개	물에 담겨 있는 경우 24시간이상 가라앉지 아니하는 길이 30미터 이상의 부양성 있는 줄로 매여져 있는 것일 것

나이프	2개	1개	2개	1. 1개는 부양성 있는 손잡이 및 끈이 달리고 접을 수 없는 것일 것 2. 정원 12인이하의 구명뗏목에는 1개만을 비치할 수 있다. 3. 팽창식구명뗏목에 있어서는 안전나이프일 것 4. 페인터부착지점 부근의 천막의 외부에 설치된 주머니에 넣은 것일 것
베일러	2개	1개	2개	정원 12인 이하의 구명뗏목에는 1개만을 비치할 수 있다.
스폰지	2개	1개	2개	-
시앵커	2개	1개	2개	효과적인 것으로서 1개는 항구적으로 구명뗏목에 부착되어 있을 것
노	2개	2개	2개	부양성의 것일 것
수리용구	1식	1식	-	공기실의 파손을 수리하기 위하여 필요한 용구를 주머니 또는 기타 용기에 넣은 것일 것
보온구	2개 또는 정원의 10 퍼센트를 수용하기에 충분한 수 중 큰 것	2개 또는 정원의 10 퍼센트를 수용하기에 충분한 수 중 큰 것	2개 또는 정원의 10 퍼센트를 수용하기에 충분한 수 중 큰 것	제38조의 규정에 적합한 것일 것
깡통따개	3개	-	3개	팽창식구명뗏목에 있어서는 뗏목에 손상을 주지 아니하는 것일 것
가위	1개	-	1개	팽창식구명뗏목에 있어서는 뗏목에 손상을 주지 아니하는 것일 것
호각 또는 이와 동등한 음향신호	1개	1개	1개	-
낚시도구	1식	1식	1식	별표 1의 비고 2의 기준에 적합한 것일 것
행동지침서	1권	1권	1권	구명뗏목에 승정후 즉시 행동할 요령을 적은 것으로서 별표 1의 비고 3의 기준에 적합한 것일 것
생존지침서	1권	1권	1권	구명뗏목내에서 생존하는 방법을 적은 것일 것
구명신호 설명표	1부	1부	1부	구명시설과 조난선박과의 통신에 필요한 신호의 방법과 그 의미를 설명한 것일 것

로켓낙하산 신호	4개	4개	4개	제47조의 규정에 적합한 것일 것
신호홍염	6개	6개	6개	제48조의 규정에 적합한 것일 것
발연부신호	2개	2개	2개	제49조의 규정에 적합한 것일 것
수밀전기등	1개	1개	1개	1. 제50조의 규정에 적합한 것일 것 2. 예비전지 1조 및 예비전구 1개를 수밀 용기에 넣어둔 것일 것
일광신호용 거울	1개	1개	1개	제51조의 규정에 적합한 것일 것
레이다 반사기	1개	1개	1개	효과적인 것일 것. 다만, 레이다트렌스폰더가 비치된 경우에는 이를 비치하지 아니할 수 있다.
충기펌프 또는 풀무	1개	1개	-	-

3) 구명설비 보관장소 표시

구명설비의 보관장소를 나타내는 표시는 다음과 같다.

항 목	표 시	요 건
1. 구명정		1. 크기는 가로 15센티미터, 세로 15센티미터로 할 것 2. 녹색바탕에 흰색으로 표시할 것
2. 구조정		위와 같음
3. 구명뗏목		위와 같음
4. 대빗진수장치용 구명뗏목		위와 같음
5. 탑승용 사다리		위와 같음

6. 강하식 탑승장치		위와 같음
7. 구명부환		위와 같음
8. 구명줄붙이 구명부환		위와 같음
9. 자기점화등붙이 구명부환		위와 같음
10. 자기점화등 및 자기발연신호붙이 구명부환		위와 같음
11. 구명동의		위와 같음
12. 어린이용 구명동의		위와 같음
13. 방수복		위와 같음
14. 생존정용 휴대식 무선장치		위와 같음
15. 위성비상위치 지시용 무선표지설비		위와 같음

16. 레이다 트랜스폰더		위와 같음
17. 생존정용 신호홍염		위와 같음
18. 로켓낙하산신호		위와 같음
19. 구명줄 발사기		위와 같음
20. 소집장소		1. 크기는 가로 20센티미터, 세로 15센티미터로 할 것 2. 녹색바탕에 흰색으로 표시할 것 3. 소집장소의 글자는 표시의 오른쪽에 표기할 것
21. 승정장소		1. 위와 같음 2. 생존정의 종류에 따라 적절한 표시를 할 것 3. 승정장소의 번호는 표시의 오른쪽에 표기할 것
22. 방향표시		1. 위와 같음 2. 화살표의 왼쪽에 해당 표시와 함께 사용할 것 3. 화살표는 해당설비의 보관장소, 소집장소 또는 승정장소의 방향을 가르킬 것
23. 비상구표시	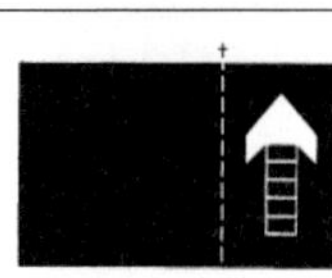	1. 위와 같음 2. 화살표는 해당설비의 보관장소, 소집장소 또는 승정장소의 방향을 가르킬 것
24. 출입구		1. 크기는 가로 20센티미터, 세로 15센티미터로 할 것 2. 녹색바탕에 흰색으로 표시할 것 3. 화살표는 해당설비의 보관장소, 소집장소 또는 승정장소의 방향을 가르킬 것
25. 비상출입구	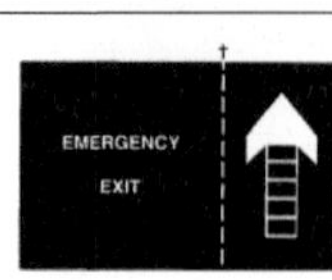	1. 위와 같음 2. 화살표는 해당설비의 보관장소, 소집장소 또는 승정장소의 방향을 가르킬 것

4) 구명뗏목 사용법

구명정은 다양한 종류의 진수장치(davit)에 탑재되어 있기 때문에 훈련된 선원들에 의하여 진수되어야 한다. 그러나 구명뗏목은 비교적 쉬운 방법으로 수면에 투하할 수 있기 때문에 진수방법이 익혀둘 필요가 있다. 일반적인 투하방법은 아래 그림과 같다.

〈그림 4-10〉 구명뗏목 사용방법

*출처: 해양수산부

5) 조난신호

국제해상충돌예방규칙협약(COLREG 72) 부속서 제4장[369]에는 조난을 당한 선박이 구조를 요청하는 방법이나 신호를 정하고 있으므로 이를 활용하여 조난신호(Distress signals)를 하여야 한다.[370]

369) Convention on the International Regulations for Preventing Collisions at Sea, 1972

370) COLREG 부속서 4(조난신호)

1. 다음 각 호의 신호는 함께 또는 단독으로 사용되어서 조난 및 원조의 필요를 알리는 신호이다.
   (a) 약 1분간의 간격으로 시행하는 1회의 발포 기타 폭발에 의한 신호
   (b) 무중신호장치에 의한 연속 음향 신호
   (c) 짧은 간격으로 1회에 한 개씩 발사되어 별 모양의 붉은 불꽃을 내는 로켓 또는 유탄에 의한 신호
   (d) 임의의 신호 수단에 의하여 발신되는 모스 부호 •••▬ ▬ ▬••• (SOS)를 구성하는 신호
   (e) 무선전화에 의한 '메이데이'라는 구두 신호
   (f) 조난을 나타내는 국제기류 NC 신호

〈그림 4-11〉 International Distress Signals

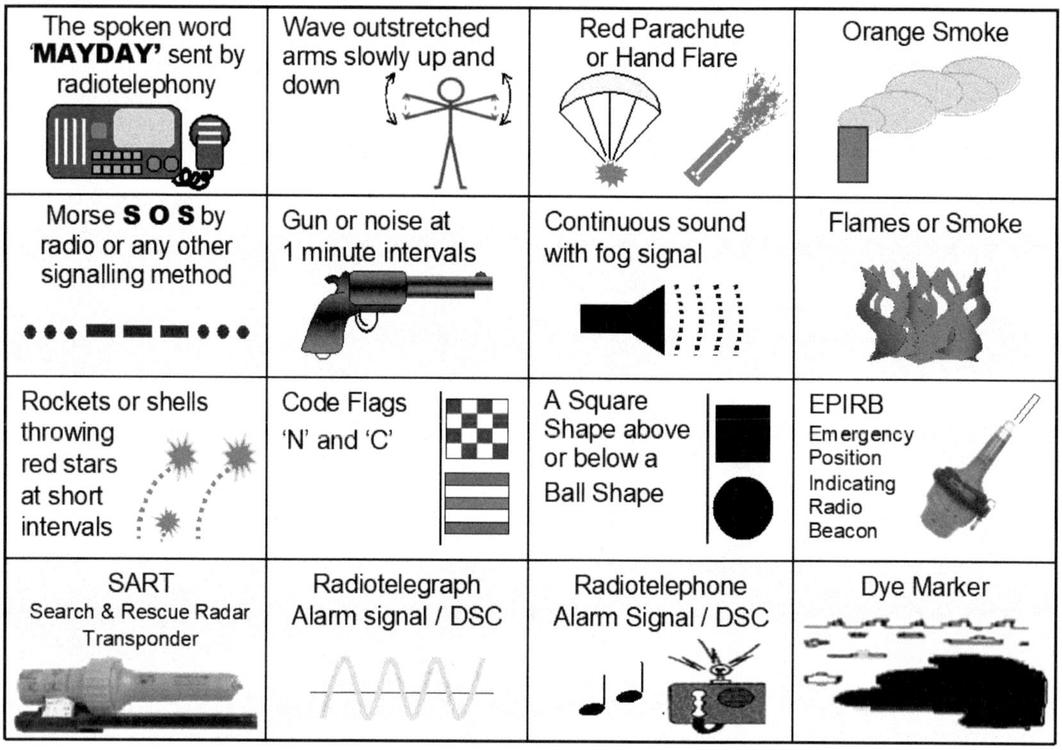

(g) 위 또는 아래에 구 또는 구와 유사한 것 한 개를 붙인 사각형 기로 된 신호
(h) 선상에서 화염 신호(타르통, 기름통 등의 연소로 발생)
(i) 낙하산으로 내려오는 붉은 색의 불꽃 로켓 또는 손에 들고 있는 붉은 색 불꽃을 내는 신호
(j) 주황색의 연기를 뿜는 발연 신호
(k) 좌우로 벌린 팔을 천천히 반복적으로 올렸다 내렸다 하는 신호
(l) 아래 주파수의 디지털선택호출(DSC) 수단에 의해 발신된 조난 신호
  (i) 초단파 채널 70, 또는
  (ii) 중파 및 단파 2187.5 ㎑, 8414.5 ㎑, 4207.5 ㎑, 6312 ㎑, 12577 ㎑ or 16804.5 ㎑
(m) 선박의 해사인공위성 또는 기타 이동 위성통신 선박지구국에서 발사된 선박 대 육상 조난 신호
(n) 비상위치를 지시하는 무선 비콘이 발사하는 신호
(o) 구명정의 레이더 자동응답장치를 포함하여 무선통신장치에 의하여 송신된 승인된 신호

2. 조난 및 원조의 필요성을 알리는 목적 이외에 이전 항의 어떠한 신호의 사용 또는 표시, 그리고 이것들과 혼동될 우려가 있는 어떤 신호도 사용하여서는 아니 된다.
3. 국제신호서와 '국제 항공 및 상선 수색 및 구조 편람' 제3권의 해당 절 및 다음 신호에 유의한다.
 (a) 주황색 범포에 검은 색 사각형과 원 또는 기타 적절한 기호를 표시한 신호(상공에서 식별을 위한 것)
 (b) 수면의 착색 신호

4.3 인명구조 및 조선법

선원 또는 여객이 바다에 떨어지는 사고(Man over board)가 발생하거나, 조난 선박에서 퇴선한 조난자와 만나게 되면 이들을 구조(Rescue)하기 위해 신속히 구조 활동을 전개해야 한다.

1) 구조계획서

SOLAS협약에서 모든 선박에게 해상조난자 구조계획서를 선내에 비치하도록 규정하고 있다.[371]

가) 고려사항

구조계획서는 국제해사기구(IMO)에서 마련한 '해상으로부터 인명구조 계획 및 절차에 대한 개발 지침서'에[372] 따라 작성되어야 하며 다음 지침도 함께 고려하여야 한다.

① IAMSAR[373] 지침 제3권
② 구조기술지침(Guide to Recovery Techniques)
③ 찬물에서 생존지침(Guide for Cold Water Survival)

나) 주요 내용

구조계획서는 국제안전관리규약(ISM Code)에 의한 긴급상황 대비계획의 일부로 간주되며 다음과 같은 내용이 포함되어야 한다.

① (일반사항) 목적, 요구사항 등
② (임무 및 배치) 선장 및 승조원
③ (교육 · 훈련) 교육 · 훈련의 주기 및 방법, 기록 등

371) SOLAS협약 부속서 제3장 제17-1규칙(해상으로부터 인명의 구조) 1. 모든 선박에는 기구에서 개발한 지침을 고려하여 해상으로부터 인명의 구조와 관련하여 각 선박에 적합한 계획 및 절차서가 제공되어야 한다. 해당 계획 및 절차서 상에는 인명구조 목적으로 사용될 장비 및 구조 작업에 종사하는 본선 선원에 대한 위험을 최소화하기 위한 조치 등이 식별되어야 한다. 2014년 7월 1일 전에 건조된 선박들은 2014년 7월 1일 후에 최초로 도래하는 중간 또는 정기 안전설비검사 중 먼저 도래하는 검사 시까지 동 요건에 적합하여야 한다.

372) Guidelines for the Development of Plans and Procedures for Recovery of Persons from the Water

373) (IAMSAR: International Aeronautical and Maritime Search and Rescue) 국제 항공 · 해상 수색구조 편람은 3종으로 구성되어 있으며, 제3권은 수색구조 실무를 다루는 내용으로 선내 필수 비치 도서이다.

④ (구조장비 명세) 생존정을 비롯한 인명구조장비, 조난자 이송, 개인보호장구, 탐색장비, 통신장비 등 구조작업에 사용되는 장비 종류, 수량 및 설치장소 등

⑤ (위험평가 및 위험저감 조치) 선박 조종성, 건현, 구조자 회수장소, 사용할 장비의 특성 및 제한사항, 유의파고, 파주기, 항해안전 등을 고려하여 선박 및 구조자에게 위험을 초래하지 않고 구조작업을 수행할 수 있는 조건

⑥ (구조작업 실행) 구조작업계획, 작업 개시전 준비사항, 인명구조 조선법, 조난자 이송방법, 피구조자 보호장소 및 관리, 악천후 등으로 구조작업 불가시 조치사항 등

2) 선외 추락자 구조[374)]

o 최대한 신속히 추락자 구조를 위한 초동조치를 취해야 한다.
- 추락자를 발견한 자는 즉시 추락자 옆으로 가까이 구명부환을 던지고 '사람이 빠졌다'고 소리 지른다.[375)]
- 추락자 구조신호로 장음 3회의 기적을 울린다.[376)]
- 적절한 인명구조 조선법(Ship manoeuvres)을 시행한다.
- 선장과 기관실에 알린다. 풍향, 풍속을 관측한다.
- 추락자를 시야 내로 유지하기 위해 감시원을 배치한다.
- 착색제(Dye marker)나 자기발연부신호[377)] 등을 투하한다.
- 기관을 사용할 수 있는 상태로(Stand-by) 준비한다.
- 구조정, 각종 사다리[378)] 등 구조장비를 준비한다.
- 선교, 갑판, 구명정 사이의 통신을 위해 휴대용 VHF (Walkie-Talkie)를 지급한다.

o 인명구조에 영향을 미치는 요소는 아래와 같으므로 이를 고려하여야 한다.
- 선박의 조종특성, 기관 성능
- 사고장소, 풍향 및 해상상태, 시정(Visibility)

374) IMSAR manual Vol III의 추락자 인명구조 초동조치 방식을 표준으로 삼아 기술하였다.

375) 선교 항해당직자가 초인하는 경우는 윙브리지의 긴급이탈장치를 당겨 구명부환과 함께 묶인 자기발연부신호 및 자기점화등을 투하한다.

376) 일반적인 선내 비상신호는 ①비상배치신호(단음 7회후 장음 1회), ②비상해제신호(장음 1회 단음 1회 3회 연속반복), ③무역항 수상구역 안에서 화재신호(장음 5회 반복), ④퇴선신호(연속음 약30초), ⑤기타 비상신호(장음 3회후 비상배치 방송 : OO구역 OO발생 전원 비상배치)가 있다.

377) (Self-Activating Smoke Signal) 본선에 연결된 자기발연부신호를 바다에 투하하면 자동적으로 격발이 되며 15분 이상 오렌지색 연막이 발생한다.

378) Jacob's ladder, Pilot ladder, Gangway ladder 등

- 승조원의 경험 및 훈련 정도, 조선기술
- 다른 선박으로부터 지원 가능성

3) 인명구조 조선법

추락자가 발생하면 선교에서는 아래와 같은 조치를 취해야 한다.

① 추락자 쪽으로 전타(Hard over)하여 킥(Kick)[379] 현상으로 선체와 추락자의 충돌 또는 프로펠러의 흡입류에 의한 2차 사고를 예방한다.
② 윙브리지의 구명부환 세트를 투하한다.
③ 비상신호를 울린다.
④ 주기관을 즉시 사용할 수 있도록 한다.
⑤ 감시원을 배치하여 추락자를 시야에서 놓치지 않도록 해야 한다. 또한 알파 레이더, ECDIS 및 GPS와 같은 항해기기에 추락자표시기능(MOB)[380]이 있는 경우 버튼을 눌러 추락위치를 표시한다.

인명구조에 임하는 선박은 당시의 상황을 판단하여 적합한 인명구조 조선법을 결정해 신속히 실행에 옮겨야 한다.

추락자 구조 조선법으로는 '국제 항공·해상 수색구조 편람(IAMSAR)'에서[381] 권고하고 있는 윌리엄슨 턴, 원 턴(앤더슨 턴), 샤르노브 턴 그리고 로렌 턴이 있다. 일반적으로 윌리엄슨 턴이 대표적인 추락자 구조 조선법으로 알려져 있으나 선박의 조종성능에 따라 조타각도를 달리해야 하므로 조선소에서 선박 시운전시 작성한 선박의 조종특성 도면을 참고하여야 한다.

가) 윌리엄슨 턴(Williamson Turn)

선교에서 추락자를 발견하면 즉시 조치하기 위한 조선법이며, 원래의 항적선으로 양호하게 회항할 수 있는 장점이 있다.

379) 전타하면 선회초기에 원침로로부터 선미가 타각을 준 바깥쪽으로 약간 밀리는데 선박길이의 1/4~1/7 정도로 커서 추락자 인명구조시 또는 장애물 회피시 유용하다. 추락자 쪽으로 전타하면 선수는 추락자 측으로 선회하고 선미는 추락자로부터 멀어진다.

380) (Man Over Board) 추락자의 위치를 표시하고 선박으로부터 방위와 거리를 알려주는 기능

381) IAMSAR manual Vol III, Section 4

〈그림 4-12〉 윌리엄슨 턴 조선법

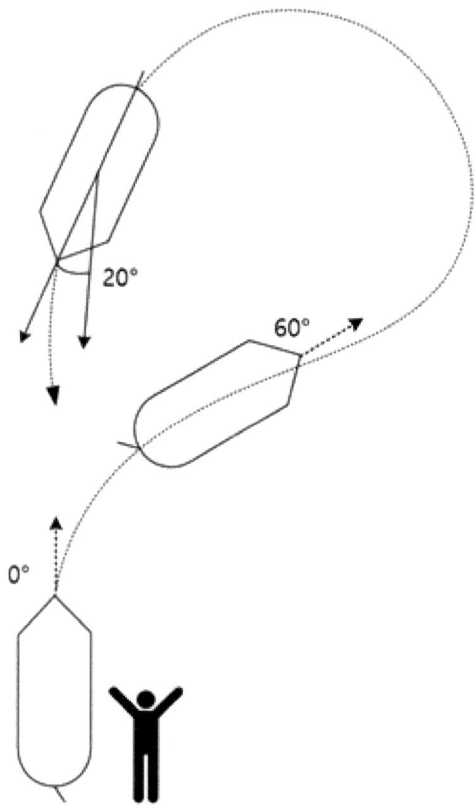

야간, 저시정 등 시계가 나쁜 상태에 유리하며 조선이 간단하지만 선박이 사고지점으로부터 멀리 돌아 회항하며 다른 조선법에 비해 절차가 길다는 단점이 있다.

조선법은 다음과 같다.

① 추락자가 떨어진 현측으로 즉시 전타한다.
② 선박이 회두하여 원래 침로로부터 약 60도 벗어나면 반대방향으로 전타한다.
③ 선수방위가 원침로의 반대방향 20도 전까지 회두하면 타를 중앙으로 복귀(midship)하여 타력으로 원래 침로의 역방향으로 돌아간다.

나) 앤더슨 턴(One Turn, Single Turn, Anderson Turn)

추락자를 육안으로 확인하면서 가장 신속하게 회두하여 접근하는 조선법이다. 출력과 선회성능이 좋은(tight turn) 선박에 유용하므로 단추진기 선박은 활용하기 어렵고 추락자에게 접근할 때 똑바르지 않다는 단점이 있다.382)

싱글 턴 270도 조선법은 다음과 같다.

① 추락자가 발생한 현측으로 즉시 전타한다.

② 선박이 회두하여 원래 침로로부터 약 250도 선회하면 타를 중앙으로 복귀(midship) 하고 선박을 정지시킨다.383)

〈그림 4-13〉 앤더슨 턴 조선법

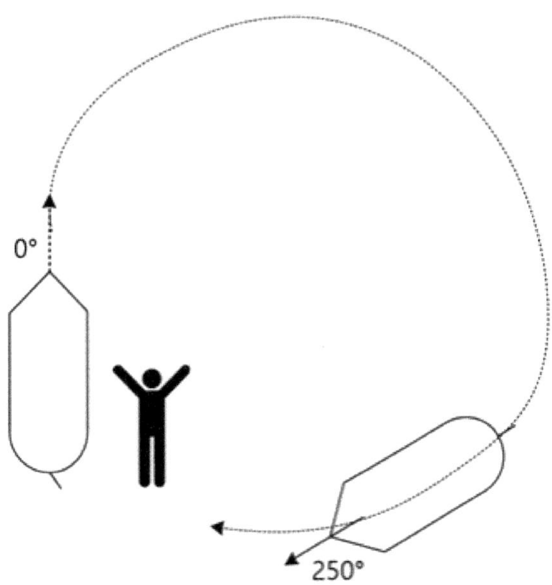

382) One turn is fastest recovery method, good for ships with tight turning characteristics, used most by ships with considerable power, very difficult fort a single-screw vessel, difficult because approach to person is not straight.

383) 싱글 턴 방식으로 실행할 수 있는 두 가지 조선법이 더 있다.
- ① 추락자가 발생한 현측으로 즉시 전타하고 기관을 정지한다. ② 선박이 추락자를 벗어나면 전타 상태로 기관을 전속전진 시킨다. ③ 원침로에서 약 2/3 회두한 240도에서 기관을 2/3 또는 전속 후진시킨다. ④ 추락자가 선수로부터 15도 빗겨 있을 때 기관을 정지하고 타를 중앙으로 복귀한다. 이후의 기관은 필요에 따라 사용한다.
- ① 추락자가 선박의 프로펠러에서 충분히 멀어지도록 약 1분을 더 진행하고, ② 추락자의 반대 현측으로 회두시켜, ③ 선박의 정선수 방향에 추락자를 위치하게 하도록 조선한다.

다) 샤르노브 턴(Scharnov Turn)

사고 즉시 사용할 수 있는 조선법은 아니지만 진행한 항적을 그대로 따라 되돌아가는 회항 조선법으로 유용하며 소요거리가 짧아 시간을 절약할 수 있다. 다만 사고 후 경과 시간을 모를 때는 효과적으로 실행할 수 없다.

조선법은 다음과 같다.

① 타를 전타하고,

② 선수방위가 원침로에서 240도 회두하면 타를 반대쪽으로 전타한다.

③ 선수방위가 원침로의 반대방향 20도 이전까지 회두하면 타를 중앙으로 복귀한다.

④ 그러면 선박이 원침로의 반대방향으로 돌아간다.

〈그림 4-14〉 샤르노브 턴 조선법

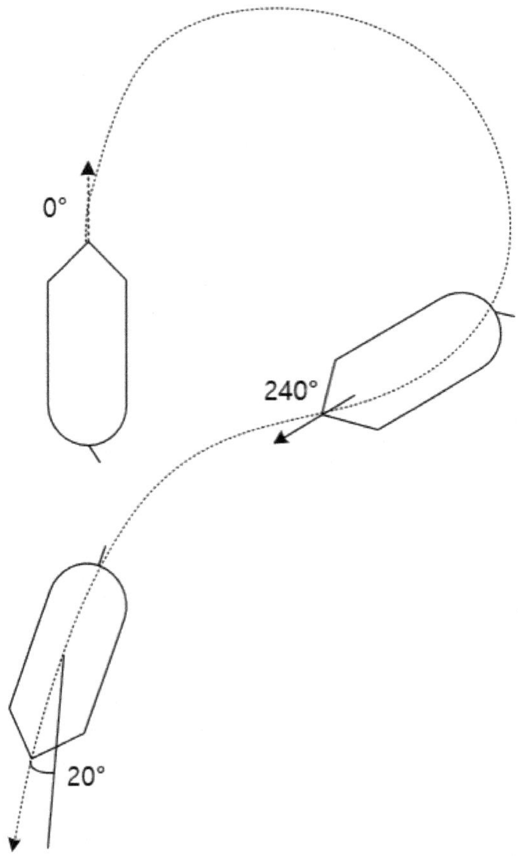

라) 로렌 턴(Lorén Turn)

로렌 턴의 주요 목적은 구조정(rescue boat)의 진수나 회수를 쉽게 하고, 다른 선박이 시행중인 구조작업이 용이하게 진행되도록 돕는 것이다.

구조해역을 선회함으로써 현장의 파도를 방해하는 교란파를 만들어 해면이 잔잔해지게 한다. 더 많은 교란파를 만들수록 좋다. 그리고 선박이 풍상측(windward)으로 도는 경우에는 해면을 더욱 잔잔하게 할 수 있다.

로렌 턴을 시행하기 위해서는 자선의 조종성능을 아는 것이 중요하다. 사전에 기동연습을 해 보아야 한다. 선박의 조종성능에 따라서는 바람을 정면으로 받으며 선회를 시작할 필요가 없을 수도 있다.

〈그림 4-15〉 로렌 턴 조선법

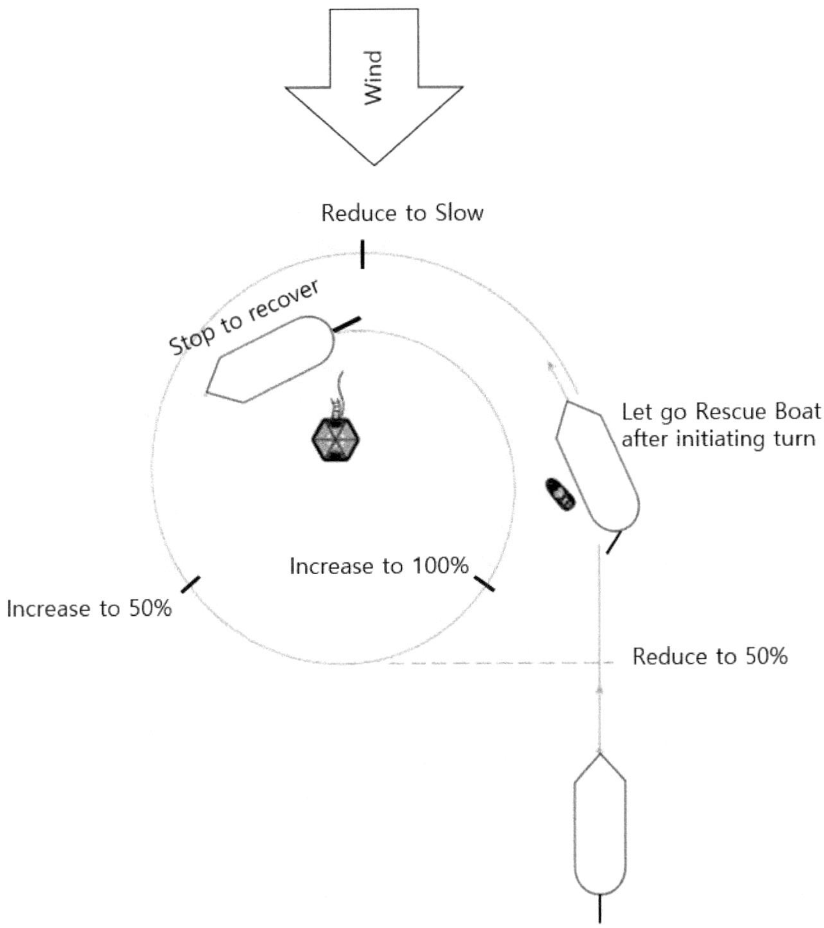

조선법은 다음과 같다.

① 풍상측을 향하여 전속력으로 항진한다.
② 선박이 선회를 시작하여 바람을 측면에서 받을 때 저속(slow speed)으로 감속한다.
③ 선박이 선회함에 따라 바람이 선미측 반대현 방향으로 바뀔 때 반속(half speed)으로 증속한다.
④ 해면의 파도를 더 줄이고자 하면 선회를 계속한다.
⑤ 선회권의 안쪽에서 풍하측(leeward side)으로 구조정을 진수하거나 회수하기 위하여 저속으로 감속하거나 기관을 정지한다.

마) 주의사항

IAMSAR의 조선법에서 권장하는 선회각도와 속력 증감 등은 선박의 조종성능이 제각각인 모든 선박에게 일률적으로 적용되지 않는다. 따라서 자선의 특성에 따라 변형이 필요할 수 있으므로 조선소에서 선박을 시운전하고 결과를 기록한 도면(Reports of Sea Trial)을 참고하여야 한다.

〈그림 4-16〉 Turning circle

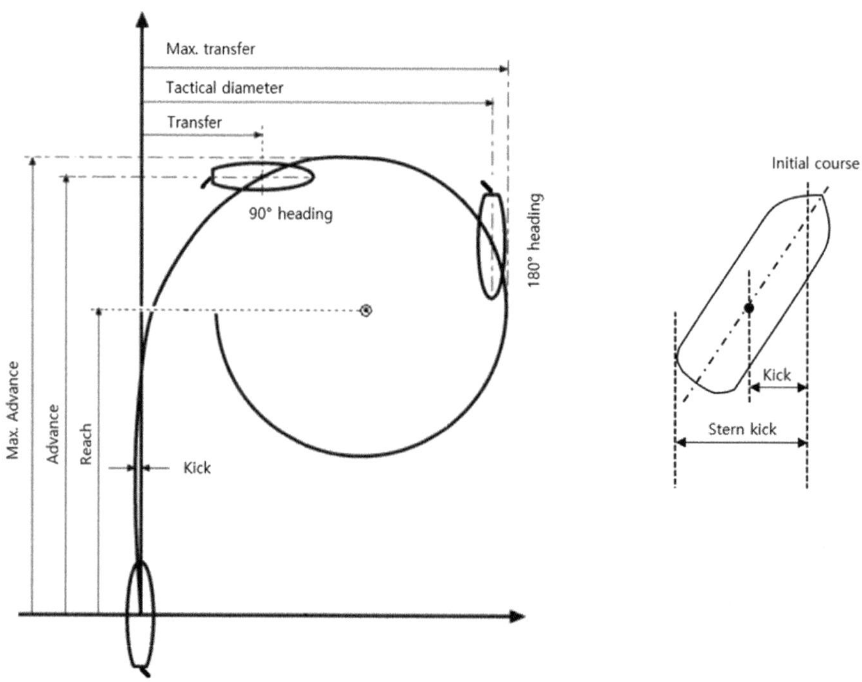

4.4 응급처치

1) 정의

「응급의료에 관한 법률」에서 응급처치란 응급의료행위의 하나로서 응급환자의 기도를 확보하고 심장박동의 회복, 그 밖에 생명의 위험이나 증상의 현저한 악화를 방지하기 위하여 긴급히 필요로 하는 처치를 말한다(법 제2조 제3호).

응급처치는 의료행위의 하나이지만 치료를 목적으로 하지 않는다. 응급처치는 사고현장에서 다친 사람이나 급성질환자에게 즉시 필요한 조치를 취함으로써 병원에서 전문적인 의료치료를 받기 전까지 일시적으로 도와주는 것이며, 적절한 조치와 보호를 해줌으로써 부상자의 고통을 덜어주고 생명을 구할 수 있도록 하는 지식과 기술을 말한다.

2) 응급구조활동의 4단계 원칙

심장마비는 증세가 발생한 후 4분 이내에 대비하지 못하면 병원으로 옮겨지더라도 소생할 가능성이 매우 낮아진다. 따라서 갑자기 쓰러지는 사람이 있을 경우에는 응급처치가 필요한지 신속하고 정확하게 판단하여야 한다.

구조를 하려는 사람은 ① 사고현장에 접근하더라도 자신이 안전한지 파악한 이후에 접근하여야 하며, ② 부상자가 의식이 없으면 A-B-C 절차에[384] 따라 호흡계와 순환계(Airway, Breath, Circulation)의 상태를 확인한다. 그리고 ③ 응급의료서비스기관(119 등)에 신고하여야 하며[385], ④ 즉시 응급처치를 해야 하는 상황인지를 검토하여야 한다.

---

384) 기도(Airway), 호흡(Breath), 순환(Circulation)의 두문자를 따서 ABC라고 한다.
- 기도 막힘(Airway obstruction)
- 호흡 정지(Breathing arrest)
- 혈액순환 정지 또는 심장박동 정지(Circulatory or cardiac arrest)

385) 해상에서는 재외국민 119 응급의료상담서비스를 통하여 응급의료 상담 및 지도를 받을 수 있다. (연락처 : +82-44-320-0119, central119ems@korea.kr)

〈표 4-9〉 응급처치 및 구조활동 4단계

단계	단계별 업무
제1단계 현장조사	◦ 현장에 접근하여 응급처치를 하는 데 있어서 안전상에 문제가 없는가? - 어떤 일로 부상자가 발생했고, 부상자는 몇 명인가? - 주변에 도움을 줄 수 있는 사람이 있는가?
제2단계 부상자/환자 상태조사 (1차 상태조사)	◦ 부상자/환자의 호흡계, 순환계 상태와 의식여부를 확인하고 필요시 응급처치를 한다. - 기도(Airway), 호흡(Breath), 순환(Circulation)의 이상 여부 - 의식이 있는가?
제3단계 전문기관에 도움요청	◦ 전문 기관에 도움을 요청하며 부상자/환자에 관한 정보를 전달한다. - 사건의 발생 시각, 사고 장소, 신고한 사람의 연락처 - 응급상황의 내용(화재, 중독, 의식불명, 감전, 심장발작, 골절, 출혈 등) - 부상자의 수, 현재 상태, 실시하고 있는 응급처치의 내용
제4단계 부상자/환자 상태조사 (2차 상태조사)	◦ 부상자/환자의 생명 유지에는 중대한 위협이 되지는 않지만 응급처치 하지 않으면 증상의 악화나 추후 문제를 일으킬 수 있는 손상이 있는지 조사한다. - 부상자에게 말을 걸어 의식유지 정도 확인 - 상처, 피부색 변화, 동공반사, 운동능력, 지각능력 등 확인

3) 인공호흡과 흉부압박

가) 의식불명(Unconsciousness)[386]

의식불명의 원인은 다양하기 때문에 비전문가가 현장에서 규명하기는 어렵다. 다만 의식불명 환자를 접하게 되면 제일 먼저 호흡을 확인하여야 한다.

막힌 호흡을 유지하기 위해서는 머리를 가능한 한 뒤로 제쳐야 한다. 기도가 막혀 공기의 흐름이 없는 경우에도 가슴이나 복부가 움직일 수 있기 때문에 공기의 흐름을 듣고 느껴야 한다. 응급처치자는 얼굴을 환자의 입과 코에서 2~3cm 이내에 대고, 환자가 내쉬는 숨을 확인해야 한다. 만약, 환자가 의치를 하고 있으면 이를 제거해야 한다.

386) (출처) 목포해양대학교, 상급안전교육교재, 2018, 207~218쪽

〈그림 4-17〉 의식불명환자의 호흡확인

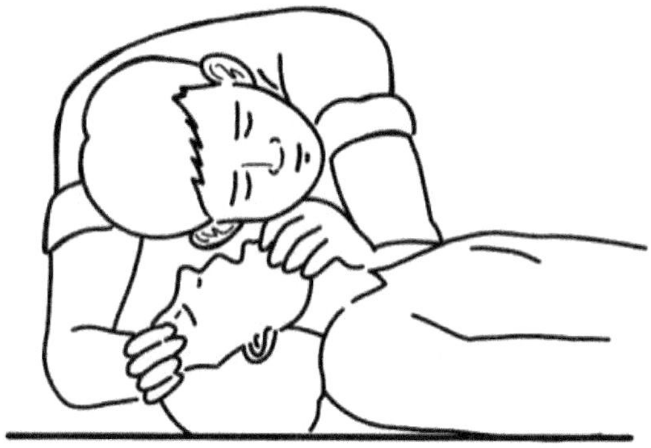

나) 인공호흡(Artificial respiration)

자가호흡이 곤란하거나 전혀 없는 경우에는, 기도를 유지하고, 인공호흡을 시행해야 하며, 순환이 이루어지지 않은 경우에는 인공호흡과 같이 흉부압박(심폐소생법, Heart compression)을 시행해야 한다.

심장이 박동하고 있는 상태에서 호흡이 중단되면 폐에 충분한 산소를 공급하는 것으로 생명을 수십 분 동안 유지할 수 있다. 그러나 심장박동이 먼저 정지된다면 뇌세포에 산소공급이 중단된다.

뇌세포는 산소공급이 중단된 지 4~6분이 지나면 죽기 시작한다. 그렇기 때문에 심장을 다시 박동 하게 할 수 있는 가능성을 높이기 위해서 가능한 빨리 응급처치를 시작하여야 한다.

기본생명유지를 위한 조치를 시작한 경우에는 어떠한 이유에서든지 5초 이상 정지해서는 안 된다. 다만 환자를 이동할 필요가 있을 경우에는 중단해야 하지만 이 경우에도 15초 이상 중단해서는 안 된다.

다) 처치법[387)]

심폐소생술의 절차와 방법은 다음과 같다.

387) (출처) 행정안전부(https://www.mois.go.kr/chd/sub/a06/rescue 3/screen.do), 대한심폐소생협회

〈표 4-10〉 일반적 실시요령

순서	실시요령
반응의 확인	◦ 현장의 안전을 확인한 뒤에 환자에게 다가가 어깨를 가볍게 두드리며, 큰 목소리로 "여보세요, 괜찮으세요?" 라고 물어본다. 의식이 있다면 환자는 대답을 하거나 움직이거나 또는 신음 소리를 내는 것과 같은 반응을 나타낸다. ◦ 반응이 없다면 심정지의 가능성이 높다고 판단해야 한다.
구조기관에 신고 (119 등)	◦ 환자의 반응이 없다면 즉시 큰 소리로 주변 사람에게 119 신고를 요청한다. ◦ 주변에 아무도 없는 경우에는 직접 119에 신고한다. 만약 주위에 심장충격기(자동제세동기)가 비치되어 있다면 즉시 가져와 사용해야 한다.
호흡확인	◦ 쓰러진 환자의 얼굴과 가슴을 10초 이내로 관찰하여 호흡이 있는지를 확인한다. ◦ 환자의 호흡이 없거나 비정상적이라면 심정지가 발생한 것으로 판단한다. ◦ 일반인은 비정상적인 호흡 상태를 정확히 평가하기 어렵기 때문에 응급 의료 전화상담원의 도움을 받는 것이 바람직하다.
가슴압박 30회 시행	◦ 환자를 바닥이 단단하고 평평한 곳에 등을 대고 눕힌 뒤에 가슴뼈(흉골)의 아래쪽 절반 부위에 깍지를 낀 두 손의 손바닥 뒤꿈치를 댄다. ◦ 손가락이 가슴에 닿지 않도록 주의하면서, 양팔을 쭉 편 상태로 체중을 실어서 환자의 몸과 수직이 되도록 가슴을 압박하고, 압박된 가슴은 완전히 이완되도록 한다. ◦ 가슴 압박은 성인에서 분당 100~120회의 속도와 약 5cm 깊이(소아 4~5 cm)로 강하고 빠르게 시행한다. '하나', '둘', '셋', '넷'…… '서른'하고 세어가면서 서른 번까지 규칙적으로 시행하며, 압박된 가슴은 완전히 이완되도록 한다.
인공호흡 2회 시행	◦ 환자의 머리를 젖히고, 턱을 들어 올려 환자의 기도를 개방시킨다. 머리를 젖혔던 손의 엄지와 검지로 환자의 코를 잡아서 막고, 입을 크게 벌려 환자의 입을 완전히 막은 후 가슴이 올라올 정도로 1초에 걸쳐서 숨을 불어넣는다. ◦ 숨을 불어넣을 때에는 환자의 가슴이 부풀어 오르는지 눈으로 확인한다. ◦ 숨을 불어넣은 후에는 입을 떼고 코도 놓아주어 공기가 배출되도록 한다. 인공호흡 방법을 모르거나, 꺼려지는 경우에는 인공호흡을 제외하고 지속적으로 가슴압박만을 시행한다.(가슴압박 소생술)
가슴압박과 인공호흡의 반복	◦ 이후에는 30회의 가슴압박과 2회의 인공호흡을 119 구급대원이 현장에 도착할 때까지 반복해서 시행한다. ◦ 다른 구조자가 있는 경우에는 한 구조자는 가슴압박을 시행하고 다른 구조자는 인공호흡을 맡아서 시행하며, 심폐소생술 5주기(30:2 가슴압박과 인공호흡 5회)를 시행한 뒤에 서로 역할을 교대한다.

회복자세	◦ 가슴압박 소생술을 시행하던 중에 환자가 소리를 내거나 움직이면, 호흡도 회복되었는지 확인한다. 호흡이 회복되었다면, 환자를 옆으로 돌려 눕혀 기도(숨길)가 막히는 것을 예방한다.(의식불명자 자세)388) ◦ 그 후 환자의 반응과 호흡을 관찰해야 한다. 환자의 반응과 정상적인 호흡이 없어진다면 심정지가 재발한 것이므로 신속히 가슴압박과 인공호흡을 다시 시작한다. 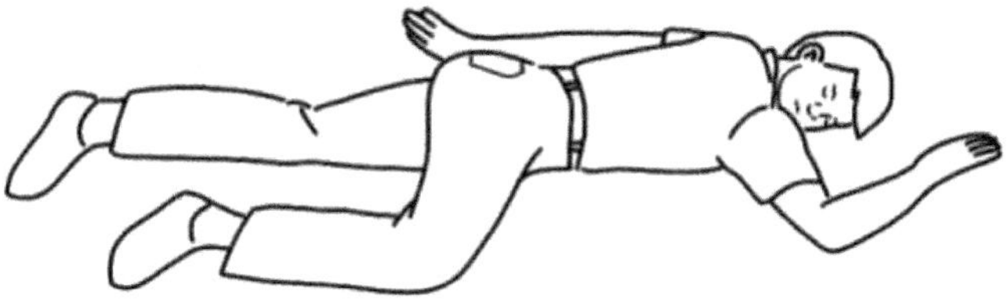 〈의식불명자 자세〉

〈그림 4-18〉 심폐소생술 실시요령

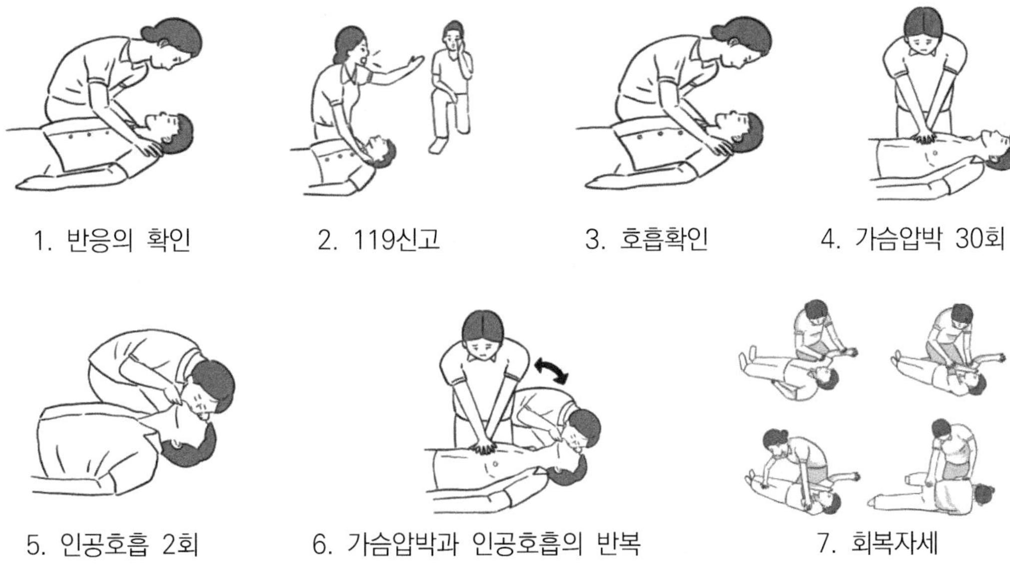

388) 호흡과 심장박동이 돌아왔으나 여전히 의식이 없으면 조난자를 '의식불명자 자세'로 만든다.
① 얼굴을 아래로 향하게 하고, 한쪽 방향으로 돌려놓는다. 이때 베개를 사용해서는 안 된다.
② 얼굴이 보이는 쪽 팔과 다리를 올려놓는다.
③ 턱을 위로 올린다.
④ 반대쪽 팔을 아래로 내려놓는다.

4) 이물질에 의한 기도폐쇄[389)]

가) 원인 및 증상

커다란 음식물을 충분히 씹지 않고 삼킬 때 이물질에 의한 기도폐쇄가 발생할 수 있으며, 알코올의 과다섭취나 의치(틀이)도 원인이 되기도 한다. 이물질에 의해 기도가 폐쇄되면 환자는 급속하게 의식을 잃게 되고, 이물질이 제거되지 않으면 4~6분 이내에 사망할 수도 있다.

음식이 목에 걸려 기도가 폐쇄되면 심장마비와 비슷한 증세가 나타나지만 차이점은 다음과 같다.

- 음식물을 섭취하고 있던 중인 것을 목격할 수 있다.
- 심장마비와는 달리 말이나 호흡을 전혀 할 수 없다.
- 산소부족으로 급속하게 창백해지고 의식을 잃게 된다.
- 기도폐쇄환자는 말을 할 수는 없지만, 손으로 목을 감싸는 신호를 할 수 있다 (Heimlich sign).

나) 처치법

대표적 처치법인 하임리히 통기술(Heimlich maneuver)은 기도폐쇄가 명확하거나 기본 심폐소생술의 인공호흡 시행 중 시술자가 불어넣는 공기가 환자의 허파로 들어가지 않고 심한 저항이 생겨 이물질에 의한 기도폐쇄가 의심될 때 기도소통을 위해 시행하는 기도내 이물질 제거술이다.

이물질로 기도가 막혔을 때 기침 또는 말을 할 수 있는지, 숨을 쉴 수 있는지 물어보고 아래와 같은 순서로 하임리히 통기술을 실시한다.

① 기도폐쇄 확인
② 6~10회의 하임리히 통기술 시행
③ 기도에서 배출된 이물질을 손가락으로 제거
④ 기도확보 후 2회 인공호흡 실시
⑤ 만약 호흡이 잘되지 않으면 기도내 이물질이 제거되지 않은 것으로 판단하고 다시 6~10회의 하임리히 통기술 시행

389) (출처) 목포해양대학교, 상급안전교육교재, 2018, 259~261쪽

⑥ 3~4번 반복

⑦ 성공해서 환자의 의식이 돌아올 때까지 반복한다.

다) 시행 순서 및 요령

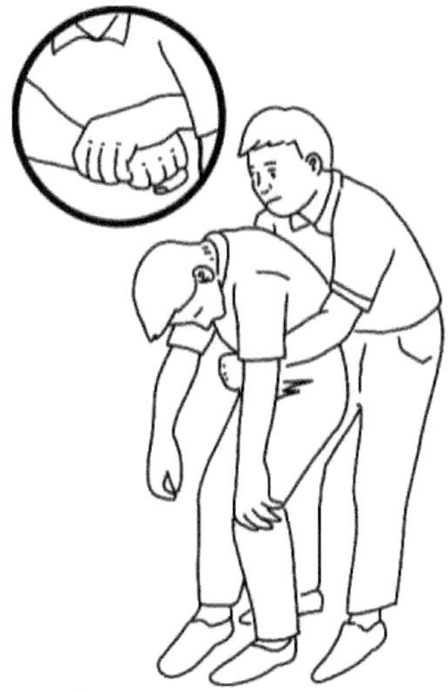

서있거나 앉아있는 의식이 있는 환자의 경우는 오른쪽 그림을 참조하여 아래와 같이 실시한다.

① 환자를 세우거나 앉힌다.

② 환자를 뒤에서 감싸고, 두 손을 마주 잡아 환자의 복부에 댄다.

③ 환자의 복부를 위쪽으로 세게 밀어 올린다. 필요하면 반복한다.

의식이 없는 누워있는 환자의 경우는 아래와 같이 실시한다.

① 환자를 바르게 눕힌다.

② 양 무릎을 환자의 엉덩이 측면에 둔다.

③ 환자의 복부에 두 손을 겹쳐서 올려놓는다.

④ 환자의 복부를 위쪽으로 세게 밀어 올린다. 필요하면 반복한다.

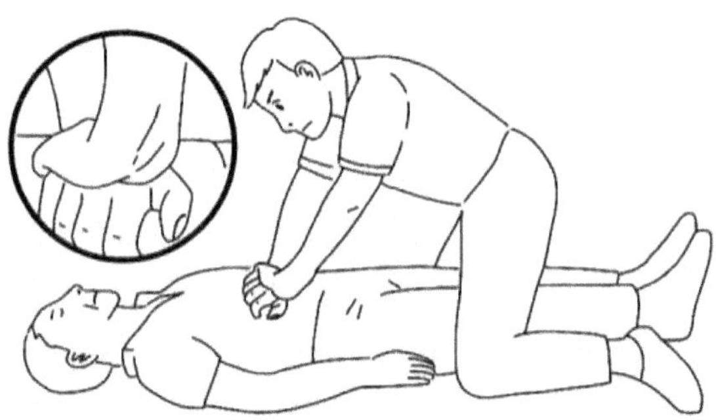

〈그림 4-19〉 일반적 실시요령

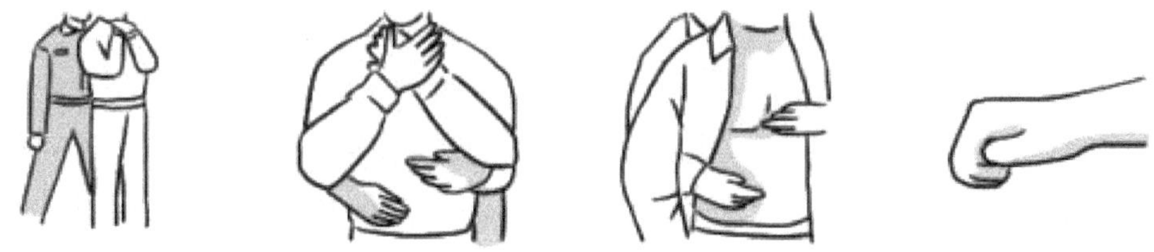

1. 환자의 뒤에 선다.
2. 환자의 허리를 팔로 싸안는다.
3. 손으로 배꼽과 명치를 확인한다.
4. 엄지손가락이 복부를 향하도록 주먹을 쥔다.

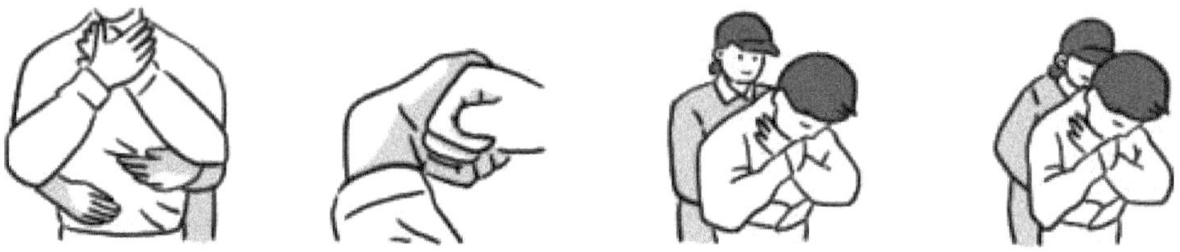

5. 배꼽 바로 위에 주먹을 갖다 댄다.
6. 다른 한손은 주먹을 감싸 쥔다.
7. 배꼽 바로 위에 한손을 위치시켜 압박준비를 한다.
8. 몸 안쪽 뒤로 4~6회 빠르게 복부압박을 한다.

5) 기타 응급처치 요령

행정안전부는 신체적 사고나 화상을 입었을 때와 같은 응급상황별 구조·구급 행동요령으로 다음과 같이 제시하고 있다.[390]

〈표 4-11〉 상황별 실시요령

상황	응급처치
코피가 났을 때	◦ 머리를 앞으로 숙인다. ◦ 코의 움푹 들어간 부분을 엄지와 검지로 눌러준다
눈에 이물질이 들어갔을 때	◦ 물 속에 얼굴을 담그고 눈을 깜빡인다. ◦ 이물질이 들어간 눈을 밑으로 가게 한 후 물로 씻어 낸다. ◦ 눈을 비비거나 만지지 않아야 하고 병원에 가서 검사를 받아야 한다.

390) (출처) 행정안전부 안전배움터, https://www.mois.go.kr/chd/sub/a06/rescue_2/screen.do

칼이나 유리에 베였을 때	◦ 피가 나는 부위를 높게 든다. ◦ 피가 나는 부위를 깨끗한 천이나 손수건 등으로 꽉 누른다. ◦ 상처에 박힌 이물질을 제거할 경우 과다 출혈 등의 위험성이 있으므로 억지로 빼지 않고 병원에 가서 치료를 받는다.
음료수병에 든 물을 마시고 어지러울 때	◦ 주위에 알려 도움을 받는다. ◦ 병원에 가서 진료를 받을 수 있도록 전문기관(119)에 신고한다. ◦ 음료수병에 남아있는 물질은 버리지 말고 반드시 병원에 가지고 가야 어떠한 약물에 의한 사고인지 빨리 알 수 있다.
뜨거운 물에 화상을 입었을 때391)	◦ 화상부위를 흐르는 찬물 속에 넣어 적어도 10분 동안 담가야 한다. ◦ 화상 부위의 상처가 부풀어 오르기 전에 반지, 시계, 벨트 또는 꽉 끼는 옷을 조심스럽게 제거해야 한다. ◦ 상처부위는 깨끗하고 가능하면 멸균 처리된 보푸라기가 없는 거즈로 덮어야 한다. ◦ 얼굴에 난 화상은 환자가 숨을 쉴 수 있도록 구멍 낸 거즈를 덮는다. ◦ 물집은 터뜨리지 말고, 화상부위에 딱 붙어 있는 물질들은 떼어내지 않는다. ◦ 로션을 바르거나 연고, 기름 같은 것도 바르지 않는다. ◦ 환자를 빨리 병원으로 옮겨야 한다.
시설물이 무너져 갇혔을 때	◦ 주변에 쇠파이프나 금속도구를 주기적으로 두드려 자신의 위치를 알린다. ◦ 체온을 유지할 수 있도록 주변에서 덮을 수 있는 것을 찾는다. ◦ 국제적으로 통일된 구조 요청 신호 - 1분에 6회 짧게 신호 → 1분 쉬고 → 1분에 6회 짧게 신호(반복) ◦ 국제적으로 통일된 구조 응답 신호 - 1분에 3회 길게 신호 → 1분 쉬고 → 1분에 3회 길게 신호(반복)

391) 화상에 따른 증상
- (1도 화상) 피부의 표피층만 손상, 피부는 붉게 변하고 따끔따끔하게 아프다. 5~10일 후 표피가 비늘 모양으로 벗겨지면서 흉집 없이 낫는다.
- (2도 화상) 표피 아래에 진피까지 상하여 물집이 생기고 매우 아프다. 응급치료 후 전문의의 치료를 받아야 하며, 2주일에서 1개월 정도 지나야 낫습니다. 세균에 감염되면 더 오랜 기간 동안 치료를 받기도 한다.
- (3도 화상) 진피가 모두 손상되거나 진피 아래의 피하지방(근육)까지 손상된 것을 말한다. 3도 화상을 입은 부분은 건조되어 마른 가죽처럼 되면서 색깔이 갈색이나 흰색으로 변한다. 세균에 감염되기 쉽고 화상 부위의 감각은 마비되나 주변의 덜 손상된 부위에서 심한 통증을 느낄 수 있다. 치료 후에 흉터가 남게 되고 관절 부위의 경우에는 피부가 수축되어 움직이기 어려워지기도 한다.

제 5 장

해양사고 조사 및 심판

1. 해양사고 조사관련 법규 및 정의
2. 해양안전심파원의 조직 및 운영
3. 해양안전심판의 관계자
4. 심판과 재결

제5장 해양사고 조사 및 심판

1. 해양사고 조사관련 법규 및 정의

1.1 조사의 목적

「해양사고의 조사 및 심판에 관한 법률(이하 '해양사고심판법'이라 한다)」에서 해양사고를 조사하고 심판하는 목적은 사고의 원인을 밝혀 유사한 사고의 재발을 방지함으로써 해양안전 확보에 기여하기 위한 것이다.[392]

조사 대상은 선박의 운항과 관련하여 인명, 환경 또는 재산 등에 어떤 손상이나 손해가 발생한 사고여야 한다. 그러나 손상이나 손해가 발생하지 아니한 준사고[393]라 할지라도 해양안전 시스템에 결함이 있다는 것을 나타낼 수 있기 때문에 선박소유자나 선박운항자에게 해양사고 조사기관에 준사고를 통보해 줄 것을 요청하고 있다.[394] 이러한 조치는 유사사고의 재발을 방지함으로써 해양안전 확보에 기여하기 위한 목적에 따른 것이다.

392) 해양사고심판법 제1조(목적) 이 법은 해양사고에 대한 조사 및 심판을 통하여 해양사고의 원인을 밝힘으로써 해양안전의 확보에 이바지함을 목적으로 한다.

393) 무재해사고, 무상해사고 또는 아차사고라고도 하는 준사고(near miss)의 개념은 하인리히가 개발한 '1 : 29 : 300' 법칙에서 유래하였다. 한 번의 중대한 사고(Major injury)가 발생한다면 29개의 경미한 사고(Minor injury)가 발생했고, 무재해사고(near miss)가 300회 발생했다는 것이며 여기서 말하는 무재해사고가 준사고로 번역된다. 하나의 대형 사고가 발생하기 전에 여러 전조가 있다는 이론이다.

394) 준해양사고 처리절차

순서	구분	주체	비고
1	중앙해양안전심판원 조사관실에 준해양사고 통보 (권고사항)	선박소유자 선박운항자	공문서, 이메일, 팩스, 홈페이지, 우편 등 (어선 제외)
2	통보받은 준해양사고 분석	중앙해양 안전심판원 조사관실	
3	분석결과를 선박소유자 등 관계인에게 통지 (선박 · 사람의 안전 및 해양환경 등에 위해를 끼칠 수 있는 사항인 경우)		공문서, 홈페이지 이용 (통보자 신분, 관련 선사 및 선명 미 공개)
4	분석결과에 따라 도출된 안전방안을 선박종사자 등에게 전파 · 교육		공문서, 홈페이지, 방문교육

1.2 조사의 근거법

국내법으로서 해양사고심판법에서는 해양사고의 조사 및 해양안전심판원의 구성 등에 관해 규정하고 있다.

국제법에서도 다수의 해사협약에서도 해양사고를 조사하고 그 원인을 규명하도록 규정하고 있다. 대표적으로 1974년에 채택된 국제해상인명안전협약(SOLAS협약) 부속서 제1장 제21규칙[395], 1973년에 채택된 해양오염방지협약(MARPOL 73협약) 제12조[396], 1966년에 채택된 만재흘수선약(Load Lines협약) 부속서 A 제23조[397] 등에 관련 규정이 있다.

공통된 내용은 체약국이 해양사고를 조사하고 발견한 사항(findings)을 국제해사기구(IMO)에 제공하도록 한 규정이며, 국제해사기구는 사고의 교훈(lessons learned)에 따라 유사 사고의 재발 방지를 위한 대책을 강구하기 위한 것이다.

1.3 조사의 관할권 및 협력

1982년에 채택된 유엔해양법협약(UNCLOS) 제94조[398]는 공해상에 있는 선박에 대

395) SOLAS협약 부속서 제1장 제21규칙(해양사고)
(a) 각 주관청은 조사가 이 규칙의 어떠한 변경이 바람직한가를 결정하는 데 도움이 된다고 판단하는 경우에는 이 협약 규정의 적용을 받는 자국선박에 발생한 해양사고에 대하여 조사를 행할 것을 약속한다.
(b) 각 당사국 정부는 이 조사의 결과에 관한 적절한 정보를 기구에 제공할 것을 약속한다. 이 정보를 토대로 한 기구의 보고 또는 권고는 해당 선박의 정체 또는 국적을 표시해서는 아니 되고 또 어떤 방법으로도 어떤 선박 또는 개인에게 책임을 지게 하거나 그 책임을 암시하는 것이어서는 아니 된다.

396) MARPOL 73협약 제12조(선박의 해양사고)
(1) 주관청은 이 규칙의 규정을 적용받는 자국 선박이 해양환경에 크게 유해한 영향을 미치는 해양사고를 일으킨 경우에는 동 해양사고를 조사한다.
(2) 당사국은 조사의 결과에 관한 정보가 이 협약상의 어떠한 변경이 바람직할 것인가를 결정하는데 도움이 된다고 판단할 때에는 동 정보를 기구에 제공한다.

397) LL협약 부속서 A 제23조(해양사고)
(1) 각 주관청은 해양사고 조사가 이 협약 중 어떠한 변경이 바람직한 것인가를 결정하는데 필요하다고 판단하는 때에는 각 주관청이 책임을 지고 있고 또 이 협약의 규정을 적용받는 선박에서 발생한 해양사고에 관하여 조사할 것을 약속한다.
(2) 각 당사국 정부는 이러한 조사의 결과에 관한 적절한 정보를 기구에 제공할 것을 약속한다. 기구의 보고서 또는 권고는 이러한 정보에 입각하여 해당 선박의 정체와 국적을 표시하여서는 아니 되며 어떠한 방법으로도 어느 선박이나 개인에게 책임을 지게 하거나 그러한 책임을 암시하여서는 아니 된다.

398) UNCLOS 제94조(기국의 의무)
1. 모든 국가는 자국기를 게양한 선박에 대하여 행정적 · 기술적 · 사회적 사항에 관하여 유효하게 자국의 관할권을 행사하고 통제한다.
2.~6. (생략)

한 관할권을 기국(flag State)에게 부여하고 있으며, 공해상에서 발생한 해양사고에 대해서도 기국에서 자격을 갖춘 조사관으로 하여금 조사하도록 규정하고 있다. 그리고 해양사고와 관련된 국가도 해양사고 조사에 협력하도록 규정하고 있다.

면허의 취소 등과 같은 처분은 그 선박의 기국이나 그 관련자의 국적국의 사법 또는 행정당국 외에서는 제기할 수 없다. 유엔해양법협약 제97조[399]에 따라 해기사 면허증 소지자에 대한 처분과 관련해서는 처분 대상자의 국적과 상관없이 면허를 발급한 국가만이 적법한 절차를 거친 후 면허 또는 증명서를 무효화할 권한이 있다.

국제해사기구(IMO)는 해양사고의 조사를 촉진하고 그 결과를 보고받기 위하여 1997년에 '국제해양사고조사코드[400]'를 채택하였고 1999년에 '국제해양사고조사코드 개정안[401]'을 채택하였으나 국제협약에 근거가 없는 결의서였기 때문에 강행력이 없었다.

2008년에 개최된 IMO 해사안전위원회(MSC)에서 국제해상인명안전협약(SOLAS협약) 부속서 제11-1장에 제6규칙[402]을 신설하여 '국제해양사고조사코드(Casualty Investigation Code)'에 따라 해양사고를 조사하고 결과를 보고하도록 규정하였으며, 묵시적 수락절차에 따라 2010년에 발효되었다. 이에 따라 국제해양사고조사코드는 강행력을 갖게 되었다.[403]

---

7. 각국은 다른 국가의 국민에 대한 인명손실이나 중대한 상해, 다른 국가의 선박이나 시설, 또는 해양환경에 대한 중대한 손해를 일으킨 공해상의 해양사고에 관하여 자국기를 게양한 선박이 관계되는 모든 경우, 적절한 자격을 갖춘 사람에 의하여 또는 그 입회 아래 조사가 실시되도록 한다. 기국 및 다른 관련국은 이러한 해양사고에 관한 그 다른 관련국의 조사실시에 서로 협력한다.

399) UNCLOS 제제97조(충돌 또는 그 밖의 항행사고에 관한 형사관할권)

1. 공해에서 발생한 선박의 충돌 또는 선박에 관련된 그 밖의 항행사고로 인하여 선장 또는 그 선박에 서 근무하는 그 밖의 사람의 형사책임이나 징계책임이 발생하는 경우, 관련자에 대한 형사 또는 징계 절차는 그 선박의 기국이나 그 관련자의 국적국의 사법 또는 행정당국 외에서는 제기될 수 없다.
2. 징계문제와 관련, 선장증명서, 자격증 또는 면허증을 발급한 국가만이 적법절차를 거친 후, 이러한 증명서의 소지자가 자국국민이 아니더라도, 이러한 증명서를 무효화할 권한이 있다.
3. 선박의 나포나 억류는 비록 조사를 위한 조치이더라도 기국이 아닌 국가의 당국은 이를 명령할 수 없다.

400) Resolution A.849(20) Code for the investigation of marine casualties and incidents

401) (Resolution A.884(21) Amendments to the code for the investigation of marine casualties and incidents, resolution A.849(20)

402) SOLAS협약 부속서 제11-1장 제6규칙(해양사고 조사에 관한 추가 요건) 제1장 제21규칙을 고려하여, 각 주관청은 Res. MSC.255(84)에 의해 채택된 해양사고조사코드에 관한 안전한 조사를 위한 국제 기준 및 추천된 실행 코드의 규정에 의해 보충된, 당 협약의 규정에 따라 해양사고 및 준해양사고의 조사를 행하여야 한다, 그리고:

1. 해양사고조사코드의 I 및 II 부분의 규정은 완전히 적합하여야 한다;
2. 해양사고조사코드의 III 부분에 포함된 관련 지침 및 설명하는 물질은 사고 조사 코드의 통일된 이행을 성취하기 위해 가능한 최대의 범위를 고려하여야 한다;
3. 해양사고조사코드의 기구의 I 및 II 부분의 개정은 제I장을 제외한 부속서에 적용되는 개정절차에 관한 현존협약의 제8조의 규정에 의하여 채택 발효되어 효력을 발생하여야 한다; 그리고
4. 해양사고조사코드의 III 부분은 해사안전위원회(MSC)의 관련 절차에 따라 개정되어야 한다.

국제해양사고조사코드는 조사방식이나 관련국가의 협력방법 등을 기술하고 있다.

〈그림 5-1〉 IMO 해양사고조사코드 체계

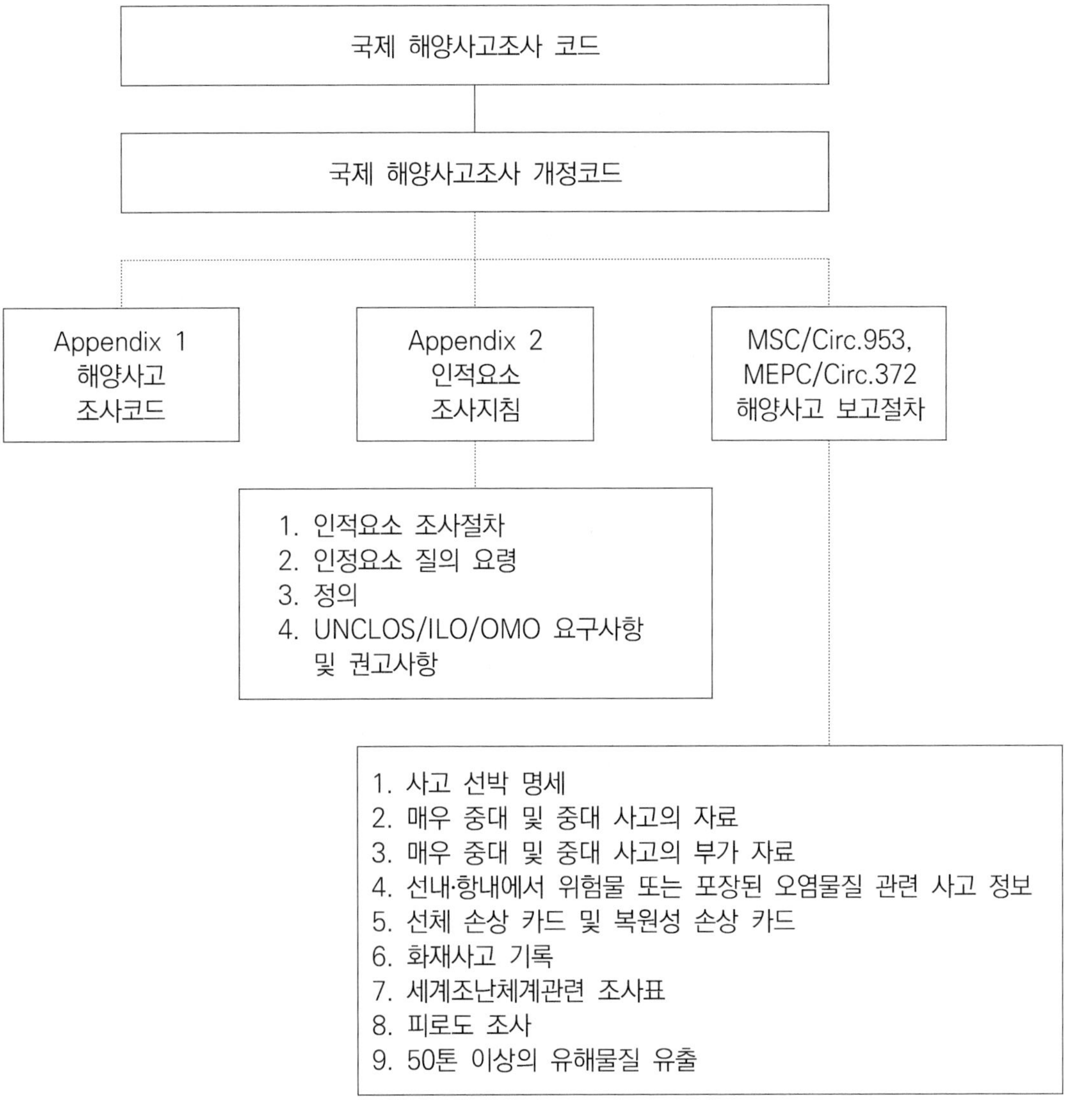

403) IMO, Adoption of Amendments to the International Convention for the Safety of Life at Sea, 1974, as amended, Res. MSC.257(84). 2008.

1.4 해양사고의 정의

1) 해양사고심판법

해양사고는 선박의 운용과 관련된 사고로서 해양안전심판의 대상이 된다. 따라서 해상에서 인명사고가 났다고 하더라도 선박의 운용과 관련 없이 발생한 사고는 해양사고로 구분하지 아니한다.

국내법인 해양사고심판법에서 해양사고는 해양 및 내수면(內水面)에서 발생한 다음 각 목의 어느 하나에 해당하는 사고를 말한다(법 제2조 제1호).

▸ 선박의 구조 · 설비 또는 운용과 관련하여 사람이 사망 또는 실종되거나 부상을 입은 사고
▸ 선박의 운용과 관련하여 선박이나 육상시설 · 해상시설이 손상된 사고
▸ 선박이 멸실 · 유기되거나 행방불명된 사고
▸ 선박이 충돌 · 좌초 · 전복 · 침몰되거나 선박을 조종할 수 없게 된 사고
▸ 선박의 운용과 관련하여 해양오염 피해가 발생한 사고

중앙해양안전심판원의 훈령인 「해양사고의 조사 및 심판에 관한 법률 사무처리요령」에서는 사고의 종류를 충돌, 접촉, 좌초, 전복, 화재, 폭발, 침몰, 행방불명, 기관손상, 추진기손상, 키손상, 속구손상, 조난, 시설물손상, 인명피해(사망 · 실종 · 사상 · 부상), 해양오염으로 구분한다. 그리고 항해중 추진기에 폐로프, 폐어망 등 해상부유물이 감기어 항해를 계속할 수 없게 된 때를 '부유물감김'이라 하고, 모래섬, 뻘 등에 올라앉아 선체에는 손상이 없으나 항해를 계속할 수 없게 된 때를 '운항저해'라고 한다(요령 제13조).

사고의 규모가 클 경우에는 중대해양사고로 분류한다. 이에 따라 지방심판원 및 중앙심판원에서는 조사관의 심판청구서와 심판부의 재결서에서 해당 해양사고가 위 해양사고 중 어느 하나에 해당하는지 여부를 표시하고 있다.

2) 국제해양사고조사코드

국제해양사고조사코드에서는 피해를 발생시킨 해양사고(marine casualty)[404]와 그

404) 2.9 A marine casualty means an event, or a sequence of events, that has resulted in any of the following which has occurred directly in connection with the operations of a ship:
1. the death of, or serious injury to, a person;
2. the loss of a person from a ship;

렇지 않은 사고로서 시정되지 않으면 피해를 발생시킬 수 있는 준해양사고(marine incident)[405]로 구분한다. 일반적으로 해양사고라 함은 이 둘을 합한 개념이다.

해양사고(marine casualty)는 선박의 운항과 직접적인 관련이 있는 아래의 사고를 말한다. 다만 고의로 발생한 것은 해양사고로 보지 않는다.

- ▸ 사람의 사망 또는 중상
- ▸ 선박에서 사람의 손실
- ▸ 선박의 멸실, 추정 멸실 또는 유기
- ▸ 선박의 물리적 손상
- ▸ 선박의 좌초, 운항불능 또는 충돌에 연루
- ▸ 해양시설의 물리적 손상에 따라 선박이나 인명에 심각한 위협이 되는 것
- ▸ 선박의 손상으로 야기된 환경에 대한 심각한 피해 또는 심각한 피해의 가능성이 있는 것

3) 그 외 법률상 정의

'해양사고'와 유사한 용어로는 「수상에서의 수색·구조 등에 관한 법률(이하 '수상구조법'이라 한다)」제2조 제5호에서 정의하고 있는 조난사고'가 있다.[406] 조난사고는 선박과 관련된 사고뿐만 아니라 선박과 관련 없이 수상에서 익수, 추락, 고립, 표류 등이 포함되기 때문에 해양사고보다 조난사고의 범위가 더 넓다. 따라서 해양사고심판법을 담당하는 중앙해양안전심판원과 수상구조법을 담당하는 해양경찰청의 사고통계가 같을 수 없다.

3. the loss, presumed loss or abandonment of a ship;
4. material damage to a ship;
5. the stranding or disabling of a ship, or the involvement of a ship in a collision;
6. material damage to marine infrastructure external to a ship, that could seriously endanger the safety of the ship, another ship or an individual; or
7. severe damage to the environment, or the potential for severe damage to the environment, brought about by the damage of a ship or ships.

405) 2.10 A marine incident means an event, or sequence of events, other than a marine casualty, which has occurred directly in connection with the operations of a ship that endangered, or, if not corrected, would endanger the safety of the ship, its occupants or any other person or the environment.

406) 수상구조법 제2조(정의) 이 법에서 사용하는 용어의 정의는 다음과 같다.
5. "조난사고"란 수상에서 다음 각 목의 사유로 인하여 사람의 생명·신체 또는 선박 등의 안전이 위험에 처한 상태를 말한다.
가. 사람의 익수·추락·고립·표류 등의 사고
나. 선박 등의 침몰·좌초·전복·충돌·화재·기관고장 또는 추락 등의 사고

해양사고 및 조난사고보다 폭 넓게 쓰이는 용어로는 '재난'을 꼽을 수 있으며, 재난은 「재난 및 안전관리 기본법(이하 '재난안전법'이라 한다)」제3조 제1호에서 정의하고 있으며,[407] 크게 자연현상에 의한 자연재난과 그 외의 사회재난으로 구분하고 있다. 사회재난의 하나로 수상에서 발생한 사고를 '해상사고'라고 하며, 해상사고는 수상구조법상 '조난사고'의 정의에 가깝다.

1.5 해양사고의 규모 구분

1) 중대해양사고

o 국제해양사고조사코드에서는 선박의 전손 또는 사람의 사망이나 환경에 중대한 피해를 야기하는 해양사고를 중대해양사고(very serious marine casualty)라고 한다[408]. 중대해양사고는 반드시 조사하여야 하며 국제해사기구에 최종조사보고서(final version of a marine safety investigation report)를 제출하여야 한다[409].

o 해양안전심판원에서는 아래의 경우를 중대해양사고로 분류한다(요령 제19조 제2항).

▸ 10명 이상의 사망자 또는 실종자가 생긴 경우. 다만, 원인이 간명한 것을 제외한다.

▸ 여객선의 해양사고로서 여객이 사망 또는 실종되거나 여객 5명 이상이 중상을 입은 경우. 다만, 원인이 간명한 것을 제외한다.

▸ 총톤수 1,600톤 이상의 선박이 전손된 경우. 다만, 원인이 간명한 것을 제외한다.

▸ 위험물에 의한 폭발 또는 화재로 선박의 손상이 중대한 것.

407) 재난안전법 제3조(정의) 이 법에서 사용하는 용어의 뜻은 다음과 같다.
1. "재난"이란 국민의 생명·신체·재산과 국가에 피해를 주거나 줄 수 있는 것으로서 다음 각 목의 것을 말한다.
가. 자연재난: 태풍, 홍수, 호우(豪雨), 강풍, 풍랑, 해일(海溢), 대설, 한파, 낙뢰, 가뭄, 폭염, 지진, 황사(黃砂), 조류(藻類) 대발생, 조수(潮水), 화산활동, 소행성·유성체 등 자연우주물체의 추락·충돌, 그 밖에 이에 준하는 자연현상으로 인하여 발생하는 재해
나. 사회재난: 화재·붕괴·폭발·교통사고(항공사고 및 해상사고를 포함한다)·화생방사고·환경오염사고 등으로 인하여 발생하는 대통령령으로 정하는 규모 이상의 피해와 에너지·통신·교통·금융·의료·수도 등 국가기반체계(이하 "국가기반체계"라 한다)의 마비, 「감염병의 예방 및 관리에 관한 법률」에 따른 감염병 또는 「가축전염병예방법」에 따른 가축전염병의 확산, 「미세먼지 저감 및 관리에 관한 특별법」에 따른 미세먼지 등으로 인한 피해

408) 2.22 A very serious marine casualty means a marine casualty involving the total loss of the ship or a death or severe damage to the environment.

409) 14.1 The marine safety investigating State(s) shall submit the final version of a marine safety investigation report to the Organization for every marine safety investigation conducted into avery serious marine casualty.

▸ 기름 등의 유출로 심각한 해양오염을 일으킨 경우.

▸ 원인이 복잡하여 그 해명에 감정이 필요하거나 해양사고방지상 특히 필요하다고 인정되는 경우.

▸ 그 밖에 사회적으로 심한 물의를 일으키거나 법 제22조의2의 규정에 의한 특별심판부의 구성이 예견되는 경우.

2) 준해양사고

o 국제해양사고조사코드에서 준해양사고(marine incident)는 선박의 운항과 직접적인 관련이 있는 사고이지만 해양사고 이외의 것으로서 선박, 승선자 또는 다른 사람이나 환경의 안전을 위협하거나 개선되지 않을 경우에 위협하게 되는 것을 일컫는다.[410].

o 해양사고심판법에서는 준해양사고를 선박의 구조·설비 또는 운용과 관련하여 시정 또는 개선되지 아니하면 선박과 사람의 안전 및 해양환경 등에 위해를 끼칠 수 있는 사태로서 다음 각 호의 어느 하나에 해당하는 사고를 말한다고 정의하고 있다(법 제2조 제1의2호, 시행규칙 제2조).

▸ 항해 중 운항 부주의로 다른 선박에 근접하여 충돌할 상황이 발생하였으나 가까스로 피한 사태

▸ 항로 내에서의 정박 중 다른 선박에 근접하여 충돌할 상황이 발생하였으나 가까스로 피한 사태

▸ 입·출항 중 항로를 이탈하거나 예정된 항로를 이탈하여 좌초될 상황이 발생하였으나 가까스로 안전한 수역으로 피한 사태

▸ 화물을 싣거나 묶고 고정시킨 상태가 불량한 사유 등으로 선체가 기울어져 뒤집히거나 침몰할 상황이 발생하였으나 가까스로 피한 사태

▸ 전기설비의 상태 불량 등으로 화재가 발생할 상황이었으나 가까스로 화재가 나지 아니하도록 조치한 사태

410) 2.10 A marine incident means an event, or sequence of events, other than a marine casualty, which has occurred directly in connection with the operations of a ship that endangered, or, if not corrected, would endanger the safety of the ship, its occupants or any other person or the environment.

▸ 해양오염설비의 조작 부주의 등으로 오염물질이 해양에 배출될 상황이 발생하였으나 가까스로 배출되지 아니하도록 조치한 사태

▸ 그 밖에 제1호부터 제6호까지의 사태와 유사한 사태로서 해양수산부장관이 정하여 고시하는 사태로서 인명 사망 · 실종 · 부상, 선박이나 육상 시설의 손상, 선박의 멸실 · 유기 · 행방불명, 선박의 충돌 · 좌초 · 전복 · 침몰 · 조종불능과 해양오염사고를 말한다.

2. 해양안전심판원의 조직 및 운영

2.1 해양안전심판원의 역할 및 기능

해양안전심판은 해양 및 내수면(內水面)에서 선박의 구조·설비 또는 운용과 관련하여 발생한 각종 해양사고에 대하여 조사를 거쳐 심판이라는 준사법적 절차를 통하여 해양사고의 원인을 밝히고, 재결(裁決)로 공시함으로써 해양안전의 확보에 이바지함을 목적으로 하고 있는 특별행정심판이다.

해양안전심판원(이하 '심판원'이라 한다)은 해양사고의 조사 및 심판에 관한 업무 수행을 위하여 해양수산부장관 소속으로 설치된 특별행정관청이다.[411]

심판원은 해양사고의 원인을 밝히고 재결로써 그 결과를 명백하게 해야 한다. 그리고 심판원은 해양사고가 해기사·도선사의 직무상 고의 또는 과실로 발생한 것으로 인정할 때에는 재결로써 이들을 징계하고, 해기사·도선사 이외의 사람이 해양사고의 원인에 기여했다고 판단된 경우에는 이들에게 개선권고 또는 시정명령을 할 수 있으며, 행정기관이나 단체에 대하여 해양사고를 방지하기 위해 시정·개선할 사항이 있다고 인정할 때에는 시정조치 또는 개선조치를 요청할 수 있다.

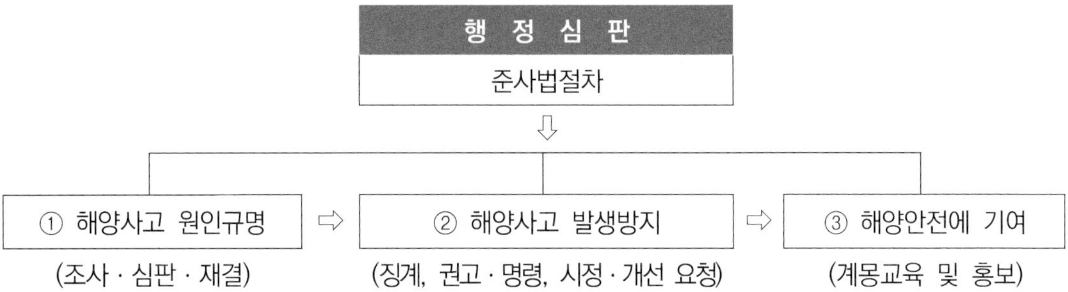

2.2 해양안전심판원의 조직 및 관할

심판원은 중앙해양안전심판원(이하 '중앙심판원'이라 한다)과 4개소(부산·인천·목포·동해)의 지방해양안전심판원(이하 '지방심판원'이라 한다)이 있다. 중앙심판원은 세종특별자치시에 두고 지방심판원은 부산광역시, 인천광역시, 목포시 및 동해시 등 4개

411) 해양안전심판법 제3조 참조

의 주요 항구에 두고 있다. 지방심판원은 제1심을 담당하고, 중앙심판원은 조사관 또는 해양사고관련자가 지방심판원의 재결(제1심)에 불복하여 제2심을 청구할 경우 제2심을 담당한다.

〈그림 5-2〉 국내 관할해역도

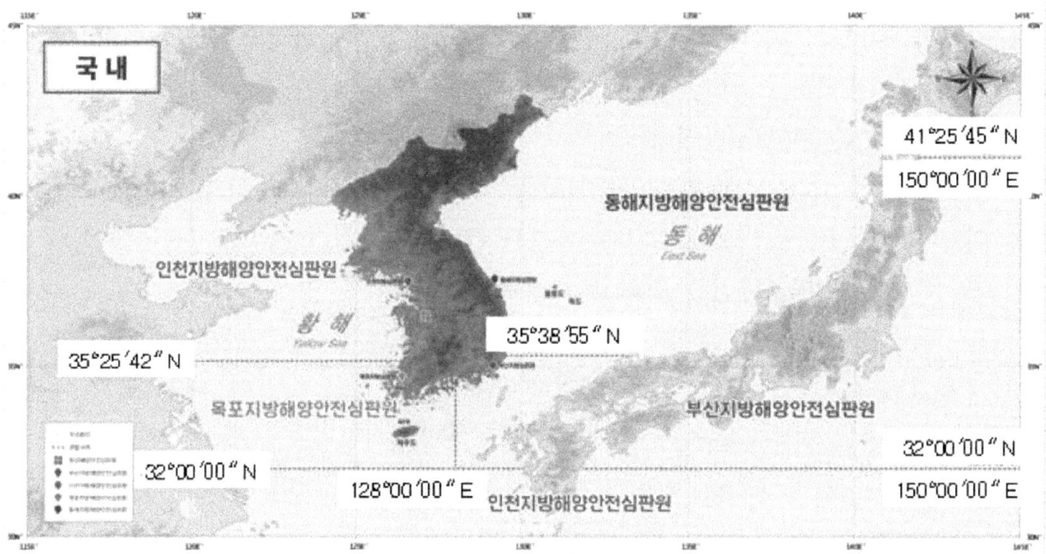

〈그림 5-3〉 국외 관할해역도

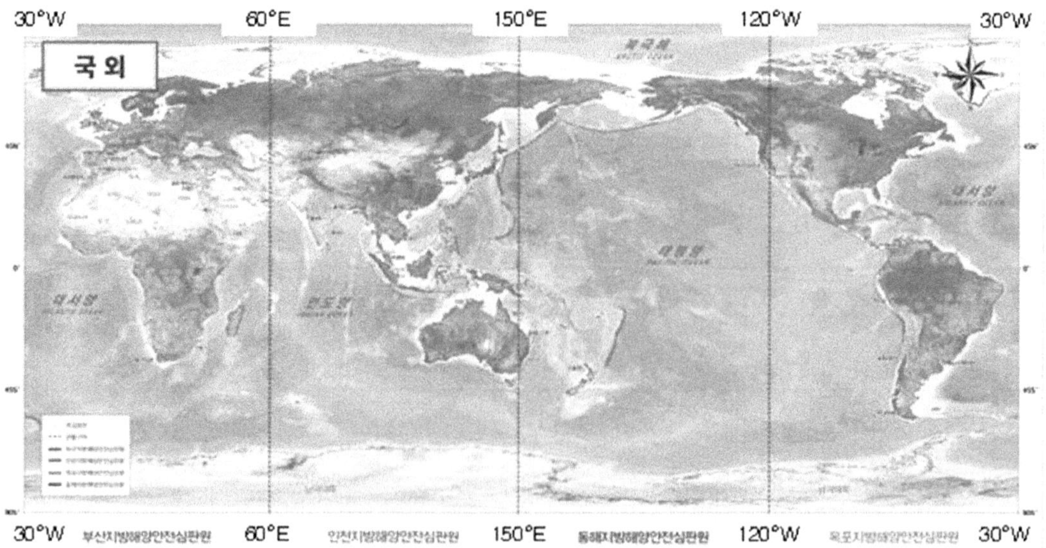

1) 심판원의 관할

가) 사고발생장소에 따른 관할

심판에 부칠 사건의 관할권은 해양사고가 발생한 지점을 관할하는 지방심판원에 속한다. 다만, 해양사고 발생 지점이 분명하지 아니하면 그 해양사고와 관련된 선박의 선적항을 관할하는 심판원에 속한다(법 제24조 제1항).

하나의 사건이 2곳 이상의 지방심판원에 계속(係屬)되었을 때에는 최초의 심판청구를 받은 지방심판원에서 심판한다(법 제24조 제2항).

나) 사건의 병합 또는 분리

하나의 선박에 관한 2개 이상의 사건이 2곳 이상의 지방심판원에 계속되었을 때에는 최초의 심판청구를 받은 지방심판원이 심판한다(법 제24조 제3항).

또한 하나의 선박에 관한 2개 이상의 사건을 심판하는 지방심판원은 필요하다고 인정하는 때에는 직권으로 또는 조사관, 해양사고관련자나 심판변론인의 신청에 따라 결정으로 그 심판을 분리하거나 병합할 수 있다(법 제24조 제4항).

다) 사건의 이송

지방심판원은 사건이 그 관할이 아니라고 인정할 때에는 결정으로써 이를 관할 지방심판원에 이송하여야 한다(법 제25조).

2) 관할의 이전

조사관이나 해양사고관련자는 해당 해양사고의 해양사고관련자가 관할 지방심판원에 출석하는 것이 불편하다고 인정되는 경우에는 대통령령으로 정하는 바에 따라 중앙심판원에 관할의 이전을 신청할 수 있다. 이 경우 신청인은 관할 지방심판원에 신청서를 제출할 수 있으며, 이를 제출받은 관할 지방심판원은 지체 없이 중앙심판원에 보내야 한다. 중앙심판원은 관할의 신청이 있는 경우로서 심판상 편의가 있다고 인정할 때에는 결정으로 관할을 이전할 수 있다(법 제26조).

이러한 관할이전의 신청은 심판정에서 해당 사건에 대하여 이미 진술한 경우 또는 심판불필요처분이 올바른지에 대한 심판이 신청된 경우에는 할 수 없다(시행령 제3조 제2항).

2.3 특별조사부

중앙심판원의 수석조사관은 심판청구를 위한 조사와는 별도로 아래와 같은 사고에 대하여 특별한 조사가 필요하다고 인정하는 경우에는 특별조사부를 구성할 수 있다(법 제18조의3).

- o 사람이 사망한 해양사고
- o 선박 또는 그 밖의 시설이 본래의 기능을 상실하는 등 피해가 매우 큰 해양사고
- o 기름 등의 유출로 심각한 해양오염을 일으킨 해양사고
- o 위에서 규정한 해양사고 외에 해양사고 조사에 국제협력이 필요한 해양사고 및 준해양사고

2.4 심급제도

지방심판원은 제1심 조사·심판을 담당하며, 이에 불복하는 해양사고관련자 또는 조사관은 중앙심판원에 제2심을 청구할 수 있다. 그리고 중앙심판원의 재결에 대해 불복하는 경우에는 고등법원[412]에 소송을 제기할 수 있고, 고등법원의 판결에 대한 불복은 대법원에 상고할 수 있다. 즉 총 4번의 판단을 거칠 수 있다.

여기서 지방심판원과 중앙심판원의 재결은 행정처분에 해당하고, 고등법원과 대법원의 소송은 행정처분에 대한 취소소송의 성질을 갖는다. 심판원의 재결은 재판이 아니므로 심판원의 심판절차와 법원의 소송절차 사이에 제1심과 제2심처럼 심급관계가 있는 것이 아니고, 고등법원이 제1심, 대법원이 제2심 겸 상고심이 된다. 특허심판과 특허법원의 관계와 유사하다.[413]

412) 중앙심판원의 재결에 대한 소송은 중앙심판원의 소재지를 관할하는 고등법원에 속한다(법 제74조 제1항)고 규정하고 있고, 현재 중앙심판원이 세종특별자치시에 위치하고 있으므로 대전고등법원이 전속관할법원이다.

413) 이정훈, 「해양안전심판 실무」(박영사, 2019), 151~152쪽

3. 해양안전심판의 관계자

3.1 조사관

조사관은 해양안전심판의 전 절차로서 해양사고의 조사와 심판의 청구, 심판원의 재결 집행, 그리고 대통령령으로 정하는 다음의 사무를 담당한다(법 제17조). 즉 조사관은 해양안전심판에서 형사소송법상 검사의 역할과 유사하다.

- o 해양사고 통계의 종합·분석
- o 해양사고 사건의 현장검증
- o 해양사고에 대한 국제공조
- o 해양사고 법규자료의 수집에 관한 사항

중앙심판원은 고위공무원 나급의 수석조사관과 조사관(4급)이 조사업무를 수행하고, 지방심판원은 4급의 수석조사관과 5급의 조사관이 조사업무를 수행한다.

지방심판원의 조사관은 해양사고의 접수 및 조사 후 사건의 경중을 판단하여 심판을 청구하거나 심판불필요처분 조치를 한다.

해양사고 접수	조사관은 관련기관으로부터 해양사고발생 통보를 받거나 신문, 방송 등을 통하여 해양사고를 인지한 경우 이를 해양사고로 접수
⇩	
해양사고 조사	조사관은 해양사고가 접수되면 해양사고조사를 위하여 현장을 조사하고 증거자료를 수집하며, 해양사고관계인을 출석하게 하여 진술을 청취
⇩	
심판청구 및 심판불필요처분	조사관은 조사의 결과 사건을 심판에 부쳐야 한다고 인정할 때에는 해양사고관련자를 지정하여 지방심판원에 심판을 청구하고, 사건이 경미하거나 사고원인이 간명하여 심판에 부칠 필요가 없다고 인정되면 심판불필요처분 조치

1) 심판불필요처분

조사관은 해양사고의 조사 결과 심판에 붙일 필요가 없다고 인정할 때 그 사건에 대해 심판불필요처분(審判不必要處分)을 한다(법 제34조 제2항). 심판불필요처분의 기준은 사무처리요령 제46조에서 상세히 열거되어 있으며, 그 내용을 정리하면 다음과 같다.

- 해양사고로 인한 인적·물적 피해가 경미한 사건
- 선박의 기관 등 손상사건 또는 조난사건으로서 자력항행이 불가능하나 그 손상정도가 비교적 경미하고 원인이 간명한 경우
- 총톤수 25톤 미만인 소형선박에서 발생한 해양사고로서 원인이 간명한 경우
- 부상사건에서 부상의 정도가 경미한 경우, 사망·실종·부상사건 중 본인의 잘못으로 사고가 발생한 것이 명확한 경우 또는 사망·실종이 된 때의 상황에 대하여 목격자가 없어 선박의 구조, 설비 또는 운용과 관련하여 발생한 것인지가 분명하지 아니한 경우
- 선박의 경미한 부유물감김사건이나 운항저해의 시간이 24시간 미만인 운항저해사건인 경우
- 해양사고의 원인이 억류, 나포 또는 전쟁사고 등 비상사변만인 것으로 밝혀진 사건
- 우리나라 영해에서 발생한 외국선박의 단독사건 또는 외국선박 사이에 발생한 사건으로서 심판의 실익이 없는 것으로 인정되는 경우
- 해양사고의 원인이 간명하거나 심판의 실익이 없다고 인정되는 경우
- 해양오염사건에서 해양환경관리법상 기름, 유해액체물질, 포장유해액체물질 및 폐기물 등이 「해양환경관리법 시행령」 [별표 6]의 신고기준 미만으로 배출된 경우

다만, 다음의 경우는 불필요처분을 하지 아니한다.

- 해양사고관계인의 고의 또는 중대한 과실이 있는 사건
- 해양사고관계인의 요청 및 해양사고관계인에 대한 징계 또는 시정·개선 권고 등이 필요할 때

2) 심판청구

조사관은 사건을 심판에 붙여야 할 것으로 인정할 때에는 일련의 서류 및 증거물 등을 심판청구서에 첨부하여 지방심판원에 심판을 청구한다. 다만, 사건 발생 후 3년이 경과한 해양사고에 대하여는 심판의 청구를 하지 못한다(법 제38조 제1항).

심판청구서에는 사건명, 해양사고관련자의 성명·생년월일·주소·당시의 직명 및 가지고 있는 면허의 종류 등을 기재하고, 해양사고의 개요를 기술한다(시행령 제29조).

- o 해양사고관련자(해기사 또는 도선사) : 심판청구사건의 해기사 또는 도선사로서 고의·과실에 의해 해양사고를 발생케 한 자
- o 해양사고관련자(해기사 또는 도선사 이외의 자) : 해기사 또는 도선사 이외의 자로서 해양사고의 원인에 관계있는 자. 즉, 관련 선주·해기사 등 자연인, 사법인, 공법인 등(국가, 지방자치단체 포함)이 그 대상이 되며, 이들에게는 시정 또는 개선을 권고하거나 명하게 된다.
- o 단독심판(경미한 사건 등) 및 약식심판 청구 필요시 그 의사표시
- o 비상임심판관 참여 필요시 그 의견
- o 특별조사 활동 사건시의 의견
- o 형사사건 관련 여부

3) 재결의 집행

조사관은 재결이 확정되면 다음과 같이 재결을 집행한다.

- o 지방심판원의 재결(제1심) 후 ①제2심 청구기간(14일)이 경과한 때, ②제2심 청구에 대한 중앙심판원의 기각재결 또는 각하결정서의 정본을 송달받은 때, ③제2심 청구기간 안에 담당조사관 및 해양사고관련자 전원이 제2심 청구의 포기의사를 서면으로 제출한 때
- o 중앙심판원의 재결(제2심)을 고지한 때

3.2 심판부

1) 심판부의 구성

중앙심판원은 고위공무원 가급(1급)의 원장이 심판장과 기관장 업무를 수행하고, 고위공무원 나급(2급)의 심판관 4명과 함께 5인 합의체의 심판부를 구성하여 심판을 한다. 그리고 지방심판원은 고위공무원 나급(2급)의 원장이 심판장과 기관장 업무를 수행하고, 4급의 심판관 2명과 함께 3인 합의체의 심판부를 구성하여 심판을 한다[414]. 합의체 심판부는 합의체를 구성하는 심판관(심판장과 비상임심판관을 포함한다)의 과반수의 찬성으로 의결한다.

심판원장과 심판관은 일반직공무원으로서 국가공무원법 제26조의5에 따른 임기제공무원으로 하고, 그 임기는 3년으로 하며 연임할 수 있다(법 제13조).

2) 비상임심판관

중앙심판원과 지방심판원은 해양사고의 원인규명이 특히 곤란한 사건에 대하여 각 전문분야[415]의 직무에 필요한 학식과 경험이 있는 사람을 심판에 참여하도록 함으로써 전문적인 심판을 구현하기 위하여 비상임심판관제도를 두고 있다(법 제14조). 심판에 참여하는 비상임심판관의 직무와 권한은 심판관과 같다.

비상임심판관이 참여한 심판부는 2인의 비상임심판관을 참여시켜 지방심판원의 경우 5인 합의체, 중앙심판원의 경우 7인 합의체로 심판부를 구성한다.

심판의 개시	• 조사관의 심판청구에 의하여 심판이 개시되며 심판원은 심판부를 구성하고 심판기일을 지정하여 해양사고관련자 · 조사관 등에게 소환장 또는 통지서를 보냄 • 해양사고관련자 · 조사관 등은 관할이전 신청이 가능하며 제1회 심판기일에 대하여 변경요구를 할 수 있음

⇩

414) 다만, 경미한 사건의 단독심판과 약식심판의 경우에는 1인 심판관이 심판을 한다.

415) 해양사고심판법 시행령 제10조에서는 비상임심판관의 자격과 관련하여 다음과 같이 전문분야를 분류하고 있다. 1. 선박의 운항 또는 선박용 기관의 운전, 2. 어로(漁撈) 기술, 3. 조선(造船) · 조기(造機) · 의장(艤裝), 4. 해사(海事)의 검정 또는 항만 하역, 5. 선박의 구조, 6. 항만의 축조, 7. 기상(氣象) · 해상(海象), 8. 선박통신, 9. 해사 관련 법령, 10. 선박 운영, 11. 전자기기, 12. 수로도서지(水路圖書誌) 또는 항로표지, 13. 화물의 특성 또는 적재, 14. 해양오염 방지, 15. 그 밖에 해당 사건과 관련된 특수한 분야

증거조사	• 지방심판원은 신청 또는 직권으로 필요한 증거조사를 할 수 있음
⇩	
사실심리 및 의견진술	• 심판장은 개정선언에 이어 해양사고관련자에 대한 인정신문 실시 • 조사관은 최초진술을 하고 해양사고관련자에 대한 사실심리가 종료되면 사실을 제시하고 원인판단, 징계, 권고, 명령 및 요청에 관하여 의견진술 • 해양사고관련자, 심판변론인은 조사관의 의견진술에 대하여 변론을 진술할 수 있으며 변론 종결 후라도 결정으로 변론 재개 가능
⇩	
재 결	• 심판원은 변론이 끝나면 해양사고 발생의 원인에 대한 판단을 하고 해양사고관련자의 과실에 대한 징계여부와 시정 또는 개선을 권고하거나 명하는 재결을 함 • 행정기관이나 단체에 대하여는 해양사고의 방지를 위한 시정 또는 개선조치 요청 가능 • 재결서 정본은 10일 이내에 조사관 · 해양사고관련자 · 심판변론인에게 송달

3) 특별심판부

중앙심판원장은 다음 각 호의 어느 하나에 해당하는 해양사고 중 그 원인규명에 고도의 전문성이 필요하다고 인정할 때에는 그 사건을 관할하는 지방심판원에 특별심판부를 구성할 수 있다.

- o 10명 이상이 사망하거나 부상당한 해양사고
- o 선박이나 그 밖의 시설의 피해가 현저히 큰 해양사고
- o 기름 등의 유출로 심각한 해양오염을 일으킨 해양사고

특별심판부는 해당 해양사고의 원인규명에 전문지식을 가진 심판관 2명과 그 사건을 관할하는 지방심판원장으로 구성하되, 지방심판원장이 심판장이 된다.

중앙심판원은 2007년 발생한 유조선 허베이스피리트호 해양오염사건, 2014년에 발생한 유조선 우이산호 부두접촉사건 및 여객선 세월호 전복사건 등에 대해 특별심판부를 구성하였다.

4) 심판관의 제척 · 기피 · 회피

심판관의 제척 · 기피 · 회피제도는 해양안전심판의 공정성 확보를 위해 심판관 및 비상임심판관이 해당 사건에 관련되어 있을 때 또는 불공평한 심판을 할 우려가 있을 때 심판직무의 집행에서 배제시키는 제도이다.

가) 제척

심판관(심판장을 포함한다)이나 비상임심판관은 다음 각 호의 어느 하나에 해당하는 경우에는 직무집행에서 제척된다.

- o 해양사고관련자의 친족이거나 친족이었던 경우
- o 해당 사건에 대하여 증언이나 감정을 한 경우
- o 해당 사건에 대하여 해양사고관련자의 심판변론인이나 대리인으로서 심판에 관여한 경우
- o 해당 사건에 대하여 조사관의 직무를 수행한 경우
- o 전심(前審)의 심판에 관여한 경우[416]
- o 심판 대상이 된 선박의 소유자 · 관리인 또는 임차인인 경우

나) 기피

'기피'라 함은 위의 제척사유가 있음에도 심판관 · 비상임심판관이 심판에 관여하고 있는 경우 또는 제척사유에 해당하지는 않으나 불공평한 심판을 할 우려가 있는 경우에 조사관 · 해양사고관련자 또는 심판변론인의 신청에 의거하여 해당 심판관 · 비상임심판관을 심판의 직무집행에서 제외시키는 것을 말한다.

조사관 · 해양사고관련자 또는 심판변론인은 기피신청을 할 경우 이유를 분명하게 밝힌 서면으로 해당 심판관 또는 비상임심판관이 소속된 심판원에 하여야 한다. 기피신청을 당한 심판관 또는 비상임심판관은 그 신청에 대하여 의견서를 지체 없이 제출하여야 한다. 그리고 심판원은 기피신청이 이유 있다고 인정할 때에는 해당 심판관 또는 비상임심판관에 대한 제척 결정을 하여야 하고, 이때 기피신청을 당한 심판관은 기피신청에

416) 대법원은 한 해양사고의 제1심 심판절차에서 제1회 및 제2회 심판기일에 심판장으로 관여하였으나, 제3~6회 심판기일에는 관여하지 아니하였고, 이후 해당 해양사고의 제2심 심판절차와 재결에 관여하였더라고 하더라도 이를 두고 '전심(前審)의 심판에 관여한 경우'에 해당한다고 할 수 없다고 판결하였다(대법원 2015. 1. 29. 선고 2013추104 판결).

대한 결정에 관여하지 못한다(시행령 제13조부터 제15조).(시행령 제13조부터 제15조).

다) 회피

회피는 심판관 · 비상임심판관이 자신이 제척 · 기피사유가 있음을 알고 자발적으로 심판의 직무집행에 관여하지 않겠다고 피하는 것이다. 따라서 심판관 · 비상임심판관은 자신이 제척사유에 해당하거나 불공평한 심판을 할 우려가 있다고 인정하는 경우에는 자발적으로 심판의 직무집행에서 회피하여야 한다(법 제15조 제4항).

3.3 해양사고관련자

조사관은 해양사고를 조사한 후 사건을 심판에 부쳐야 할 것으로 인정할 때에는 심판원에 심판을 청구하며, 이때 해당 해양사고의 원인과 관계가 있다고 인정되는 자를 해양사고관련자로 지정한다. 즉 "해양사고관련자'란 해양사고와 관련된 자로서 해양사고심판법 제39조에 따라 지정된 자를 말한다(법 제2조 제3호).

해양사고관련자는 면허행사 해양사고관련자와 일반 해양사고관련자로 구분된다.

1) 면허행사 해양사고관련자

조사관은 심판을 청구할 때 해기사[417] 또는 도선사[418]가 당해 면허로서 선박에 승선하여 그 직무를 수행함에 있어서 당연히 기울여야 할 주의를 게을리 하였거나 당연히 하여야 할 일을 하지 아니하여 해양사고가 발생하였다고 인정되는 경우에 한정하고 그 사람을 '면허행사 해양사고관련자'로 지정하여 표시한다.

여기서 "직무"라 함은 해기사의 경우에는 선박직원법 제2조 제3호에서 규정하는 선박직원 고유의 직무에 한정하지 아니하고 해기사 각자에게 주어진 임무도 포함하며, 도선사의 경우에는 도선사가 도선법 제17조의 규정에 의한 도선구[419]에서 선박에 승선하여 해당 선박을 안전한 수로로 안내하는 것을 말한다.

417) "해기사"라 함은 선박직원법 제2조 제4호의 규정에 의한 해기사를 말한다.

418) "도선사"라 함은 도선법 제2조 제2호의 규정에 의한 도선사를 말한다.

419) 그 도선구 밖이라도 실질적으로 도선이 수행된 경우를 포함한다.

가) 해기사의 면허행사 해양사고관련자 지정 판단 기준

조사관은 해기사를 면허행사 해양사고관련자로 지정할 경우 다음 각 호의 기준을 고려하여야 한다.

- ㅇ 가지고 있는 면허가 사고 당시 종사한 직무내용(갑판, 기관 및 통신관계를 말한다)과 동일 종류의 것일 것. 이때 소형선박조종사의 면허는 갑판 및 기관관계 양방의 직무를 포함하는 것으로 본다.
- ㅇ 해기사면허를 소지한 자가 선원법상 공인 또는 고용계약 등에 의거 유효한 면허관련 선박직원으로서 직무를 수행한 경우에 한정하여 면허행사 해양사고관련자로 지정할 것. 다만, 해기사면허를 소지한 자가 선원법상 공인을 받지 않았거나 고용계약상 직무에 대한 사항이 규정되어 있지 않은 상태라도 실제로 선박에 승선하여 선박직원의 업무를 수행한 경우에는 면허행사 해양사고관련자로 지정한다.
- ㅇ 신조선의 경우 인도 전에 행하는 시운전 중에 승무한 자가 시운전 주체로서 책임이 있는 경우에는 그 면허와 직무내용에 따라 면허행사 해양사고관련자로 지정할 것.
- ㅇ 외국선박이 우리나라 영해 내에서 사고가 발생한 경우 외국선박에 승무하는 한국인 해기사는 면허행사 해양사고관련자로 지정할 것[420].
- ㅇ 군 또는 경찰용의 함정이나 선박에 승무하는 해군장병 또는 경찰대원은 면허행사 해양사고관련자로 지정할 수 없다.

나) 도선사의 면허행사 해양사고관련자 지정 판단 기준

조사관은 도선사를 면허행사 해양사고관련자로 지정할 경우 다음 각 호의 기준을 고려하여야 한다.

- ㅇ 도선구에서 도선업무에 종사하였을 것.
- ㅇ 사건발생 후 도선사가 폐업하더라도 도선사 면허를 소지하고 있는 경우에는 면허행사 해양사고관련자로 지정하여야 한다.

420) 화물선 흥아자카르타 · 유조선 에스리더 충돌사건은 2013. 12. 22. 05:39경 광양항 제2항로 안에서에서 발생하였다. 이 충돌사건에서 양 선박의 선장은 한국인이었으나, 흥아자카르타 및 에스리더는 국적이 각각 파나마 및 싱가포르로서 외국선박이었다. 따라서 양 선박의 선장은 이 충돌사건과 관련하여 각각 직무상 과실이 인정되었으나, 일반 해양사고관련자로 지정되어 면허에 대한 징계를 하지 아니하고 시정권고 및 개선권고 재결을 하였다(중앙해심 재결 제2015-005호 참조바람). 이에 심판원은 2015. 2. 17. 해양안전심판법 사무처리요령을 개정하여 외국선박이 우리나라 영해 내에서 사고가 발생한 경우 외국선박에 승무하는 한국인 해기사에 대하여 면허행사 해양사고관련자로 지정하도록 하였다.

2) 일반 해양사고관련자

조사관은 심판을 청구할 때 면허행사 해양사고관련자(해기사 또는 도선사) 이외의 자로서 해양사고의 원인에 관계있는 자에 대하여 시정 또는 개선을 권고하거나 명령할 필요가 있다고 인정되는 경우에는 "일반 해양사고관련자"로 지정 · 표시한다. 특히 조사관은 일반 해양사고관련자로 지정하고자 하는 자에 대하여는 질문조서를 작성하여야 한다.

조사관은 일반 해양사고관련자로 지정할 경우 다음 각 호의 기준을 고려하여야 한다.

가) 유족의 일반 해양사고관련자 지정

조사관은 해양사고와 관련이 있는 자 또는 사망자의 유족으로서 시정 또는 개선을 권고하거나 명하는 재결을 요구를 할 정도는 아니나 스스로 심판에 참여의사를 표시한 경우에는 일반 해양사고관련자로 지정할 수 있다.[421] 다만, 해양사고의 원인규명에 도움이 되지 않는다고 판단된 경우는 그러하지 아니한다.

나) 자연인의 일반 해양사고관련자 지정

조사관은 자연인을 일반 해양사고관련자로 지정함에 있어서는 다음 사항에 유의하여야 한다.

- o 해기사라도 국적취득부 나용선 이외의 외국선박과 군함, 경찰용 선박에 승무하는 자, 그리고 선박직원의 업무를 수행하지 아니한 자는 일반 해양사고관련자로 지정할 것.
- o 법인에 소속된 자연인은 가능한 한 법인을 일반 해양사고관련자로 지정하여야 한다.
- o 미성년자라도 16세 이상인 자로서 선원으로 승무한 자는 일반 해양사고관련자로 지정할 것. 다만, 16세 미만인 자라도 선원법 제91조제1항 단서의 규정이 적용되는 자[422]에 대하여는 일반 해양사고관련자로 지정할 수 있다.

421) 예인선 우성호의 피예인부선 101백두호 · 어선 그린피스호 충돌사건(목포해심 재결 제2015-028호)에서 어선 그린피스호 소유자 및 선장의 유족은 심판 청구 전 스스로 심판에 참여의사를 표시하고 조사관이 이 유족에 대한 질문조서를 작성하였다. 이에 조사관은 심판 청구 시 어선 그린피스호 소유자 및 선장의 유족을 '일반 해양사고관련자'로 지정하였다.

422) 선원법 제91조(사용제한) ① 선박소유자는 16세 미만인 사람을 선원으로 사용하지 못한다. 다만, 그 가족만 승무하는 선박의 경우에는 그러하지 아니하다.

다) 외국인의 일반 해양사고관련자 지정

조사관은 외국선박의 승무원인 외국인을 일반 해양사고관련자로 지정하고자 할 때에는 다음 사항에 대하여 해당 선박의 대리점 또는 변호사를 통하여 확약서[423]를 제출하게 하여야 한다.

- ㅇ 국내에 연락장소를 정하여 조사관 또는 심판원의 통지나 연락 등에 지장이 없게 한다.
- ㅇ 심판기일에 꼭 출석하여 심판유지에 지장이 생기지 않게 한다.

또한 외국선박이 영해 밖에서 한국선박과 충돌한 경우에 그 외국선박의 승무원이 일반 해양사고관련자로 지정하여 줄 것을 요청할 때에는 외국인을 일반 해양사고관련자로 지정할 때와 동일한 방법으로 확약서를 제출하게 하고 지정하여야 한다.

라) 사법인의 일반 해양사고관련자 지정

조사관은 사법인을 일반 해양사고관련자로 지정함에 있어서는 다음 사항에 유의하여야 한다.

- ㅇ 본사를 지정할 것. 다만, 시정 또는 개선을 권고하거나 명함에 있어서 지사를 지정하는 쪽이 낫다고 생각되는 경우에는 해당 지사가 종된 영업소로서 법인등기 되고 또한 그 지사의 장이 대표권을 가지고 있는 경우에 한하여 해당 지사를 일반 해양사고관련자로 지정하여도 된다.
- ㅇ 조사관이 사법인을 일반 해양사고관련자로 지정할 것을 전제로 하여 질문조서를 작성하는 경우에는 될 수 있는 대로 여러 관계자로부터 사정청취를 하고 발생원인의 책임이 법인에 있다고 인정될 때에는 그 법인을 대표하는 자 또는 그 대표자로부터 위임을 받은 자에 대하여 질문조서를 작성할 것. 이 때 그 위임장은 별지 제20호 서식에 따른다.
- ㅇ 사법인을 일반 해양사고관련자로 지정할 때에는 법인등기사항전부증명서(또는 종된 영업소의 법인등기사항전부증명서 및 지배인등기부)외에 필요에 따라 정관, 회사경력서, 사내조직체제 등 알 수 있는 자료를 수집할 것.
- ㅇ 심판청구서의 "해양사고관련자(해기사 또는 도선사 이외의 자)"란에는 해당 법인의 본사(또는 지사)의 명칭 및 소재지와 아울러 대표하는 자의 성명을 기재할 것.

423) 해양사고심판법 사무처리요령 별지 제19호서식 참조

o 법인을 대표하는 자가 심판청구 후에 이동된 때에는 그 사실을 알 수 있는 문서를 수집하여 심판원에 통지할 것.

마) 공법인의 일반 해양사고관련자 지정

조사관은 공법인을 일반 해양사고관련자로 지정함에 있어서는 다음 사항에 유의하여야 한다.

- o 관계관청과의 상호 협력체제에 지장이 없도록 미리 협의하여 지정취지를 이해시킬 것.
- o 국가 및 지방자치단체를 일반 해양사고관련자로 지정하는 경우에는 해양사고의 원인에 관계가 있고 또한 그 배제 및 개선조치가 가능한 행정기관을 대상으로 하고 그 기관의 장이 대표하는 것으로 할 것.
- o 공사 등 특별법인을 일반 해양사고관련자로 지정하는 경우에는 사법인의 경우에 준하여 할 것.
- o 관계자에 대한 사정청취 및 관계자료의 수집은 사법인에 준하여 할 것.
- o 위 사법인의 일반 해양사고관련자 지정과 관련된 규정 중 제4호 및 제5호의 규정을 준용할 것

3.4 이해관계인

해양사고심판법에서 "이해관계인"이란 해양사고의 원인과 직접 관계가 없는 자로서 해양사고의 심판 또는 재결로 인하여 경제적으로 직접적인 영향을 받는 자를 말한다(법 제3의2).

심판원은 해양사고의 원인과 직접 관계가 없으나 재결의 결과에 따라 자신의 경제적인 이익 등에 영향을 받는 이해관계인에게도 심판에 참여할 수 있도록 함으로써 이해관계인의 권익을 보호할 필요가 있다고 보고 2011. 6. 15. 이해관계인의 심판참여 제도(법 제44조의2)를 신설하였다. 이에 이해관계인은 심판장의 허가를 받아 심판에 참여하여 진술함으로써 자신의 권익을 보호할 수 있게 되었다. 그러나 심판장은 이해관계인이 심판원의 소환과 신문에 연속하여 2회 이상 불응하거거나 심판의 진행을 방해하는 것으로 인정되는 경우 직권으로 해당 이해관계인에 대한 심판참여 허가를 취소(이해관계인의 지위 박탈)할 수 있도록 함으로써 원활하게 심판이 진행될 수 있도록 하였다.

주로 선박소유자, 피해자[424] 또는 피해자의 유족, 해양사고관련자의 유족 등이 이해관계인으로서 심판 참여를 신청하고 있다.

3.5 심판변론인

심판변론인은 해양사고관련자나 이해관계인이 해양사고심판법에 따라 심판원에 대하여 하는 신청·청구·진술 등의 대리 또는 대행을 하고, 해양사고와 관련된 기술적 자문을 하는 자를 말한다(법 제29조). 심판변론인은 수임한 직무를 성실하게 수행하여야 하고, 직무상 알게 된 비밀을 누설하여서는 아니 된다.

심판변론인은 해양사고관련자나 이해관계인이 직접 선임하는 '사선 심판변론인(법 제27조 제1항)'과 심판원이 직권으로 예선의 범위에서 다음의 해양사고관련자에 대하여 선정하여 주는 '국선 심판변론인(법 제30조)'이 있다.

- 해양사고관련자가 미성년자인 경우
- 해양사고관련자가 70세 이상인 경우
- 해양사고관련자가 청각 또는 언어 장애인인 경우
- 해양사고관련자가 심신장애의 의심이 있는 경우
- 해양사고관련자가 빈곤 또는 그 밖의 사유로 심판변론인을 선임할 수 없는 경우

424) 컨테이너선 밀라노브리지 부산신항 크레인 접촉사건(부산해심 재결 제2021-038호)에서 밀라노브리지 선박소유자 미다스 라인 에스 에이(Mi-das Line S.A.)와 피해자 부산신항만(주)는 이해관계인으로 지정되어 심판에 참여하였다.

4. 심판과 재결

4.1 심판의 절차상 원칙

해양안전심판은 심판기일에 심판정에서 행하는 심리가 중심이 된다. 해양사고심판법은 심판절차상 원칙으로 공개심판주의, 구술변론주의, 증거심판주의 및 자유심증주의를 규정하고 있다.

1) 공개심판주의

해양사고심판법에서는 '심판의 대심(對審)과 재결은 공개된 심판정에서 한다(법 제41조)'고 규정함으로써 해양사고관련자에게 공개심판을 받을 권리를 보장하고 있다. 즉 심판은 각 지방심판원과 중앙심판원에 마련된 심판정에서 심판의 당사자인 조사관과 해양사고관련자 양쪽이 출석하여 심리하는 대심(對審)을 원칙으로 하고 있다. 한편 심판원은 해양사고관련자가 교통의 불편 등으로 심판정에 직접 출석하기 어려운 경우에는 예외적으로 원격영상심판을 할 수 있도록 규정함으로써 원격영상심판에 대해서도 해양사고관련자가 심판정에 출석하여 진행하는 심판으로 보도록 명확히 하였다(법 제41조의2).

2) 구술변론주의

해양사고심판법에서는 '심판의 재결은 구술변론을 거쳐야 한다(법 제45조)'고 규정하고 있다. 구술변론주의란 당사자의 변론 및 증거조사를 구술로 행하는 원칙으로서 서면심리주의에 대립하는 것이다. 다만, 다음 각 호의 어느 하나에 해당하는 경우에는 구술변론을 거치지 아니하고 재결을 할 수 있도록 하였다.

- o 해양사고관련자가 정당한 사유 없이 심판기일에 출석하지 아니한 경우
- o 해양사고관련자가 심판장의 허가를 받고 서면으로 진술한 경우
- o 조사관이 사고 조사를 충분히 실시하여 해양사고관련자의 구술변론이 불필요한 경우 등 심판장이 원인규명을 위한 해양사고관련자의 소환이 불필요하다고 인정하는 경우. 이 경우에는 해양사고관련자의 명시적인 의사에 반하여서는 아니 된다.
- o 약식심판을 행하는 경우

3) 증거심판주의

해양사고심판법에서는 '사실의 인정은 심판기일에 조사한 증거에 의하여야 한다(법 제50조)'고 하여 증거심판주의와 직접주의를 규정하고 있다.

직접주의는 심판관에게 정확한 심증을 형상하게 하고자 하는 취지에서 요구되는 것이며, 증거조사에서 직접 해양사고관련자에게 변론의 기회를 주어 해양사고관련자를 보호하고자 하는 견지에서도 요청되는 것이다.

심판원은 조사관, 해양사고관련자 또는 심판변론인이 증거조사를 신청한 경우 시행하는 것이 원칙이나, 심판원이 직권으로 필요한 증거조사를 할 수 있다.

특히 심판원은 조사관의 심판 청구 후 제1회 심판기일 전이라도 다음의 방법에 따른 조사만을 할 수 있고, 선박이나 그 밖의 장소를 검사하는 경우에는 심판관 중 1명을 수명심판관으로 지정하여 필요한 사항의 증거조사를 명하며, 미리 그 뜻을 조사관·해양사고관련자 및 심판변론인에게 알려 참관할 기회를 주어야 한다.

- o 선박이나 그 밖의 장소를 검사하는 일
- o 장부·서류 또는 그 밖의 물건을 제출하도록 명하는 일
- o 관공서에 대하여 보고 또는 자료제출을 요구하는 일

수명심판관은 증거조사의 결과를 심판정에서 심판원에 보고하여야 하고, 심판원이 심판정에서 증거로 채택함으로써 비로소 증거자료가 된다.

4) 자유심증주의

해양사고심판법에서는 '증거의 증명력은 심판관의 자유로운 판단에 따른다(법 제51조)'고 규정하여 형사소송법 제308조 '증거의 증명력은 법관의 자유판단에 의한다(제308조)'는 규정과 같이 자유심증주의를 채택하고 있다. 다만 해양사고심판법에서는 형사소송법과 달리 증거능력에 관한 규정을 두고 있지 않다. 따라서 심판원의 증거는 형사소송법상 증거능력이 요구되지는 않는다.

자유심증주의에 의하여 심판관이 자유롭게 판단할 수 있는 것은 증거의 증명력이다. 자유판단이란 심판관이 증거의 증명력을 판단함에 있어서 미리 정하여져 있는 어떠한 기준이나 법칙에 따르지 않고 자신의 합리적 이성에 의하여 사실의 존재 여부에 관한 판단을 행하는 것을 말한다. 따라서 심판관은 자유롭게 증거의 선택할 수 있고, 모순되

는 증거가 있는 경우에는 어느 증거를 믿을 것인지 자유롭게 결정할 수 있으며, 동일 증거의 일부만을 믿거나 다수 증거를 종합하여 증거로 채택한 후 이를 근거로 사실인정을 할 수 있다. 다만 이러한 심판관의 자유재량도 합리성과 객관성이 결여되어서는 아니 되고, 논리칙과 경험칙에 위배되지 않는 범위 안에서 허용되는 것이다.

4.2 재결

심판원의 재결은 해양사고심판법에 따라 조사관이 심판을 청구한 사건에 대하여 심판원이 심판절차를 거쳐 해양사고의 원인, 징계 및 권고 등에 관한 판단을 하여 최종적으로 의사표시를 하는 행정행위이다. 심판원의 재결은 본안재결과 형식재결로 구분할 수 있다.

1) 본안재결

해양사고심판법 제5조에서는 원인규명재결, 징계재결 및 권고재결 등의 본안재결에 대해 규정하고 있다.

가) 원인규명재결

심판원의 원인규명재결은 해양사고의 원인을 밝히고 그 결과를 명백하게 하는 것이다(법 제5조 제1항). 해양안전심판은 해양사고를 심판대상으로 하기 때문에 징계재결이나 권고재결이 없을 수는 있지만, 원인규명재결이 없는 경우는 없다.[425]

심판원은 다음 사항에 관하여 해양사고의 원인을 밝혀야 한다(법 제4조 제1항).

- o 사람의 고의 또는 과실로 인하여 발생한 것인지 여부
- o 선박승무원의 인원, 자격, 기능, 근로조건 또는 복무에 관한 사유로 발생한 것인지 여부
- o 선박의 선체 또는 기관의 구조·재질·공작이나 선박의 의장(艤裝) 또는 성능에 관한 사유로 발생한 것인지 여부
- o 수로도지(水路圖誌)·항로표지·선박통신·기상통보 또는 구난시설 등의 항해보조시설에 관한 사유로 발생한 것인지 여부
- o 항만이나 수로의 상황에 관한 사유로 발생한 것인지 여부
- o 화물의 특성이나 적재에 관한 사유로 발생한 것인지 여부

425) 이정훈, 앞의 책, 76쪽

그리고 심판원은 해양사고의 원인을 밝힐 때 해양사고의 발생에 2명 이상이 관련되어 있는 경우에는 각 관련자에 대하여 원인의 제공 정도를 밝힐 수 있다(법 제4조 제2항). 심판원은 해양사고의 원인에 대하여 통상적으로 주인과 일인으로 구분하여 재결하였고, 이로 인해 충돌사고에서 재결이 확정되더라도 해양사고관련자들 간의 과실비율과 피해액 산정과정에서 분쟁이 발생할 수 있었다. 그리고 해양사고관련자들 간의 과실비율은 법원의 고유권한으로서 민사재판을 통해 가능하다. 그러나 심판원이 재결을 통해 원인의 제공 정도를 밝혀 주는 것은 경제적으로 어려움을 겪고 있는 소형 어선 간의 충돌사고나 단순 충돌사고에서 민사재판을 거치지 아니하고 상호간 분쟁을 쉽게 합의·조정해 줌으로써 민원해소에 크게 기여할 수 있다고 본다.

중앙심판원은 충돌사고의 원인제공 정도를 산정하기 위한 통일적인 기준을 제시하는 것을 목적으로 「충돌사고 원인제공비율 산정 지침」을 제정하여 시행하고 있으며, 원인비율의 제공은 민원해소뿐만 아니라 민사재판에도 상당히 크게 영향을 미치고 있다고 할 것이다.

나) 면허행사 해양사고관련자에 대한 징계재결

심판원의 징계재결은 해양사고가 해기사나 도선사(면허행사 해양사고관련자)의 직무상 고의 또는 과실로 발생한 것으로 인정할 때에 한다(법 제5조 제2항).

징계재결의 처분 대상자는 해기사와 도선사로서 면허를 소지하고 있는 사람이다. 면허란 일반인에게는 허가되지 않는 특수한 행위를 특정한 사람에게만 허가하는 행정처분이고, 면허를 받은 자가 법령을 위반하였을 경우 해당 면허에 대하여 면허의 취소 등 징계를 한다. 해기사 및 도선사도 각각 선박직원법 및 도선법에서 면허의 취소 등에 대하여 다음과 같이 규정하고 있다.

해기사는 선박직원법상 면허의 요건을 갖춘 후 해양수산부장관으로부터 직종과 등급이 표시된 면허를 받은 사람을 말한다(선박직원법 제2조 제4호).

그리고 해양수산부장관은 해기사가 다음 각 호의 어느 하나에 해당할 경우에는 면허를 취소하거나 1년 이내의 기간을 정하여 업무정지를 명하거나 견책(譴責)을 할 수 있다(선박직원법 제9조 제1항).

- ㅇ 제14조(해기사의 승무 범위)를 위반하여 승무한 경우
- ㅇ 제15조(면허 등의 비치)를 위반하여 선박직원으로 승무할 때에 면허증이나 승무자격증을 제출하지 아니하거나 이를 선박에 갖추어 두지 아니한 경우

o 제22조(면허 등의 부당사용 금지)제1항을 위반하여 면허증이나 승무자격증을 다른 사람에게 대여하거나 부당하게 사용한 경우
o 선박직원으로서 직무를 수행할 때 비행(非行)이 있거나 인명(人命) 또는 재산에 위험을 초래하거나 해양환경보전에 장해가 되는 행위를 한 경우
o 업무정지처분을 받고 제4항에 따른 기간 내에 면허증을 제출하지 아니한 경우
o 업무정지기간 중에 선박직원으로 승무한 경우

또한 해양수산부장관은 해기사가 해상교통안전법 제42조 제1호 또는 제2호에 해당하여 해양경찰청장이 요청하는 경우에는 다음 각 호에 따라 처분하여야 한다(선박직원법 제9조 제3항).

o 혈중알코올농도가 0.03퍼센트 이상 0.08퍼센트 미만인 경우
- 1차 위반: 업무정지 6개월
- 2차 위반 또는 사람을 죽게 하거나 다치게 한 경우: 면허취소
o 혈중알코올농도가 0.08퍼센트 이상인 경우: 면허취소
o 측정요구에 따르지 아니한 경우: 면허취소

다만, 해양수산부장관은 해기사가 위와 같은 사유와 관련된 해양사고에 대하여 해양안전심판원이 심판을 시작하였을 때에는 면허에 대한 징계를 하지 아니하고, 심판원의 징계재결에 따르도록 하였다(선박직원법 제9조 제1항 및 제3항 단서규정).

한편 도선사는 도선법상 해양수산부장관으로부터 일정한 도선구에서 도선업무를 할 수 있는 도선사면허를 받은 사람을 말한다(도선법 제2조 제2호).

그리고 해양수산부장관은 도선사가 도선 중 해양사고심판법상 해양사고를 낸 경우[426]에는 면허를 취소하거나 6개월 이내의 기간을 정하여 업무정지를 명할 수 있다(도선법 제9조 제1항). 다만 해양수산부장관은 해당 해양사고가 해양사고심판법에 따른 심판에 계류 중이면 면허에 대한 처분을 할 수 없으나, 이 경우에도 그 해양사고가 중대하여 업무를 계속하게 하는 것이 적당하지 아니하다고 인정할 때에는 해당 도선사에게 4개월 이내의 기간을 정하여 도선업무를 중지하게 할 수 있다(도선법 제9조 제4항).

앞서 기술한 바와 같이 해양수산부장관은 해양사고와 관련이 있는 해기사 및 도선사에 대하여 각각 선박직원법 및 도선법에서 면허의 취소 등을 할 수 있도록 규정하고 있고, 다만 해당 해양사고에 대하여 심판원에서 심판을 시작하여 계류 중이면 면허에 대

426) 다만, 그 해양사고가 불가항력으로 발생한 경우에는 그러하지 아니하다.

한 징계 처분을 하지 아니하고 전문성을 갖춘 심판관에 의한 재결 결과에 따라 징계 처분을 하도록 규정하고 있다. 이에 따라 해양사고심판법에서도 심판원은 해양사고가 면허를 소지하고 있는 해기사 또는 도선사의 직무상 고의 또는 과실로 발생한 것으로 인정할 경우에는 행위의 경중(輕重)에 따라서 면허의 취소, 업무정지 및 견책(譴責) 등 3가지 종류의 징계 처분을 할 수 있으며, 업무정지 기간은 1개월 이상 1년 이하로 한다(해양사고심판법 제6조)고 규정하고 있다.

중앙심판원은 심판의 공정성과 신뢰성을 확보하기 위하여 「해양사고관련자 징계량 결정 지침」을 제정하여 시행하고 있으며, 이 지침에서 면허행사 해양사고관련자인 해기사 또는 도선사를 징계할 때에는 해양사고의 원인 행위에 대한 고의 또는 과실의 정도와 해양사고로 인한 피해의 경중에 따라 공정하게 결정하되, 해양사고의 원인을 규명함으로써 해양안전의 확보에 이바지함을 목적으로 하는 해양사고심판법의 기본 취지에 어긋나서는 아니 된다고 징계의 원칙을 명시하고 있다.

다) 일반 해양사고관련자에 대한 권고재결

심판원의 권고재결은 해기사 및 도선사 외에 해양사고관련자(일반 해양사고관련자)에게 시정 또는 개선을 권고하거나 명하는 재결을 할 수 있다(제5조 제3항). 즉 심판원은 일반 해양사고관련자에게 시정권고, 시정명령, 개선권고 또는 개선명령의 재결을 할 수 있다.

권고서는 권고를 받은 자에게 특정한 개선조치를 제시하여 그 실행을 권고하는 것으로서 중앙수석조사관이 권고서를 관보에 공고하고 필요한 경우 신문에 공고하여 여론과 권고를 받은 자의 양심에 호소하여 개선조치의 실현을 기대하는 것이다(사무처리요령 별표 5). 이에 권고를 받은 자는 해양사고의 재발 방지를 위해 개선이나 주의를 촉구하는 내용이므로 심판원의 조사관에게 이행 조치 결과를 보고하지 아니하여도 되고, 이를 이행하지 아니하여도 과태료 처분 등 제재가 없다.

반면에 명령서는 명령을 받는 자에게 특정한 개선조치를 제시하여 그 실행을 명하는 것으로서 중앙수석조사관이 명령서를 관보에 공고하고 필요한 경우 신문에 공고하여 여론과 명령권을 발동하여 개선조치의 실현을 기대하는 것이다(사무처리요령 별표 6). 이에 명령을 받은 자는 명령서에 따라 이행하고 그 결과를 심판원의 조사관에게 보고하여야 하며, 이를 이행하지 아니한 경우에는 500만원 이하의 과태료 처분을 받는다.

권고재결은 일반 해양사고관련자에게 시정(개선) 권고(명령)를 하는 것으로서 해양사고관련자의 직무상 고의 또는 과실을 필요로 하지 않는다. 다만, 선박직원법상 해기사 면허가 요구되지 않는 총톤수 5톤 미만 선박의 선장은 일반 해양사고관련자로 지정되며, 이 선장의 행위가 해양사고의 주된 원인으로 판명되었음에도 해기사 면허를 소지하고 있지 않으므로 징계재결을 할 수 없고 권고재결을 하고 있다.

라) 행정기관이나 단체에 대한 개선요청재결

심판원은 해양사고관련자가 아닌 행정기관이나 단체에 대하여 시정 또는 개선을 명하는 재결을 할 수 없으며, 심판의 결과 해양사고를 방지하기 위하여 시정하거나 개선할 사항이 있다고 인정할 때에는 해양사고를 방지하기 위한 시정 또는 개선조치를 요청할 수 있다(법 제5조의2).

2) 형식재결

심판청구요건의 흠결 등을 이유로 본안에 관한 판단에 들어가지 않을 것을 선언하는 재결로서 기각재결이 그 전형적인 예이다.

가) 기각재결

지방심판원은 다음 각 호의 경우에 심판청구를 기각재결하여야 한다(법 제52조).

- o 사건에 대하여 심판권이 없는 경우
- o 심판의 청구가 법령을 위반하여 제기된 경우
- o 법 제7조(일사부재리)에 따라 심판할 수 없는 경우

중앙심판원은 다음의 경우에 기각재결을 하여야 하다.

- o 제2심의 심판청구의 절차가 법령을 위반한 경우(법 제62조)
- o 지방심판원이 법 제52조 각 호의 어느 하나에 해당하는 사유가 있음에도 불구하고 심판의 청구를 기각하지 아니한 경우

나) 환송재결

환송재결은 형식재결의 특수한 형태이다. 중앙심판원은 지방심판원이 법령을 위반하여 심판청구를 기각한 경우 재결로써 해당 사건을 지방심판원에 환송(還送)하는 것이다(법 제63조).

3) 징계의 집행유예

가) 도입배경

중앙심판원은 2011년 12월 선박의 항법 등 해기지식의 부족으로 인한 반복적인 해양사고를 예방하기 위하여 면허행사 해양사고관련자에게 징계의 집행을 유예하고 대신에 직무교육을 이수하도록 하는 집행유예제도를 도입하였다. 중앙심판원은 해양사고에 따른 해기사에 대한 징계는 자격박탈 등의 효과는 있으나, 유사한 해양사고를 방지하기 위한 예방적 효과는 적어 현행 징계방식에 대한 다양화가 필요하다는 것에 인식을 하였고, 이에 면허행사 해양사고관련자에 대하여 징계 중 업무정지를 하여야 할 경우로서 정상을 고려할 만한 사유가 있는 경우에는 징계 대신에 안전운항에 필요한 직무교육을 이수를 명하면서 징계의 집행을 유예함으로써 해양사고 방지에 실질적인 도움이 될 것을 기대하였다[427].

나) 징계의 집행유예 대상 및 직무교육

심판원은 면허행사 해양사고관련자에 대한 징계의 집행유예에 대하여 업무정지 중 그 기간이 1개월 이상 3개월 이하의 징계재결에 한하여 3개월 이상 9개월 이하의 기간 동안 징계의 집행유예를 재결할 수 있고, 어떠한 경우에도 해당 징계재결을 받은 사람의 명시적인 의사가 없는 경우에는 할 수 없도록 하였다(법 제6조의2). 징계의 집행유예 재결에 따른 직무교육에 관한 상세사항은 사무처리요령 별표 8의2에서 규정하고 있다.

다) 징계의 집행유예 제외

심판원은 징계의 집행유예를 결정함에 있어서 면허행사 해양사고관련자가 다음 각 호에 해당하는 경우에는 징계의 집행유예에서 제외하는 것을 원칙으로 하고 있고, 특별한 사유가 있을 경우에는 그러하지 아니할 수 있도록 하였다.[428]

- o 최근 3년 이내의 해양사고 징계처분(징계유예 포함)자와 사회적 물의를 일으킨 사고의 해양사고관련자
- o 여객선 및 위험물운송선박의 해양사고관련자

427) 해양사고심판법(법률 제10802호, 2011. 6. 15., 시행 2011. 12. 16.) 제정 · 개정이유 참조바람
428)「해양사고관련자 징계량 결정 지침」 제9조.

o 도선사 및 1급부터 4급까지의 해기사
o 사망자 발생 등 그 결과가 중대한 해양사고관련자

즉 심판원은 최근 3년 이내에 해양사고로 징계처분을 받고 다시 해양사고를 발생시켜 업무정지의 징계재결을 받는 자, 사회적 물의를 일으키거나 사망자가 발생하는 등 그 결과 중대한 해양사고를 발생시킨 자, 인명사상 또는 해양오염의 발생우려가 높은 여객선 및 위험물운송선박에서 해양사고를 발생시킨 자에 대하여 징계의 집행유예를 제외시켰다. 또한 징계집행유예제도의 도입 취지가 선박의 항법 등 해기지식의 부족으로 인한 해양사고의 재발방지에 있는 바 이에 해당하지 않는다고 할 수 있는 도선사와 1급부터 4급까지의 해기사[429]에 대해서도 징계의 집행유예를 제외시켰다.

4.3 결정

결정은 심판원의 재결 외의 심판으로서 심판이 청구되어 재결되기 전까지의 절차에 관한 것으로 심판원의 직권으로 하는 경우와 이 심판관계인의 신청으로 하는 경우가 있다. 결정은 심판정에서 청구에 따라 할 때에는 심판관계인의 진술을 들어야 하며, 그 밖의 경우에는 심판관계인의 진술을 듣지 아니하고 할 수 있다(시행령 제62조).

다만, 중앙심판원은 지방심판원의 결정에 대한 이의신청에 대하여 결정을 하는 경우(법 제71조)와 원심결정의 집행정지에 대하여 결정을 하는 경우(법 제70조)에는 조사관의 의견을 들어야 한다.

4.4 불이익변경금지의 원칙

중앙심판원은 제1심 재결에 불복하여 면허행사 해양사고관련자인 해기사나 도선사가 제2심을 청구한 사건과 면허행사 해양사고관련자인 해기사나 도선사를 위하여 제2심을 청구한 사건에 대하여는 제1심에서 면허행사 해양사고관련자에게 재결한 징계보다 무거운 징계를 할 수 없도록 규정하고 있다(법 제65조의2). 이 불이익변경금지의 원칙은 면

429) 선박직원법상 해기사 중 4급 이상의 항해사 및 기관사 등은 국제해사기구(IMO)에서 채택한 STCW협약의 요건에 따라 교육 및 승선훈련 등을 이미 이수하여 국제항해에 종사하는 선박에 승무할 수 있는 상당한 수준의 지식을 갖추었다고 할 것이므로 선박의 항법 등 해기지식의 부족으로 해양사고를 발생시켰다고 볼 수 없어 징계의 집행유예 후 직무교육에 따른 예방효과를 기대할 수 없다고 본 것으로 판단된다.

허행사 해양사고관련자인 해기사나 도선사가 제2심을 청구한 경우 제1심보다 중한 징계를 받을 것을 우려하여 제2심의 청구를 단념하는 것을 방지함으로써 면허행사 해양사고관련자의 제2심 청구권을 보장하려는 정책적 이유에서 도입된 것이다.

이 원칙은 면허행사 해양사고관련자만 제2심을 청구한 사건에 적용하고, 조사관만 제2심을 청구한 사건이나 조사관과 면허행사 해양사고관련자가 모두 제2심을 청구한 사건에 대하여는 적용되지 않는다. 또한 2인 이상의 면허행사 해양사고관련자가 충돌사건에서 제2심 청구의 효력은 그 사건과 해양사고관련자 및 이해관계자 등 당사자 모두에게 미치지만(법 제60조), 불이익변경금지의 원칙은 제2심을 청구한 면허행사 해양사고관련자에게만 적용되고, 제2심을 청구하지 않은 면허행사 해양사고관련자에게는 적용되지 않는다는 것을 알아야 한다(대전고법 2014. 12. 4. 선고 2014누401 판결)[430]

430) 이정훈, 앞의 책, 140~142쪽

제 6 장

해양의 경계와 선박의 항해

제6장 해양의 경계와 선박의 항해

1. 해양의 경계

1.1 유럽의 해양개척

해양의 경계획정과 관련된 역사는 포르투갈의 항해왕으로 불리는 엔히크 왕자431)로부터 시작되었다. 당시 대서양을 미지와 공포의 공간으로 여겼기 때문에 유럽 제국은 주로 지중해와 유럽 연안을 오가며 교역에 종사하였다. 그러나 이베리아 반도의 서안에 위치해 대륙으로부터 고립되어 있는 포르투갈은 다른 나라보다 일찍 해양개척에 나섰다.

아프리카 서사하라 북부 해안가의 보자도르 곶432)을 세상의 끝이라고 여긴 사람들과는 달리 엔히크 왕자는 1418년부터 아프리카 대서양 연안을 조사하는 탐사선을 파견하였다. 그리고 1419년에 먼 대양으로 나아가기 위하여 우수한 항해가, 탐험가, 선박 제작자, 항해기구 제작자, 지도 제작자, 지리학자, 천문학자, 수리학자 등을 모아 항해연구소를 설립하였다. 그곳에서 축적된 항해와 바다에 관한 지식을 바탕으로 항해술을 발전시켰으며, 인력에 의존하지 않고 바람의 변화에 따라 조종할 수 있는 새로운 선형433)을 개발하여 본격적인 서아프리카 탐험에 착수하였다.

포르투갈은 대서양의 개척지에서 항해와 무역 독점권을 행사하기 위해 대서양에 경계를 획정하고 자국 관할임을 인정받으려 하였다.

431) (Henrique) 대항해시대의 개척자, 노예무역의 아버지로도 불린다.

432) 보자도르 곶(Cabo Bojador)은 북위 26° 07' 37", 서경 014° 29' 57"에 위치한 곳이다. 1434년 포르투갈의 항해가 질 이아네스(Gil Eanes)가 처음으로 이 곶을 통과하기 전까지 끓는 파도와 핏빛 물보라가 치는 무서운 바다라거나 낭떠러지로 알려져 있었다. 당시는 해류와 계절풍 등에 대한 지식이 없어 보자도르 곶 아래로 남하한 선박이 돌아오지 못해 생긴 믿음으로 보인다.

433) 카라벨(Caravel) 선은 배 밑이 평탄하고 너비가 좁으며 물에 잠기는 부분이 적고 속력이 빨랐고 조종하기도 수월해 했다.(출처: Val Ross, 지도를 만드는 사람들, 홍영분. 번역(2007), 아침이슬, 53~69쪽)

1) 알카소바스 조약

해양의 경계에 관한 첫 번째 조약[434]은 1479년 9월 4일에 포르투갈의 알카소바스에서 포르투갈과 스페인 사이에 체결된 알카소바스 조약(Treaty of Alcáçovas)이다.

포르투갈은 스페인의 왕위를 인정하는 대신에 대서양의 카나리아 제도 남쪽인 북위 26도 이남 지역에서 독점적 탐험과 항해 및 무역에 관한 권리를 인정받는 조약을 체결하였다.[435]

2) 토르데시야스 조약

포르투갈 보다 뒤늦게 해양으로 진출하는 스페인은 1492년에 콜럼버스의 대서양 탐험을 지원하였다. 콜럼버스는 신대륙과 새로운 섬들을 발견하였는데 교황은 이를 스페인령으로 선포하였다. 그러나 북위 26도 이남에 위치한 섬들 때문에 포르투갈의 독점적 항해권을 위반한 상황이 발생하였다.

양국 간의 분쟁을 해결하기 위하여 중재에 나선 교황이 새로이 해양의 경계를 나누는 칙령을 발표하였다. 그러나 교황 자오선[436]으로 불리는 해양의 경계가 스페인에게 유리하다고 여긴 포르투갈이 수긍하지 않았다. 포르투갈은 스페인과 협상을 통하여 1494년 6월 7일에 스페인의 토르데시야스(Tordesillas)에서 새로운 조약(Treaty of Tordesillas)을 체결한다.[437]

서경 약 046도 37분에 해당하는 남북 자오선을 경계로 하여 서쪽은 스페인이, 동쪽은 포르투갈이 차지한다는 조약에 따라 포르투갈의 바스쿠 다가마는 아프리카 연안을 따라 내려가 희망봉을 돌아 인도 항로를 개척하게 되며, 스페인은 자국의 관할인 대서양 서쪽으로 진출하여 아메리카 대륙을 개척하게 된다.

434) 조약은 국가 간의 권리와 의무를 서면으로 체결하는 국제적 합의를 말한다.
- 조약법에 관한 비엔나협약에서는 조약에 대해 아래와 같이 정의하고 있다.
제2조 제1항 (a)호 "조약"이라 함은 단일의 문서에 또는 둘 또는 그 이상의 관련 문서에 구현되고 있는가에 관계없이 또한 그 특정의 명칭에 관계없이, 서면 형식으로 국가 간에 체결되며 또한 국제법에 의하여 규율되는 국제적 합의를 의미한다.

435) 포르투갈 왕국은 카스티야 왕국(스페인 서부에 위치)과 통합을 추진하였으나 카스티야 왕국은 아라곤 왕국(스페인 동부에 위치)과 통합한 이후 왕위 계승을 둘러싼 전쟁(1475~1479)에 시달렸다. 포르투갈의 왕 아폰수5세는 알카소바스 조약으로 카스티야 왕위에 대한 권리 주장을 포기했다. 1481년 6월 교황 식스투스 4세가 교서로 이 조약을 인정하였다.

436) 교황 알렉산데르 6세는 1493년 5월에 아프리카 서쪽 해안에 위치한 카보베르데 제도에서 서쪽으로 100리그(480㎞) 지점에 자오선을 그어서 서쪽은 스페인령, 동쪽은 포르투갈령으로 선언하였다.

437) 카보베르데 제도에서 서쪽으로 100리그였던 경계선을 370리그(1,780㎞)로 늘리는 이 조약에 대해 1506년에 교황 율리우스 2세가 승인함으로써 해상 경계가 획정되었다.

서경 046도 37분 자오선은 〈그림 6-1〉에서 좌측 실선이 보여주는 것처럼 남미 대륙의 동부를 가로지른다.[438] 포르투갈의 관할인 남미의 동부 해안지대에 첫 포르투갈 정착민이 1531년에 도착함으로써 브라질은 포르투갈어를 사용하게 된다.

토르데시야스 조약은 남미 국가 대부분이 스페인어를 사용하는 것과는 대조적으로 브라질이 포르투갈어를 쓰게 된 역사적 배경이기도 하다.

〈그림 6-1〉 토르테시아스 자오선(좌측, 실선), 교황 자오선(중간, 점선), 사라고사 자오선(우측, 실선)

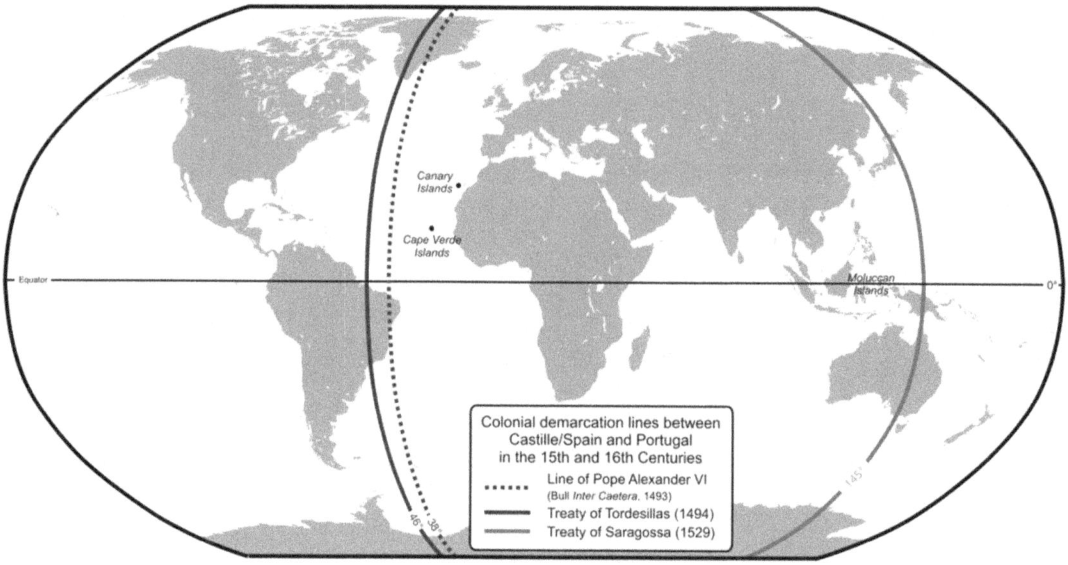

3) 사라고사 조약

마젤란 함대가 세계일주를 마치고 1522년 9월에 스페인으로 귀환하면서 인도양과 태평양의 존재가 명확히 드러났다. 스페인과 포르투갈은 대서양을 분할한 토르데시야스 조약이 지구 반대편의 출현으로 불완전함을 알게 되어, 지구 반대편에서 경계를 어떻게 나눌지 협상하게 된다.

양국은 스페인의 사라고사에서 1529년 4월 22일에 조약(Treaty of Zaragoza)을 체결하고 동경 145도 부근을 경계로 삼는다. 그러나 이후에 네덜란드와 영국 등 신흥 해양 강국이 부상하면서 두 조약은 사문화 된다.

438) 현재의 브라질 상파울루를 지나간다.

1.2 국제연합해양법협약과 해양의 경계

유럽 대륙에서 다민족 영토복합체의 제국이었던 신성로마제국이 서서히 해체되면서 16~17세기에 독립한 국가들은 영토뿐만 아니라 연안해역도 점유할 수 있다는 연안 관할권에 대한 개념을 갖고 있었다. 그러나 관할해역이란 단지 활동하거나 차지하고 있는 해역을 뜻하는 것이었기 때문에 관할해역의 범위에 대한 국제조약이나 이론은 형성되지 못하고 있었다.439)

1) 해양자유론과 해양폐쇄론

해양 개척에 있어서 후발주자인 네덜란드 출신의 법학자 휴고 그로티우스(Hugo de Groot, 1583~1645)는 1609년에 저술한 책 '포획권에 관하여(De Jure Praedae)'의 제12장에서 해양의 자유(Mare Liberum)를 주장하였다.

유동체인 바다는 점유할 수 없기 때문에 소유가 불가능하다는 주장으로서, 바다는 공기와 태양·빛과 같이 공공의 것이라고 하고 전 인류의 공유물이므로 사적인 소유의 대상이 되지 않기 때문에 포르투갈이 관할권을 주장하며 통행세를 요구하는 인도양의 말라카 해협과 같은 바다를 누구나 자유로이 이용하여 통상활동을 할 수 있다고 주장하였다. 이러한 주장은 이후에 '공해 자유의 원칙'으로 정립된다.

이후에 여러 학자들이 이를 발전시켜 '공해의 자유(freedom of the high seas)'를 정립하였으며, 공해협약 제2조를 거쳐, 국제연합해양법협약 제87조에도 반영되었다. 공해의 자유 중에는 '항해의 자유(freedom of navigation)'가 그 중심 개념으로 자리 잡고 있다.

반면에 북해(North Sea)에서 어로 수익을 올리고 있던 영국은 근해의 영유를 주장하면서 네덜란드 등 다른 나라 어선의 조업을 북해에서 배제하려고 하였다.

영국의 법학자 존 셀든(John Selden, 1584~1654)은 1635년에 해양폐쇄론(Mare Clausum)을 출간하였다. 존 셀든은 바다는 만인공유(萬人共有)가 아니라 토지처럼 사적지배(私的 支配), 즉 소유의 대상이 될 수 있다고 주장하였다. 그리고 연안국의 안전과 이익을 위해 경찰권을 행사해 왔던 해역에 대한 배타적 권리를 주장하였다.

18세기에 이르러 네덜란드 학자 빈케르스호크(Cornelis van Bynkershoek, 1673~1743)는 영해의 범위에 대하여 '무기의 힘이 끝나는 데서 영토의 권력도 끝난다'는 착탄거리설(cannon shot rule)을 주장하였다. 그 후 착탄거리설이 여러 제국에서 채택되었으며

439) 박찬호 · 김한택, 국제해양법, 지인북스, 2009, 16쪽 / 홍기원, 그로티우스의 자유해양론(1609) 셀든의 폐쇄해양론(1635)의 논거 대립, 법과사회 58호, 2018

18세기 말에는 영해의 폭에 대한 국가의 관행이 3해리로 굳어짐으로써 영해와 공해의 분화현상이 발생하였다. 영해가 확정되자 그 외의 해역인 공해 자유의 원칙이 널리 받아들여지게 된다.[440]

2) 국제해양법 제정을 위한 노력

관습법으로 남아 있는 해양법전에 대한 성문화 논의가 1930년에 국제연합(United Nations)의 전신인 국제연맹(League of Nations)의 후원으로 개최되지만 영해의 폭에 대한 이견으로 무산된다.

현재의 '해양법에 관한 국제연합 협약(United Nations Convention on the Law of the Sea, UNCLOS, 이하 '유엔해양법협약'이라 한다)'[441]은 세 번의 회의를 통해 성문화되는데 1958년에 제1차 해양법 회의가 제네바에서 개최되었으며, 1960년에 제2차 해양법 회의가 개최되었다. 제3차 해양법 회의는 1973년부터 1982년까지 10년간 16차례의 회기를 거쳤으며, 1982년 12월 10일 자메이카의 몬테고베이에서 채택되었다.

이 협약은 심해저 개발에 관한 조항에 만족하지 못한 서방국가들의 비준 지연으로 또 다시 10여년이 지난 1994년 11월 16일에야 발효되었다.[442] 우리나라는 1995년 12월 1일 국회 비준 동의를 거쳐, 1996년 1월 29일 국제연합 사무총장에게 외무부장관 명의의 비준서를 기탁함으로써 1996년 2월 28일자로 발효되었다.

3) 유엔해양법협약의 요지

유엔해양법협약(UNCLOS)은 바다의 대헌장으로 불리는 포괄적인 해양 헌장이다. 협약의 규율 대상은 영해, 접속수역, 배타적경제수역, 대륙붕, 공해, 심해저 등 해양의 모든 영역과 해양환경, 해양과학조사, 해양 분쟁해결제도 등이 포함된다.

해양과 하층토를 다음과 같이 구분하고 각 수역에서 권리와 의무를 규정하였다.

- 영해의 폭을 12해리로 확정하고(제3조) 국제해협 통과통항제도를 확립함에(제38조)

440) 박찬호 · 김한택, 국제해양법, 지인북스, 2009, 16~17쪽

441) 정식 명칭은 The United Nations Convention on the Law of the Sea이며, The Law of the Sea Convention, The Law of the Sea treaty 또는 두문자로 UNCLOS라 한다.

442) 제308조 제1항의 발효요건에 따라 60번째 가입신청서 기탁 후 1년이 되는 1994년 11월에 발효되었다.
- 심해저 국제 거버넌스 구축 과정에서 무주지로써의 심해저를 주장하는 선진국과 인류 공동의 유산으로써의 심해저를 강조하는 개도국 사이의 갈등이 가시화됐다. UN은 심해저를 인류 공동의 유산으로 지정한 UN해양법협약에 대한 선진국의 비준을 얻기 위해 심해저 관련규정 일부를 선진국의 이해관계에 맞게 수정했다. (출처: 문진영 등 5명, 국제 공유지의 효율적 활용을 위한 거버넌스 연구, 대외경제정책연구원, 2013)

따라 국가 관할수역에 대한 논란을 종식시켰다.

- 배타적경제수역(EEZ)을 200해리로 명시하고 연안국의 해양자원 관할권을 정립하였다(제56조, 제57조).
- 대륙붕(大陸棚, continental shelf)은 육지 영토가 영해 밖으로 자연적으로 연장됨에 따라 영해기선으로부터 350해리 또는 2,500미터 등심선으로부터 100해리를 넘지 않는 범위 내에서 대륙주변부(대륙변계)의 바깥 끝까지이다. 그러나 대륙주변부의 바깥 끝이 200해리까지 미치지 아니하는 경우에는 영해기선으로부터 200해리까지의 해저 및 하층토로 이루어진다고 정의하고 있다(제76조~제78조).

〈그림 6-2〉 해양의 경계

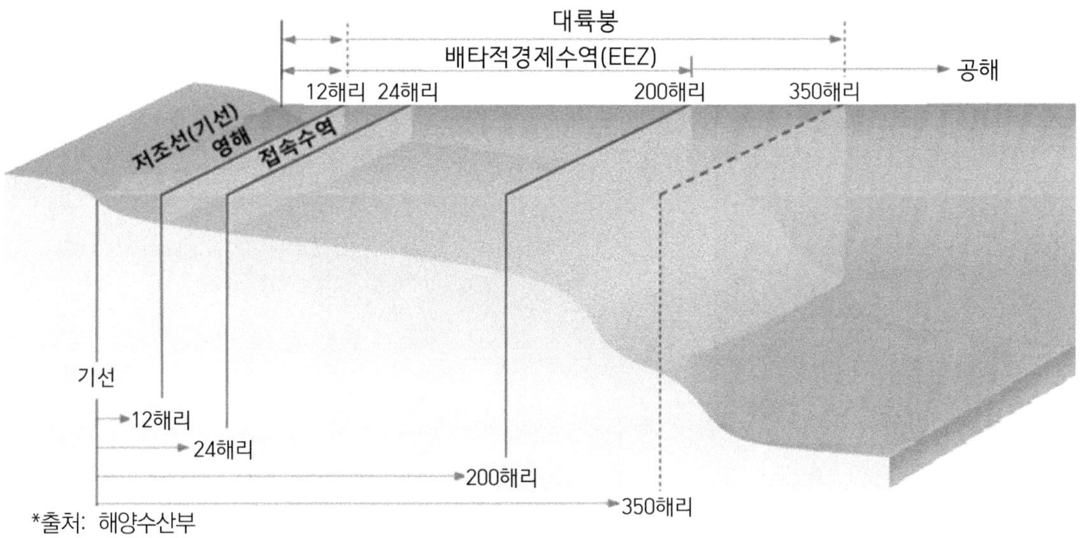

*출처: 해양수산부

국가관할권 바깥수역에 관한 새로운 법제도인 심해저 개발제도를 확립하였다. 심해저와 그 자원을 '인류공동유산(Common Heritage of Mankind)'으로 규정하고(제136조), '국제해저기구(International Seabed Authority, ISA)'를 설립하여 심해저자원 개발을 관리 · 규제토록 하였으며, 국제해저기구 산하에 '심해저기업'에 의한 직접 개발과 민간기업, 선행투자가를[443] 통한 간접 개발 등 병행 개발체제와 광구유보제도를 채택하였다.

443) 선행투자가(Pioneer Investor)제도는 협약 발효전 심해저개발에 3천만 달러 이상 투자한 국가, 기업 등에게 심해저개발의 기득권을 보장한 제도이다. 선행투자가 제1군으로 프랑스, 일본, 인도, 러시아이며, 제2군은 선진 8개국(벨기에, 캐나다, 독일, 이탈리아, 일본, 네덜란드, 영국, 미국)의 기업군으로 이루어진 4개 국제컨소시엄, 제3군은 개도국과 동구권으로 한국, 중국 및 동구권 컨소시엄이 있다.

해양환경보호와 해양과학조사 분야 등에 있어서 기본법규로 작용한다.

포괄적인 해양분쟁 해결을 위한 '국제해양법재판소(International Tribunal for the Law of the Sea, ITLOS)'를 설립함으로써 해양분쟁 해결제도를 수립하였다.[444]

〈그림 6-3〉 해저 지형 및 경계

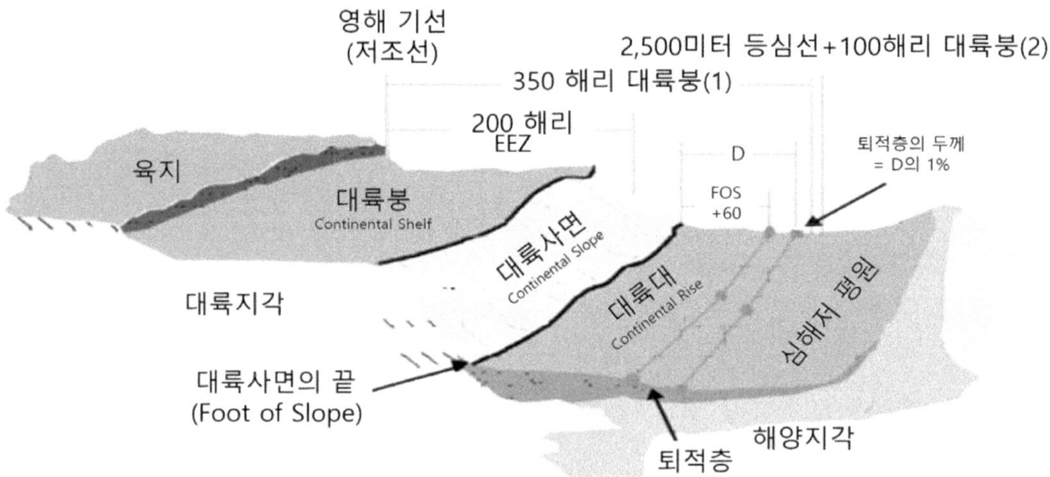

*출처: 한국해양과학기술원

4) 유엔해양법협약(UNCLOS) 구성

유엔해양법협약은 제정 목적을 밝히고 있는 전문(Preamble)이 있으며, 본문은 320개의 조문이 17개의 편(Part)으로 나뉘어 있다. 또한 부속서 9개가 있으며, 특별부속서 4개, 특별결의 4개로 구성된다.

가) 전문(배경 및 목적)

심해저를 비롯한 해양의 평화적 이용, 해양자원의 활용, 해양생물 자원의 보전을 촉진하고, 모든 국가간 평화, 안전, 협력 및 우호를 증진하기 위한 해양법 질서를 확립한다.

모든 국가가 시장지향 접근방식에 의한 새로운 심해저개발 체제에 참여할 수 있도록 한다.

444) 해양법재판소는 독일 함부르크에 소재하며, 1996.10.1. 업무를 개시하였다. 우리나라 인사로는 1996년부터 2008.11월까지 박춘호 재판관이 재직하였고, 박 재판관 별세후 백진현 재판관이 2009.3월부터 재직 중이다.

나) 영해와 접속수역(협약 제2편 제2조~제3조)

모든 국가는 기선으로부터 12해리까지 영해를 설정할 권리를 가진다.

영해의 폭을 측정하기 위한 통상기선은 해안의 저조선으로 하고, 적절한 경우 해안의 일반적 방향에 따라 직선기선을 설정할 수 있다.

모든 국가의 선박은 연안국의 평화, 질서, 안전을 저해하지 아니하는 한 영해에서 무해통항권을 향유한다.

기선으로부터 24해리 이내의 범위에서 연안국은 관세, 재정, 출입국관리, 위생법령의 위반을 방지하기 위하여 접속수역을 설치할 수 있다.

다) 국제해협(협약 제3편 제34조~제45조)

국제항해용 해협에서는 통과통항제도, 그 밖의 해협에서는 전통적인 무해통항제도를 적용한다.

연안국은 통과통항을 방해하지 아니하여야 하며, 선박과 항공기는 통과통항권을 행사함에 있어 지체 없이, 연안국의 영토주권과 독립에 대한 위협이나 무력을 행사하지 아니하고, 불가항력의 경우를 제외하고는 계속적이고도 신속하게 해협을 통과하여야 한다.

라) 배타적경제수역(협약 제5편 제55조~제75조)

배타적경제수역(EEZ)이란 영해기선으로부터 200해리 이내의 수역으로서 그 해저, 하층토, 상부수역의 자원개발 및 보존, 해양과학조사, 해양오염의 방지에 관한 연안국의 배타적인 관할권이 인정되는 수역이다.

그러나, 배타적경제수역에서도 항해, 비행, 해저전선 및 관선설치 등에 관한 제3국의 권리는 "공해자유의 원칙"이 적용된다.

마) 대륙붕(협약 제6편 제76조~제85조, 제2부속서)

대륙붕의 범위에 전통적인 대륙붕 외에 대륙사면, 대륙대를 포함한 대륙변계의 바깥끝까지로 대폭 확장한다. 대륙붕 한계 설정에 관한 과학기술적 조언과 권고를 수행하기 위하여 대륙붕한계위원회를 설치한다.

바) 공해(협약 제7편 제86조~제120조)

공해는 모든 국가에 개방되며, 평화적 목적을 위하여 유보된다.

항행, 상공비행, 해저전선 부설, 어로, 과학조사 등 공해의 자유는 협약과 국제법의 규칙에 따라 행사된다.

공해상 선박에 대하여서는 기국이 관할권을 행사함. 그러나 해적 행위, 노예매매, 불법방송의 혐의가 있는 선박이나 무국적선박에 대해서는 어느 국가의 군함이라도 검문·검색·나포권을 행사할 수 있다.

사) 심해저(협약 제11편 제133조~제191조, 제3~4부속서, 협정)

심해저란 국가관할권 밖의 해저, 해상(海床) 및 그 하층토를 말한다.

심해저 자원의 탐사, 개발 및 이용을 총괄하기 위한 국제해저기구와 심해저 자원개발 관련 사업수행을 위한 기업형태의 심해저공사를 설립한다.

인류공동유산인 심해저와 그 자원을 공동관리·개발하고, 그 수익을 당사국간에 공평하게 분배하며, 심해저의 평화적 이용, 기술이전, 환경보호 등의 조치를 취한다.

국제해저기구의 주요기관으로서 총회, 이사회, 사무국을 설치한다.[445]

심해저기업을 비롯한 모든 심해저개발 참여주체는 건전한 상업원칙에 따라 운영된다.

아) 해양환경의 보호·보전(협약 제12편 제192조~제237조)

해양환경을 보호·보전하기 위하여 항구국가 및 연안국가에 규제권을 부여하고, 각국의 규제권한 남용을 방지하기 위하여 공정하고도 합리적인 심리절차와 과잉조치에 대한 책임을 규정한다.

해양공해는 육지로부터의 해양공해, 폐기물투하에 의한 해양공해, 선박에 의한 해양공해, 관할수역의 해저자원 탐사·개발에 의한 해양공해, 심해저의 탐사·개발에 의한 해양공해, 대기에 의한 해양공해 등으로 연원에 따라 구분한다.

자) 해양과학조사(협약 제13편 제238조~제265조)

해양과학조사는 평화적 목적을 위하여 적절한 방법과 수단을 사용하고, 다른 합법적

445) 총회: 모든 회원국으로 구성되어 국제해저기구의 운영과 일반정책을 수립하고 주관하는 최고기관
이사회: 총회에서 선출되는 36개국으로 구성되어, 총회의 일반정책에 따라 구체적인 정책을 집행하는 기관

인 바다이용과 조화를 이루어야 하며, 해양법규 및 해양보호법규를 준수하여야 한다. 해양과학조사를 수행하는 국가와 국제조직은 연안국의 관할권을 존중하고, 협약과 관련법규를 준수하여야 하며, 손해를 발생시킨 경우 이를 배상하여야 한다.

차) 해양기술 개발 · 이전(협약 제14편 제266조~제278조)

해양기술이란 해양자원의 탐사 · 개발 · 보존에 관한 기술, 해양환경의 보존에 관한 기술, 해양과학조사기술 등을 말한다. 각국의 해양기술의 개발 및 이전을 위하여 국제협력을 촉진하고, 국립연구소나 역내연구소 설립을 통하여 해양기술 발전을 도모한다.

카) 분쟁해결(협약 제15편 제279조~제299조, 제5~8 부속서)

협약의 해석 및 적용에 관한 분쟁은 평화적으로 해결하며 그 방법의 선택은 당사자간의 합의에 의한다.

분쟁해결제도에는 조정절차와 강제절차가 있음. 조정절차는 당사자 간의 합의에 의하여 이용하며, 5명의 위원으로 구성된 조정위원회는 분쟁해결 방안을 당사자에게 제시할 수 있다.

강제절차는 국제해양법재판소, 국제사업재판소, 중재재판소, 특별중재재판소중 하나 이상을 선택하도록 규정하여 공통된 절차에 의하여 분쟁을 해결하도록 한다.

국제해양법재판소는 9년 임기, 21명의 독립적인 재판관으로 구성되며, 재판정 개정에 필요한 재판관의 정족수는 11인이다. 모든 판결은 참석 재판관 과반수에 의하여 결정되며, 법원의 판결은 최종적이나 분쟁 당사국 외의 당사국에 대하여는 구속력이 없다.

타) 발효(협약 제308조)

이 협약은 60번째 비준서 또는 가입서가 기탁된 날로부터 12개월 후에 발효된다.

2. 가항수역(Navigable waters)

2.1 공해자유의 원칙

공해(high seas)는 어느 나라의 주권도 미치지 않는 해양으로서[446] 국제법상 모든 국가에 개방되어 있는 해역이다. 따라서 어떤 국가도 공해상에서 타국 선박을 나포하거나 억류할 수 없다.[447]

공해에서 항행과 어업의 자유 등이 인정된다고 하더라도 다른 국가의 공해의 자유나 평화를 침해해서는 아니 되기 때문에 공해에서 무제한적인 자유가 허용되지는 않는다는 것이 국제적인 관습이다.[448]

1) 공해의 범위

기존의 국제관습법을 상당부분 성문화시킨 유엔해양법협약에 따라 영해의 범위가 3해리에서 12해리까지 확장되었으며, 군도수역, 배타적경제수역, 심해저 등과 같은 해양의 경계를 새롭게 분화시키는 개념이 채택됨으로써 연안국의 해양관할권이 확대되는 것과 비례하여 공해는 크게 축소되었다.

유엔해양법협약 제7편은 공해에 관해서 규정하고 있다. 제86조에서 적용범위를 정하고 있는데 '이 장의 규정은 어느 한 국가의 배타적경제수역 · 영해 · 내수 또는 군도국가의 군도 수역에 속하지 아니하는 바다의 모든 부분에 적용된다.'라고 함으로써 공해는 내수, 영해, 배타적경제수역을 제외한 해양을 뜻한다.[449]

따라서 과거에 공해를 무주물로 보고 누구나 선점하는 자가 이를 소유할 수 있다는

446) UNCLOS 제89조(공해에 대한 주권주장의 무효) 어떠한 국가라도 유효하게 공해의 어느 부분을 자국의 주권 아래 둘 수 없다.

447) UNCLOS 제97조(충돌 또는 그 밖의 항행사고에 관한 형사관할권) 3. 선박의 나포나 억류는 비록 조사를 위한 조치이더라도 기국이 아닌 국가의 당국은 이를 명령할 수 없다.

448) UNCLOS 제87조(공해의 자유) 2. 공해의 자유를 행사함에 있어서 공해의 자유의 행사에 관한 다른 국가의 이익 및 심해저 활동과 관련된 이 협약상의 다른 국가의 권리를 적절히 고려한다.

449) UNCLOS Article 86 (Application of the provisions of this Part) The provisions of this Part apply to all parts of the sea that are not included in the exclusive economic zone, in the territorial sea or in the internal waters of a State, or in the archipelagic waters of an archipelagic State. This article does not entail any abridgement of the freedoms enjoyed by all States in the exclusive economic zone in accordance with article 58.

설은 폐기되었다고 할 수 있으며, 몇몇 국가가 공유할 수도 없기 때문에 국제사회의 공동영역이라는 국제공역설이 채택된 것이다.

2) 공해에서 가능한 활동

유엔해양법협약 제87조에서 공해의 자유를 아래와 같이 규정하고 있다.[450)]

제87조 (공해의 자유)

1. 공해는 연안국이거나 내륙국이거나 관계없이 모든 국가에 개방된다. 해의 자유는 이 협약과 그 밖의 국제법 규칙이 정하는 조건에 따라 행사된다. 연안국과 내륙국이 향유하는 공해의 자유는 특히 다음의 자유를 포함한다.
   (a) 항해의 자유
   (b) 상공비행의 자유
   (c) 제6장(대륙붕)에 따른 해저전선과 관선 부설의 자유
   (d) 제6장(대륙붕)에 따라 국제법상 허용되는 인공섬과 그 밖의 시설 건설의 자유
   (e) 제2절(공해 생물자원의 관리 및 보존)에 정한 조건에 따른 어로의 자유
   (f) 제6장(대륙붕)과 제13장(해양과학조사)에 따른 과학조사의 자유
2. 모든 국가는 이러한 자유를 행사함에 있어서 공해의 자유의 행사에 관한 다른 국가의 이익 및 심해저 활동과 관련된 이 협약상의 다른 국가의 권리를 적절히 고려한다.

450) UNCLOS Article 87 (Freedom of the high seas)
1. The high seas are open to all States, whether coastal or land-locked. Freedom of the high seas is exercised under the conditions laid down by this Convention and by other rules of international law. It comprises, inter alia, both for coastal and land-locked States:
   (a) freedom of navigation;
   (b) freedom of overflight;
   (c) freedom to lay submarine cables and pipelines, subject to Part VI;
   (d) freedom to construct artificial islands and other installations permitted under international law, subject to Part VI;
   (e) freedom of fishing, subject to the conditions laid down in section 2;
   (f) freedom of scientific research, subject to Parts VI and XIII.
2. These freedoms shall be exercised by all States with due regard for the interests of other States in their exercise of the freedom of the high seas, and also with due regard for the rights under this Convention with respect to activities in the Area.

3) 항해의 권리

연안국이거나 내륙국이거나 관계없이 모든 국가는 공해에서 자국기를 게양한 선박을 항해시킬 권리를 가진다(제90조)[451].

각국은 자국의 선박을 등록하여 국적을 부여할 수 있으며(제91조), 등록선박은 공해에서 그 국가의 배타적인 관할권에 속한다. 선박은 어느 한 국가의 국기만을 게양하고 항해하여야 하며 2개국 이상의 국기를 편의에 따라 게양하고 항해하는 선박은 다른 국가에 대하여 그 어느 국적도 주장할 수 없으며 무국적선으로 취급될 수 있다(제92조).

4) 기국의 의무

선박에 국적을 부여한 기국은 자국기를 게양한 선박에 대하여 행정적·기술적·사회적 사항에 관하여 유효하게 자국의 관할권을 행사하고 통제하여야 한다(제94조).

기국은 선박등록대장에 선명과 세부사항을 등록하고 감항성이 유지되도록 관리하여야 한다. 등록 전과 등록 후에 자격 있는 선박검사원에 의한 검사가 수행되어야 한다. 선박을 건조할 때는 해양안전을 확보할 수 있도록 하여야 하며, 선박에는 해도, 항행간행물, 항해 장비와 항해 도구가 있어야 한다.

각 선박은 선박조종술·항행·통신·선박공학에 관한 적합한 자격을 갖춘 선장과 사관의 책임아래 운영되어야 하며, 선원은 그 자격과 인원수가 선박의 형태·크기·기관 및 장비에 비추어 적합하여야 한다.

선장·사관 및 해당 선원은 해상에서의 인명안전, 충돌의 방지, 해양오염의 방지·경감·통제 및 무선통신의 유지와 관련하여 적용 가능한 국제규칙에 완전히 정통하고 또한 이를 준수하여야 한다. 기국은 선원 배승, 근로조건 및 훈련에 있어서 각국은 적용 가능한 국제적 기준을 고려하여야 한다.

공해상에서 해양사고가 발생하는 경우에 자격을 갖춘 조사관이 참여하여 조사를 하여야 하며 기국이 아닌 관련 국가는 조사 실시에 협력하여야 한다.

그 외에도 각국은 일반적으로 수락된 국제적인 규제 조치, 절차 및 관행을 따르고, 이를 준수하기 위하여 필요한 조치를 취한다.

451) UNCLOS Article 90 (Right of navigation) Every State, whether coastal or land-locked, has the right to sail ships flying its flag on the high seas.

2.2 영해에서의 항해

1) 영해의 범위

유엔해양법협약에서는 영해의 범위를 기선에서부터 12해리까지 지정할 수 있도록 규정하고 있다.[452]

기선(baseline)은 바다와 육지를 구분하는 선이기 때문에 기본적으로 해안선을 말한다. 그러나 해안선은 조수간만의 차에 의하여 위치가 변하기 때문에 유엔해양법협약에서는 대축척해도[453]에 표시된 해안의 저조선을 통상기선(normal baseline)이라고 한다.

12해리, 200해리 등은 기선으로부터 측정한 거리를 말하는 것인데 해안선이 매우 불안정한 곳으로부터는 일정한 거리를 획정하는 것이 어려워진다. 그래서 통상기선 이외에 섬과 섬 등을 연결한 직선기선(straight baselines)을 두고 있다.[454]

통상기선 안쪽은 육지이지만 섬과 섬을 연결한 직선기선의 안쪽에는 바다가 있는데, 직선기선을 설정함에 따라 발생한 직선기선 안쪽이 수역은 내수(internal waters)라 한다.[455]

---

452) UNCLOS 제3조(영해의 폭) 모든 국가는 이 협약에 따라 결정된 기선으로부터 12해리를 넘지 아니하는 범위에서 영해의 폭을 설정할 권리를 가진다.

453) 항해용 해도는 축척에 따라 총도(General chart), 항양도(Sailing chart), 항해도(General chart of coast), 해안도(Coast chart), 항박도(Harbour chart)로 구분한다. 이 중에서 지형지물이 가장 자세하게 표시된 해도가 항박도(Harbour chart)이며 1/30,000 이상의 축척이다. 지형지물은 항박도보다 작게 표현되지만 그보다 한 단계 넓은 범위를 보여주는 해도는 해안도(Coastal chart)이며 1/30,000 미만의 축척으로서 유엔해양법협약에서 언급한 대축척해도로 볼 수 있다. 항해도는 1/300,000 보다 소축척이다.

454) UNCLOS 제5조(통상기선) 영해의 폭을 측정하기 위한 통상기선은 이 협약에 달리 규정된 경우를 제외하고는 연안국이 공인한 대축척해도에 표시된 해안의 저조선으로 한다.

- UNCLOS 제7조(직선기선)
  1. 해안선이 깊게 굴곡이 지거나 잘려 들어간 지역, 또는 해안을 따라 아주 가까이 섬이 흩어져 있는 지역에서는 영해기선을 설정함에 있어서 적절한 지점을 연결하는 직선기선의 방법이 사용될 수 있다.
  2. 삼각주가 있거나 그 밖의 자연조건으로 인하여 해안선이 매우 불안정한 곳에서는, 바다쪽 가장 바깥 저조선을 따라 적절한 지점을 선택할 수 있으며, 그 후 저조선이 후퇴하더라도 직선기선은 이 협약에 따라 연안국에 의하여 수정될 때까지 유효하다.
  3. 직선기선은 해안의 일반적 방향으로부터 현저히 벗어나게 설정할 수 없으며, 직선기선 안에 있는 해역은 내수제도에 의하여 규율될 수 있을 만큼 육지와 충분히 밀접하게 관련되어야 한다.
  4. 직선기선은 간조 노출지까지 또는 간조노출지로부터 설정할 수 없다. 다만, 영구적으로 해면위에 있는 등대나 이와 유사한 시설이 간조노출지에 세워진 경우 또는 간조 노출지 사이의 기선설정이 일반적으로 국제적인 승인을 받은 경우에는 그러하지 아니하다.
  5. 제1항의 직선기선의 방법을 적용하는 경우, 특정한 기선을 결정함에 있어서 그 지역에 특유한 경제적 이익이 있다는 사실과 그 중요성이 오랜 관행에 의하여 명백히 증명된 경우 그 경제적 이익을 고려할 수 있다.
  6. 어떠한 국가도 다른 국가의 영해를 공해나 배타적경제수역으로부터 격리시키는 방식으로 직선기선제도를 적용할 수 없다.

455) UNCLOS 제8조(내수)

1. 제4부에 규정된 경우를 제외하고는 영해기선의 육지쪽 수역은 그 국가의 내수의 일부를 구성한다.

〈그림 6-4〉 직선기선(서해와 남해, 포항 앞바다의 붉은 실선) 및 통상기선(동해, 제주도, 울릉도, 독도 등의 해안선)

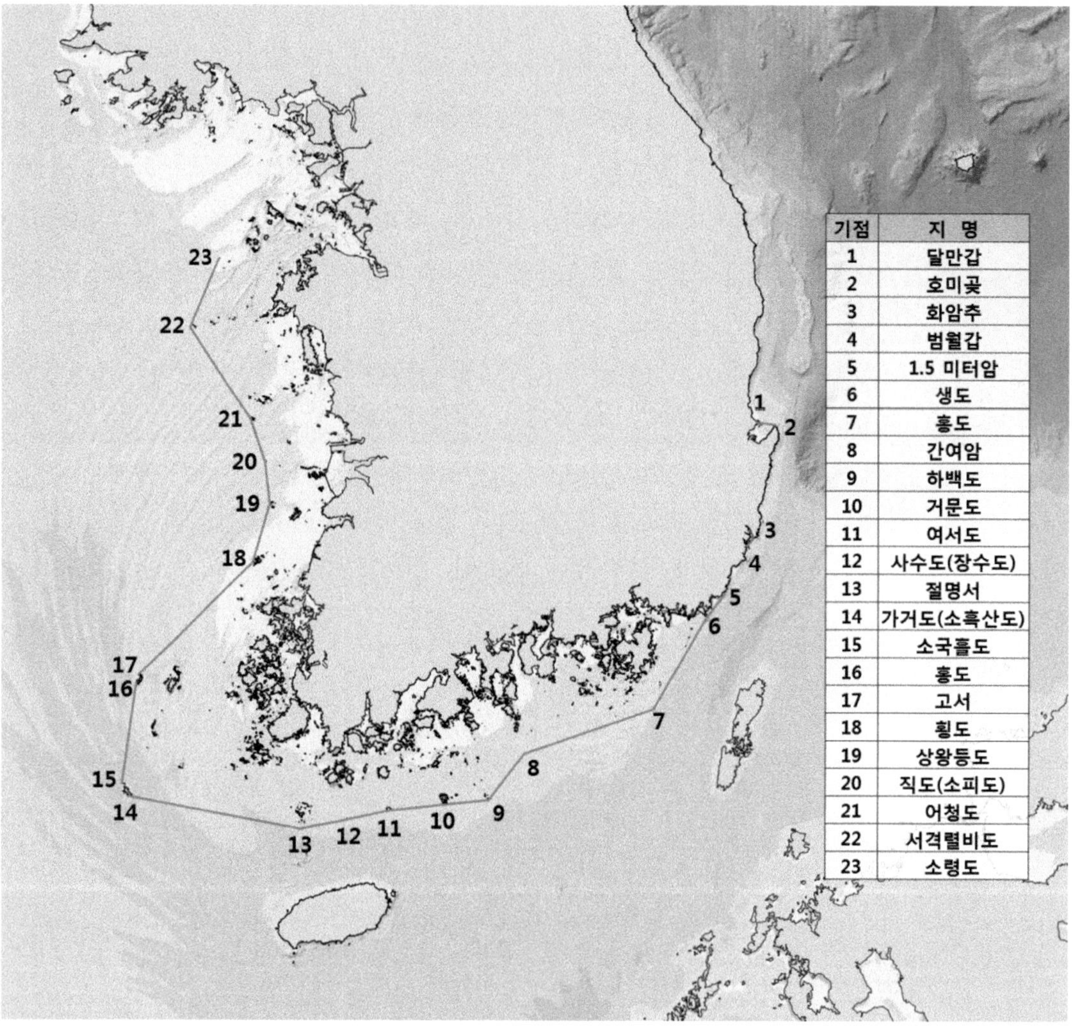

우리나라의 전속관할인 영해에서 항해의 안전을 위하여 교통안전 특정해역, 유조선 통항 금지해역, 시운전 금지해역 등을 지정하여 운영하고 있으며, 통항분리제도(Traffic Separation Scheme, TSS)[456]에 따른 통항분리대, 통항분리선 및 통항로 지정 등과 같은 해상교통 관리제도를 운영하고 있다.

2. 제7조에 규정된 방법에 따라 직선기선을 설정함으로써 종전에 내수가 아니었던 수역이 내수에 포함되는 경우, 이 협약에 규정된 무해통항권이 그 수역에서 계속 인정된다.

456) 해상교통안전법 제2조(정의)

22. "통항분리제도"란 선박의 충돌을 방지하기 위하여 통항로를 설정하거나 그 밖의 적절한 방법으로 한쪽 방향으로만 항행할 수 있도록 항로를 분리하는 제도를 말한다.

2) 무해통항 방법

주권국가는 자국의 영해를 영토와 같이 전적으로 자국법이 적용되는 영역으로 관리하고 있다. 다만 모든 국가의 선박은 유엔해양법협약에 따라 모든 나라의 영해에서 무해통항(innocent passage) 할 수 있다.[457] 직선기선을 설정함에 따라 기선으로부터 육지 쪽의 바다인 내수에서도 무해통항권이 보장된다.[458]

통항은 영해를 계속적이고 신속하게 통과하는 것이며,[459] 연안국의 평화, 공공질서 또는 안전을 해치지 아니하는 한 무해한 통항으로 본다.[460] 연안국은 항해안전 등을 위해 무해통항에 관한 법령을 제정할 수도 있다.[461]

---

457) UNCLOS 제17조(무해통항권) 연안국이거나 내륙국이거나 관계없이 모든 국가의 선박은 이 협약에 따라, 영해에서 무해통항권을 향유한다.

458) UNCLOS 제8조(내수)

2. 제7조에 규정된 방법에 따라 직선기선을 설정함으로써 종전에 내수가 아니었던 수역이 내수에 포함되는 경우, 이 협약에 규정된 무해통항권이 그 수역에서 계속 인정된다.

459) UNCLOS 제18조(통항의 의미)

1. 통항이라 함은 다음의 목적을 위하여 영해를 지나서 항행함을 말한다.
   (a) 내수에 들어가지 아니하거나 내수 밖의 정박지나 항구시설에 기항하지 아니하고 영해를 횡단하는 것; 또는
   (b) 내수를 향하여 또는 내수로부터 항진하거나 또는 이러한 정박지나 항구시설에 기항하는 것
2. 통항은 계속적이고 신속하여야 한다. 다만, 정선이나 닻을 내리는 행위가 통상적인 항행에 부수되는 경우, 불가항력이나 조난으로 인하여 필요한 경우, 또는 위험하거나 조난상태에 있는 인명·선박 또는 항공기를 구조하기 위한 경우에는 통항에 포함된다.

460) UNCLOS Article 19 (Meaning of innocent passage)

1. Passage is innocent so long as it is not prejudicial to the peace, good order or security of the coastal State. Such passage shall take place in conformity with this Convention and with other rules of international law.
2. Passage of a foreign ship shall be considered to be prejudicial to the peace, good order or security of the coastal State if in the territorial sea it engages in any of the following activities:
   (a) any threat or use of force against the sovereignty, territorial integrity or political independence of the coastal State, or in any other manner in violation of the principles of international law embodied in the Charter of the United Nations;
   (b) any exercise or practice with weapons of any kind;
   (c) any act aimed at collecting information to the prejudice of the defence or security of the coastal State;
   (d) any act of propaganda aimed at affecting the defence or security of the coastal State;
   (e) the launching, landing or taking on board of any aircraft;
   (f) the launching, landing or taking on board of any military device;
   (g) the loading or unloading of any commodity, currency or person contrary to the customs, fiscal, immigration or sanitary laws and regulations of the coastal State;
   (h) any act of wilful and serious pollution contrary to this Convention;
   (i) any fishing activities;
   (j) the carrying out of research or survey activities;
   (k) any act aimed at interfering with any systems of communication or any other facilities or installations of the coastal State;
   (l) any other activity not having a direct bearing on passage.

어느 국가의 영해를 통과하는 외국 선박이 아래의 활동에 종사하는 경우에는 연안국의 평화, 공공질서 또는 안전을 해치는 것으로 보아 무해통항이 되지 아니한다.

- 연안국의 주권, 영토보전 또는 정치적 독립에 반하거나, 또는 국제연합헌장에 구현된 국제법의 원칙에 위반되는 그 밖의 방식에 의한 무력의 위협이나 무력의 행사
- 무기를 사용하는 훈련이나 연습
- 연안국의 국방이나 안전에 해가 되는 정보 수집을 목적으로 하는 행위
- 연안국의 국방이나 안전에 해로운 영향을 미칠 것을 목적으로 하는 선전행위
- 항공기의 선상 발진 · 착륙 또는 탑재
- 군사기기의 선상 발진 · 착륙 또는 탑재
- 연안국의 관세 · 재성 · 출입국관리 또는 위생에 관한 법령에 위반되는 물품이나 통화를 싣고 내리는 행위 또는 사람의 승선이나 하선
- 유엔해양법협약에 위배되는 고의적이고도 중대한 오염행위
- 어로활동
- 조사활동이나 측량활동의 수행
- 연안국의 통신체계 또는 그 밖의 설비 · 시설물에 대한 방해를 목적으로 하는 행위
- 통항과 직접 관련이 없는 그 밖의 활동

연안국은 영해에서 무해통항권을 행사하는 선박을 포함하여 외국선박으로부터의 해양오염을 방지, 감소 및 통제하기 위한 법률과 규정을 제정할 수 있다. 그러한 법률과 규정은 외국 선박의 무해통항을 방해해서는 아니 된다.[462)]

461) UNCLOS 제21조(무해통항에 관한 연안국의 법령)

1. 연안국은 이 협약의 규정과 그 밖의 국제법규칙에 따라 다음 각호의 전부 또는 일부에 대하여 영해에서 무해통항에 관한 법령을 제정할 수 있다.
 (a) 항행의 안전과 해상교통의 규제
 (b) 항행보조수단과 설비 및 그 밖의 설비나 시설의 보호
 (c) 해저전선과 관선의 보호
 (d) 해양생물자원의 보존
 (e) 연안국의 어업법령 위반방지
 (f) 연안국의 환경보전과 연안국 환경오염의 방지, 경감 및 통제
 (g) 해양과학조사와 수로측량
 (h) 연안국의 관세 · 재정 · 출입국관리 또는 위생에 관한 법령의 위반방지
2. 이러한 법령이 일반적으로 수락된 국제규칙이나 기준을 시행하는 것이 아닌 한 외국선박의 설계, 구조, 인원배치 또는 장비에 대하여 적용하지 아니한다.
3. 연안국은 이러한 모든 법령을 적절히 공표하여야 한다.
4. 외국선박이 영해에서 무해통항권을 행사하는 경우, 이러한 모든 법령과 해상충돌방지에 관하여 일반적으로 수락된 모든 국제규칙을 준수하여야 한다.

3) 입항선박에 대한 연안국의 의무와 법령

연안국은 자국에 입항하려는 외국선박에 대하여 해양오염의 방지, 경감 및 통제를 위하여 조건을 부과할 수 있으며, 주변 국가들과 협력하여 동일한 조건을 부과하는 협력약정을 체결할 수도 있다. 이러한 국가나 국가들은 영해를 항해하는 선박에게 그 국가의 입항조건을 준수하고 있는지 여부를 밝히도록 요구할 수 있으며, 그 국가에 입항하는 것이 아니라면 협력약정에 참여하고 있는 다른 국가로 항진하고 있는지 여부에 관한 정보 제공을 요청할 수 있다.

이 경우, 선박의 무해통항권의 계속적인 행사 또는 자국 항만시설에 입항하는 선박에 대한 조건 위반을 방지하기 위하여 필요한 조치를 취할 연안국의 권리[463]에 영향을 미치지 아니한다.[464]

2.3 국제항해용 해협에서 통과통항

1) 국제항해용 해협

도버해협, 말라카해협 또는 지브롤터해협 등과 같이 국제항해선박이 공해나 배타적경제수역의 일부에서부터 공해나 배타적경제수역의 다른 부분으로 항해하는데 이용되는 해협을 '국제항행용 해협'이라고 한다.

이러한 해협에서는 통과통항(Transit passage)이 허용된다. 다만 항행상 및 수로상

462) UNLCOS Article 211 (Pollution from vessels) 4. Coastal States may, in the exercise of their sovereignty within their territorial sea, adopt laws and regulations for the prevention, reduction and control of marine pollution from foreign vessels, including vessels exercising the right of innocent passage. Such laws and regulations shall, in accordance with Part II, section 3, not hamper innocent passage of foreign vessels.

463) UNCLOS 제25조(연안국의 보호권) 2. 연안국은 선박이 내수를 향하여 항행하거나 내수 밖의 항구시설에 기항하고자 하는 경우, 그 선박이 내수로 들어가기 위하여 또는 그러한 항구시설에 기항하기 위하여 따라야 할 허가조건을 위반하는 것을 방지하기 위하여 필요한 조치를 취할 권리를 가진다.

464) UNCLOS 제211조(선박에 의한 오염) 3. 해양환경오염의 방지, 경감 및 통제를 위하여 외국선박의 자국 항구와 내수로의 진입이나 연안 정박시설 방문에 대해 특별한 조건을 규정한 국가는 이러한 요건을 적절히 공표하고 권한 있는 국제기구에 통보하여야 한다. 2개국 이상의 연안국이 정책을 조화시키기 위하여 이러한 요건을 동일하게 규정한 경우, 이러한 협력약정에 참가하는 국가를 명시하여 통보한다. 모든 국가는 자국기를 게양하거나 자국에 등록된 선박이 이러한 협력약정에 참여하고 있는 국가의 영해를 항행할 경우, 그 국가의 요청이 있으면 그 선박이 이러한 협력약정에 참여하고 있는 동일 지역의 국가로 항진하고 있는지 여부에 관한 정보를 제공할 것과 또한 그러한 항진이 있을 경우 그 국가의 입항조건을 준수하고 있는지 여부를 밝히도록 선장에게 요구한다. 이 조는 선박의 무해통항권의 계속적인 행사나 제25조 제2항의 적용을 방해하지 아니한다.

특성에서 유사한 편의가 있는 공해 통과항로나 배타적경제수역 통과항로가 국제항행에 이용되는 해협 안에 있는 경우에는 통과통항의 대상이 되지 못한다.

영해에서 무해통항권은 선박에게만 부여되어 있으나, 국제항해용 해협에서 통과통항권은 선박이나 항공기의 상공비행의 자유가 모두 보장된다.465)

대체항로가 있는 등의 이유로 통과통항권이 적용되지 아니하는 국제항해용 해협에서는 무해통항권을 행사할 수 있다.466)

2) 통과통항 방법

통과통항권을 행사 중인 선박과 항공기는 아래와 같은 의무를 지켜야 한다.467)

---

465) UNCLOS 제38조(통과통항권)

1. 제37조에 언급된 해협내에서, 모든 선박과 항공기는 방해받지 아니하는 통과통항권을 향유한다. 다만 해협이 해협연안국의 섬과 본토에 의하여 형성되어 있는 경우, 항행상 및 수로상 특성에서 유사한 편의가 있는 공해 통과항로나 배타적경제수역 통과항로가 그 섬의 바다 쪽에 있으면 통과통항을 적용하지 아니한다.
2. 통과통항이라 함은 공해 또는 배타적경제수역의 일부와 공해 또는 배타적경제수역의 다른 부분간의 해협을 오직 계속적으로 신속히 통과할 목적으로 이 장에 따라 항행과 상공비행의 자유를 행사함을 말한다. 다만, 계속적이고 신속한 통과의 요건은 해협연안국의 입국조건에 따라서 그 국가에 들어가거나 그 국가로부터 나오거나 되돌아가는 것을 목적으로 하는 해협통항을 배제하지 아니한다.
3. 해협의 통과통항권의 행사가 아닌 활동은 이 협약의 다른 적용가능한 규정에 따른다.

466) UNCLOS 제45조(무해통항)

1. 제2장 제3절(영해에서의 무해통항)에 규정된 무해통항제도는 국제항행에 용되는 다음 해협에 적용된다.
   (a) 제38조 제1항에 규정된 통과통항제도가 적용되지 아니하는 해협
   (b) 공해 또는 배타적경제수역의 일부와 외국의 영해와의 사이에 있는 해협

467) UNCLOS Article 39 (Duties of ships and aircraft during transit passage)

1. Ships and aircraft, while exercising the right of transit passage, shall:
   (a) proceed without delay through or over the strait;
   (b) refrain from any threat or use of force against the sovereignty, territorial integrity or political independence of States bordering the strait, or in any other manner in violation of the principles of international law embodied in the Charter of the United Nations;
   (c) refrain from any activities other than those incident to their normal modes of continuous and expeditious transit unless rendered necessary by force majeure or by distress;
   (d) comply with other relevant provisions of this Part.
2. Ships in transit passage shall:
   (a) comply with generally accepted international regulations, procedures and practices for safety at sea, including the International Regulations for Preventing Collisions at Sea;
   (b) comply with generally accepted international regulations, procedures and practices for the prevention, reduction and control of pollution from ships.
3. Aircraft in transit passage shall:
   (a) observe the Rules of the Air established by the International Civil viation Organization as they apply to civil aircraft; state aircraft will normally comply with such safety measures and will at all times operate with due regard for the safety of navigation;
   (b) at all times monitor the radio frequency assigned by the competent internationally designated air traffic control authority or the appropriate international distress radio frequency.

• 해협 또는 그 상공의 지체 없는 항진
• 해협연안국의 주권, 영토보전 또는 정치적 독립에 반하거나, 또는 국제연합헌장에 구현된 국제법의 원칙에 위반되는 그 밖의 방식에 의한 무력의 위협이나 무력의 행사의 자제
• 불가항력 또는 조난으로 인하여 필요한 경우를 제외하고는 계속적이고 신속한 통과의 통상적인 방식에 따르지 아니하는 활동의 자제
• 이 장(국제항해용 해협)의 그 밖의 관련규정 준수

가) **통과통항중인 선박은 다음과 같이 하여야 한다.**

• 해상충돌예방을 위한 국제규칙을 포함하여 해상안전을 위하여 일반적으로 수락된 국제규칙, 절차 및 관행의 준수
• 선박에 의한 오염의 방지, 경감 및 통제를 위하여 일반적으로 수락된 국제규칙, 절차 및 관행의 준수
• 해양과학조사선과 수로측량선을 포함한 외국선박은 통과통항중 해협연안국의 사전허가 없이 어떠한 조사활동이나 측량활동도 수행할 수 없다.[468)]

나) **통과통항중인 항공기는 다음과 같이 하여야 한다.**

• 국제민간항공기구가 제정한 민간항공기에 적용되는 항공규칙 준수. 국가 항공기도 통상적으로 이러한 안전조치를 준수하고 항상 비행의 안전을 적절히 고려하여 운항
• 국제적으로 지정된 권한 있는 항공교통통제기구가 배정한 무선주파수나 적절한 국제조난 무선주파수의 상시 청취

3) 통과통항에 관한 해협연안국의 의무와 법령

해협연안국은 통과통항권을 정지하거나 방해할 수 없으며 자국이 인지하고 있는 해협 내 또는 해협 상공에 있어서의 항행이나 비행에 관한 위험을 적절히 공표해야 한다.[469)]

468) UNCLOS Article 40 (Research and survey activities) During transit passage, foreign ships, including marine scientific research and hydrographic survey ships, may not carry out any research or survey activities without the prior authorization of the States bordering straits.
469) UNCLOS Article 44 (Duties of States bordering straits) States bordering straits shall not hamper transit passage and shall give appropriate publicity to any danger to navigation or overflight within or over the strait of which they have knowledge. There shall be no suspension of transit passage.

해협연안국은 아래와 같이 해협의 통과통항에 관한 법령을 제정할 수 있으며, 제정된 법률은 적절히 공표해야 한다. 그리고 통과통항권을 행사하는 외국선박은 이러한 법령을 준수한다.[470]

- 제41조에 규정된 항행의 안전과 해상교통의 규제
- 해협에서의 유류, 유류폐기물 및 그 밖의 유독성물질의 배출에 관하여 적용하는 국제규칙을 시행함으로써 오염의 방지·경감 및 통제
- 어선에 관하여서는 어로의 금지(어구의 적재에 관한 규제 포함)
- 해협연안국의 관세·재정·출입국관리 또는 위생에 관한 법령에 위반되는 상품이나 화폐를 싣고 내리는 행위 또는 사람의 승선과 하선

이러한 법령은 외국선박을 형식상 또는 실질상으로 차별하지 않아야 하며, 그 적용에 있어서 통과통항권을 부정, 방해 또는 침해하는 실질적인 효과를 가져오지 아니하여야 한다.

해협이용국과 해협연안국은 합의에 의하여 항해 및 안전보조시설 또는 국제항행에 유용한 그 밖의 개선시설의 해협내 설치와 유지, 선박에 의한 오염의 방지·경감 및 통제를 위하여 서로 협력하여야 한다.[471] 이에 따라 말라카 해협을 이용하는 우리나라도 주

470) UNCLOS Article 42 (Laws and regulations of States bordering straits relating to transit passage)
1. Subject to the provisions of this section, States bordering straits may adopt laws and regulations relating to transit passage through straits, in respect of all or any of the following:
(a) the safety of navigation and the regulation of maritime traffic, as provided in article 41;
(b) the prevention, reduction and control of pollution, by giving effect to applicable international regulations regarding the discharge of oil, oily wastes and other noxious substances in the strait;
(c) with respect to fishing vessels, the prevention of fishing, including the stowage of fishing gear;
(d) the loading or unloading of any commodity, currency or person in contravention of the customs, fiscal, immigration or sanitary laws and regulations of States bordering straits.
2. Such laws and regulations shall not discriminate in form or in fact among foreign ships or in their application have the practical effect of denying, hampering or impairing the right of transit passage as defined in this section.
3. States bordering straits shall give due publicity to all such laws and regulations.
4. Foreign ships exercising the right of transit passage shall comply with such laws and regulations.
5. The flag State of a ship or the State of registry of an aircraft entitled to sovereign immunity which acts in a manner contrary to such laws and regulations or other provisions of this Part shall bear international responsibility for any loss or damage which results to States bordering straits.

471) UNCLOS Article 43 (Navigational and safety aids and other improvements and the prevention, reduction and control of pollution) User States and States bordering a strait should by agreement co-operate:
(a) in the establishment and maintenance in a strait of necessary navigational and safety aids or other improvements in aid of international navigation; and
(b) for the prevention, reduction and control of pollution from ships.

변국과 협의하여 항로표지시설 설치 및 유지보수를 위한 비용의 일부를 부담하고 있다.

해협연안국은 국제항행에 이용되는 해협에 항로대와 통항분리제도(TSS)를 설정할 수 있다.[472] 이러한 항로대와 통항분리제도는 일반적으로 수락된 국제규칙에 따라야 하므로 국제해사기구(IMO)에서 회원국의 심사를 거치게 된다.

〈그림 6-5〉 IMO approved TSS & ships' routeing

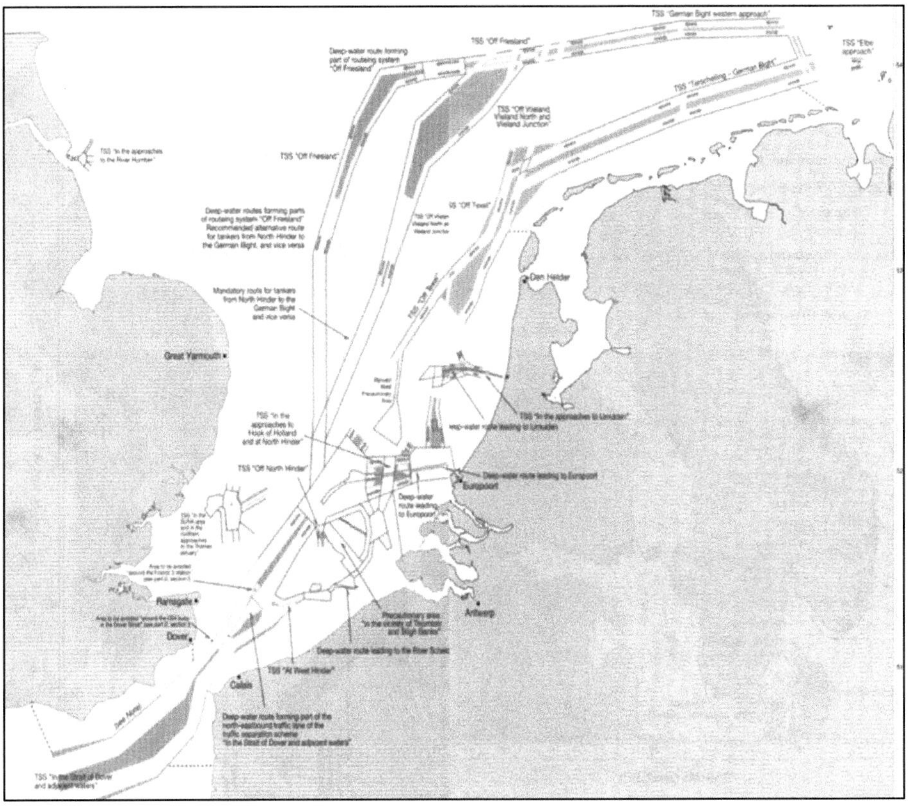

*출처: EU

472) UNCLOS 제41조(국제항행에 이용되는 해협의 항로대와 통항분리방식)
1. 해협연안국은 선박의 안전통항을 촉진하기 위하여 필요한 경우, 이 부에 따라 해협내 항행을 위하여 항로대를 지정하고 통항분리제도를 설정할 수 있다.
2. 해협연안국은 필요한 경우, 적절히 공표한 후, 이미 지정되거나 설정되어 있는 항로대나 통항분리제도를 다른 항로대나 통항분리제도로 대체할 수 있다.
3. 이러한 항로대와 통항분리제도는 일반적으로 수락된 국제규칙에 따른다.
4. 해협연안국은 항로대를 지정 · 대체하거나 통항분리제도를 설정 · 대체하기에 앞서 권한있는 국제기구가 이를 채택하도록 제안한다. 국제기구는 해협연안국과 합의된 항로대와 통항분리제도만을 채택할 수 있으며, 그 후 해협연안국은 이를 지정, 설정 또는 대체할 수 있다.
5. 2개국 이상의 해협연안국의 수역을 통과하는 항로대나 통항분리제도가 제안된 해협에 대하여는, 관계국은 권한있는 국제기구와의 협의하에 제안을 작성하기 위하여 협력한다.
6. 해협연안국은 자국이 지정하거나 설정한 모든 항로대와 통항분리제도를 해도에 명시하고 이 해도를 적절히 공표한다.
7. 통과통항중인 선박은 이 조에 따라 설정되어 적용되는 항로대와 통항분리제도를 준수한다.

2.4 군도국가에서 통항

1) 무해통항

필리핀이나 인도네시아와 같이 하나 또는 둘 이상의 군도로 구성된 국가를 군도국가라고 하며[473], 모든 국가의 선박은 영해에서의 무해통항 방법에 따라 군도수역에서도 무해통항권을 향유할 수 있다.[474]

군도국가는 자국의 안전을 보장하기 위하여 불가피한 경우에는 외국선박 간에 형식상 또는 실질상 차별하지 아니하고 군도수역의 특정수역에서 외국선박의 무해통항을 일시적으로 정지시킬 수 있다. 이러한 정지조치는 적절히 공표한 후에만 효력을 가진다.

2) 군도항로대 통항

군도항로대 통항이라 함은 공해나 배타적경제수역의 어느 한 부분과 공해나 배타적경제수역의 다른 부분과의 사이에서 오로지 계속적이고 신속하게 방해받지 아니하고 통과하기 위한 목적으로 통상적 방식의 항행권과 비행권을 이 협약에 따라 행사함을 말한다.

선박과 항공기는 군도항로대에서 통과통항과 유사한 통항권을 갖는다.[475]

---

473) UNCLOS 제46조(용어의 사용) 이 협약에서,
  (a) "군도국가"라 함은 전체적으로 하나 또는 둘 이상의 군도로 구성된 국가를 말하며, 그 밖의 섬을 포함할 수 있다.
  (b) "군도"라 함은 섬의 무리(섬들의 일부를 포함), 연결된 수역 및 그 밖의 자연지형으로서, 이들이 서로 밀접하게 관련되어 있어 그러한 섬, 수역 및 그 밖의 자연지형이 고유한 지리적·경제적 또는 정치적 단일체를 이루고 있거나 또는 역사적으로 그러한 단일체로 인정되어 온 것을 말한다.

474) UNCLOS Article 52 (Right of innocent passage)
  1. Subject to article 53 and without prejudice to article 50, ships of all States enjoy the right of innocent passage through archipelagic waters, in accordance with Part II, section 3.
  2. The archipelagic State may, without discrimination in form or in fact among foreign ships, suspend temporarily in specified areas of its archipelagic waters the innocent passage of foreign ships if such suspension is essential for the protection of its security. Such suspension shall take effect only after having been duly published.

475) UNLOS Article 53 (Right of archipelagic sea lanes passage)
  1. An archipelagic State may designate sea lanes and air routes thereabove, suitable for the continuous and expeditious passage of foreign ships and aircraft through or over its archipelagic waters and the adjacent territorial sea.
  2. All ships and aircraft enjoy the right of archipelagic sea lanes passage in such sea lanes and air routes.
  3. Archipelagic sea lanes passage means the exercise in accordance with this Convention of the rights of navigation and overflight in the normal mode solely for the purpose of continuous, expeditious and unobstructed transit between one part of the high seas or an exclusive economic zone and another part of the high seas or an exclusive economic zone.

군도국가는 자국의 군도수역과 이와 인접한 영해나 그 상공을 통과하는 외국선박과 항공기의 계속적이고 신속한 통항에 적합한 항로대와 항공로를 지정할 수 있다. 그리고 모든 선박과 항공기는 이러한 항로대와 항공로에서 군도항로대 통항권을 향유할 수 있다.

이러한 항로대와 항공로는 군도수역 및 이와 인접한 영해를 횡단하는 것으로서 군도수역의 국제항행로 또는 그 상공비행로로 사용되는 모든 통상적인 통항로를 포함하며, 선박에 관하여서는 이러한 통항로 안의 모든 통상적인 항행수로를 포함한다. 다만, 동일한 입구지점과 출구지점 사이에 유사한 편의가 있는 통로를 중복하여 둘 필요는 없다.

이러한 항로대와 항공로는 통항로의 입구지점으로부터 출구지점까지의 일련의 연속축선에 의하여 정한다. 군도항로대를 통항중인 선박과 항공기는 통항중 이러한 축선의 어느 쪽으로나 25해리 이상을 벗어날 수 없다. 다만 이러한 선박과 항공기는 항로대에 접하고 있는 섬과 섬 사이의 가장 가까운 지점을 연결한 거리의 10퍼센트 지점보다 해안에 접근하여 항행할 수 없다.

군도 항로대를 지정하려는 군도국가는 그러한 항로대 안의 좁은 수로에서 선박의 안

4. Such sea lanes and air routes shall traverse the archipelagic waters and the adjacent territorial sea and shall include all normal passage routes used as routes for international navigation or overflight through or over archipelagic waters and, within such routes, so far as ships are concerned, all normal navigational channels, provided that duplication of routes of similar convenience between the same entry and exit points shall not be necessary.
5. Such sea lanes and air routes shall be defined by a series of continuous axis lines from the entry points of passage routes to the exit points.Ships and aircraft in archipelagic sea lanes passage shall not deviate more than 25 nautical miles to either side of such axis lines during passage, provided that such ships and aircraft shall not navigate closer to the coasts than 10 per cent of the distance between the nearest points on islands bordering the sea lane.
6. An archipelagic State which designates sea lanes under this article may also prescribe traffic separation schemes for the safe passage of ships hrough narrow channels in such sea lanes.
7. An archipelagic State may, when circumstances require, after giving due publicity thereto, substitute other sea lanes or traffic separation schemes for any sea lanes or traffic separation schemes previously designated or prescribed by it.
8. Such sea lanes and traffic separation schemes shall conform to generally accepted international regulations.
9. In designating or substituting sea lanes or prescribing or substituting traffic separation schemes, an archipelagic State shall refer proposals to the competent international organization with a view to their adoption. The organization may adopt only such sea lanes and traffic separation schemes as may be agreed with the archipelagic State, after which the archipelagic State may designate, prescribe or substitute them.
10. The archipelagic State shall clearly indicate the axis of the sea lanes and the traffic separation schemes designated or prescribed by it on charts to which due publicity shall be given.
11. Ships in archipelagic sea lanes passage shall respect applicable sea lanes and traffic separation schemes established in accordance with this article.
12. If an archipelagic State does not designate sea lanes or air routes, the right of archipelagic sea lanes passage may be exercised through the routes normally used for internal navigation.

전통항을 위하여 통항분리수역을 설정할 수 있다. 필요한 경우 적절히 공표한 후 이미 지정되거나 설정된 항로대나 통항분리수역을 다른 항로대나 통항분리수역으로 대체할 수 있다. 이러한 항로대와 통항분리수역은 일반적으로 수락된 국제규칙을 따라야 하므로 국제해사기구(IMO)에서 회원국의 심의를 거쳐야 한다. 국제해사기구는 군도국가가 동의한 항로대와 통항분리수역만을 채택할 수 있으며, 그 후 군도국가는 이를 지정·설정 또는 대체할 수 있다.

군도국가가 항로대나 항공로를 지정하지 아니한 경우, 군도항로대 통항권은 국제항행에 통상적으로 사용되는 통로를 따라 행사될 수 있다.

〈그림 6-6〉 인도네시아 군도항로대

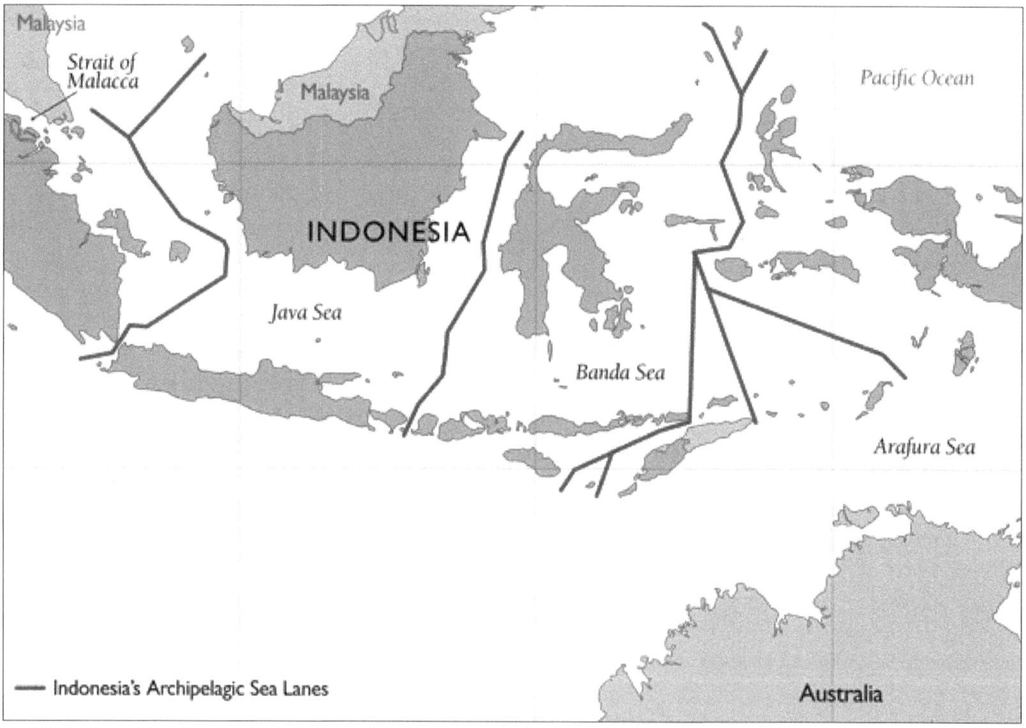

*출처: 호주 해군

참고문헌

김인철 · 조익순, 해사안전행정론, 두남, 2020
김홍태 · 김환성 · 홍승권 · 조소현 · 장준혁 · 권영섭, 해사인간공학 개론, 해양연구원, 2012
박영선, 국제기구연구, 한국해사문제연구소, 2014
박진수 · 박영수 · 나송진, 해상교통공학 · 정책론, 동원문화사, 2013
박찬호 · 김한택, 국제해양법, 지인북스, 2009
발로스(홍영분 옮김), 지도를 만든 사람들, 아침이슬, 2009
선박검사기술협회 · 한국선급, 선박행정의 변천사, 2003
송동훈, 대항해 시대의 탄생, 시공사, 2019
이윤철 · 김진권 · 홍성화, 해사법규 신강, 다솜, 2016
이정훈, 해양안전심판 실무, 박영사, 2019
장석기 · 이창희 · 박찬수 · 조대환 · 정대득, 해상안전실무, 목포해양대학교, 2013
최종화, 현대 국제해양법, 두남, 2013
해양수산부, 국제해사기구 전문용어집, 2020
한국해사안전국제협력센터, 국제해사기구 회의 의사규칙 해설서 개정판, 2020
한국해양연구소, 국제연합해양법협약 영한대역, 1991
2022 IAMSAR Manual Ⅲ, IMO, 2021
Life-Saving Appliance including LSA Code, IMO, 2017
Mukherjee P. K. & M. Browinrigg, Farthing on International Shipping, Springer, 2013
The United States Coast Guard (USCG), Marine Safety Manual vol. V, 2008
SOLAS협약, MARPOL 73/78협약, STCW협약, LL협약, TONNAGE협약, COLREG협약
유엔해양법협약(UNCLOS)

해사안전관리론

2023년 8월 15일 인쇄 발행

저　　자 김인철·정대율·조익순
발 행 인 송기수
발 행 처 도서출판 GS인터비전
인 쇄 처 GS인터비전
등록번호 제 25100-2016-000050 호
I S B N 979-11-5576-453-4(93530)

주　　소 서울 은평구 증산로 15길 69 2층
전　　화 02-976-7898
팩　　스 02-6468-7898
홈페이지 gsintervision.kr
E-Mail gsinter7@gmail.com

정 가　37,000원